개정3판

새로 쓴 식품학 및 조리원리

Food: Principles and Preparations

개정3판

새로 쓴 식품학 및 조리원리

감수 류은순 이명희
윤계순 민성희 신원선 정혜정
채선희 박옥진 최미경

수학사

머리말

오늘날 식품산업의 발전과 경제 수준의 향상으로 우리는 과거 어느 때보다 풍요로운 식생활을 누리고 있고, 글로벌한 사회에서 다양한 식문화를 즐기며 살고 있다. 이러한 환경에서 이제는 식품조리를 전공하는 사람은 물론 일반인들도 우리가 먹는 음식에 대해 많이 알고 있을 뿐만 아니라 더 나아가 식품과 조리에 관한 전문적인 지식과 정보 획득에 노력을 기울이는 시간이 많아졌다.

대부분의 음식은 식재료로부터 조리 과정을 거쳐 식탁에 오르게 된다. 이 과정 중에 행해지는 여러 가지 조리 조작, 부재료 및 조미료 첨가, 온도 변화 등은 식품의 성분과 맛, 구조 및 질감에 물리화학적인 변화를 일으켜 식품 본래의 특성을 달라지게 함으로써 결과적으로 음식의 품질에 영향을 미친다. 그러므로 보다 영양 있고 기호성 높은 음식을 만들기 위해서는 이러한 변화의 원인과 결과를 설명할 수 있는 과학적인 조리 이론을 체계적으로 이해할 필요가 있다. 또한 경험과 감각에만 의존한 조리 기술의 답습이 아닌 과학적 지식을 바탕으로 하는 조리는 시행착오를 줄일 수 있을 뿐만 아니라 다른 조리에 응용할 수 있는 능력을 키워줌으로써 새로운 맛을 창조할 수 있게 하므로 그 중요성이 더욱 강조된다.

저자들은 이러한 시대적 변화와 필요성에 맞춰 식품과 조리에 대한 기초적인 내용을 쉽고 체계적으로 이해할 수 있는 『새로 쓴 식품학 및 조리원리』를 2008년에 출간하였고, 이후 수정과 보완을 거쳐 오면서 2021년 개정3판을 새롭게 출간하게 되었다. 이번 개정3판에는 저자들이 일선에서 강의를 하고 연구하면서 모은 자료와 국내외의 최신 학술 자료를 더하였고, 식품의 종류와 조리법이 이전과는 비교할 수 없을 정도로 다양해진 최근의 동향에 맞춰 이에 대한 내용도 일부 추가하였다.

이 책은 총 15장으로 각 장을 식품군별로 나누어 구성하였다. 먼저 식품의 구조와 성분, 성질에 대해 기술하고 각 식품군별 상용하는 식품의 종류를 알아본 다음 식품의 물리화학적 특성과 조리 과정에 개재되는 제 현상의 원리를 설명하였다.

본 교재를 집필하면서 저자들은 충실한 내용과 더불어 최신의 식품조리 관련 정보를 제공하고자 최선을 다했으나 여전히 미흡한 부분이 있을 것으로 생각된다. 이러한 면에 대해서는 앞으로 계속 보완, 수정해 나갈 것을 약속드리며 독자 여러분의 지적과 조언을 부탁드린다. 또한 본 교재가 식품·조리학 전공자뿐 아니라 중·고등학교의 가정과 교사 및 식품조리에 관심이 많은 일반인들에게도 유용한 도서로 널리 활용될 수 있기를 기대한다.

끝으로 이 책이 출간되기까지 적극 협조해 주신 수학사 이영호 사장님과 직원 여러분께 깊은 감사를 드린다.

2021년 8월

저자 일동

차례

Chapter 1 조리의 의의 및 기초

Chapter 2 당류

Chapter 5

서류

Chapter 6

두류 및 가공 제품

Chapter 7

가루 제품

Chapter 8

유지류

Chapter 9

채소류

Chapter 10

과일류

Chapter 11

해조류와 한천

Chapter 12

수조육류

Chapter 13

어패류

Chapter 1

조리의 의의 및 기초

학습 목표

1. 조리의 의의와 음식의 기능에 대해 설명할 수 있다.
2. 물의 특성과 식품 중 물의 상태에 대해 설명할 수 있다.
3. 진용액, 교질 용액, 현탁액의 특성과 차이점에 대해 설명할 수 있다.
4. 조리열의 전달 매체와 전달 방식에 대해 이해하고 적용할 수 있다.
5. 조리의 기초 조작에 대해 이해하고 적용할 수 있다.
6. 식품 조리법의 종류와 특징에 대해 이해하고, 재료와 상황에 따른 적절한 조리법을 선택할 수 있다.

1. 조리의 의의

오늘날 우리가 먹는 음식은 자연환경과 사회 문화적 환경에 따라 과거 오랫동안의 경험이 쌓여 이루어진 것이며 음식에 대한 경험은 구체적으로 조리調理에 의해서 전승되고 있다. 조리를 통해 보다 안전하고 영양적이며, 맛있고 다양한 형태의 음식을 취하게 됨으로써 건강을 증진시키고 삶의 활력을 얻게 된다.

여기에서 조리란 식품 재료에 여러 가지 처리를 하여 인간이 먹기에 알맞은 상태로 변화시키는 최종 단계의 작업을 말하며 식품의 효용도를 극대화하는 필수 과정이다. 음식을 만들기 전의 계획, 과정 및 조리 후의 결과가 서로 연결되어 섭취에 영향을 미치게 되므로 조리의 의미를 보다 넓게 단순히 음식을 만드는 작업만이 아닌 식사의 계획에서부터 식품 재료의 선택, 각종 조리 조작 및 식탁의 구성까지 포함하는 일련의 식생활 과정으로 확대할 수 있다.

식품 재료로부터 조리를 거쳐 대부분의 음식이 만들어지게 된다. 식품은 여러 가지 영양 성분뿐만 아니라 색, 향기, 맛을 내는 특수 성분 그리고 생리활성을 조절하는 물질 등으로 구성되어 있다. 조리 과정에서 이들 성분과 구조 및 질감에 물리, 화학적인 변화가 일어나게 된다. 또한 조리에 사용하는 여러 가지 부재료도 동시에 작용하여 영양가나 맛, 향, 색이 달라지게 되고 결과적으로 음식의 전체적인 품질에 영향을 미치게 된다.

그러므로 질이 높은 음식을 만들기 위해서는 조리 시의 환경적 특성과 식품의 성분, 구조, 물성은 물론 조리 과정 중에 첨가되는 조미료의 작용 등 조리 이론을 체계적으로 이해할 필요가 있다.

과거에 경험과 감각에 의존하여 전해지고 발전해 왔던 조리가 이러한 과학적 지식을 바탕으로 이루어질 때 초보자라 하더라도 재현성이 높은 음식을 만들 수 있으며 조리 과정에서 문제점과 개선점을 찾아내어 응용할 수 있는 능력을 갖게 됨으로써 새로운 맛을 창조할 수 있게 될 것이다. 바로 여기에 조리 과학의 중요성이 있다.

2. 음식의 기능

인간은 생물학적 존재로서 생명을 유지하고 활동을 하기 위해서 음식을 섭취하여 영양소를 얻고 있다. 이를 위해 일차적으로 식품 재료를 위생적으로 안전하게 처리하여야 하며 조리 과정에서 식품이 지니고 있는 영양소의 손실을 최소화하고 체내에서 소화흡수가 잘 되도록 해야 한다. 그런데 음식을 먹을 때마다 영양을 생각하는 것은 아니어서 어떤 음식을 선택하느냐는 음식의 맛이나 먹는 사람들의 기호에 따르는 경우가 많다. 즉 음식 섭취의 목적은 영양에 있지만 그것을 선택하는 동기는 기호의 영향이 큼을 알 수 있다. 그러므로 기본적 기능으로 음식은 위생적인 안전성과 영양뿐만 아니라 기호적인 조건이 요구된다고 할 수 있다.

또한 식재료로부터 음식의 형태에 이르는 과정에서 실용적 기능으로 경제성과 간편성, 기능성 등이 고려되어야 한다. 즉 식재료를 손쉽게 다룰 수 있거나 비용이 적절하고 음식의 완성에 소요되는 시간과 에너지 투입이 지나치지 않아야 한다. 한편으로 음식을 통해 사회적으로 인간관계를 친숙하게 할 수 있는 분위기를 조성하여 사회생활에 활력을 주고, 음식을 만들고 먹는 과정에서 교육적 측면과 즐길 수 있는 오락적인 요소 등을 부가적으로 충족시킬 수도 있다. 때로는 음식은 종교적 신념을 표시하는 데 한 수단이 될 수도 있다. 따라서 조리의 역할은 이와 같은 여러 가지 기능과 조건을 충족시키는 음식을 만들어 내는 것이라고 할 수 있다.

오늘날 산업 발전과 더불어 경제 수준의 향상으로 생활이 풍족해져 음식의 질과 함께 맛을 추구하는 식생활이 강조됨으로써 음식은 여유로운 삶을 위한 핵심 요소가 되었고, 이에 따라 조리의 역할이 더욱 중요하게 되었다.

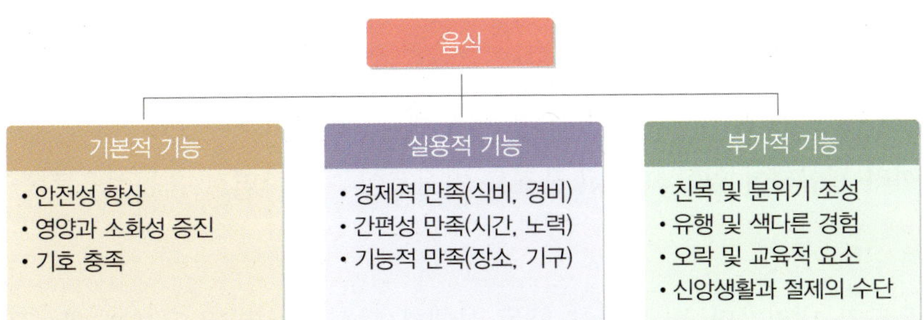

그림 1-1 조리에 의해 완성되는 음식의 기능

3. 조리와 물

물은 식품의 주요 성분으로서 분산매나 분산상으로 작용하여 식품 자체의 질감, 맛, 외관 등은 물론 영양적 특성에도 큰 영향을 미친다. 물은 식품을 조리할 때에도 여러 가지 물질을 용해시키는 용매로 작용하거나 열을 전달하는 주요 매체로 작용하고 있다. 한편으로 물은 식품과 음식의 화학적인 변화와 미생물적인 변질과 부패에도 관계가 있다. 이와 같이 물은 식품 성분으로서 뿐만 아니라 식품을 조리, 저장할 때에도 중요한 기능을 하므로 물의 작용을 잘 이해하는 것이 필요하다.

1) 물의 특성

(1) 물의 분자 구조

물은 한 개의 산소 원자에 두 개의 수소 원자가 약 105°의 결합각으로 공유 결합되어 있다. 물 분자는 전체적으로 중성의 상태이나 산소와 수소의 전기음성도 차이로 분자 내의 전하의 분포 상태는 균형이 이루어지지 않아 산소 쪽은 음전하를 띠고 있고 두 수소 분자 쪽은 양전하를 띠고 있다. 이와 같이 물 분자가 쌍극성을 지니므로 서로 상이한 이온이 상호 인력을 형성하듯 어떠한 물체든 이온화된 것과는 상호 간에 인력을 형성하게 되며 물 분자 간에서도 같은 현상이 나타난다. 즉 한 물 분자와 다른 물 분자 사이에 수소 결합을 형성하는데 수소 결합 자체는 약한 결합이지만 수많은 수소 결합으로 이 결합을 분해하기 위해서는 많은 에너지가 필요하다.

(2) 물의 상태

물은 온도와 압력에 따라 액체, 기체 및 고체 상태로 존재한다.

① 액체 상태

물은 대기압일 때 0~100℃에서 액체의 상태로 존재하는데 약한 수소 결합에 의해 물 분자끼리 결합되어 있어 연속된 물질로 자유로이 이동하면서 유동성을 갖는다.

② 고체 상태

물의 온도가 내려가면 물 분자의 활동 상태가 약화되며 일정 온도까지는 물의 부피도 감소된다. 4℃ 부근에서는 물 분자 간에 일정한 수소 결합의 패턴이 형성되고 0℃로

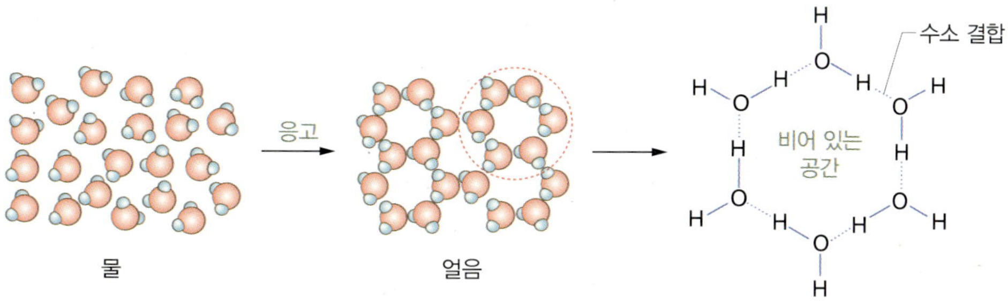

그림 1-2__ 결정수의 3차원 형태

더 내려가면 얼음으로 결정화되기 시작하는데 이때 결정은 격자 상태로 육면체를 형성하고 그 내부에는 공간이 생겨 원래 부피의 약 1/11만큼 더 커지므로 그릇에 물을 가득 부어 얼리게 되면 원래 높이보다 더 높게 올라와 얼게 된다. 또한 얼음과 물을 비교할 때 중량은 같지만 부피가 커지므로 비중이 가벼워 얼음이 물 위에 뜬다(그림 1-2).

③ 기체 상태

물의 증발은 온도와 습도에 영향을 받는다. 물의 온도가 올라가면 물 분자의 운동에너지가 커지게 되고 100℃ 이상이 되면 증발되는 물 분자들에 의해 압력이 형성되어 증기압이 대기압보다 커지면서 일부의 물 분자는 액체 표면에서 대기 중으로 증발하게 된다. 이때 물의 부피가 증가하므로 그릇에 물을 가득 부어 끓이게 되면 넘치게 된다. 습도가 높은 상태에서는 증기압이 낮아 수분의 증발은 더 늦어진다.

(3) 물의 경도

물은 무기염의 존재에 따라 연수soft water와 경수hard water로 구분된다. 연수에는 무기염이 거의 존재하지 않으나 경수에는 다양한 무기염이 존재한다. 경수에는 염의 성분에 따라 일시적인 경수와 영구적인 경수로 나뉘는데, 일시적 경수는 끓이면 칼슘, 마그네슘 및 철분의 중탄산염이 침전하여 연수로 된다. 영구적인 경수는 물을 끓여도 침전되지 않는 칼슘, 마그네슘 및 철분의 황산염을 함유하고 있다.

경수의 무기염은 식품의 조리에 영향을 주는데 마른 콩을 경수에 넣고 조리하면 칼슘 때문에 수화나 연화가 지연되어 쉽게 물러지지 않는다. 또한 차의 경우 경수의 염과 차의 타닌이 상호작용함으로써 혼탁하게 된다.

2) 식품 중의 물의 상태

식품의 주요 구성 성분인 물은 식품 내에서 다른 구성 성분과 밀접하게 결합되어 있는 결합수와 여러 구성 성분의 용매로 작용하는 유리수 형태로 존재한다.

(1) 결합수

결합수는 식품을 구성하는 물질과 결합하여 그 일부를 구성한다. 압력을 가해 압착하여도 제거되지 않으며 용매로 작용하지 못하는 물이다. 0℃ 이하에서도 쉽게 얼지 않으며 효소의 활성화나 미생물의 생육에도 이용되지 못한다.

(2) 유리수

유리수는 식품 성분 중의 염류, 당류, 수용성 단백질, 비타민 등과 같은 가용성 물질을 녹여 용액 상태로 만들거나 전분, 지질과 같은 불용성 물질을 물속에서 분산시켜 교질 상태를 형성하므로 조직 내에서 자유스럽게 분리되어 자유수라고도 한다. 0℃ 이하에서 쉽게 동결하여 얼음 결정을 형성하고 식품을 건조시키면 쉽게 증발하며 미생물이 이용할 수 있다.

(3) 식품의 수분 함량과 수분활성도

식품의 수분 함량은 식품을 105~110℃로 가열하여 항량constant weight이 될 때까지 건조하였을 때 증발하는 수분의 양을 의미하며 식품 전체 중량에 대한 %로 나타낸다. 하지만 미생물의 생육과 효소 작용, 화학반응 등은 수분 함량만으로는 예측하기 어렵고 수분활성도를 이용하는 것이 바람직하다. 수분활성도a_w는 특정 온도T에서 순수한 물의 수증기압p_w^o에 대한 식품의 수증기압p_w의 비로 나타낸다.

$$\mathrm{a_w} = \left(\frac{p_w}{p_w^o} \right)_T$$

수분활성도는 자유수와 결합수의 상대적인 양에 의해 변하게 되고, 식품의 저장성과 품질을 예측하는 데 사용된다. 수분활성도가 높으면 미생물의 생육과 효소반응이 활발해지고 수분활성도가 0.2 이하로 낮아지면 유지의 산패가 촉진된다. 미생물의 생육이 가능한 최저 수분활성도는 세균은 대체적으로 0.86~0.97, 효모는 0.8~0.9, 곰팡이는 0.7~0.94이나, 내삼투압성 곰팡이는 0.61에서도 생육이 가능하다. 수분활성도 0.6 이하에서는 모든 미생물 생육이 불가능한 것으로 알려져 있다.

몇 가지 식품의 수분 함량과 수분활성도를 표 1-1에 나타내었다.

표 1-1___몇 가지 식품의 수분 함량과 수분활성도

식품	수분 함량(%)	수분활성도
0°C 얼음	100	1.00
육류	70	0.985
빵	40	0.96
밀가루	14.5	0.72
-50°C 얼음	100	0.62
건포도	27	0.60
마카로니	10	0.45
감자칩	1.5	0.08

자료 : Peter S. Murano, *Understanding food science and technology*, Wadsworth, 2003

3) 물과 식품의 분산계

물은 조리 과정에서나 식품 내에서 함유되어 있는 여러 가지 수용성 성분들을 용해시키기도 하고 단백질, 전분, 지질, 펙틴 등과 같은 여러 가지 불용성 물질을 분산시켜 분산액을 형성하기도 한다. 그러므로 물이 주요 성분인 식품은 물과 함께 여러 가지 종류의 성분들이 다양한 상태로 혼합된 분산 상태로 존재한다. 이러한 상태를 분산계라고 하며 분산매라고 불리는 연속상에 분산질이 분산되어 있는 것이다. 분산매와 분산질은 고체, 액체, 기체의 세 가지 상태로 존재하기 때문에 분산 상태는 8개의 조합이 가능하나 식품에서 흔히 볼 수 있는 분산매는 액체인 물이므로 물에 고체, 액체, 기체가 분산질로 흩어져 있는 것이 대부분이다.

이와 같은 분산액은 분산질의 크기에 따라 진용액, 교질 용액(콜로이드 용액), 현탁액으로 분류할 수 있으며 각각의 특성은 표 1-2와 같다. 유화액은 또 다른 형태의 콜로이드액으로 서로 섞일 수 없는 분산매와 분산질이 분산되어 있는 것을 말한다.

표 1-2__ 분산질의 크기에 따른 분산액과 그 특성

입자의 특성 \ 구분	진용액	교질 용액(콜로이드 용액)	현탁액
크기	1 nm 이하	1 nm~0.1 ㎛	0.1 ㎛ 이상
분자 특성	이온 또는 작은 분자들	거대분자 또는 분자들의 소집단	분자들의 거대집단
운동 특성	일정한 분자 운동	브라운 운동	중력 방향 운동
가시성	현미경 관찰 불가	전자현미경 관찰 가능	광학현미경 관찰 가능
안정성	매우 안정	비교적 안정	불안정

(1) 진용액

소금이나 설탕과 같이 작은 분자나 이온은 물에 용해되어 진용액을 만든다. 분산 용액의 유형 중 분산질의 크기가 가장 작고 안정된 상태의 용액이다. 설탕을 물에 넣으면 설탕 분자의 극성기가 물과 수소 결합을 하여 분자 상태로 수화되어 용해된다. 소금은 반대의 전하를 가진 이온들이 정전기적 힘에 의해 결합되어 있는데 물에 넣으면 쌍극성의 성질을 가진 물은 나트륨과 염소이온의 상호 인력을 감소시켜 이온들을 수화 분리시킴으로써 용해한다.

① 용해도

용해도는 일정한 온도에서 100 g의 용매에 용해하여 포화 용액을 만드는 용질의 양을 말한다. 진용액을 형성할 때 용해도는 용질의 종류에 따라 다르고 온도와 같은 외적 조건에 따라서도 달라진다. 예를 들어 설탕과 소금의 용해도가 각기 다르며 설탕의

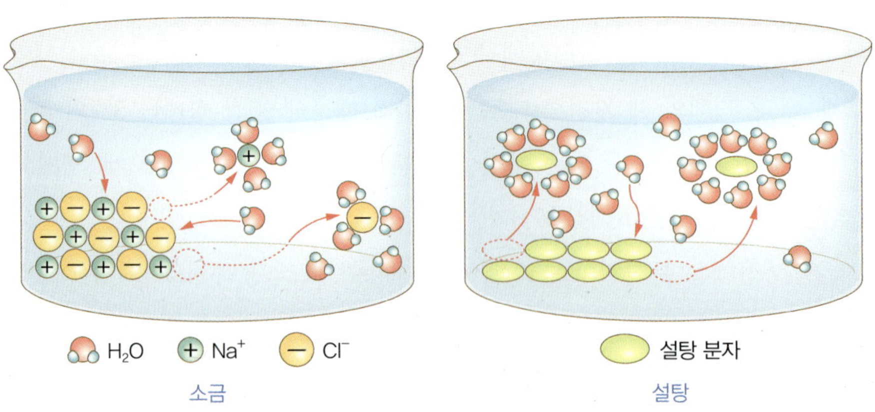

그림 1-3__ 소금과 설탕의 용해

경우 온도 증가에 따라 용해도는 크게 증가한다. 그러나 액체에 용해되는 가스의 용해도는 온도가 낮을수록 커진다. 즉 탄산음료는 차가울 때 가스가 많이 용해되어 있고 온도가 상승함에 따라 용해도는 낮아진다.

② 확산성과 삼투 현상

진용액은 확산하는 성질이 있다. 순수한 물과 진용액 사이에 투과성 막이 있을 때 진용액의 용질이 이 막을 통과해 물의 농도가 진용액의 농도와 같아지는 현상을 말한다. 반면 반투과성 막일 경우에는 물은 통과시키나 용질은 통과시키지 않으므로 물이 농도가 낮은 쪽에서 높은 쪽으로 막을 통과하여 막의 양쪽에 존재하는 용액의 농도를 같게 하려고 하는 삼투 현상이 있다.

배추를 진용액인 소금물에 담그면 투과성 막인 세포벽 내로 소금이 확산되어 들어가지만 반투과성 막인 원형질막을 통과하지 못하므로 세포벽과 원형질막 사이의 소금 농도가 높아지게 된다. 이때 세포 내의 물은 소금 농도가 높은 원형질막 바깥쪽으로 나오고 원형질 분리가 일어나 원형질이 변성되면 소금이 세포 내로 들어가 배추가 절여진다(그림 1-4).

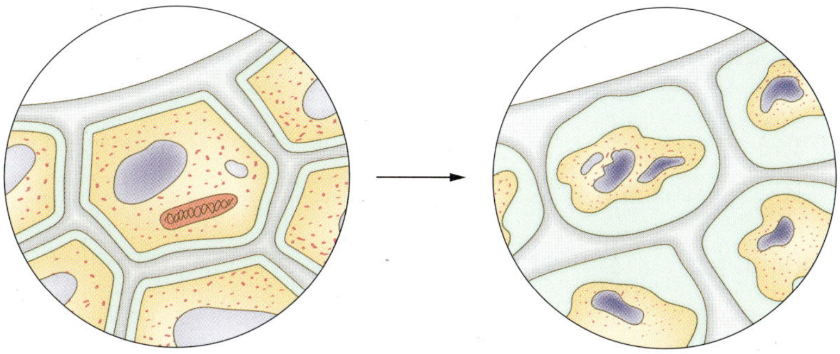

그림 1-4___ 삼투압에 의한 원형질 분리

③ 비점과 빙점

진용액의 비점은 순수한 물보다 높으며 그 정도는 용질의 종류와 양에 따라 달라진다. 예를 들어 이온화하지 않는 설탕 1몰 농도(mol/L)의 액은 비점을 0.52℃ 상승시키나 소금 용액은 나트륨이온과 염소이온으로 나뉘어져 각각 비점에 영향을 주기 때문에 $0.52 \times 2 = 1.04$℃만큼 상승한다.

진용액의 빙점은 순수한 물보다 낮다. 이온화하지 않는 설탕 1몰 농도(mol/L)의 액은 빙점을 1.86℃ 낮추고 이온화하는 소금 용액의 경우 나트륨 및 염소이온 각각 영향을 미쳐 3.72℃가 낮아진다. 따라서 설탕이 많이 함유된 냉동 후식류를 얼릴 때에는 얼리는 데 필요한 시간이 더 길어진다.

(2) 교질 용액

분산계에서 분산질이 진용액보다 크고 부유 상태보다 작아 용해되거나 침전되지 않고 분산 상태로 존재하는 것을 교질 용액이라고 한다. 우유, 두유나 젤라틴 같은 단백질 용액, 호화된 전분 용액 등이 대표적인 교질 용액이다.

① 교질 용액의 안정성

교질 용액은 분산질의 크기로 인해 진용액보다 안정성이 떨어지지만 분산질의 브라운 운동, 전하, 수화 현상 등으로 분산 상태를 유지하고 있다.

- **브라운 운동** : 분산매인 가스나 액체 내에서 더 빨리 움직이는 분산매의 분자들에 의해 분산질 입자가 상하 좌우 모든 방향으로 활발한 운동을 하게 되는데 이를 브라운 운동이라 한다. 이 활동으로 분산질 입자가 산포되어 있는 것을 설명할 수 있다.
- **분산질의 전하** : 분산질 입자는 용액 내에서 이온화되어 양전하나 음전하를 띠고 있다. 이온화된 교질은 일정한 용액 내에서 동일한 전하를 띠고 있으므로 입자 상호간에 반발하여 서로 결합 또는 응결하려는 것을 막음으로써 용액의 안정성을 가져온다.
- **분산질 입자의 수화** : 분산질 입자는 수소 결합에 의해 물과 결합하여 수화된다. 여러 겹의 물층으로 둘러싸인 입자는 서로 직접 접촉하기 어려우므로 안정성을 가져온다. 그런데 분산매가 물인 교질 용액에서 분산질이 물과 친화력이 큰 친수성 교질hydrophilic colloid은 이처럼 입자의 수화로 인해 안정성이 큰 반면, 기름과 같이 수분을 잘 흡착하지 않는 소수성 교질hydrophobic colloid은 브라운 운동에 의해 가까이 닿게 되면 서로 합쳐지게 되어 안정성이 깨지게 된다. 이때 다른 분산질 입자의 분산 상태를 안정시키는 보호 교질protective colloid을 넣어 주면 안정성이 증가될 수 있다.

보호 교질의 예

아이스크림 제조 시에 젤라틴이나 전분, 덱스트린 등을 섞는 것은 우유 단백질의 응결을 방지하고 얼음 결정이 커지는 것을 방지하는 보호 교질 역할 때문이다. 또한 토마토크림 수프를 만들 때 미리 밀가루를 우유와 잘 섞어 익힌 다음 산이 들어 있는 토마토즙을 넣으면 소수성인 카세인 입자의 응결을 막을 수 있게 된다. 즉 밀가루의 호화된 전분과 글루텐이 보호 교질 역할을 하는 것이다.

② 식품에서의 교질 상태

식품에서 교질 상태를 이루는 분산매와 분산질은 액체, 고체 및 기체 3가지 상태로 존재할 수 있는데 졸sol은 액체에 고체, 젤gel은 고체에 액체, 유화는 액체 속에 액체, 그리고 거품은 액체에 기체가 분산된 교질 상태이다. 분산매와 분산질에 따른 교질 용액의 분산 상태와 식품의 예를 표 1-3에 나타내었다.

표 1-3__ 교질 용액의 분산 상태

분산 상태	분산매	분산질	식품의 예
졸	액체	고체	우유 속의 단백질, 젤라틴 용액
젤	고체	액체	족편, 젤라틴 젤리, 묵, 달걀찜
유화	액체	액체	샐러드드레싱(마요네즈)
거품	액체	기체	거품 낸 생크림, 맥주 거품, 난백 거품

- **졸과 젤** : 고체의 교질 입자가 용액에 분산되어 흐를 수 있을 때를 졸이라 하며 이 졸이 분산매의 농도, 온도, pH 또는 전해질 등의 변화에 의해 굳어진 상태를 젤이라 한다(그림 1-5). 졸은 유동성이 있으며 대표적인 졸로는 걸쭉한 소스 등이 있다. 졸을 냉각시키면 젤이 된다. 졸이 젤로 변하는 과정은 비연속적이었던 분산질이 계속적으로 연결되어 3차원의 망상 구조가 형성되고 그 안에 연속적인 상태였던 수분이 갇히게 되는 것이다. 친수성의 분산질은 다량의 수분을 흡착하고 있기 때문에 젤의 조직을 잘라도 물이 흘러나오지 않는다. 대표적인 젤로는 묵, 푸딩, 젤라틴 젤리 등이 있다. 그러나 시간의 경과에 따라 분산질의 흡수성이 약화되어 탄력성이 떨어지므로 액체의 일부가 분리되기도 하는데 이를 이장 현상syneresis이라 한다.

  한편, 젤의 종류에 따라 가열하면 졸로 되돌아가는 가역적 젤이 있는데 젤라틴

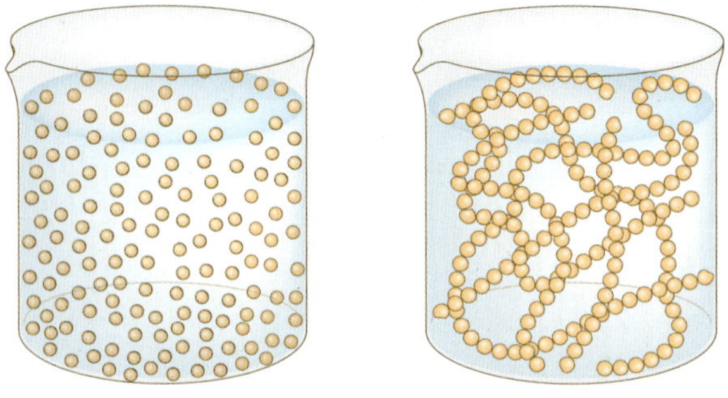

그림 1-5___ 졸과 젤

젤이 그 예이다. 묵, 달걀찜, 두부 등은 일단 젤이 형성되면 졸 형태로 되돌아가지 않는 비가역적 젤이다.

- **유화** : 식품에서 물이 관여하는 또 다른 분산 형태로 서로 섞이지 않는 두 액체가 혼합, 분산되어 있는 상태가 있는데 이를 유화라고 한다. 물과 기름을 섞어두면 기름은 물보다 가벼우므로 물 위에 뜬다. 여기에 친수성기와 친유성기를 동시에 갖고 있는 물질, 즉 유화제를 넣어 저어주면 두 물질이 잘 섞인 분산 상태를 이룬다. 마요네즈를 만들 때 유화제로 난황을 사용하는 것은 레시틴 및 단백질이 풍부하기 때문이다. 유화액은 분산매인 물속에 분산질인 기름이 퍼져 있는 수중유적형oil in water, O/W형과 분산매인 기름 속에 물이 분산되어 있는 유중수적형water in oil, W/O형이 있다. 수중유적형의 예로 균질우유, 마요네즈, 생크림, 크림수프, 여러 가지 소스들이 있으며 유중수적형으로는 버터와 마가린이 있다.
- **거품** : 액체인 분산매에 기체가 고르게 분산되어 있는 교질 용액이다. 크림, 난백, 맥주 등이 조리에 많이 이용되는 거품이며 조리된 음식의 부피를 크게 하여 다공성의 조직감을 주고 촉감을 좋게 한다. 난백을 교반하면 액체인 난백에 기체인 공기가 분산되어 거품이 형성되는데 교반 시에 변성된 난백 단백질이 분산된 공기를 둘러싸 막을 형성함으로써 안정한 상태가 된다.

③ 교질 용액의 흡착성

교질 용액을 형성하는 분산질은 분산질 이외의 용액 내에 존재하는 모든 이물질을 표면에 흡착하는 성질이 있다. 분산질이 미세하게 쪼개져 교질 상태를 유지하고 있기 때문에 교질 입자의 용적에 비해 분산매에 접하고 있는 표면적이 매우 크다. 그러므로 교질 입자는 표면장력을 형성하여 흡착하려는 성질이 생기는 것이다. 교질 용액의 이러한 흡착성을 이용하여 탁한 국물을 맑게 하거나 짠 국물의 맛을 약하게 할 수 있다. 즉 교질 용액인 난백을 거품내어 국물에 넣어 끓이게 되면 난백이 열에 의해 응고, 침전할 때 국에 있던 소금을 포함한 여러 이물질을 흡착시켜 침전하므로 국물은 맑아지고 싱거워진다.

(3) 현탁액

현탁액을 이루는 분산질의 크기가 크기 때문에 물에 용해되지 않으며 교질 용액처럼 분산 상태를 이루기도 어려워 매우 불안정한 용액이다. 용액을 계속 저어주면 현탁액을 유지하지만 그대로 두면 분산질이 중력에 의해 가라앉거나 떠올라 더 이상 현탁액을 유지하지 못한다. 생전분이나 밀가루를 찬물에 풀어놓은 것이나 된장을 풀어 넣은 국물이 대표적인 현탁액의 예이다. 현탁액은 확산의 성질도 없으며 조리 시에 비점 및 빙점에도 영향을 주지 않는다.

4. 조리와 열

1) 열과 온도

열과 온도는 서로 다른 개념으로 열은 뜨거운 물체에서 차가운 물체로 흘러가는 에너지이며 온도는 열이 어느 방향으로 흐르는지를 측정하는 척도이다. 조리 과정에서 열의 강도는 조리수나 식품 분자가 움직이는 정도를 나타내며 온도계를 사용하여 측정할 수 있다.

조리에 사용되는 온도 단위는 주로 섭씨℃와 화씨℉로 나타낸다. 섭씨는 물의 비등점을 100℃로, 빙점을 0℃로 구분하여 그 사이를 100으로 균등하게 나누어 놓은 것으로 세계 공통적으로 사용되고 있는 단위이다. 화씨는 미국에서 많이 사용하고 있는데 물의 빙점을 32℉로, 비점을 212℉로 하여 이 두 점 사이를 180으로 균등하게 구분한 것이다. 따라서 섭씨 온도와 화씨 온도는 다음과 같이 환산할 수 있다.

$$°C = 5/9(°F - 32) \quad \text{또는} \quad °C = (°F - 32)/1.8$$

$$°F = (9/5 \times °C) + 32 \quad \text{또는} \quad °F = (1.8 \times °C) + 32$$

대표적인 식품의 조리 및 저장 온도를 그림 1-6에 나타내었다.

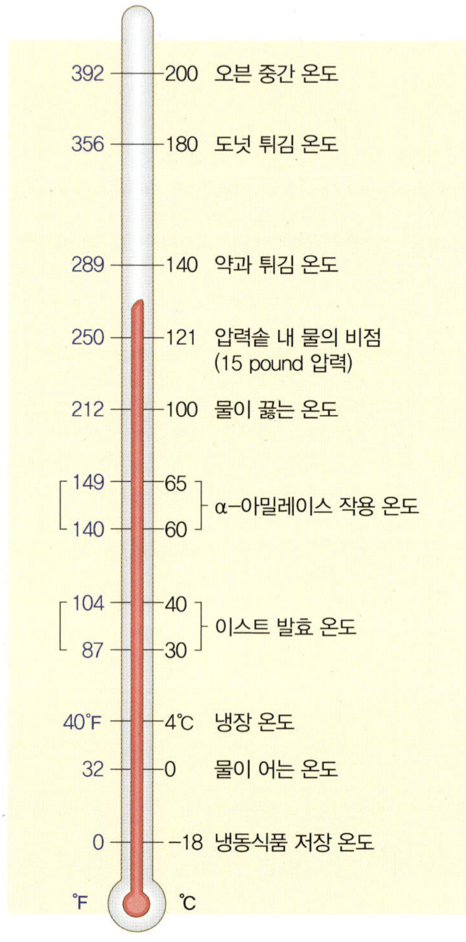

그림 1-6__ 식품 조리 및 저장 온도

2) 조리열의 전달 매체

식품은 물, 공기, 증기 및 기름에 의해 가열되어 조리가 이루어진다. 이러한 매체를 통하여 전달되는 열은 조리 방법과 식품의 구성 물질에 의해 영향을 받는다.

물은 신속하게 열을 전달하기 때문에 열전달 매체로 많이 사용한다. 끓이기, 데치기, 삶기 등의 습열 조리는 물을 사용하여 다양하게 식품을 조리한다. 물의 끓는 온도는 고도와 기압의 영향을 받는다. 순수한 물은 대기압 하에서는 100℃에서 끓으나 기압이 낮으면 낮은 온도에서도 끓게 된다. 일반적으로 액체는 일정한 온도에서 일정한 증기압을 갖고 있는데 이 증기압과 외부의 기압이 동일해지면 끓게 된다. 그러므로 기압이 높아지면 비등점도 높아지고 기압이 낮아지면 비등점도 낮아진다. 압력솥은 바로 이러한 원리를 이용한 것이다. 즉 압력솥에 식품을 넣고 가열하게 되면 솥 내부의 수증기가 외부로 빠져나가지 못함에 따라 높아진 내부의 압력과 물의 증기압으로 끓는점이 높아지게 된다. 결과적으로 100℃보다 높은 온도에서 끓게 되므로 조리 시간이 단축될 수 있다.

찌는 방법의 조리는 수증기의 열을 이용하는 조리법이다. 물을 액체 상태에서 기체 상태로 바꾸는 데에는 많은 열이 필요하다. 물을 끓여서 기체로 만드는 데 필요한 열을 물의 기화열이라 하는데 100℃의 물 1 g이 수증기로 변화될 때 539 cal의 기화열을 흡수하므로 이 기화열로 식품이 가열되는 것이다.

유지는 음식을 튀기거나 볶는 데 이용된다. 일반적으로 유지의 비열은 0.47 cal/g·deg 정도로 물의 비열보다 약 반 정도 더 낮으므로 가열 시 유지는 쉽게 온도가 상승한다. 가열에 따라 물보다 높은 온도로 상승되므로 조리 시간이 짧아져 영양소의 손실이 적은 편이다.

공기를 조리 매체로 하여 조리하는 방법에는 각종 구이나 로스팅이 있다. 이 방법은 음식 주위에 있는 뜨거운 건열이 음식으로 전달됨으로써 조리가 된다. 물이나 기름에 비해 열전달 속도가 매우 느린 편이다.

3) 열의 전달 방식

조리에서 열의 전달은 전도, 대류, 복사 등에 의해 이루어진다. 이 중 어느 한 가지 전달 방식에 의한 것보다 복합적 방법에 의해 에너지가 전달되어 식품이 조리된다.

(1) 전도

물체가 열의 급원에 직접적으로 접촉이 되면 열이 그 물체를 따라 이동하는 것을 전도라고 한다. 그림 1-7과 같이 열원과 직접 접촉하고 있는 냄비에 열이 전달되면 냄비와 접촉하고 있는 물에 열이 이동하여 가열이 된다. 열전도율은 전도에 의해 열이 전달되는 속도를 나타내는데 이는 물질에 따라 차이가 크다. 열전도율이 큰 것은 열을 빨리 전달하는 반면 빨리 식으므로 보온성은 적으며, 열전도율이 작은 것은 온도가 쉽게 올라가지는 않으나 보온성은 좋다.

일반적으로 금속 물질은 유리나 도자기류보다 열전도율이 크므로 물이나 국을 빨리 끓이기 위해서는 금속으로 된 재질을 사용하고 보온의 목적을 위해서는 도자기류를 사용하는 것이 좋다.

(2) 대류

식품을 끓이고, 굽고, 튀기는 것은 모두 대류의 열전달 방식을 사용하는 조리 방법의 예이다. 대류에 의한 열의 전달은 공기나 액체를 통해서 일어난다. 그림 1-7과 같이 공기나 액체를 가열하면 밀도가 낮아져 위쪽으로 올라가고 위쪽의 찬 공기나 액체는 아

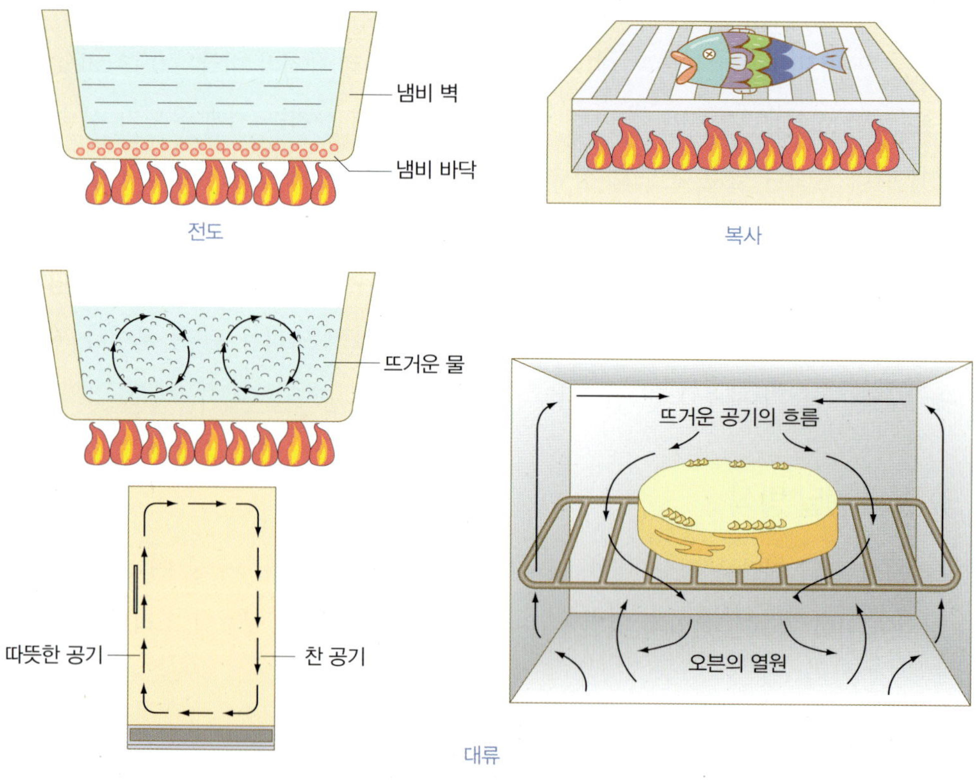

그림 1-7 열의 전도, 복사, 대류

래쪽으로 이동하는 흐름이 반복된다. 오븐 내의 온도는 위치에 따라 다르므로 팬을 배치할 때는 대류 현상을 고려하도록 한다. 물에 비해 탕수육의 전분 소스가 쉽게 식지 않는 것은 점도가 높아 대류의 흐름을 막기 때문이다.

(3) 복사

열원으로부터 어떤 중간 매체 없이 열이 바로 전달되는 현상을 복사라 한다. 모든 물체는 뜨거워지면 복사열을 내놓는데 이 복사열은 열의 급원에서 목적물까지 아무런 장애 없이 직접 전달되므로 전달 속도가 아주 빠르다. 태양으로부터 나오는 엄청난 양의 복사열이 지상에 전달되는 것은 대표적인 복사의 예이다. 조리에 사용되는 복사열은 가스, 숯 등의 불꽃을 직접 이용하는 것과 전기토스터에서와 같은 직접적인 전열을 예로 들 수 있다. 오븐 속에서도 상당 부분 복사열에 의해 조리가 된다.

복사열은 일단 식품의 표면에 흡수된 다음 전도에 의해 식품 안쪽으로 이동하며 오븐조리에서도 복사열이 조리 용기에 흡수된 후 전도에 의해 식품으로 이동한다. 조리용 기구의 재질은 복사열 흡수에 영향을 주는데, 표면이 검고 거칠수록 희고 매끄러운 것보다 열을 잘 흡수하여 온도를 높여 주기 때문에 조리 시간이 단축된다. 그러므로 오븐에서 조리할 때 검정색 용기나 유리를 사용하면 흰 알루미늄을 사용할 때보다 조리 시간을 줄여야 한다. 특히 유리는 복사열을 잘 흡수하므로 좀 더 낮은 오븐 온도에서 조리하여야 한다.

(4) 유도

유도 가열induction heating은 고효율의 자기장 유도 기술을 응용한 것으로 전기에너지로 자력을 발생시켜 열을 내게 한다(그림 1-8). 즉 유리 세라믹판 아래에 자력 발생 코일을 부착하고 고주파 전류를 흐르게 하면 코일 주변에 자력선이 발생하여 상부 세라믹판 위에 있는 자성체 그릇의 철 성분과 같은 저항 성분에 의해 그릇 밑면에 와전류eddy current가 생성된다. 그릇 바닥에서 발생한 와전류는 그릇 자체만을 발열시키므로 상판은 가열되지 않고 그릇만 뜨거워지는 유도 가열로 식품의 조리를 가능하게 한다.

이 원리를 이용한 인덕션 레인지는 가스레인지나 일반 가열기처럼 외부로 나오는 불꽃이 없기 때문에 사용이 안전하고 냄비가 닿는 부분에서만 에너지가 형성되므로 에너

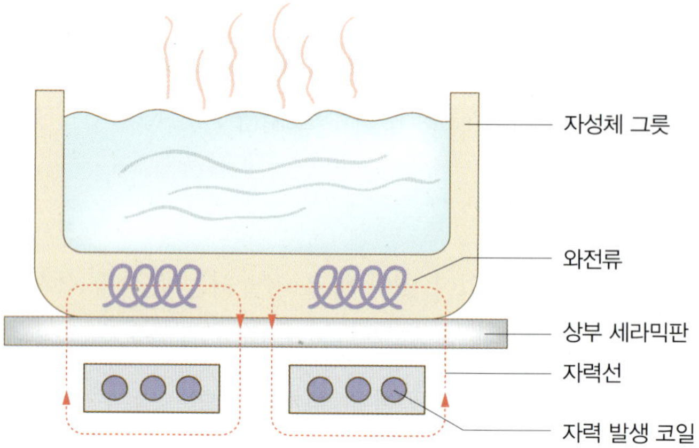

그림 1-8 유도 가열(인덕션 레인지)의 원리

지 효율이 높다. 또한 온도를 빠르게 상승시켜 조리 시간을 단축할 수 있으며 열의 세기를 다양하게 조절할 수 있어 중화요리, 스테이크, 스파게티 같은 고화력이 요구되는 음식도 제대로 조리할 수 있다. 뿐만 아니라 상판이 뜨거워지지 않으므로 조리할 때 흐른 음식이 기기 표면에서 타지 않아 청소가 용이하고 조리 환경이 쾌적하므로 미래형 첨단 조리 장비라 할 수 있다.

유도 가열 기기의 상부에 놓여져 사용될 수 있는 조리기구는 자력을 효율적으로 이용할 수 있는 전용 용기를 사용해야 한다. 즉 무쇠, 마그네틱 스테인리스 스틸, 철로 된 주물 용기 또는 겉에 법랑을 입힌 강철로 만든 냄비로 바닥이 평평하고 상판에 밀착이 잘되는 것이 적합하다. 일반 알루미늄 냄비나 유리, 동, 스테인리스 스틸 100%, 바닥 직경이 12 cm 이하인 중화 팬 같은 기구 들은 인덕션 레인지 사용에 부적합하다.

전기레인지(하이라이트)

전기레인지도 인덕션 레인지와 같이 외부로 나오는 불꽃 없이 상판에 조리 용기를 올려 조리하는 방식은 비슷하지만 열전달 방식에서 상판 하부 열선으로 가열한다는 차이점이 있다. 따라서 외부로 열이 유출되어 인덕션보다 열효율이 떨어지고 조리 속도가 느리며 상판이 뜨거워져 안전사고의 위험이 있다는 단점이 있다. 또한 음식이 넘쳤을 때 바로 닦아내지 않으면 오염물 제거가 어려워진다. 하지만 인덕션 레인지에 비해 가격이 저렴하고 전용 용기가 필요하지 않다는 장점이 있어 전기레인지를 선호하는 소비자들도 있다.

4) 극초단파에 의한 열 발생

전자레인지는 전자파에 의해 조리되는데 이용 가능한 전자파는 900~30,000 MHz에 존재하나 가정용 전자레인지에는 2,450 MHz만이 사용되고 있다. 이 전자파는 적외선보다 파장이 짧은 극초단파로 재질에 따라 투과, 흡수, 반사의 성질이 있는데 식품에 흡수되어 열을 발생시킨다. 전자레인지 속의 마그네트론에서 발생된 극초단파는 식품 중의 물 분자에 작용하여 회전과 마찰을 일으켜 발열하게 된다.

극초단파 조리의 가장 큰 특징은 조리 시간이 적게 걸린다는 점이다. 극초단파는 유리, 도자기, 종이류와 같은 조리 용기는 투과하고 이 전파의 대부분이 식품에만 흡수되어 이용되므로 열효율이 높기 때문이다. 극초단파는 보통 1~2인치 정도로 식품 내에 침투하여 열을 발생시키고 안에서 발생한 열은 전도에 의해 주변으로 전달된다. 조리 시간이 짧기 때문에 갈변 현상이 일어나지 않는 특징이 있다.

전자레인지에 적합한 조리는 국물이 많지 않은 음식으로 소량 조리 시에 좋으며, 간단한 재가열, 냉동식품, 반조리식품, 인스턴트식품을 조리할 때 편리하게 사용할 수 있다. 극초단파의 조리는 음식 속의 물 분자를 데우므로 조리 시간이 단축되지만 수분 증발이 많아 굳어지기 쉽다. 그러므로 뚜껑을 덮거나 랩을 씌워 조리하고 과조리되지 않도록 주의한다. 조리 용기로 도자기류, 내열유리그릇, 플라스틱그릇 등은 사용 가능하나 금속류는 전자파를 반사시킴으로 법랑냄비, 금박커피잔, 스테인리스 스틸류는 적당하지 않다.

5. 조리의 기초 조작

1) 계량과 계측하기

음식을 조리할 때 가장 기본적인 것 중 하나는 필요한 재료나 조미료 등을 적절히 배합하는 것이다. 이를 위해서는 여러 가지 계량 기구를 이용한 식품의 정확한 계량이 필요하다. 또한 음식의 품질 평가를 위해서도 사용된 식품이나 조미료의 분량을 정확히 계량하는 것은 필수적인 일이다. 계량하고자 하는 식품에 따라 적절한 기구를 선택하여 올바른 사용법을 익혀 조리를 하게 되면 경험이 부족해도 레시피에 의해 재현성 있는 음식을 만들 수 있으며 식품 재료의 낭비를 막을 수 있어 경제적인 조리가 가능하다. 무게를 측정하기 위해서는 저울을 이용한다. 부피나 무게 등 양의 측정뿐만 아니라 온도계, 타이머 등으로 조리 온도나 조리 시간을 측정하는 것도 능률적이고 과학적인 조리를 위해 필요하다.

(1) 부피 측정

① 기구

부피 측정 기구로 계량컵, 계량스푼 등을 이용한다. 계량컵에는 일반 계량컵과 액체 계량컵이 있는데 일반 계량컵은 스테인리스 스틸제 같은 불투명한 재질로 1컵, 1/2컵, 1/3컵, 1/4컵이 한 세트로 구성되어 있다. 밀가루, 소금, 설탕, 가루 제품 및 입상식품 등을 재는 용도로 사용한다. 투명한 계량컵은 액체 계량용으로 일정 간격으로 눈금이 매겨져 있어 다양한 양의 액체를 계량할 수 있다. 계량스푼은 1큰술, 1작은술, 1/2작은술, 1/4작은술이 한세트로 구성되어 있으며 양념이나 조미료 등 컵 분량보다 적은 양을 이용할 때 사용한다.

미국식 쿼트법에 의해 제작된 용기 1컵의 표준 용량은 240 mL이나 미터법을 적용하는 경우에는 250 mL이고, 우리나라와 일본 등 일부 국가의 경우 1컵의 표준 용량을 200 mL로 하고 있다. 우리나라의 기준으로 계량스푼의 용량, 계량컵과 계량스푼 사이를 다음과 같이 나타낼 수 있다.

1작은술tea spoon, ts = 5 mL

1큰술table spoon, Ts = 15 mL = 3작은술

1컵cup, C = 200 mL ≒ 13.3큰술

② 측정 방법

- **액체** : 계량컵의 경우 눈금을 읽기 쉽도록 투명한 재질의 계량컵을 이용하여 액체와 같은 높이에서 컵의 눈금을 읽는다. 조청, 기름 및 꿀과 같이 점성이 큰 액체는 할편된 계량컵을 사용한다. 계량스푼을 사용할 때는 스푼 가장자리를 넘기지 않을 정도로 담는데, 액체의 표면장력으로 약간 부풀어 오른 상태가 정확한 양이다.
- **가루** : 조미료, 백설탕, 전분, 밀가루 같은 가루나 입상 재료는 계량컵이나 계량스푼

에 덩어리가 없는 상태로 누르거나 흔들지 않고 가득 담은 후 윗면이 수평이 되게 깎아서 잰다. 밀가루의 경우는 입자가 미세하고 균일하지 않아 저장하는 동안 눌려 부피가 줄어들기 때문에 반드시 체에 친 후 계량한다. 가루 재료를 정확히 측정하려면 용량을 재는 것보다 표준 무게를 재는 것이 더 과학적이다. 흑설탕의 경우는 정제가 덜된 당으로 당밀이나 다른 성분들이 남아 있어 끈끈하게 입자가 서로 붙어 있으므로 단단하게 눌러 담은 후 수평으로 깎아서 잰다. 분당을 측정하는 경우에는 밀가루를 잴 때와 같이 체로 쳐서 컵에 담는다.

- **고체** : 저울로 계량하는 것이 바람직하나 편의상 계량컵이나 스푼으로 잴 수 있다. 버터나 마가린, 쇼트닝의 경우 실온에 두어 반고체 상태로 한 후 컵이나 스푼에 빈 공간 없이 꾹꾹 눌러 담은 후 수평으로 깎아서 계량한다. 된장, 다진 마늘, 파 등도 빈 공간이 없도록 채워서 윗면을 수평이 되도록 깎아서 잰다. 버터와 마가린 등은 기준 부피당 무게를 알고 있으면 편리하게 사용할 수 있다.

한국 조리에 자주 이용되는 조미료의 부피에 따른 무게는 표 1-4와 같다.

표 1-4 조미료의 부피에 따른 무게

(g)

조미료	1작은술	1큰술	1컵	조미료	1작은술	1큰술	1컵
식초	5	15	200	깨소금	2	6	80
간장	6	18	230	꽃소금	4	12	160
된장	6	18	230	굵은 소금	4	12	160
고추장	6	18	230	설탕	4	12	160
고춧가루	2.3	7	93	후춧가루	2.5	8	100
식용유	4	13	170	다진 마늘, 파, 생강	5.5	16.5	220

*상기 무게는 원료, 입자 크기, 수분 함량 등에 따라 달라질 수 있음

(2) 무게 측정

고기나 채소, 두부 등 컵으로 잴 수 없는 여러 가지 재료, 1컵 분량 이상의 가루 제품 등을 계량하는 데 이용된다. 저울로 계량할 때는 먼저 저울을 평평한 곳에 자리를 잡은 후 바늘이 영점에 있는지를 확인한다. 다음으로 저울접시의 중앙에 식품을 올려놓

고 저울의 바늘이 정지되었을 때 숫자를 읽는데 저울과 같은 높이의 정면에서 읽는다.

(3) 온도 측정

온도계의 종류는 막대형 온도계, 디지털 온도계, 레이저 온도계 등이 있는데 일반적으로 0℃에서 300℃까지 측정이 가능하나 조리 시의 온도 범위에 맞는 적절한 온도계를 선택하도록 해야 한다.

막대형 온도계의 측정 방법은 온도계의 끝 부위가 그릇의 바닥에 닿지 않게 용액의 중심에 놓으며 눈의 높이를 온도계의 눈금 위치에 맞추어 읽는다. 디지털 온도계는 고기를 로스팅할 때 좋으며 온도감지센서를 식품 내부의 중심 부분에 찔러 넣어 내부 온도를 정확하게 측정한다. 식품 표면의 손상이나 오염을 방지하기 위해서는 비접촉식 레이저온도계를 사용하는 것이 좋다.

(4) 당도, 염도, 산도 측정

일반적인 계량, 계측과 온도 측정 이외에 필요에 따라 전문적으로 단맛, 신맛, 짠맛 등을 측정해야 하는 경우가 있다. 예를 들어 과일이나 잼의 당도는 당도계로, 김치의 숙성 정도나 육질 평가는 pH미터로, 국물의 염도는 염도계 같은 도구들을 사용한다. 과학적인 조리와 식품의 공정관리상 필요할 때 이용한다.

2) 씻기

씻는 과정을 통해 식품에 부착된 불순물이나 유해 성분이 충분히 제거되도록 해야 한다. 이를 위해 채소류 및 과일류 등 표면이 매끄럽지 않고 굴곡이 있는 식품을 씻을 때는 세제를 사용하여 씻고 흐르는 물로 헹군다. 씻을 때 같은 양의 물로 한 번 씻는 것보다 물을 나누어 여러 번 씻는 것이 더 효과적이다.

위생적으로 안전하게 하기 위한 목적으로 씻어야 하지만 식품의 조직이 파괴된 상태에서는 함유되어 있는 수용성 영양소의 손실이 커지게 된다. 그러므로 식품은 가능하면 통째로 씻은 후에 잘라서 조리하는 것이 좋다

쌀의 경우 쌀에 묻어 있는 오물은 주로 쌀겨와 배아이므로 쌀겨 냄새가 쌀에 흡수되지 않도록 물을 넉넉히 넣어 빨리 씻어 내도록 한다. 생선은 2~3%의 소금물로 씻어 낸

다. 생선 표면이 미끈미끈한 점액질과 세균으로 덮여 있는데 점막은 일종의 단백질 성분으로 식염수에 잘 녹기 때문이다. 이 과정에서 세균은 완전히 제거되지 않고 시간이 지나면 다시 증식하므로 씻은 후 바로 조리하는 것이 좋다. 달걀 껍질은 얇은 큐티클 층으로 덮여 있어 호흡을 조절하는데 이 층이 벗겨지면 호흡으로 생긴 이산화탄소가 배출되고 세균이 안으로 들어가 부패할 수 있으므로 달걀은 씻지 않는다. 이러한 목적 외에 씻기는 색깔이나 외양을 좋게 하기도 하며 맛이나 질감을 개선하기도 한다. 시금치를 데쳐 바로 찬물에 헹구어 색의 변화를 막는 것이나 면류를 삶아 찬물에 헹구어 퍼지지 않도록 하는 것이 바로 그것이다.

3) 담그기와 불리기

담그기와 불리기는 건조된 식품을 조리할 때 건조되기 전과 같은 수분 상태로 환원시키거나 변색 방지, 이미異味 성분 제거 및 생채소의 질감 향상 등을 위해 잠시 물에 담가두는 조리 조작이다.

(1) 건조식품의 수분 흡수

곡물, 콩류, 생선, 채소, 해조류 등은 저장과 수송의 편리를 위해 건조시키는 경우가 많은데 이러한 건조식품은 물에 담가 말리기 전과 같은 수분 함량으로 재흡수시켜 조리를 한다. 수침을 하게 되면 팽윤, 연화되어 열의 전도가 잘되기 때문에 조미료의 침투를 용이하게 하고 조리 시간을 줄일 수 있게 된다.

(2) 이미 성분 제거

우엉, 고사리, 도라지, 토란 등의 식품 내에 존재하는 쓴맛, 떫은맛, 아린 맛, 불미 성분 등을 물에 담가 제거할 수 있다. 이들 성분은 주로 무기염류, 알데하이드, 배당체, 알칼로이드 등 수용성이 많기 때문이다. 염장식품의 경우 그대로 조리하면 짠맛이 강하므로 물에 담가 지나친 염분을 용출시켜 조리하는 것이 좋다. 이때 저농도의 소금물을 사용하면 삼투압의 작용으로 염분이 효과적으로 제거된다.

(3) 식품의 변색 방지

껍질을 벗긴 우엉, 감자, 사과 등은 공기 중에 놓아두면 갈변현상이 일어날 수 있는데 이는 공기 중의 산소에 의해 식품 내에 존재하는 폴리페놀산화효소가 폴리페놀화합물을 산화시킨 결과이다. 따라서 물에 담가 산소를 차단하거나 산 첨가, 가열 처리 등을 통해 효소 활성을 저해시켜 변색을 막을 수 있다.

(4) 질감 향상

채소의 세포막 내부의 수분에는 여러 물질이 존재하므로 물보다 농도가 높다. 채소를 썰어 물에 담그면 세포 안팎의 농도가 같아지려는 성질에 의해 외부의 물이 세포막을 통해 안으로 들어가게 된다. 이로 인해 내부의 압력이 높아져 채소의 세포 조직은 팽팽해져 씹는 맛이 좋아진다.

한편, 고구마 종류를 썰어 물에 담그면 펙틴이 물속의 무기이온과 결합하여 물을 통과시키지 않는 단단한 층을 형성하게 된다. 따라서 세포 내부까지 물이 들어가지 못해 내부의 전분도 호화되지 않아 오히려 삶기 어려워진다. 이러한 성질은 감자나 토란에도 적용되므로 프렌치프라이나 토란조림을 할 때 질감 향상과 모양을 유지할 수 있게 된다.

4) 썰기

썰기는 조리의 출발에서 끝까지 전 과정에서 많이 쓰이는 조리 조작으로 껍질 등을 벗겨 필요 없는 부분을 제거하거나 재료의 표면적을 넓혀 열의 전달이나 조미료를 잘 스며들도록 한다. 또한 모양과 크기를 다듬어 먹기 쉽게 하고 외관의 시각적인 아름다움을 증가시킨다.

식품을 써는 칼은 용도에 맞는 종류의 것을 사용해야 하는데 외날, 양날 및 얇은 날, 두터운 날이 있다. 외날은 자를 때 힘이 한쪽으로만 걸려 반대쪽을 누르지 않기 때문에 생선회 용도로 사용한다. 대부분의 식품은 양날 칼을 사용한다. 칼날이 얇을수록 힘은 똑바로 작용하기 때문에 재료의 저항을 받지 않고 잘 자를 수 있다. 두터운 칼날은 무게를 이용하여 때리듯 위에서 힘을 가하여 자른다. 칼날의 두께는 날 끝으로 갈수록 얇기 때문에 부드러운 것을 자를 때에는 당기면서 자르면 칼날이 처음 닿았던 부분과 당겨진 날 사이에 틈이 벌어져 자르기 쉽다. 채소나 감자 종류를 자를 때에는 날을 밀어 내리면서 자른다.

식품을 썰 때에는 재료의 특성과 목적에 따라 써는 방법을 달리해야 한다. 예를 들면 육류는 근섬유가 길기 때문에 자르는 방향에 따라 부드러운 정도가 달라진다. 섬유와 직각 방향으로 자르면 섬유 길이가 짧아져 먹기 쉬우나 평행하게 자르면 질긴 섬유질 상태로 된다. 그러나 잡채 같은 음식을 만들 때 근섬유와 직각 방향으로 자르면 볶는 동안 잘게 부스러져 버리므로 근섬유 길이 방향으로 잘라야 한다.

5) 혼합과 교반

혼합과 교반은 식품 재료가 균일하게 섞이도록 하는 조리 조작으로 대부분의 음식이 몇 가지 식품을 혼합해서 만들기 때문에 여러 조리 과정에서 많이 행해진다. 혼합과 교반은 보통 가열이나 으깨기 같은 작업이 잘되게 하기 위한 보조 수단으로 많이 이용되나 샐러드드레싱, 케이크 장식용 생크림, 머랭, 아이스크림, 칵테일 등 섞기만으로 완성되는 요리가 많다.

혼합과 교반의 목적은 다음과 같다.

첫째, 식품 재료, 온도, 맛이 전체적으로 균일하게 분포되게 하고 가열 및 냉각 시에 대류를 인위적으로 빨리 일어나게 하여 열의 이동을 촉진시키는 데 있다. 찜이나 볶음 요리를 하면서 젓게 되면 고기의 맛이 채소 쪽으로 옮겨지면서 전체적으로 맛이 좋아지며 점도가 있는 국물 요리의 경우 대류가 원활히 이루어지지 않아 열원과 접촉한 부분만 먼저 타기도 하므로 자주 저어주어야 한다. 우유를 가열할 때에도 잘 저어주어야 우유 표면에 피막이 생기지 않는다.

둘째, 음식의 물리적 성질을 개선하기도 하는데 혼합과 교반으로 콜로이드 상태를 만들어 내거나 끈기의 변화를 가져온다. 난백으로 거품을 내거나 물과 기름을 섞어 유화 상태를 만드는 것, 끈기와 탄력을 내기 위해 밀가루를 반죽하는 것 등이 그 예이다. 고기를 갈아 잘 섞으면 섞을수록 단백질에 끈기가 생겨 굽는 도중 형태가 유지된다.

6) 냉각과 냉장

냉각은 식품 재료나 조리된 음식을 냉장고, 냉각기, 냉수 또는 얼음물을 이용하여 차게 식히는 것으로 조리 조작이라기보다는 조리 중의 온도를 관리하는 과정이다.

표 1-5 냉각의 목적에 따른 조리의 예

냉각의 목적	조리 예
응고 및 성형	족편, 젤라틴 젤리, 우무
향기 및 기체 성분의 보존	와인, 맥주, 과일
촉감 및 질감 향상	샐러드용 채소, 생선회에 곁들이는 채소
식품 성분의 화학적 변화 방지	데친 식품, 삶은 달걀 식히기
물리적 성질의 개선	튀김옷, 파이 및 쿠키 반죽
미생물의 번식 방지 및 신선도 유지	일반 음식물의 냉장고 보관, 육수 냉각

식품을 냉각시키는 목적은 여러 가지가 있는데 표 1-5와 같다. 식품을 냉각시킬 때 냉각 속도는 식품의 양과 형태에 따라 좌우된다. 분량이 많을수록 냉각에 많은 시간에 걸리므로 집단 급식에서처럼 대량 조리를 할 경우에는 신속하게 냉각하여 조리된 음식의 품질이 떨어지거나 식품안전에 문제가 생기지 않도록 주의해야 한다.

그러므로 기내식이나 대량 음식을 조리하는 연회장, 케이터링 등의 주방에서는 계획적으로 조리하고 냉각기를 사용하여 급속 냉각한다. 음식의 열이 쉽게 발산하도록 열전도율이 높은 금속과 같은 용기에서 식히는 것이 좋으며 물은 공기에 비해 열전도율이 높기 때문에 공기 중에서 식히는 것보다 냉수나 얼음물에 넣어 식힌다. 뜨거운 액체식품은 잘 저어줌으로써 열의 대류 원리를 이용하여 식히도록 한다. 특히 육수는 많은 양을 한꺼번에 만들어 식힌 다음 필요할 때마다 사용하는 경우가 많아 이와 같은 방법을 사용하여 식힌다. 또한 음식의 표면적이 넓을수록 빨리 식으므로 조리 후 바로 넓게 펼쳐 놓는다.

7) 냉동

냉동은 식품 중의 수분을 얼려 동결 상태가 되도록 하는 방법으로 아이스크림과 셔벗 같은 식품은 이 조작을 사용해서 만들어지며 많은 식품의 장기 저장 방법으로 이용되기도 한다. 식품을 동결시키면 미생물 발육이 저지되고 식품 중의 효소 작용이 억제된다. 저장을 목적으로 식품을 냉동할 때에는 미세한 얼음 결정을 위해 −40℃ 이하에서 급속 동결시켜야 한다. 서서히 얼리게 되면 얼음의 결정이 커져 식품 조직의 파괴로 해동 시에 유출물이 많아짐으로써 식품의 질이 떨어진다. 그러나 인스턴트커피나 건조

식품의 동상(凍傷, freezer burn)

냉동 저장 과정에서 식품을 포장 없이 보관할 때 결정 상태의 얼음이 액화 과정을 거치지 않고 바로 기화되는 승화 현상으로 인해 탈수가 되어 품질이 저하되는 현상을 말한다. 그러므로 식품을 냉동 저장할 때 식품 자체 내 수분 증발을 방지하기 위해 철저히 밀봉하여 보관해야 품질을 유지할 수 있다.

분말수프 등처럼 승화 현상을 이용하여 식품을 냉동 건조하기도 하는데 일반 건조법에 의해 건조된 것보다 향이나 맛 등 식품의 질이 더 양호하다.

8) 해동

해동은 냉동한 식품을 원상태로 하기 위해 녹이는 조작이다. 식품이나 음식의 종류에 따라 해동 방법이 달라지는데(표 1-6) 육류나 닭고기는 냉장고 안에서 천천히 해동하면 식품 표면과 중심부의 온도 차이가 적으므로 자연의 수화 상태로 되어 해동 후에 유출량이 적다. 동결시킨 반조리 또는 조리된 식품, 데친 채소 등은 그대로 가열 조리하여 해동과 조리가 동시에 이루어지도록 한다. 전자레인지를 이용하여 빠른 속도로 해동하기도 하는데 시간 조절이 잘 이루어지지 않으면 부분적으로 익어버리는 경우가 있으므로 주의해야 한다.

표 1-6 식품의 해동법

해동 방법		적용 식품
완만 해동	공기 해동(냉장고, 실온)	육류, 어류, 과일
	물속 해동	
급속 해동	가열 해동	조리 및 반조리 제품
	전자레인지 해동	대부분의 식품

6. 식품의 조리법

조리법은 생으로 먹는 비가열 조리법과 가열 과정을 거쳐 익히는 가열 조리법이 있다(표 1-7). 어떤 조리법이든 식품 자체가 가지고 있는 맛을 충분히 살릴 수 있도록 해야 한다.

표 1-7__ 조리 방법의 분류

분류	열전달 매체	조리법의 예
비가열 조리법	열 사용하지 않음	생선회, 샐러드, 육회
습열 조리법	물	데치기, 끓이기, 조리기
	수증기	찌기
건열 조리법	공기	오븐구이(로스팅, 베이킹)
	전달 매체 없음(복사열 자체)	직접구이(숯불구이, 꼬치구이)
	기름	튀기기, 볶기
복합 조리법	기름, 물, 공기	브레이징, 스튜잉
진공 조리법	물 또는 수증기(진공팩 외부)	수비드

1) 비가열 조리법

식품을 가열하지 않고 생것으로 먹기 위한 조리법으로 각종 샐러드 및 화채, 생채, 겉절이, 생선회, 육회 등이 비가열 조리법에 의해 만들어진 음식이다. 가열을 하지 않기 때문에 이 방법으로 조리된 음식은 주로 차게 해서 먹는 것이 대부분이다.

(1) 조리법의 특징

이 조리법은 재료의 형태를 다양하게 변화시키는 조작이 많아 써는 조작이 중요한 위치를 차지한다. 조리 과정에서 다른 조리법에 비해 식품 성분의 손실이 적은데 가열 과정이 없고 물을 사용하지 않기 때문에 특히 가열에 예민하거나 수용성인 비타민류, 단백질 등의 손실을 크게 줄일 수 있다. 식품 본래의 질감과 색이나 향의 손실도 적으므로 고유의 풍미를 살릴 수 있다. 또한 비가열 조리법은 조리 조작이 비교적 간단한 편이라서 조리 시간이 적게 걸리고 조리 기구도 많이 필요하지 않다.

(2) 식품의 선택과 다루기

모든 식품을 비가열 조리법으로 이용할 수는 없으며 일반적으로 식물성 식품으로 채소, 과일을 쓰고 동물성 식품으로는 신선한 어류, 육류 등을 쓴다. 비가열 조리에 이용하는 채소류는 조직이 부드럽고 떫은맛이나 쓴맛 등 이미 성분이 없어 가열에 의한 전처리 과정이 필요 없는 재료를 주로 이용한다. 육류의 경우에는 쇠고기를 이용할 수 있는데 지방이 적고 근육이 질기지 않은 우둔육으로 만든 육회가 있다. 생선은 맛이 담백한 흰살생선을 주로 이용한다. 한편, 돼지고기나 민물고기 등은 기생충의 감염 우려가 있으므로 비가열 조리에는 적당하지 않다.

비가열 조리에서 가장 중요한 것은 재료의 신선도와 위생적인 처리이다. 신선한 식품 재료를 잘 씻어서 각종 오물을 제거하고 불필요한 부분이나 독성이 있는 부분을 제거하여 위생적으로 안전하게 해야 한다. 아울러 사용하는 도마나 칼 같은 도구뿐만 아니라 음식을 만지는 손 등을 통해 눈에 보이지 않는 여러 가지 미생물의 교차오염이 일어나지 않도록 한다.

2) 가열 조리법

대부분의 음식은 가열 조리를 통해 만들어지며 가열함으로써 먹을 수 있는 음식의 종류를 다양하게 만든다. 가열 조리는 거의 모든 조리의 중심으로 열에너지를 투입하는 물리적 현상이지만 그 결과는 단백질, 전분 등 거의 모든 식품 성분을 크게 변화시켜 겉모양, 맛, 향이 새롭게 생기는 물리적, 화학적 변화를 가져온다.

가열 조리의 효과는 다음과 같다.

① 음식에 열을 가함으로써 미생물이나 병원균 및 기생충, 독소 등을 제거하여 위생적으로 안전하게 하며 부패를 방지할 수 있어 저장성을 높일 수 있다.

② 전분성 식품의 경우 소화가 잘되게 한다.

③ 적당한 가열은 식품 조직을 연화시키고 음식의 질감도 좋게 하며 각종 조미료, 향신료와 맛 성분의 침투로 풍미가 증진되는 효과가 있다.

그러나 한편으로 식품을 조리하기 위해 가열하게 되면 식품을 구성하고 있는 다양한 성분들 특히, 일부 영양 성분, 색, 향미 등의 손실을 가져올 수 있다.

가열 조리는 열전달의 매체에 따라 물이나 증기를 매체로 열전달이 이루어지는 습열 조리법과 공기, 복사열, 지방에 의한 건열 조리법이 있으며 이 두 방법을 모두 사용하는 복합 조리법이 있다.

(1) 습열 조리법

① 데치기

식품을 끓는 물에 잠시 넣었다가 건져서 찬물에 식히는 조리 방법으로 채소를 데치거나 색을 선명하게 할 때, 토마토의 껍질을 벗길 때, 고기류의 불쾌한 냄새를 없애거나 미리 끓여서 불순물이 생기지 않도록 할 때에 이용하는 방법이다. 또한 채소를 냉동하거나 건조 저장하기 전에 효소를 불활성화하기 위해서도 데치기를 한다. 물을 100℃까지 끓여서 식품을 잠깐 넣어 익힌 후 얼음물이나 찬물에 식힌다. 시금치, 채소, 감자, 무, 육류 덩어리 등은 물을 식품의 10배 정도로 넣어 데친다. 고기뼈는 찬물에 넣고 끓여 거품과 혈액 같은 불순물 등을 제거한다.

② 끓이기

100℃ 이상의 끓는 물에서 식품을 가열하여 익히는 방법으로 물에 식품의 수용성 성분이 용출되고 액즙의 맛이 식품에 침투된다.

- **찬물에 넣어 끓이기** : 감자나 당근 같이 단단한 식품을 찬물에 넣어 수분을 흡수하여 고루 익도록 할 때나, 육류를 이용하여 수용성 단백질, 맛 성분을 용출하여 국물 맛을 내어야 할 때는 처음부터 찬물에 넣어 끓인다.
- **끓는 물에 넣어 끓이기** : 채소, 파스타 등을 빨리 익도록 하며 식품 고유의 색을 선명하게 유지하고 비타민 등의 영양소 손실을 최소화하기 위해서는 끓는 물에 넣어 끓이기 시작한다. 수육을 만들 때에도 수육용 고기를 끓는 물에 넣어 근육 표면의 단백질을 먼저 응고시켜 수용성 물질이 물에 용출되는 것을 막아 수육의 맛을 좋게 할 수 있다.

③ 찌기

수증기의 기화열로 식품을 익히는 조리 방법이다. 식품에 뜨거운 수증기가 닿게 되면 기화열은 식품에 흡수되고 수증기는 냉각되어 액체로 되는 과정이 반복되면서 가열된다. 찌는 조리 방법은 식품의 형태를 그대로 유지할 수 있고 맛이나 수용성 영양 성분의 손실이 비교적 적지만 간접적인 가열이므로 시간이 다소 걸린다. 수조육류, 생선류, 채소류, 일부 곡류 등 다양한 재료에 이용할 수 있는 조리법이다.

찌는 방법은 물을 미리 끓여 수증기가 올라온 후에 식품을 넣어 찌도록 해야 한다.

그렇지 않으면 식품 표면에 수증기 응축이 일어나 식품이 수분을 흡수해 버려 질척해진다. 찌는 온도는 100℃이지만 달걀찜, 푸딩은 이보다 낮은 온도에서 쪄야 기포가 생기지 않고 부드럽게 된다.

(2) 건열 조리법

① 굽기

식품에 직접 열을 가하여 조리하는 방법으로 주로 육류를 구울 때 사용하는 방법이다. 인간이 불을 발견하면서부터 사용한 가장 오래된 조리법으로 보인다. 굽기는 열 효율이 낮고 온도 조절과 유지가 어렵지만 굽는 온도가 150~250℃로 높아 굽는 동안 특유의 향미가 생성되어 기호성을 높인다. 물을 사용하지 않으므로 수용성 영양 성분의 유출이 적고 가열로 인해 분해된 것도 표피 가까이의 조직에 보유된다.

굽는 방법은 직접구이, 간접구이, 오븐구이가 있다.

- **직접구이** : 숯불구이, 꼬치구이와 같이 직접 열원의 복사열이 식품에 닿아 조리된다. 직화에 의해 식품 표면의 단백질이 응고되어 내부의 단백질과 기타 성분의 유실을 막는다. 또한 직화에 닿음으로써 새로운 향미 성분이 생성되고 당의 캐러멜화 등으로 풍미가 향상된다. 구울 때 열이 닿는 부분은 바로 가열되지만 식품 자체는 열전도도가 낮으므로 식품 내부 쪽으로 쉽게 열이 전달되지 않는다. 따라서 표면은 타기 쉽고 내부는 잘 익지 않은 상태가 되므로 온도 조절을 잘해야 한다.
- **간접구이** : 직화 대신 열을 오래 보유할 수 있는 두꺼운 철 냄비나 프라이팬을 뜨겁게 달구어 식품을 굽는 방법이다. 연한 부위의 식품 재료를 선택하고 얇게 잘라 조리한다. 고기와 생선을 구울 때 처음에는 팬을 충분히 달군 후 표면의 단백질이 응고하여 맛 성분의 손실이 적도록 강한 불에서 구워야 한다. 한 면이 갈색이 나도록 지진 다음 다른 면을 같은 방법으로 지지고 내부가 완전히 익지 않았을 때에는 불을 약하게 하여 조리를 완료한다. 적, 철판구이, 스테이크류, 햄버거 등이 대표적 예이다.
- **오븐구이** : 오븐 내에서 복사와 전도 및 공기의 대류에 의해 식품에 열이 전달되어 조리가 된다. 주로 제과, 제빵 분야에서 사용할 때 베이킹이라 하는데 일반적으로 170~240℃에서 조리한다. 오븐 내의 건조한 열에 의해 식품 표면이 빠르게 구워져

특유의 풍미가 생긴다. 오븐에서 수조육류, 해산물, 감자류 등을 구울 때는 로스팅이라 한다. 육류를 로스팅할 때에는 로스팅하기 전에 뜨겁게 달궈진 팬에서 고기의 표면을 갈색이 나도록 하여 고기의 지방, 육즙이 빠져나가지 않도록 해야 한다.

② 볶기

볶기는 튀김과 구이의 중간 형태로 소량의 지방을 사용해서 고온에서 단시간에 조리하는 방법이다. 따라서 이 조리법은 영양 성분의 손실이 적고 지용성 비타민의 흡수를 좋게 하며 색이 선명하게 유지되면서 특유의 풍미가 생기게 한다. 식품이 기름 막에 둘러싸여 있으므로 조리 중에 조미료의 침투는 적게 된다. 수분이 많은 것은 기름 양을 적게 넣고 기름 흡수가 잘되는 것은 많이 넣는다.

볶기를 할 때에는 팬이 잘 달궈진 후에 재료를 넣어야 하며 가열할 때 수분이 많은 경우 특히 강한 불로 단시간에 볶는다. 냄비는 열 용량이 큰 두꺼운 것이 좋으며 형태는 교반하기에 편리한 중화냄비가 적당하다.

③ 튀기기

많은 양의 기름을 열전달 매체로 하여 120~200℃의 높은 온도에서 단시간 내에 조리하는 방법이다. 튀기는 도중 재료의 수분이 증발되어 바삭거리고 기름이 흡수되어 풍미가 좋아진다.

튀김용 기름은 발연점이 높은 것을 사용해야 한다. 대부분의 액체유는 정제도가 높아 228℃ 이상으로 발연점이 높아 튀김에 적당하나 유화제가 첨가된 쇼트닝은 유화제가 발연점을 낮추므로 부적합하다.

튀김에는 재료에 옷을 입히지 않고 그대로 튀기는 것과 여러 가지 튀김옷을 입혀 튀기는 방법이 있다. 프렌치프라이와 포테이토칩은 재료를 기름 속에서 직접 튀겨 수분을 증발시켜 바삭바삭한 질감과 풍미를 갖게 한다. 대부분의 튀김은 재료의 수분과 지미성분을 잃지 않도록 옷을 입혀 튀기는데 튀김옷으로 적당한 것은 재료에 접착이 쉬운 밀가루, 전분, 빵가루 등이 사용되며 여기에 난황, 우유, 난백 거품 등을 혼합하여 사용하기도 한다.

(3) 복합 조리법

복합 조리법은 건열 조리와 습열 조리 방법을 모두 사용하는 서양 조리 방법으로 두 단계를 거쳐 조리한다. 주재료가 육류인 경우 먼저 프라이팬이나 로스팅팬에서 기름에 지져 색을 낸 후 다음 단계로 육수나 와인, 소스 같은 액체를 넣고 뭉근한 불로 장시간 천천히 익힌다. 기름에 지진 후 끓이게 되면 영양소의 손실도 적어지고 맛도 한층 좋아진다.

브레이징braising과 스튜잉stewing은 대표적인 복합 조리 방법으로 건열과 습열을 모두 이용한다. 브레이징은 일반적으로 고온에서 재료를 볶거나 구운 후 약간의 액체를 추가하여 뚜껑을 덮고 익히는데, 주재료의 크기가 크고 주재료의 1/2~1/3 정도를 액체에 잠기게 하여 조리한다. 반면 스튜잉은 브레이징과 비슷하나 주재료의 크기가 작고 주재료가 완전히 액체에 잠기게 하여 익힌다.

(4) 진공 조리법(수비드)

수비드(sous vide)는 프랑스어로 진공 상태를 의미하며, 식재료를 진공팩에 넣어 통상적인 조리 온도보다 낮은 온도로 유지되는 물 또는 스팀오븐 속에서 서서히 익히는 조리법이다. 패킹 전에 조미를 할 수도 있고, 수비드 조리 후에 다시 추가적인 조리를 진행하기도 한다. 수비드 방식을 이용하면 재료의 수분을 유지하면서 겉과 속을 균일하게 조리할 수 있어 영양소 손실을 막고 질감과 풍미를 향상시킬 수 있다.

단원 정리

조리 식품 재료에 여러 가지 처리를 하여 인간이 먹기에 알맞은 상태로 변화시키는 최종 단계의 작업을 말하며 보다 넓게는 식사의 계획에서부터 식품 재료의 선택, 각종 조리 조작 및 식탁의 구성까지 포함하는 일련의 식생활 과정

음식의 기능 기본적 기능(안전성 향상, 영양과 소화성 증진, 기호 충족), 실용적 기능(경제적 만족, 간편성 만족, 기능적 만족), 부가적 기능(친목 및 분위기 조성, 유행 및 색다른 경험, 오락 및 교육적 요소, 신앙생활과 절제의 수단)

결합수 식품을 구성하는 물질과 결합하여 그 일부를 구성하는 물로 압력을 가해 압착하여도 제거되지 않으며 용매로 작용하지 못하는 물

유리수 자유수라고도 하며, 조직 내에서 자유스럽게 분리되어 있는 물로 식품 내 가용성 물질을 녹여 용액 상태로 만들거나 불용성 물질을 분산시켜 교질 상태를 형성하는 물

수분활성도(a_w) 특정 온도(T)에서 순수한 물의 수증기압(p^o_w)에 대한 식품의 수증기압(p_w)의 비로 나타내며 식품의 저장성과 품질을 예측하는 데 사용

진용액 소금이나 설탕과 같이 작은 분자나 이온이 물에 용해되어 만드는 용액

교질 용액 분산계에서 분산질이 진용액보다 크고 부유 상태보다 작아 용해되거나 침전되지 않고 분산 상태로 존재하는 용액

졸 고체의 교질 입자가 용액에 분산되어 흐를 수 있는 상태

젤 졸이 분산매의 농도, 온도, pH 또는 전해질 등의 변화에 의해 굳어진 상태

유화 서로 섞이지 않는 두 액체가 혼합, 분산되어 있는 상태로 분산매인 물속에 분산질인 기름이 퍼져 있는 수중유적형(oil in water, O/W형)과 분산매인 기름 속에 물이 분산되어 있는 유중수적형(water in oil, W/O형)이 있음

계량 계량기구를 이용하여 부피, 무게, 온도, 시간 등을 측정하는 과정

씻기 식품에 부착된 불순물이나 유해성분이 충분히 제거되도록 하는 과정

썰기 껍질 등을 벗겨 필요 없는 부분을 제거하거나 재료의 표면적을 넓혀 열의 전달이나 조미료를 잘 스며들도록 하는 조리 조작

혼합과 교반 식품 재료가 균일하게 섞이도록 하는 조리조작

냉각 냉각은 식품 재료나 조리된 음식을 냉장고, 냉각기, 냉수 또는 얼음물을 이용하여 차게 식히는 것

냉동 냉동은 식품 중의 수분을 얼려 동결 상태가 되도록 하는 방법

해동 냉동한 식품을 원상태로 하기 위해 녹이는 조작

습열 조리법 물이나 증기를 매체로 열전달이 이루어지는 조리법으로 끓이기, 데치기, 삶기, 찌기 등의 조리법

건열 조리법 식품에 직접 열을 가하여 조리하는 굽기, 소량의 지방을 사용해서 고온에서 단시간에 조리하는 볶기, 많은 양의 기름을 열전달 매체로 하여 단시간 내에 조리하는 튀기기 등의 조리법

복합 조리법 건열 조리와 습열 조리 방법을 모두 사용하는 서양 조리 방법으로 브레이징과 스튜잉(stewing) 등의 조리법

수비드(sous vide) 식재료를 진공팩에 넣어 통상적인 조리 온도보다 낮은 온도로 유지되는 물 또는 스팀오븐 속에서 서서히 익히는 조리법

단원 문제

1 음식의 기능과 이를 위한 조리의 역할에 대해 설명하시오.

2 식품 중 물의 상태와 수분활성도에 대해 설명하시오.

3 진용액, 교질 용액, 현탁액의 특성과 차이점에 대해 서술하시오.

4 조리에 필요한 기초 조작에 대해 설명하시오.

5 식품의 성상에 따른 올바른 계량법을 서술하시오.

6 조리의 방법을 열전달 매체와 관련지어 설명하고, 각 조리 방법의 조리 예를 제시하시오.

Chapter **2**

당류

학습 목표

1. 당류의 종류에 대하여 알고 차이를 설명할 수 있다.
2. 당류의 조리과학적 특성에 대하여 설명할 수 있다.
3. 당류의 조리원리에 대하여 설명하고 조리 및 가공에 응용할 수 있다.

당류는 캔디류의 주재료로서, 또는 여러 가지 식품을 조리하는 과정에서 부재료로서 다양한 기능을 한다. 우선 당류는 단맛이 있기 때문에 음식의 맛을 좋게 해주며, 또한 결정 형성 능력을 지니므로 캔디의 원료가 된다. 발효빵을 제조할 때 이스트의 영양원이 되어 발효를 촉진하며, 제과 제빵류의 질감을 부드럽게 해주고, 부피를 증가시킬 뿐 아니라 갈색을 띠게 한다. 난백 거품에 설탕을 첨가하면 기포가 안정되어 지속 시간이 길어진다. 설탕은 생전분의 호화를 서서히 일어나게 하므로 전분 젤의 질감이 부드러워지는 한편 노화를 지연시킨다. 과일잼이나 젤리 제조 시 첨가하는 설탕은 탈수 작용을 하여 펙틴 젤을 형성해 준다. 또한 한천 젤의 강도와 투명도를 좋게 해줄 뿐 아니라 이장 현상을 방지한다. 이외에도 당류는 식품의 산화에 의한 변색을 방지해 주고, 고농도일 때 삼투압에 의하여 미생물의 원형질 분리를 일으키므로 미생물의 발육이 억제된다. 당류의 이러한 성질이 식품의 저장 기간을 증가시킨다.

1. 당의 종류

당이란 주로 단맛을 지니는 것을 일컫는 말로, 설탕과 액체 상태의 시럽이 있다. 이외에도 단맛을 주는 감미료로 당 알코올 등 여러 가지 형태의 당류가 있다. 표 2-1에서 보는 것과 같이 종류에 따라 미량의 무기질을 함유한다.

표 2-1__ 여러 당류의 영양 성분(100g 당)

당류	열량(kcal)	칼슘(mg)	철(mg)	칼륨(mg)
백설탕	387	4	0.13	1
파우더 슈가	389	1	0.06	2
흑설탕	379	60	0.69	94
꿀	294	1	1	18
물엿	321	0	0	0
조청(쌀)	326	52	0.15	127
메이플 시럽	260	102	0.11	212

자료 : 농촌진흥청 국립농업과학원, 국가표준식품성분 DB 9.2, 2020

1) 설탕

(1) 백설탕Granulated sugar

가장 많이 이용하는 당으로 1분자의 포도당과 1분자의 과당이 결합하여 이루어진 자당을 말한다(그림 2-1). 주로 사탕수수나 사탕무를 원료로 하여 여러 단계의 과정을 거쳐서 결정체로 만든 당이다. 사탕수수나 사탕무를 분쇄한 후 압착하여 짜낸 즙인 당원액에는 자당 이외에 단백질, 검 물질, 섬유소 등의 유기물과 무기질이 함유되어 있는데, 이 즙을 계속 가열하여 수분을 증발시키고 자당을 침전시켜 설탕의 원료인 원당을 얻는다. 원당을 다시 물에 용해시켜 불순물을 제거하고 재결정화한다. 이러한 과정을 여러 번 되풀이하면 백색의 결정체인 흰색 설탕을 얻을 수 있다.

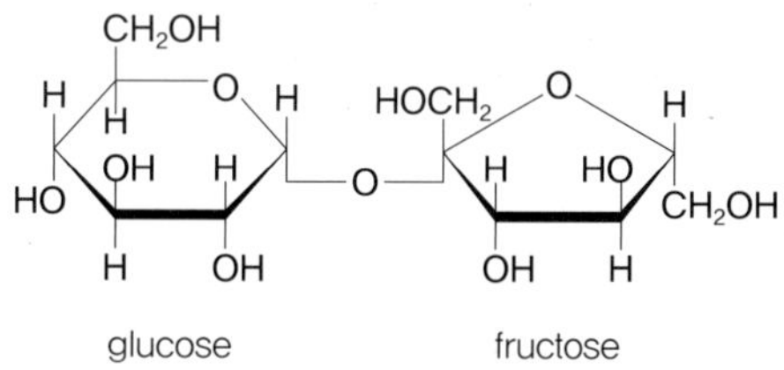

그림 2-1___ 자당의 구조

(2) 황설탕과 흑설탕Brown sugar

백설탕의 정제 과정에서 당밀을 함유한 흑설탕이 만들어진다. 또는 정제된 설탕에 당밀을 입혀 황설탕과 백설탕을 제조하기도 한다. 황설탕은 백설탕과 흑설탕의 중간 정도의 색을 띠며 제과용으로 이용된다. 흑설탕은 백설탕과는 정제 정도가 다르며, 쉽게 굳는 성질을 갖고 있어 밀폐된 용기에 보관해야 한다. 흑설탕의 당밀은 설탕에 비하여 진한 색깔과 독특한 방향을 갖고 있는데, 이런 색깔의 차이는 정제 과정을 반복하면서 열이 더 가해지고 사탕수수의 다른 무기물들이 결합해서 생긴다.

한국 음식에서는 약식의 색을 진하게 만들기 위해 흑설탕을 사용한다. 그 밖에 흑설탕은 케이크, 쿠키, 캔디를 만들 때 강한 단맛과 감칠맛을 주기 위해서 또는 원당의 향을 내기 위해 사용한다.

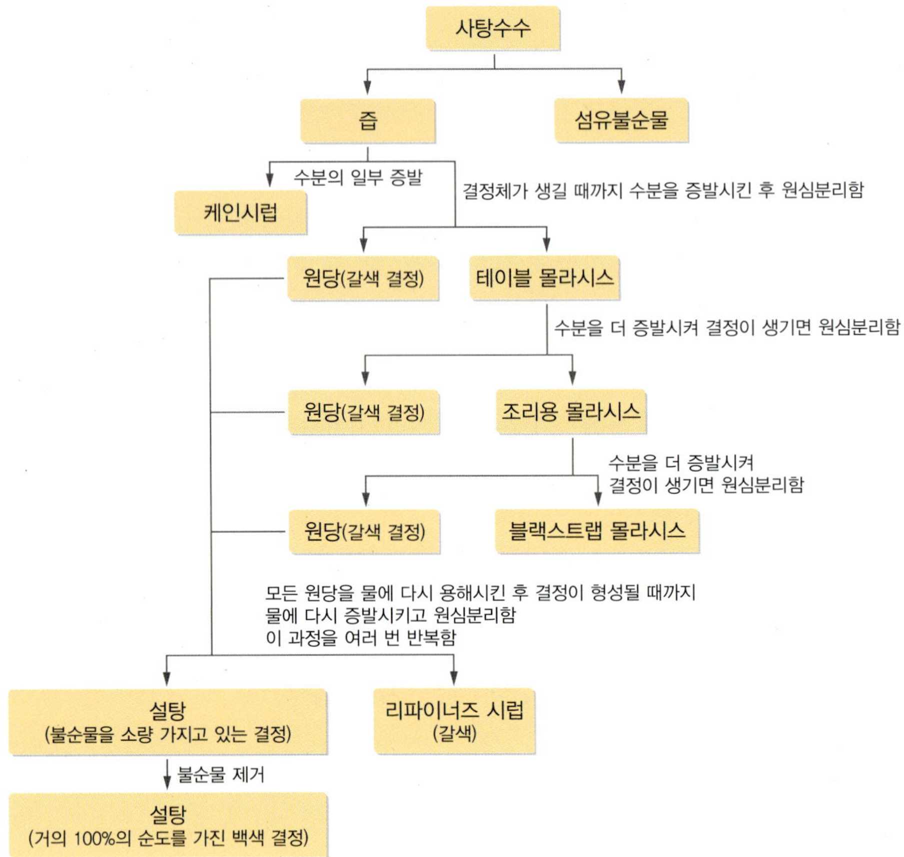

그림 2-2 설탕의 가공 과정

자료 : 이혜수, 조리원리, 교문사

흑설탕은 왜 빨리 굳을까?

흑설탕의 표면에는 당밀이 필름을 형성하고 있지만 약 2% 정도의 수분을 함유하고 있기 때문에 수분이 증발하면 곧 바로 굳어진다. 그러므로 흑설탕은 반드시 밀폐된 용기에 보관해야 한다. 보관하는 동안 굳은 흑설탕은 축축한 면보에 12시간 정도 싸두면 다시 부드러워진다. 또는 121~149℃로 예열한 오븐이나 전자레인지에 잠시 처리하면 부드러워진다. 빵 조각을 보관 용기에 같이 넣어두는 경우에도 빵의 수분을 흡수하여 부드러워진다.

흑당 vs 흑설탕 무엇이 다른가?

흑당은 사탕수수즙으로 만든 비정제당으로 정제하지 않아 검정에 가까운 짙은 색을 띠며 영어로는 블랙 슈가(black sugar)로 불린다. 흑설탕은 브라운 슈가로 불리며 흑당과 제조 과정이 다른데 흑당이 사탕수수즙을 검은색이 될 때까지 끓이고 식힌 뒤 만든 것이라면 흑설탕은 백설탕의 제조 과정에서 생산된 부산물이다. 흑당은 혈청과 간의 콜레스테롤 수치를 낮춘다는 연구가 있지만 과도한 당 섭취 문제로 섭취량 조절이 필요하다.

(3) 파우더 슈가Powdered sugar, confectioner's sugar

백설탕을 곱게 분쇄하여 분말 상태로 만든 것으로 분쇄 횟수에 따라 '화인', '울트라 화인' 등 분말도가 다른 여러 가지 제품이 있다. 파우더 슈가는 굳는 것을 방지하기 위해 3% 정도의 전분을 함유하고 있다. 케이크 프로스팅을 만들 때 사용하고 도넛 등의 튀김 음식과 단맛이 적은 쿠키류에 사용한다.

(4) 각설탕Cube sugar

백설탕에 약간의 시럽을 넣고 각형으로 성형하여 뜨거운 공기로 건조시킨 것이다. 제품의 크기는 다양하며, 음료에 주로 사용한다.

(5) 기타

메이플 시럽을 증발시킨 메이플 슈가, 옥수수 전분을 산으로 가수분해하여 얻은 덱스트로스를 결정화한 콘 슈가, 자일로스를 함유하고 있으며 입자가 고와서 물에 쉽게 녹는 자일로스 설탕 등이 있다.

2) 시럽류

설탕과 같이 감미료로 사용된다. 대부분 당과 함께 다량의 수분을 함유하기 때문에 설탕과 물의 혼합물이라고 볼 수 있으며, 종류에 따라 점도, 당질 함량과 맛이 크게 다르다. 꿀, 조청, 물엿, 고과당 콘시럽, 당밀, 메이플 시럽, 전화당이 있다.

(1) 꿀Honey

꿀벌이 모은 화밀을 농축한 것이다. 꿀을 모아서 60℃ 정도의 온도에서 30분간 가열하여 발효를 일으킬 수 있는 미생물을 살균한 뒤 체로 거른다. 꿀에는 과당과 포도당이 가장 많아 각각 45%, 35%를 차지하고 그 밖에 약 2%의 자당, 18%의 수분, 약간의 비타민과 무기염류가 함유되어 있다. 대부분의 꿀은 과당의 함량이 많기 때문에 결정이 생성되지 않고 액상이다. 그러나 가끔 결정을 형성하는 꿀을 볼 수 있는데 이것은 과당에 비해 용해도가 낮은 포도당 함량이 높기 때문이다.

꿀은 종류에 따라 향기와 맛이 강한 것도 있고 부드러운 것도 있으며, 일반적으로 색이 진한 꿀일수록 맛이 강하고 색이 엷을수록 맛도 약하다. 우리나라에서는 아카시아

꽃, 싸리꽃, 메밀꽃, 밤꽃 등에서 꿀을 얻고 외국에서는 오렌지, 클로버, 메밀꽃 등에서 얻는다.

케이크나 쿠키 등을 만들 때 설탕 대신 꿀을 넣고 만들면 흡습성이 강하기 때문에 오랫동안 수분을 유지하고 마르지 않게 보관할 수 있어서 좋다. 꿀을 넣는 경우에는 설탕을 사용할 때보다 액체 사용량을 줄이고 낮은 온도에서 굽도록 한다.

꿀을 사용할 경우

1. 음식을 만들 때 꿀을 사용하려면 1¼ C의 설탕 대신 꿀 1 C을 넣고 꿀이 액체이므로 물의 양을 ¼ C 줄인다. 이 경우 꿀은 산을 함유하고 있으므로 중탄산소다 ½작은술을 넣는다. 전체적으로 원래 레시피에서 꿀의 사용량이 절반 이상을 넘지는 않도록 한다. 물엿은 설탕과 1:1의 비율로 대체하고 물을 ¼ C 정도 줄인다.
2. 꿀은 점성이 크므로 계량용기에 먼저 약간의 물을 묻힌 후 계량하면 편하다.
3. 살균하지 않은 꿀에는 클로스트리듐 보툴리눔균의 위험이 있으므로 1세 이하의 어린이용 식품에는 꿀을 넣지 않는 것이 좋다.

(2) 조청Grain syrup

우리나라에서 전통적으로 만들어 사용하던 것으로 쌀이나 옥수수와 같은 여러 가지 곡류의 전분을 엿기름의 아밀레이스로 당화시킨 다음 오랜 시간 가열하여 수분을 증발시키고 농축하여 꿀처럼 만든 감미료를 조청이라 한다. 즉 전분을 가열하여 호화시킨 후 맥아를 첨가하여 55~60℃에서 6~7시간 동안 당화시킨다. 당화 후 즙을 짜내어 불순물을 제거하고 가열하여 농축시킨다. 수분 함량은 18% 정도이며, 맥아당이나 포도당이 들어 있다. 수분을 10% 정도로 농축시키면 검은 고체가 되는데 이것이 강엿이다. 조청을 만들 때 찹쌀, 멥쌀, 수수, 조, 고구마의 전분을 많이 사용한다. 찹쌀로 만들면 비교적 소량의 맥아로 단시간에 당화할 수 있어서 색과 맛이 좋다.

(3) 물엿Corn syrup

옥수수 전분에 묽은산이나 효소를 가하여 부분적으로 가수분해시키면 포도당의 결합 길이가 각기 다른 여러 당의 혼합물이 만들어지는데 이를 물엿이라 한다. β-아밀레이스가 작용한 경우 맥아당 함량이, 글루코아밀레이스가 작용한 경우에는 포도당 함량이 더 높은 시럽이 된다. 이때 포도당 대신 덱스트로스라 부르며, 덱스트로스 당량

dextrose equivalent, DE으로 전분의 가수분해 정도를 나타내는데 DE가 높으면 분해 정도가 높아 단맛이 강하며, DE가 낮으면 단맛은 적으나 점도나 흡습성이 크다. 물엿의 DE는 38~58 정도로 설탕에 비해 감미는 낮지만 점조성이나 보습성이 뛰어나 제품의 조직을 부드럽게 하는 데 이용된다.

고구마나 감자, 찹쌀과 같은 다른 곡류 전분을 가수분해해서 물엿을 제조할 수도 있다. 케이크 아이싱이나 캔디를 만들 때 설탕 결정의 형성을 방지하기 위하여 이용하며, 제과 제빵에서 오랫동안 촉촉하게 유지시키려면 설탕 대신 물엿을 이용한다.

산 당화 물엿과 효소 당화 물엿

물엿은 전분을 당화시키는 방법에 따라 산 당화 물엿과 효소 당화 물엿(맥아 물엿)으로 구분된다. 산으로 전분을 당화시키는 경우 포도당 함량이 많아 가열 조리에 이용하면 착색되기 쉽다. 이에 비해 효소 당화 물엿은 맥아당 함량이 높아 순한 감미를 지니며 산 당화 물엿에 비해 내열성이나 내흡습성이 좋다. 시판되고 있는 흰색 물엿은 제조 과정 중 생성된 착색 물질을 활성탄 등을 사용하여 탈색시킨 것이며, 이를 다시 이온교환수지를 사용하여 염류나 유기산 등의 불순물을 완전히 제거시킨 순수 당류로만 구성된 것을 이온 물엿이라 한다.

(4) 고과당 콘시럽High fructose corn syrup

고포도당 콘시럽에 포도당 이성화효소isomerase를 작용시켜 만들며, 이 효소는 혼합물 내 포도당의 절반 정도를 과당으로 변화시키는 화학반응을 촉진한다.

옥수수 전분 —(아밀레이스)→ 고포도당 콘시럽 —(포도당 이성화효소)→ 고과당 콘시럽

1970년대 초에는 당질의 42%를 과당으로 함유하는 고과당 콘시럽HFCS 42이 생산되었으나. 그 후 42% 고과당 콘시럽에서 포도당의 상당량을 제거하는 분별 과정에 의해 90% 고과당 콘시럽이 생산되고 있다. 55% 고과당 콘시럽HFCS 55을 생산하려면 90% 고과당 콘시럽과 42% 고과당 콘시럽을 혼합하면 된다. 고과당 콘시럽은 설탕보다 가격이 저렴하며, 단맛이 강할 뿐 아니라 물에 잘 녹아 식품 가공 시 첨가하기 쉬우므로 식품산업에서 널리 이용하고 있다. 청량음료, 곡류 가공품, 잼이나 젤리, 피클, 과일 통조림, 빙과류, 초콜릿 제품, 아이싱, 과자, 소스 등에 이용된다. 청량음료에 단맛을 주기 위

해서는 주로 HFCS 55를 사용하며, 이는 전체 고과당 콘시럽 수요의 90% 정도를 차지한다.

(5) 당밀Molasses

사탕수수의 즙액으로부터 당을 정제하는 과정에서 당의 갈색 결정인 원당을 침전, 분리하고 남은 것을 농축한 액체를 당밀이라 하며, 당의 결정 과정에 따라 1차 당밀, 2차 당밀, 블랙스트랩 당밀을 얻는다. 1차 당밀은 가장 단맛이 강하여 꿀이나 시럽 대신 사용할 수 있으며, 2차 당밀은 조리 과정에서 주로 사용된다. 짙은 갈색의 점도가 매우 큰 블랙스트랩 당밀은 헤미셀룰로스, 펙틴 등의 식이섬유 함량이 높아 건강보조제로 이용되기도 하지만, 주로 가축 사료 등 산업용으로 이용된다.

당밀은 짙은 갈색의 점성이 큰 액체로 각 단계의 당밀을 혼합하여 점성, 색깔, 향미 등을 조절할 수 있으며, 독특한 풍미를 갖고 있어 케이크나 쿠키, 캔디 등에 이용하는데 진저브레드나 펌킨 파이는 당밀을 이용하는 대표적인 식품이다. 이와 비슷한 것으로 사탕수수cane sugar 시럽이 있는데 이것은 65~70%의 당 혼합물과 30%의 수분, 2.5%의 회분을 함유하고 있으며 당밀보다 조금 더 달다.

당밀도 다른 당류와 마찬가지로 발효되면 알코올을 생성한다. 럼주는 당밀의 발효과정에서 생성된 알코올을 증류시켜 5~7년 정도 숙성시킨 것이다.

(6) 메이플 시럽Maple syrup

단풍나무에서 얻은 즙액을 증발시켜 만든 것으로 자당 함량이 64~68%이며, 수분이 30~35%이다. 미국의 북부와 캐나다에서 주로 생산되며, 전통적으로는 단풍나무에 구멍을 내고 통을 매달아 놓아 떨어지는 수액을 채취하였으나 요즘은 단풍나무에 파이프를 연결하여 채취한다. 처음에는 무색의 액체이나 가열하는 동안 색과 향이 짙어진다. 메이플 시럽은 독특한 방향을 지니며 팬케이크나 와플 등에 주로 사용한다. 시럽류 중 비교적 가격이 비싸기 때문에 최근에는 메이플 시럽에 콘시럽이나 사탕수수 시럽을 섞어 만들거나 인공 향료를 첨가하여 제품을 만들기도 한다. 한편 메이플 시럽을 계속 가열하면 수분이 증발하고 다시 결정이 되는데 이를 메이플 슈가라고 한다.

3) 기타 당류

(1) 당알코올Sugar alcohol

당알코올은 단당류나 올리고당의 카르보닐기가 환원된 형태의 단당류 유도체로서, 단맛은 있지만 체내에서 소화, 흡수 과정이 느리게 진행되므로 저칼로리(1.6~3.0 kcal/g) 감미료로서 저열량 식품의 제조 또는 당뇨 환자를 위한 감미료로 이용이 증가되고 있다. 단당류의 유도체로서 자일리톨, 솔비톨, 만니톨 등은 일부 식품에 들어 있으나 주로 미생물의 작용을 이용해서 제조한다. 이외에도 말티톨, 락티톨 등이 있으며, 이 중 말티톨은 감미도나 조리 시의 기능성이 설탕과 가장 유사하다. 또한 당알코올은 청량감을 줄 뿐 아니라 충치 예방에도 효과가 있으므로 다이어트 캔디, 무설탕 껌 등의 제조에 사용된다. 현재 가장 널리 이용되는 당알코올은 솔비톨이며 습윤제로서 마시멜로 제조 시 사용된다. 반면 당알코올은 복부 팽만감이나 설사 등의 부작용을 일으키는 경우도 있으므로 사용이 제한되기도 한다.

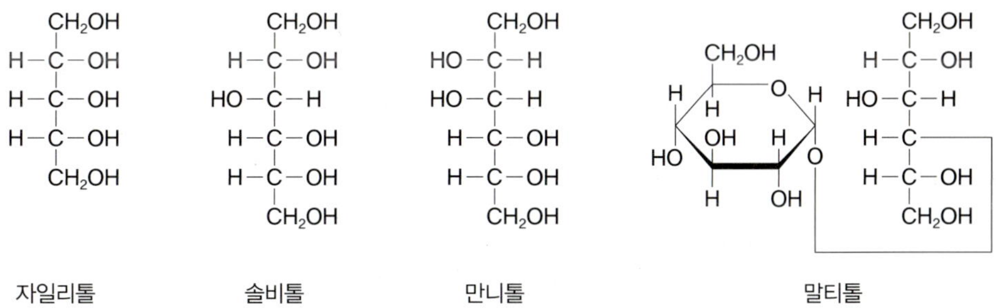

그림 2-3 당알코올의 구조

(2) 기능성 올리고당

올리고당이란 2~10개의 오탄당이나 육탄당의 단당류가 결합한 당류를 일컫는 말로, 구성 단당류의 단위 수에 따라 이당류, 삼당류, 사당류 등으로 나눈다. 최근에는 대두올리고당, 프럭토올리고당, 아이소말토올리고당, 갈락토올리고당 등의 기능성 올리고당이 많이 사용된다. 기능성 올리고당은 장내 소화 효소에 의해 분해되지 않으므로 저칼로리 감미료로서 이용되며, 더불어 대장에서 유해 세균의 증식을 억제하는 한편, 비피더스균 같은 유익한 세균의 증식을 돕는 기능성을 갖고 있는 것으로 알려져 있다. 프럭

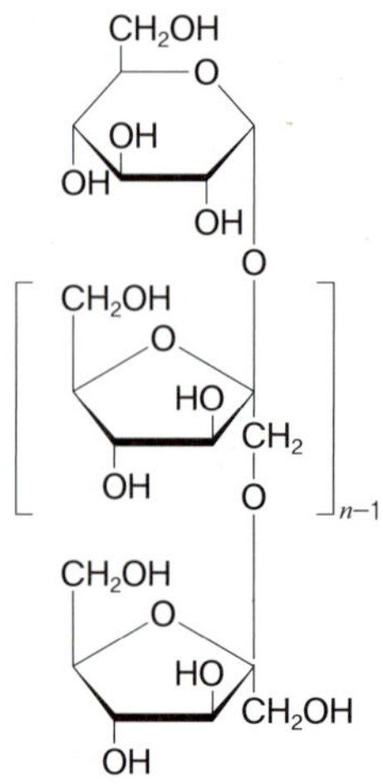

그림 2-4 프럭토올리고당의 구조

토올리고당은 자당에 두세 개의 과당이 결합한 것으로 식품에는 토마토, 양파, 꿀 등에 적은 양이 존재한다.

알룰로스(Allulose)

설탕보다 칼로리가 낮으며 단맛을 내는 감미료로 자연에서는 무화과나 포도에 소량 존재한다. 알룰로스는 과당에서 얻어내는데 비율이 매우 낮아 업체에서는 알룰로스 추출 기술을 개발해 사용 허가를 받았으며, 시판되는 알룰로스는 합성된 제품이다.

팔라티노스(Palatinose)

팔라티노스는 벌꿀이나 사탕수수에 함유되어 있는 천연 이당류로서 설탕과 결합 양식이 다른 구조 이성질체이다. 감미는 설탕의 약 45% 정도지만 흡수가 느릴 뿐 아니라 다른 당질의 소화 흡수를 지연시키는 작용이 있다.

2. 당의 성질

당은 탄수화물의 일종으로, 탄수화물 중 단맛을 지니는 가용성의 단순당을 말한다. 자연계에는 주로 단당류로서 포도당과 과당, 이당류로서 자당, 맥아당, 유당이 존재한다. 이 중 자연계에 가장 흔히 존재하는 당은 포도당으로 과당에 비하여 용해성이 낮으며 쉽게 결정을 형성한다. 과당은 과일과 꿀 속에 다량 존재하며, 쉽게 결정화하지 않고 포도당에 비하여 물에 쉽게 용해된다. 두 분자의 포도당이 결합된 맥아당은 곡류가 발아할 때나 전분을 가수분해할 때 중간 산물로 생성되며 약한 감미를 가지고 있다. 유당은 1분자의 포도당과 1분자의 갈락토스가 결합한 당으로 포유동물의 유즙 속에 함유되어 있다.

1) 단맛

순수한 당의 공통적인 맛은 단맛이다. 당의 감미 정도는 당의 종류에 따라 다르다. 표 2-2에서 보는 바와 같이 설탕의 감미를 1로 기준하여 과당 1.7, 전화당 0.7, 포도당 0.7, 맥아당 0.5, 갈락토스 0.6, 유당 0.4이다.

감미는 온도에 따라 달라지는데 0~20℃까지는 감미가 별로 변하지 않으나 0℃ 이하나 50℃ 이상에서는 감미가 저하된다.

표 2-2__ 여러 가지 당류의 상대감미도 (설탕 = 1)

종류	감미도	종류	감미도
유당	0.4	자일로스	0.7
맥아당	0.5	전화당	0.7
솔비톨	0.6	자일리톨	0.8
갈락토스	0.6	전화당 시럽	1.6
포도당	0.7	과당	1.7
만니톨	0.7	사카린	500

자료 : Amy Brown, *Understand food: Principles & preparation*, 6th ed., 2019

2) 용해도

당은 친수기인 -OH기를 가지고 있으므로 물에 쉽게 용해된다. 그러나 당의 종류에 따라 녹는 정도가 다르며, 용해시키는 물의 온도에 따라 녹는 양이 다르다. 같은 조건에서는 과당, 설탕, 포도당, 맥아당, 유당의 순서로 용해하며, 대체로 감미가 강한 당이 쉽게 용해된다. 실온(20℃)에서 물 1 mL에 설탕 2 g이 용해된다. 과당은 설탕보다 더 잘 용해되며 포도당과 맥아당은 물 1 mL에 1 g이 용해된다.

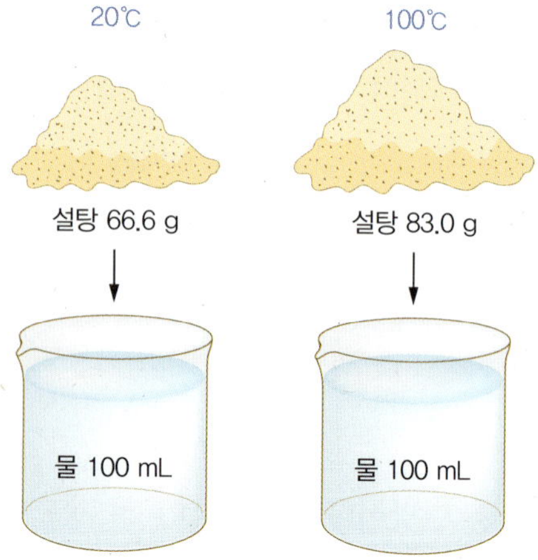

그림 2-5 온도에 따른 설탕의 용해도

설탕의 용해도는 온도에 따라 현저한 차이가 있다. 예를 들어 그림 2-5에서와 같이 20℃에서는 물 100 mL에 설탕 66.6 g이 용해되지만 100℃에서는 83.0 g이 용해된다.

당 용액은 용매와 용질의 상호 간 비율에 따라 포화 용액, 불포화 용액 및 과포화 용액으로 분류할 수 있다.

(1) 포화 용액

일정한 온도와 압력에서 용매에 더 이상의 용질이 용해할 수 없는 상태를 말한다. 즉 용질을 용매에 가하였을 때 평형을 이루고 있는 상태의 용액으로서 용질이 용액으로 되려는 경향과 용액이 용질로 되려는 경향이 같은 상태이다.

(2) 과포화 용액

일정한 온도에서 용매에 용해할 수 있는 용질의 양 이상으로 용해되어 있는 상태로서 포화 농도의 비를 초과한 상태이다. 따라서 과포화 용액은 약간의 변화에도 민감한 반응을 보이는 불안정한 상태로 용액에서 용질이 분리되려고 하는 경향이 크다. 즉 약간만 저어 주어도 결정이 생성된다. 포화 용액을 계속 가열하면 온도가 상승함에 따라 수분이 증발하여 용액이 농축된다. 이 농축액을 식혔을 때 결정이 생기지 않고 용액으로 존재할 때의 상태가 과포화 용액이며, 이 성질을 이용하여 결정형 캔디를 만든다.

3) 흡습성

당은 흡습성이 강하여 공기 중에 노출되면 쉽게 덩어리를 형성하며 당을 함유한 식품은 눅눅해지거나 끈적거리기 쉽다. 특히 꿀, 전화당, 고과당 콘시럽 등 과당 함량이 높은 당류는 흡습성이 크다. 따라서 케이크를 촉촉하게 유지하려면 꿀을 이용하는 것이 효과적이지만 쿠키의 경우는 눅눅해질 수도 있다. 설탕 자체도 보관할 때 덩어리가 지는 경우가 있는데 이는 과당의 비율이 높기 때문이다. 즉 설탕의 흡습성은 과당의 함량에 따라 좌우된다.

4) 융점과 캐러멜반응

당류에 건열을 가하면 결합체의 당이 녹아서 액체 상태가 되며, 이때의 온도를 융점melting point이라 한다. 결정체의 융점은 순도가 높을수록 높으며 제조 과정에 따라 당의 융점에 차이가 있다. 설탕의 융점은 160~180℃이다. 무수 포도당의 융점은 146℃이며, 물이 결합된 수화 포도당의 융점은 86℃이다. 맥아당이나 유당은 보다 낮은 온도에서 열에 의하여 쉽게 분해된다.

당류를 가열하면 160℃ 정도에서 투명한 점성이 있는 상태로 변하며 계속 가열하여 170℃에 달하면 윤기 있는 갈색 액체로 변하는데 이 과정을 캐러멜반응caramelization이라 한다. 당류가 캐러멜화하는 온도는 종류에 따라 다르며, 과당은 이보다 낮은 온도인 110℃ 정도에서 캐러멜화한다.

당이 캐러멜화하면 단맛은 적어지지만 특유의 향미를 갖게 된다. 캐러멜 색이 진할수록 단맛이 적으며, 지나치게 캐러멜화되면 단맛이 없어지고 쓴맛이 난다. 캐러멜이나 피넛브리틀과 같이 고농도로 농축한 캔디를 만들 때에는 캐러멜반응이 일어나 적당한 갈색과 독특한 향취가 생긴다.

5) 전화

설탕 용액에 산을 가하여 가열하거나 전화inversion 효소를 첨가하면 설탕 1분자가 물 1분자를 취하여 포도당 1분자와 과당 1분자로 가수분해된다. 이러한 현상을 설탕의 전화라 하고 포도당과 과당의 동량 혼합물을 전화당이라 한다. 전화 정도는 산의 농도와 종류, 반응 시간, 온도, 당 용액의 농도에 따라 영향을 받는다.

설탕 용액에 레몬주스나 주석산염을 넣고 서서히 가열하면 쉽게 설탕의 가수분해 산물인 전화당을 얻을 수 있다. 꿀에는 전화당이 들어 있는데 이는 벌의 타액 중에 있는 효소에 의하여 설탕의 가수분해가 일어났기 때문이다. 전화당은 흡습성과 감미가 높다. 설탕과 전화당을 혼합할 경우에도 용해도와 감미가 증가되고 결정의 석출이 억제된다.

$$\underset{\text{설탕}}{C_{12}H_{22}O_{11}} + H_2O \xrightarrow[\text{효소}]{\text{산 + 가열}} \underset{\text{포도당}}{C_6H_{12}O_6} + \underset{\text{과당}}{C_6H_{12}O_6}$$

6) 발효

일반적으로 당은 발효fermentation에 의하여 CO_2, 알코올, 산 등을 생성한다. 이는 당이 이스트나 곰팡이, 박테리아가 분비하는 효소에 의하여 분해되는 과정을 뜻한다. 당의 발효 과정은 맥주나 포도주 등의 여러 가지 알코올 음료, 김치, 식해, 요거트 등의 젖산 발효식품의 제조에 있어 중요한 과정이다.

$$\underset{\text{포도당}}{C_6H_{12}O_6} \xrightarrow{\text{zymase}} 2\,CO_2 + \underset{\text{에탄올}}{2\,CH_3CH_2OH} \longrightarrow \underset{\text{젖산}}{2\,CH_3CHOHCOOH}$$

3. 설탕의 조리

1) 캔디의 제조 원리

(1) 비점

물에 용질을 첨가하면 비점boiling point은 상승한다. 용액의 비점 상승은 용질의 성질에 따라 다르며, 전해질 용액의 비점은 더욱 높다. 설탕은 비전해질이기 때문에 전해질인 소금 용액보다는 설탕물의 비점이 낮다. 설탕 1 mol(342 g/L)을 첨가하면 비점은 0.52℃ 상승한다. 즉 1 L의 물에 342 g의 설탕을 녹이면 100.52℃에서 끓기 시작한다. 당 용액의 농도에 따른 비점은 다음 표 2-3과 같으며, 당을 첨가했을 때 낮은 농도에서는 비점 상승이 크지 않으나 60% 이상의 당을 첨가하면 비점은 급격히 높아진다.

표 2-3 당 용액의 농도와 비점

당의 농도(%)	0	40	60	80	90	99.6
비점(°C)	100	101	103	112	123	170

자료 : Amy Brown, *Understand food: Principles & preparation*, 6th ed., 2019

(2) 결정 형성

과포화 용액의 경우 용액에 용해될 수 있는 양 이상의 용질은 다시 결정으로 석출된다. 과포화 설탕 용액의 결정 형성crystallization은 캔디 제조 등 당의 조리에서 중요한 성질이다. 결정이 형성되려면 반드시 핵이 존재해야 하며, 이 핵을 중심으로 질서 정연하게 결정이 생기는데 핵의 크기와 수에 따라 결정을 형성하는 속도가 다르다. 핵의 크기가 작고 수가 많을 때 미세하고 매끄러운 결정이 형성된다. 반면 핵의 수가 적으면 까끌까끌한 질감의 커다란 결정이 형성되어 입 안에서의 감촉이 거칠게 느껴진다. 이외에도 결정 형성은 다음과 같은 여러 가지 요인의 의해 달라진다.

① 용질의 종류

용질의 종류에 따라 결정 형성에 차이가 있다. 같은 당류일지라도 설탕은 포도당에 비해 빨리 결정을 형성하며 결정 크기도 다르다. 포도당은 서서히 결정을 형성하므로 결정의 크기가 작다.

② 용액의 농도

과포화 용액일 때만 결정이 형성된다. 용액이 농축되면 농축될수록 핵의 형성을 촉진한다. 설탕 용액의 농축 정도는 온도로 알 수 있는데 결정을 미세하게 만들려면 저온에서 결정화시킨다. 농도가 높을수록 핵의 수가 많아지고 고운 결정이 형성된다.

③ 용액의 온도와 젓는 조작

용액이 농축되면 저어주어야 결정이 생성되는데, 저어줄 때의 온도나 젓는 조작이 대단히 중요하다. 설탕 용액은 높은 온도에서 저어주면 핵이 쉽게 생기고, 핵 위에 용질인 설탕이 들러붙어 결정을 형성하는데 이때의 결정의 크기는 크다. 그러나 40°C 정도로 식힌 후 저어주면 핵이 형성되기까지 시간이 오래 걸리지만 보다 많은 핵과 미세한 결정이 형성된다. 또한 젓는 속도가 빠를수록 핵과 용질이 끊임없이 움직여 핵에 용질이 부착되므로 미세한 결정이 형성된다. 속도가 느리면 소수의 핵을 중심으로 큰 결정이 생기기 쉽다. 이때 빠른 속도로 핵을 형성시키기 위해 미리 고운 결정을 넣고 젓기도 한다. 이것을 씨뿌리기seeding라고 한다. 공기 중의 먼지나 냄비를 치는 등의 물리적인 충격에 의해 큰 결정이 생성될 수 있으므로 주의해야 하며 가열하는 동안 냄비 가장자리에 녹지 않은 설탕이 남아 있다가 저을 때 용액에 떨어지면 이 결정을 중심으로 큰 결정이 생기기도 한다. 그러므로 젓기 전에 뜨거운 젖은 행주로 냄비 가장자리를 한 번 닦아내는 것이 좋다.

④ 결정 형성 억제 물질

용질인 설탕 이외의 다른 물질이 존재하면 핵에 용질이 들러붙는 것을 방해하여 결정의 크기가 작아지거나 다량 첨가되는 경우에는 결정이 전혀 형성되지 않는다. 설탕 용액을 가열할 때 산을 첨가하면 설탕이 가수분해되어 전화당이 생기는데 전화당은 설탕에 비해 다양한 당류를 가지므로 결정을 형성하기 어려워진다. 또한 꿀이나 시럽의 첨가에 의해서도 쉽게 결정이 형성되지 않는다.

특별한 질감을 갖는 캔디를 만들 때 난백을 이용하는데 난백의 기포도 결정 형성을 방해한다. 난백 이외에도 젤라틴이나 한천, 거품 낸 크림도 결정 형성을 방해하며 버터, 초콜릿, 우유 등도 결정 형성 방해 물질로 이용된다. 이러한 물질들은 핵과 용질 사이에 끼어들어 핵에 용질이 붙는 것을 방해한다.

2) 캔디의 종류

당 용액에 당 이외의 물질을 첨가하여 과포화 용액을 만든 후 그대로 굳히거나 또는 다시 결정을 형성시켜 질감을 달리한 것을 캔디라 한다. 캔디에는 결정형 캔디와 비결정형 캔디의 두 가지 종류가 있다.

(1) 결정형 캔디

결정형 캔디crystalline candy에는 폰던트, 퍼지, 디비니티 등이 있다. 결정형 캔디는 결정의 크기에 따라서 전혀 질감이 다른 캔디를 만들 수 있다. 크림 형태인 것은 결정이 작고, 부스러지기 쉬운 것은 결정이 크다. 결정의 크기는 사용하는 재료, 가열 조작, 결정을 형성할 때의 방법 등에 따라 다르다.

① 결정형 캔디의 제조

결정형 캔디를 만드는 과정은 다음과 같다.

- **용해** : 용질인 설탕을 완전히 용해시키는데, 당 용액을 가열하는 냄비 가장자리에 설탕 결정이 남아 있지 않도록 한다. 만일 묻어 있으면 가열 초기에 뚜껑을 덮어서 수증기에 의하여 녹아내리도록 하거나 그렇지 않으면 젖은 행주로 잘 닦아내도록 한다. 설탕의 결정이 남아 있으면 이것이 핵이 되어 큰 결정이 형성된다.
- **농축** : 설탕이 완전히 녹으면 일정한 온도까지 가열하여 용액을 농축시킨다. 이때의 온도는 112~115℃이며 단단하고 결정이 작은 질감을 갖게 하려면 높은 온도에서, 무르고 결정이 큰 질감을 갖게 하려면 낮은 온도에서 끓이는 것이 좋다. 가열 온도에 따른 용액의 농축 상태는 표 2-4와 같다. 이때 가열 온도 이외에 가열 시간도 중요하다. 지나치게 서서히 가열하면 가수분해로 인하여 전화당이 많이 생겨 결정화하기 힘들어진다. 또한 시럽의 사용량이 많아도 같은 결과를 가져온다.
- **결정 형성** : 농축된 설탕 용액을 다른 용기에 부어서 식힌 후에 결정을 생성시킨다. 폰던트의 경우에는 40℃로 식힌 후 저어 주어 결정이 생기기 시작하면 무색의 투명한 액체가 불투명하고 하얗게 색이 변하면서 점도가 높아진다. 퍼지의 경우에는 갈색의 액체가 윤기를 잃으면서 탁해지고 점도가 높아진다. 이런 상태에서 손으로 반죽하여 매끈하게 만들어 모양을 만들거나 납작하게 하여 썰어 일정 시간 동안 방치하여 서서히 결정을 완성시킨다. 이 과정을 숙성이라 한다.

표 2-4__ 온도에 따른 당 용액의 농축 상태 및 용도

당액	비점(°C)	상태	용도
시럽	105~107	투명한 묽은 용액	정과, 약과, 매작과의 입힘 옷
soft ball	112~115	냉수에 떨어뜨리면 함께 모임	폰던트, 퍼지, 케이크 프로스팅
firm ball	118~120	냉수에 떨어뜨리면 부드러운 볼 형성	캐러멜
hard ball	121~130	냉수에 떨어뜨리면 단단한 볼 형성	디비니티, 마시멜로
soft crack	132~143	냉수에 떨어뜨리면 가느다란 실 형성	버터 스카치, 태피
hard crack	149~154	냉수에 떨어뜨리면 즉시 단단한 가는 실 형성	브리틀
clear liquid	160	담황색의 투명한 액체	드롭스
brown liquid	170	담갈색의 액체	커스타드, 푸딩용 캐러멜 소스

② 결정형 캔디의 종류

- **폰던트**fondant : 설탕에 물과 주석산염을 넣고 가열한다. 이때 가수분해 생성물인 전화당에 의하여 미세한 결정이 만들어진다.
- **퍼지**fudge : 일정량의 설탕에 우유, 버터, 초콜릿 등을 사용함으로써 결정 형성을 방해하여 미세한 결정이 생기게 한다. 이때 초콜릿 대신 코코아를 사용할 경우 낮은 온도로 가열해야 한다.
- **디비니티**divinity : 설탕에 시럽과 난백을 첨가하므로 수분 함량이 많아 가열 온도가 높다. 결정형 캔디 중 디비니티는 121~130℃까지 용액을 좀 더 농축시킨 후 뜨거울 때 난백 기포와 함께 저은 후 적당한 용기에 붓고 서서히 결정이 생기도록 한다. 결정 저해 물질인 시럽의 사용량도 폰던트나 퍼지에 비해 많고, 난백을 사용하기 때문에 뜨거운 상태에서 저어주어도 결정은 서서히 미세하게 생성된다.

폰던트

퍼지

디비니티

그림 2-6__ 결정형 캔디

(2) 비결정형 캔디

당 용액의 점성이 지나치게 높으면 결정 형성이 잘 되지 않는 특성을 이용하여 당 용액을 아주 높은 농도의 과포화 상태로 농축함으로써 설탕의 결정이 생기지 않도록 만든 캔디이다. 결정 형성을 막기 위해 다량의 결정 형성 억제 물질을 첨가하기도 한다. 비결정형 캔디non crystalline candy는 질감이 다양하여 끈적끈적한 캔디, 질깃질깃한 캔디, 견고한 질감의 캔디, 푸석푸석한 캔디, 스펀지 같은 질감의 캔디 등이 있다.

① 비결정형 캔디의 제조

비결정형 캔디를 만드는 방법은 다음과 같다.

- **용해와 농축** : 완전히 용해시키기 위하여 설탕이 녹을 때까지 저으면서 가열한다. 앞

의 표 2-4에서 제시한 바와 같이 대부분 높은 온도로 가열 농축시킨다. 이때 가열하는 불이 고르지 못하면 어느 한쪽에만 집중적으로 가열되어 캐러멜반응이 일어나 갈색이 지나칠 경우가 있으므로 주의한다. 캐러멜은 다량의 우유나 크림을 사용하므로 타지 않도록 계속 저어주어야 한다.

- **성형** : 종류에 따라 다양하게 성형하여 식히거나 또는 식히는 과정에서 성형하기도 한다.

② 비결정형 캔디의 종류

- **캐러멜**caramel : 설탕과 동량으로 많은 양의 시럽, 우유, 버터 등을 사용하여 서서히 저어가며 가열한 후 식혀 성형한다. 당과 단백질의 갈색화 반응으로 특이한 향기와 끈적끈적한 질감을 갖는다.
- **태피**taffy : 다량의 시럽과 산을 첨가하여 고온으로 농축시킨 후 손으로 늘려서 엿처럼 만든 것으로 질깃질깃한 질감을 가질 수도 있고, 바삭거릴 수도 있다.
- **브리틀**brittle : 시럽이 다량 첨가된 당 용액을 고온으로 가열한 다음 견과류와 베이킹 소다를 넣어 가스를 발생시키고 넓적한 용기에 부어 단시간 내에 냉각시킨다. 생성된 가스는 빨리 식혀주는 작용을 한다. 고온으로 인한 갈색화와 소다의 첨가로 인한 특이한 향미와 부석부석한 질감을 갖는다.
- **단단한 캔디** : 시럽, 설탕, 물을 충분히 넣고 서서히 고온으로 가열 농축하여 그대로 성형한 것으로서 단단한 질감을 가지며 버터 스카치 캔디와 드롭스 등이 여기에 속한다.
- **마시멜로**marshmellow : 다량의 젤라틴을 사용한 캔디로서 스펀지상이다. 젤라틴과 거품 낸 난백에 농축된 당 용액을 넣고 저어서 만든다.

캐러멜

태피

브리틀

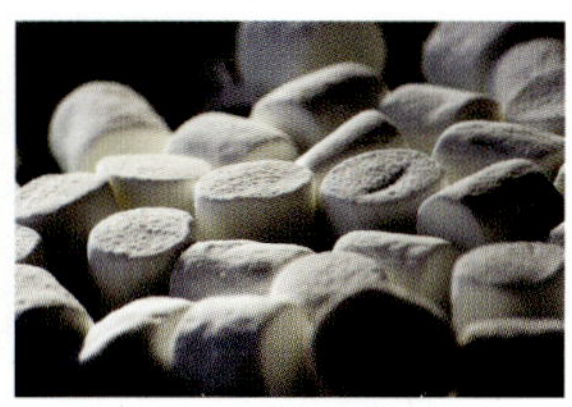

마시멜로

그림 2-7 비결정형 캔디

- **검 캔디와 젤리** : 젤라틴, 펙틴 등을 이용하여 만든 캔디로 대부분 과일즙을 함께 섞은 당 용액을 이용한다. 질깃질깃한 질감을 가지고 있다.

단원 정리

원당 정백당(백설탕)의 원료로 사용되는 당

당밀 사탕수수나 사탕무를 설탕으로 가공할 때 부수적으로 나오는 끈적한 시럽

전화당 설탕을 가수분해하여 얻는 포도당과 과당의 혼합물. 소화 흡수가 좋아서 과자나 식품 가공에 사용

당화 다당류가 효소나 산의 작용으로 가수분해되어 단당류나 이당류를 생성하는 것

당알코올 단당류의 카보닐기를 환원하여 생기는 다가 알코올

기능성 올리고당 장내 소화 효소에 분해되지 않아 대장에서 유해 세균의 증식을 억제하고 유익한 세균의 증식을 돕는 기능성을 가진 올리고당

설탕의 융점 고체 설탕을 가열하였을 때 액체로 변하는 온도

캐러멜반응 당류가 일으키는 산화반응 등에 의해 생기는 현상으로, 요리에 고소함과 진한 색을 부여하는 중요한 현상. 캐러멜화 작용의 발현에 효소가 관여하지 않는 비효소적 갈변반응이며, 발생하는 휘발성 화학 물질이 캐러멜과 같은 독특한 맛을 냄

발효 미생물이 무산소 조건에서 사람에게 유용한 유기물을 만드는 과정을 말하며, 대표적인 것이 효모균의 알코올 발효와 젖산균의 젖산 발효임

결정형 캔디 과포화 설탕 용액의 결정을 생성시켜 결정의 크기에 따라 다양한 질감의 결정형 캔디를 제조함

비결정형 캔디 과포화 설탕 용액에 결정 형성 억제 물질 등을 첨가하여 결정이 생기지 않도록 만든 캔디

단원 문제

1 단맛을 주는 것 외에 조리 시 당류를 첨가하여 얻을 수 있는 것들에는 어떤 것이 있는지 설명하시오.

2 당류 종류에 따라 단맛의 강도가 다르다. 설탕을 기준으로 했을 때 설탕보다 감미가 높은 당에 대하여 설명하시오.

3 다른 당류와 당알코올의 차이점에 대해 설명하시오.

4 캔디를 제조할 때 과포화 용액을 만들어야 하는 이유에 대하여 설명하시오.

5 캔디 제조 시 결정 형성을 억제하는 첨가물의 예를 드시오.

Chapter 3

전분

학습 목표

1. 전분의 주요 소재를 알 수 있다.
2. 전분 분자의 구조와 전분 입자의 특성을 이해할 수 있다.
3. 전분의 호화, 노화, 젤화, 호정화, 당화를 설명할 수 있다.
4. 전분의 노화 억제 방법을 알 수 있다.
5. 변성 전분의 정의와 활용 부분을 알 수 있다
6. 전분의 기능을 열거하고 조리 및 가공에 이용하는 예를 알 수 있다.

전분starch은 식물의 종자와 뿌리에 들어 있는 저장 탄수화물로 쌀, 옥수수, 밀 등의 곡류와 감자, 고구마 등의 주요 성분이다. 전분은 식물체의 광합성 작용에 의해 만들어진 포도당이 수백, 수천 개가 중합되어 형성된 다당류로서 입자 형태로 세포 내의 색소체인 백색체leucoplast에 존재한다. 전분은 식품의 조리 가공 시에 농후제thickening agent, 안정제, 겔 형성제 등으로 이용되며 여러 종류의 전분당, 술 등 전분가공식품을 제조하는 원료로서 중요한 역할을 한다.

1. 전분의 구조

1) 전분 분자의 구조와 특성

전분 분자는 구조와 성질이 서로 다른 두 물질, 즉 아밀로오스amylose와 아밀로펙틴amylopectin으로 구성되어 있다. 전분 입자 내에서 이 두 물질의 비율은 전분의 출처에 따라 다르지만 대체로 천연 전분 중에는 아밀로오스와 아밀로펙틴이 2:8의 비율로 들어 있다. 그러나 차진 성질waxy을 가진 찹쌀, 찰보리, 찰옥수수, 차조, 찰수수, 율무, 찰기장 전분은 대부분 아밀로펙틴으로 되어 있어 아밀로오스가 거의 없거나 1~4% 정도로 아주 적게 함유되어 있다. 아밀로오스는 풀같이 엉키는 성질을 나타내고 아밀로펙틴은 끈기를 나타낸다. 따라서 아밀로오스와 아밀로펙틴의 함유 비율에 따라 전분의 조리, 가공 특성이 달라진다.

표 3-1 전분의 주요 소재

분류	주요 소재
지상 전분	• 곡류(쌀, 밀, 보리, 옥수수, 메밀, 율무) • 두류(팥, 녹두, 동부, 강낭콩) • 기타(바나나, 사고야자나무줄기)
지하 전분	• 서류(감자, 고구마, 토란, 카사바, 마) • 칡뿌리

(1) 아밀로오스

아밀로오스는 수백에서 수천의 포도당이 α-1,4 결합으로 중합된 것으로 대개 6개 정도의 포도당 연결체가 한 번씩 회전하는 나선상의 구조α-helical form를 이룬다. 이 구조의 내부 공간은 소수성을 띠며 요오드, 지방산 등의 화합물들이 포접inclusion될 수 있다. 아밀로오스에 요오드를 가했을 때 청색으로 되는 것은 이 같은 반응의 결과라고 볼 수 있는데 이러한 정색반응을 이용하여 전분의 유무를 확인할 수 있을 뿐만 아니라 전분 입자 내의 아밀로오스 함량을 간접적으로 측정하기도 한다.

(2) 아밀로펙틴

아밀로펙틴은 아밀로오스와 같은 직쇄상의 기본 구조에 포도당 15~30개마다 α-1,6 결합이 형성되어 가지가 달린 구조를 하고 있다. 아밀로오스보다 훨씬 많은 수의 포도당이 중합된 고분자 물질로 가지가 있어 나선상의 형태를 이루지 못해 포접화합물을 형성하지 않으므로 요오드와 거의 반응하지 않아 적자색을 띤다.

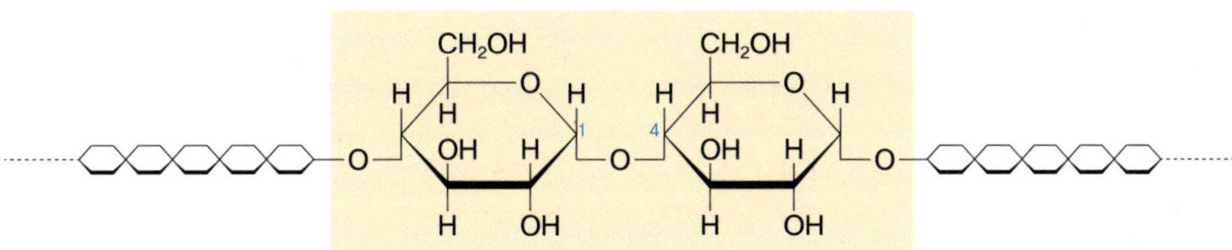

아밀로오스

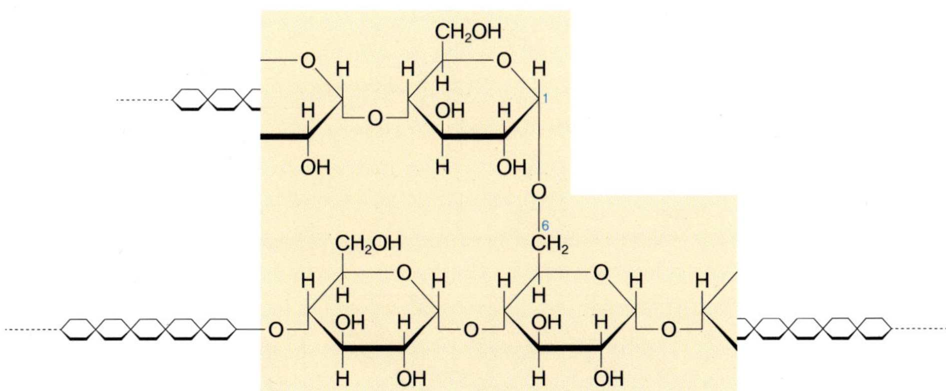

아밀로펙틴

그림 3-1 아밀로오스와 아밀로펙틴의 구조

2) 전분 입자의 특성

전분은 식물체 내에서 대개의 경우 입자의 형태로 존재한다. 전분 입자의 모양은 원형, 타원형, 다각형 등 식물의 종류에 따라 다양하다. 크기 또한 2~150 ㎛ 정도로 전분의 종류마다 차이를 보이며 이러한 형태는 현미경으로 구별된다. 각종 전분 입자의 형태 및 크기는 그림 3-2와 같다. 곡류 전분 중 쌀 전분의 경우 2~10 ㎛로 크기가 비교적 적고 균일한 편이나 감자 전분 입자는 15~100 ㎛의 크기로 불균일하다.

전분 입자starch granule는 전분을 구성하는 두 물질인 아밀로오스와 아밀로펙틴들이 상호 간에 혹은 물 분자를 통해서 수소 결합에 의해 강하게 결합되어 섬유상의 집합체 미세 결정 구조인 마이셀micelle을 형성하고 있다. 미세 결정 구조가 차지하는 비율은 원료전분에 따라 다르지만 대략 20~40% 정도이며, 이 마이셀들이 모여 전분층을 형성하고 또 전분층이 층층이 겹쳐서 전분 입자의 일부를 이루게 된다. 따라서 입자 내부에는 전분 분자들이 규칙적으로 배열된 부분인 마이셀, 즉 결정성 영역crystalline region과 엉성하고 불규칙한 비결정성 영역amorphous region이 존재한다. 전분의 결정성은 그림 3-3처럼 X-선 회절도에서 확인할 수 있으며 전분의 종류마다 각기 다른 형태의 회절도를 나타낸다.

표 3-2 각종 전분의 형태와 크기

종류	형태	크기(㎛)	종류	형태	크기(㎛)
쌀	다각형	2~10	고구마	다각형, 타원형	15~55
감자	타원형	10~100	녹두	타원형	6~31
밀	구형, 타원형	5~40	동부	타원형	6~30
타피오카	구형, 반구형	5~35	옥수수	다각형, 구형	5~25

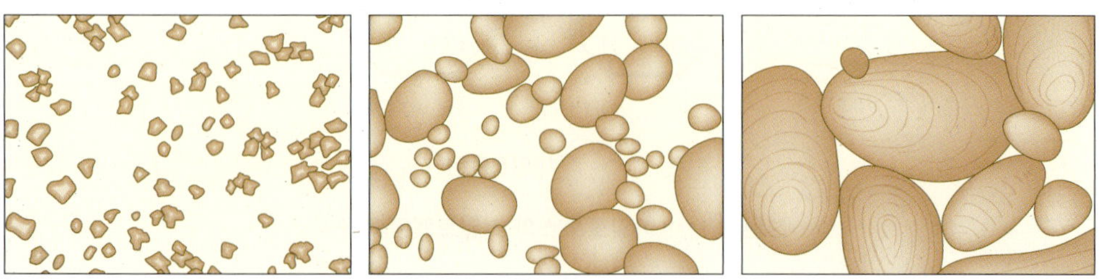

쌀 밀 감자

그림 3-2 전분 입자의 형태

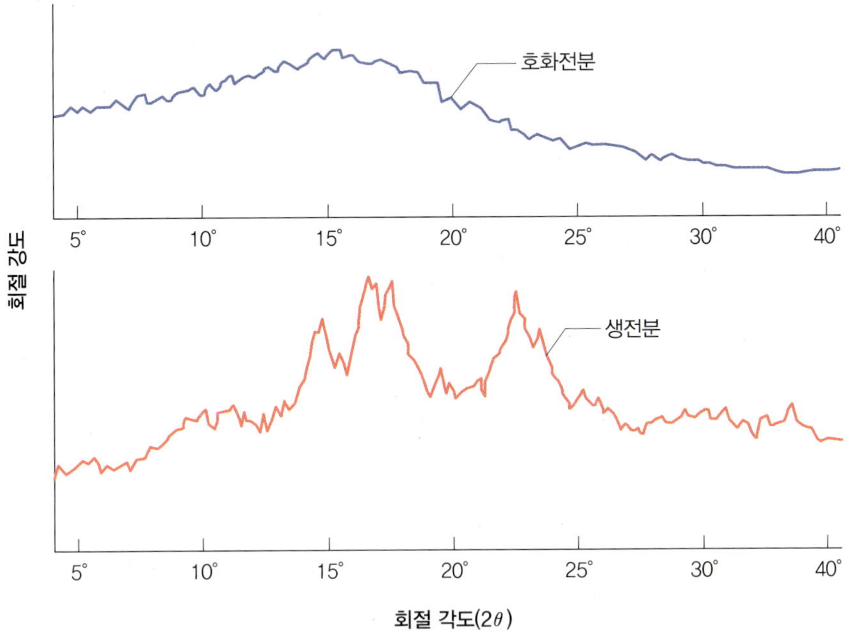

그림 3-3__ 생전분과 호화전분의 X-선 회절도

2. 전분의 성질

1) 전분의 호화

생전분에 물을 넣고 가열하면 전분 입자가 물을 흡수하여 팽윤되고 결정성 영역이 붕괴되면서 점도와 투명도가 증가하고 반투명의 교질 용액 상태가 되는데, 이러한 전분의 변화 상태를 호화gelatinization라고 한다.

전분의 호화는 '수화→팽윤→교질 용액' 3단계로 다음과 같이 진행된다(그림 3-4).

- **제1단계 수화**hydration : 전분을 냉수에 분산시키면 전분 입자의 비결정 영역에만 물이 침투되어 수화된다. 전분 입자 중량의 20~30%의 물을 흡수하고 건조시키면 원래상태로 되돌아 갈 수 있는 가역적인 변화이다
- **제2단계 팽윤**swelling : 전분 현탁액의 온도가 60~80℃ 이상으로 올라가면 전분 입자의 결정성 영역까지 물이 침투되어 전분 입자의 구조가 원래 상태로 되돌아가지 못할 정도로 크게 팽윤하게 된다.
- **제3단계 교질 용액**colloid **형성** : 온도를 더 높여 특정 전분의 호화 온도에 도달하게

되면 팽윤된 전분 입자의 형태가 붕괴되면서 입자 내의 아밀로오스와 아밀로펙틴의 일부가 용출되어 나와 높은 점도를 나타내며 반투명한 교질 용액(콜로이드)을 형성하게 된다.

이와 같이 호화를 일으키는 것은 전분 분자의 수소 결합이 열에 약해지기 때문이며 호화가 일어나기 시작하면 입자 내에 분자의 재배열이 일어나 결정체로서의 마이셀 구조가 깨진다. 이렇게 배열 상태가 파괴된 호화전분을 α-전분이라고 하며 X-선 회절도에 의하여 구별된다(그림 3-3).

전분의 호화에 영향을 주는 조건은 다음과 같다.

① 전분의 종류

일반적으로 쌀, 보리 등의 곡류 전분은 감자, 고구마 등의 서류 전분보다 호화 온도가 높다.

② 수분

수분 함량이 많을수록 호화는 잘 일어난다. 전분 입자들이 이미 수분을 흡수하여 팽윤 상태에 있기 때문이다.

③ 가열 온도와 가열 시간

가열하는 온도가 높을수록 단시간에 호화된다. 90~95℃에서 가열하는 경우보다 100℃로 가열하였을 경우 호화 시간이 단축된다. 또한 신속하게 가열된 전분풀이 천천히 가열된 경우보다 조금 더 걸쭉하다.

④ pH

전분 분자들 사이의 수소 결합은 산, 알칼리에 의해서 크게 영향을 받는다. 전분에 산을 가하여 가열하면 호화가 잘 안 되고 점도가 낮아지며 pH 3.5 이하에서는 가수분해에 의하여 점도가 현저히 저하한다. 그러므로 전분에 산을 첨가하여 소스sauce를 만들고자 할 때 전분을 먼저 호화시킨 후에 산을 첨가하는 것이 좋다. pH가 7 이상일 때는 호화가 촉진되며, 전분에 3%의 NaOH를 첨가하면 쉽게 호화한다.

⑤ 설탕

설탕은 물에 대한 용해성이 크므로 전분 입자와 경쟁적으로 수화하려고 한다. 그러므로 설탕의 농도가 낮은 경우에는 별 영향이 없으나 첨가량이 많아지면 전분 입자의 팽윤을 늦추고 호화 온도는 상승한다.

⑥ 지방

전분 입자를 둘러싸서 물이 흡수되는 것을 방해하므로 호화를 억제한다.

2) 전분의 젤화

잘 호화된 전분 용액은 풀paste과 같은 상태로 유동성과 점성이 있다. 이를 식혀서 방치하면 유동성이 없는 젤 상태로 변하게 된다(그림 3-4). 호화 과정에서 전분 입자로부터 빠져 나온 아밀로오스들이 수소 결합으로 연결되어 삼차원의 망상 구조를 이루게 되고 그 구조 내부에 물이 갇히게 되어 부드러운 반고체 상태인 전분 젤이 형성되는 것이다. 전분 젤은 주로 아밀로오스에 의해 형성되므로 아밀로펙틴만을 함유하고 있는 찰 전분의 경우 젤이 잘 형성되지 않는다. 또한 전분의 종류마다 젤 상태, 즉 강도나 투명도, 탄력성 등이 다르다. 옥수수 전분은 젤의 강도가 비교적 높고 투명하나 타피오카나 감자 전분은 젤화gelation가 잘 일어나지 않고 밀 전분의 경우는 젤 강도도 낮고 투명하지 않다. 녹두, 메밀, 도토리 전분 젤은 탄력성이 뛰어나 형태를 잘 유지하는 질감 특성을 보임으로 예로부터 묵으로 이용되어 왔다.

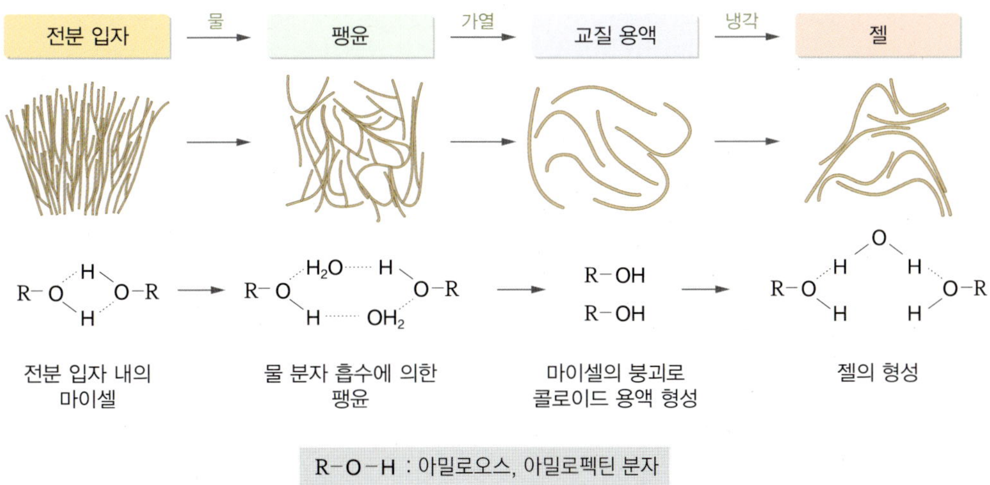

그림 3-4__ 전분 현탁액의 호화와 젤화 과정

3) 전분의 노화

호화된 전분을 수분이 있는 상태로 오래 방치하면 인접한 전분 분자들이 수소 결합을 하여 부분적으로 다시 결정 구조를 형성하게 되는데 이를 노화retrogradation라고 한다. 전분의 노화가 진행되면 투명도가 저하되고, 젤의 망상 구조도 늘어져 수분이 빠져나오는 이장 현상syneresis이 생기며 소화 효소의 작용도 나빠지는 등 전분질 식품의 품질 저하를 가져온다. 탄력과 부드러운 질감을 보유하던 빵이 굳어지고 찰지고 촉촉하던 밥이 부슬부슬한 상태로 변화하는 것은 바로 이들 식품의 주요 성분인 전분이 노화되었기 때문이다.

노화에 영향을 주는 요인은 다음과 같다.

① 전분의 종류

전분 입자의 크기가 작은 쌀, 밀, 옥수수 같은 곡류 전분은 노화가 쉽게 일어나고 감자, 고구마, 타피오카 등의 전분은 노화 속도가 느린 편이다. 직쇄상의 아밀로오스 분자는 입체장애가 없으므로 노화되기 쉽고 아밀로펙틴은 분지상의 입체 구조로 분자 간 수소 결합을 방해하여 노화되기 어렵다. 찹쌀, 찰옥수수 등 아밀로펙틴만으로 된 전분은 노화가 느리다.

② 온도

노화가 가장 잘 일어나는 온도는 0~5℃의 냉장 온도이다. 60℃ 이상, -2℃ 이하에서는 분자 상호 간에 수소 결합이 형성되기 어렵기 때문에 노화가 잘 일어나지 않는다.

③ 수분 함량

전분액의 수분 함량이 30~60%에서 노화가 잘 일어난다. 수분이 10% 이하이거나 60% 이상이면 호화된 전분 중의 아밀로오스 분자들의 회합이 억제되므로 노화가 잘 일어나지 않는다. 설탕을 첨가하면 노화가 방지되는데 이는 설탕이 탈수제로 작용하기 때문이다.

④ pH

알칼리성에서는 호화는 촉진되고 노화는 억제되며 산성에서는 노화가 촉진된다.

호화전분의 노화 억제 방법

- 수분 함량 조절 : 10~15% 이하로 처리(비스킷, 과자, 건빵, 건조미)
- 설탕 첨가 : 탈수제 역할(케이크, 팥양갱)
- 냉동 저장 : −20~−30℃에서 노화 억제(냉동 빵, 냉동 인절미)
- 유화제 첨가 : 호화액의 안정도 증가로 노화 억제(케이크)

4) 전분의 호정화

전분을 160~180℃ 이상으로 건열 처리를 하거나 산 또는 효소로 부분적으로 가수분해하면 여러 가지 크기의 아밀로오스, 아밀로펙틴의 혼합물이 되는데 분해 정도에 따라 가용성 전분을 거쳐 다양한 길이의 덱스트린으로 되는 변화를 호정화dextrinization라고 한다. 생전분의 호화는 물리적 상태의 변화이나 호정화는 화학적 분해가 일어난 것으로 아밀로오스 사슬이나 가지를 치고 있던 아밀로펙틴의 여기저기가 끊어져서 분자가 작아지기 때문에 용해성이 높아지고 효소 작용도 받기 쉬우며 노화하지 않는 반면 점성은 낮아진다. 건조한 열로 생성된 덱스트린을 피로덱스트린pyrodextrin이라 한다. 덱스트린이 생성되면 약간 씁쓸한 맛과 갈색이 형성된다. 호정화 현상은 빵을 구울 때, 미숫가루, 누룽지, 팽화곡류를 만들 때 일어난다.

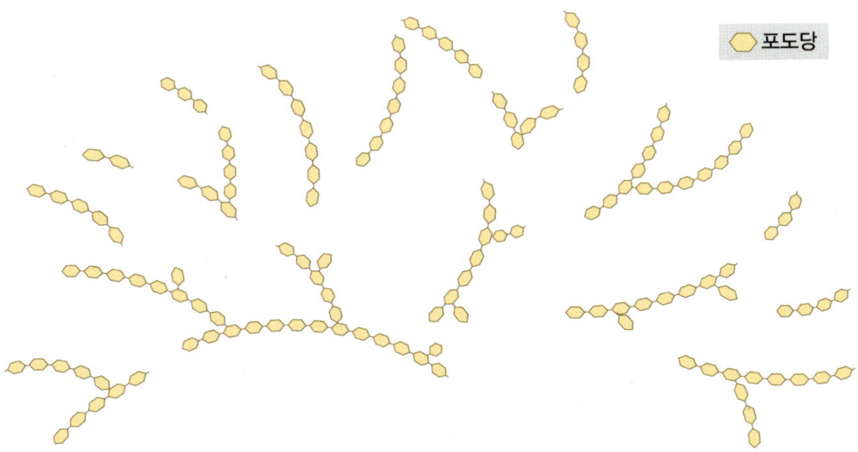

그림 3-5 전분의 호정화에 의한 덱스트린 형성

5) 전분의 당화

전분은 묽은산이나 전분 가수분해효소에 의해 쉽게 가수분해되어 단맛이 증가되는데 이러한 과정을 당화saccharification라고 한다. 전분을 당화시켜 만든 식품으로 콘시럽, 조청, 식혜, 엿 등이 있다. 콘시럽은 아밀레이스나 산으로 옥수수 전분을 가수분해하여 덱스트린, 맥아당, 포도당이 섞인 상태로 만든 것이며 식혜는 엿기름으로부터 아밀레이스를 용출해 밥의 전분을 부분적으로 당화시킨 것이다. 식혜의 밥알은 전분의 일부가 당화되었기 때문에 조직이 엉성하고 가벼워서 물에 뜨게 된다. 엿은 엿기름에 함유되어 있는 아밀레이스로 전분 전체를 당화시키고 걸러서 당 용액만을 분리한 후 농축시켜 얻는다.

전분 가수분해효소

- α–아밀레이스 : 전분의 α–1,4 결합을 무작위적으로 가수분해, 저분자의 덱스트린 생성하여 투명한 액체 상태로 만든다. 발아 중인 곡류, 타액에 존재한다.
- β–아밀레이스 : 전분의 α–1,4 결합을 비환원성 말단에서부터 맥아당 단위로 가수분해하여 단맛을 증가시킨다. 엿기름에 존재하며 식혜, 물엿, 고추장을 만들 때 이용된다.

3. 변성 전분

식품에 사용되는 전분의 기능성은 전분의 물리화학적 구조에 따라 달라진다. 천연 전분을 식품 가공에 이용하는 데는 한계가 있기 때문에 원하는 특성을 얻기 위하여 전분을 물리적, 화학적, 효소적으로 처리하여 변성 전분modified starch을 만들어 식품산업에 다양하게 활용한다. 일반적으로 가수분해, 교차 결합cross linking, 치환 등의 방법을 사용한다. 예를 들어 천연 전분은 가열 시 점성이 너무 높아 취급이 곤란할 뿐만 아니라 냉각 시에는 빨리 젤이 형성되기 때문에 사용에 제한이 많으므로 전분을 적절히 개량하여 사용하는 것이다. 찰옥수수 전분은 아밀로펙틴만으로 구성되어 있어서 과일파이에 농후제로서 사용되는데, 부드럽고 걸쭉하면서도 굳어지지 않는 좋은 점이 있는 반면 질감이 끈적거린다는 바람직하지 못한 특성이 있다. 여기에 교차 결합을 위한 화학적 처리를 하면 전분은 굳어지지 않는 특성을 그대로 지니면서도 끈적거리지는 않게 된다.

또한 가열, 냉동에 더욱 안정해지며 냉동 과일파이에는 이상적인 농후제가 된다. 이와 같이 변성된 전분은 점도나 냉동 안정성, 냉수에서의 용해도 등에 영향을 준다.

1) 산처리 전분Acid modified starch

염산이나 질산으로 처리하여 산 가수분해가 일어난 전분이다. 입자 내의 결합 파괴로 입자 구조가 약해져 가열하면 천연 전분에 비해 점도가 낮아지지만 냉각시키면 강한 젤을 형성하므로 제과용 원료로 사용된다.

2) α화 전분Pregelatinized starch

전분을 호화, 건조시킨 것으로 냉수에 쉽게 분산되어 가열하지 않아도 사용할 수 있다. 천연 전분보다 점성이 낮고 불투명한 젤을 형성한다.

3) 가교 전분Cross-linked starch

천연 전분의 -OH 그룹과 결합할 수 있는 화합물을 반응시켜 서로 가교화시킨 것으로 열에 강하며 노화가 잘 일어나지 않고 낮은 온도, 냉동, 해동 조건에서 안정성이 크게 된다. 냉동식품, 레토르트 식품, 수프 등에 사용된다.

4) 산화 전분Oxidized starch

산화제로 전분을 처리하여 제조하며 천연 전분 구조를 유지하고 있으므로 찬물에 녹지 않는다. 점도가 낮고 투명한 편이며 냉각 시에도 점도가 낮다. 안정성 있는 젤을 형성하는 반면 젤화 성질은 적어 낮은 점도를 유지하고자 할 때 사용된다.

5) 저항 전분Resistant starch

건강한 개인의 소장에서 소화 흡수되지 않는 전분과 전분 분해물의 총합체로 식이섬유와 비슷한 생리적 기능을 갖는다. 따라서 저항 전분은 소화기관의 기능 정상화, 미생물 균총에 유리한 프리바이오틱스, 혈중 콜레스테롤 수준 유지, 혈당지수 관리에 도움이 된다고 알려져 있다.

저항 전분은 생전분의 감자 및 바나나와 고아밀로오스 옥수수의 전분, 노화된 전분 등에 함유되어 있으며 근래에 국내에서 저항 전분 함량이 높은 쌀 품종이 개발되기도 하였다. 저항 전분은 부드럽고 입자가 작으며 수분 흡수력이 낮아 전통적인 불용성 식이섬유의 단점을 보완할 수 있다는 특징으로 인해 이를 이용한 다양한 기능성 가공식품 개발에 관심이 높아지고 있다.

4. 전분의 조리

전분은 표 3-3에서 보는 바와 같이 액체를 걸쭉하게 하고 묵이나 푸딩과 같이 젤을 형성하며, 음료나 샐러드드레싱을 안정화시키는 등의 여러 기능을 가지고 있어 식품의 조리 과정에서 다양하게 이용되고 있다.

표 3-3__ 전분의 기능에 따른 사용 예

전분의 기능	사용 예
농후제(thickening agent)	소스, 크림수프, 그레비, 파이 속
젤 형성제(gelling agent)	묵, 푸딩류
안정제(colloidal stabilizer)	샐러드드레싱
결착제(binding agent)	가공 육류 제품
보습제(moisture retention)	케이크 토핑(cake topping)
피막제(film forming agent)	오블레이트(oblate)
희석제, 유동촉진제	베이킹파우더

1) 소스Sauce

전분 현탁액을 호화시키면 점성이 있는 상태로 되기 때문에 이를 이용해 걸쭉한 소스를 만드는 데 사용된다. 전분에 물을 넣고 열을 가했을 때 덩어리가 생기기 쉬우므로 먼저 물에 잘 분산시키는 것이 중요하다. 따라서 소스를 만들 때 덩어리지는 것을 방지하는 방법은 다음과 같다.

- 냉수 : 먼저 찬물에 전분을 넣어 전분 입자를 분리시킨 후에 뜨거운 물을 부으면서 열을 가하면서 계속 저어준다. 중국 음식에서 류우차이 음식의 류(溜)를 만들 때

적용할 수 있다.

- 설탕 : 푸딩이나 파이 필링(pie filling)을 만들 때에는 전분을 설탕과 먼저 섞어서 가열하여야 덩어리를 방지할 수 있다.
- 버터 : 소스를 만들 때 가장 많이 사용하는 방법으로 지방을 녹인 후에 가루를 넣어 충분히 전분 입자를 분리시킨 후에 액체를 넣고 가열한다.

이와 같이 하여 전분을 완전히 호화시켜 균일한 상태로 일정한 점도를 유지하게 한다. 그러나 조리 방법과 첨가물에 따라 전분의 농후력은 달라진다. 균등한 용액을 만들기 위해 호화 초기에는 잘 저어주어야 하나 전분 혼합물이 일단 농후해진 후 너무 많이 저어주면 팽윤된 전분 입자가 붕괴되어 점도가 낮아지게 된다. 또한 레몬주스나 식초와 같은 산은 전분 분자를 가수분해하여 농후력을 감소시키므로 전분 혼합물이 농후하게 된 후에 넣는다. 전분의 양에 비해 너무 많은 설탕을 넣으면 물에 대해 전분과 설탕의 경쟁으로 전분의 호화에 사용된 수분이 탈수되어 전분 입자의 팽윤이나 농후력이 감소된다.

2) 묵

전통식품 묵은 전분의 젤 형성 능력을 이용한 것이다. 8~10%의 특정 전분의 현탁액을 호화시켜 방치하여 젤 상태로 만든 음식이다. 모든 전분은 가열하면 호화되고 식히면 굳어지나 묵 특유의 텍스처, 즉 탄력성이 뛰어나 형태를 잘 유지하는 전분은 녹두, 메밀, 도토리와 동부 전분으로 한정되어 있다.

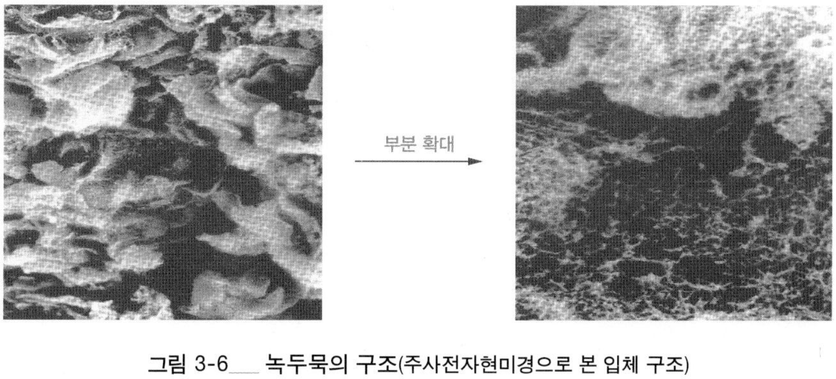

그림 3-6__ 녹두묵의 구조(주사전자현미경으로 본 입체 구조)

전분의 종류에 따라 전분 입자의 형태와 크기가 다르기 때문에 호화와 형성된 젤의 특성은 다르기 마련이다. 입자를 구성하는 아밀로오스와 아밀로펙틴의 함량이 다른 것도 호화된 전분 용액이 서로 다른 특성을 보이는 한 원인이 될 수 있다. 또한 아밀로오스 함량이 비슷하여도 분자 길이의 차이에 의해 망상 구조의 젤 형성에 영향을 줄 수 있다. 아밀로오스 분자의 길이가 중간 정도일 때 입체적 망상 구조를 형성하기에 좋다고 한다.

단원 정리

아밀로오스 다수의 포도당이 α-1,4 결합으로 중합되어 전분을 구성하는 물질

아밀로펙틴 다수의 포도당이 α-1,4, α-1,6 결합으로 중합되어 전분을 구성하는 물질

전분의 호화 생전분에 물을 넣어 가열하면 전분 입자가 물을 흡수하여 팽윤, 붕괴되면서 점도와 투명도가 증가 반투명의 교질 용액이 되는 상태

전분의 젤화 전분 용액 호화되어 풀(paste)과 같이 유동성과 점성이 있는 상태에서 유동성이 없는 반고체 상태로 변하는 현상

전분의 노화 호화된 전분을 수분이 있는 상태로 오래 방치하면 인접한 전분 분자들이 수소 결합을 하여 부분적으로 다시 결정 구조를 형성하게 되어 굳어지는 상태

전분의 호정화 전분을 건열 처리나 산 또는 효소로 가수분해하면 여러 단계의 가용성 전분을 거쳐 다양한 길이의 덱스트린으로 분해되는 현상

전분의 당화 전분을 묽은산이나 효소로 가수분해시킬 때 단맛이 증가되는 현상

변성 전분 천연 전분을 물리적, 화학적, 효소적으로 처리하여 성질이 변화된 전분

저항 전분 건강한 개인의 소장에서 소화 흡수되지 않는 전분과 전분 분해물의 총합체로 식이섬유와 같은 생리적 기능을 갖고 있음

단원 문제

1 아밀로오스 함량이 높은 전분의 조리 가공 특성을 조사해 보시오.

2 단맛이 없는 쌀밥이 식혜가 되는 원리를 설명하시오.

3 근래에 개발된 굳지 않는 떡의 제조 원리를 설명하시오.

4 변성 전분이 활용되고 있는 조리, 가공식품들을 조사해 보시오.

5 저항 전분과 전통적인 불용성 식이섬유의 조리, 가공 특성을 비교하시오.

Chapter **4**

곡류

학습
목표

1. 곡류의 종류를 설명할 수 있다.
2. 곡류의 구조를 설명할 수 있다.
3. 곡류의 종류별 특성을 설명할 수 있다.
4. 곡류의 조리법을 설명할 수 있다.

전 세계 여러 지역에서 중요한 식량으로 이용되고 있는 곡류는 각 지역의 기후 조건이나 토양의 특성에 따라 다양한 종류가 생산된다. 여러 곡류 중 쌀rice을 미곡, 밀wheat, 보리barley, 귀리oat, 호밀rye 등을 맥류, 그리고 옥수수corn, 수수sorghum, 메밀buckwheat, 조millet 등을 잡곡으로 구분하고 있으며, 이 중 쌀과 밀 그리고 옥수수는 세계 3대 식량 작물이라 할 수 있다. 우리나라에서는 상고시대에 이미 농경이 시작되면서 곡물이 재배되어 곡류의 이용 역사는 오래되었으며 쌀, 보리, 콩, 조, 기장을 오곡이라고 하여 중요시하였다. 곡류는 주성분이 전분으로 열량의 좋은 급원이 된다. 또한 수분이 적고 단단한 껍질이 있어 저장성이 우수하고 수송이 편리할 뿐만 아니라 다른 식재료에 비해 단위 면적당 생산량이 많은 경제 작물이다. 한편 많은 양의 곡류가 가축의 사료로도 이용되어 동물성 식품의 생산에도 중요한 역할을 하고 있다. 경제 수준의 향상과 농업 및 식품산업의 발달로 다양한 식품들이 공급됨에 따라 곡류의 섭취량은 해가 갈수록 감소하고 있으나 아직도 식량이 부족한 많은 나라에서는 대부분의 열량을 곡류에 의존하고 있는 형편이다.

1. 곡류의 구조

대부분의 곡류는 화본과에 속하므로 곡류 입자의 구조, 모양, 성분 등이 비슷하다. 다만 메밀은 여뀌과Polygonaceae에 속하나 그의 성상과 용도가 비슷하기 때문에 잡곡에 포함시키고 있다. 곡류 열매는 왕겨husk 등으로 둘러 싸여 있고 그 내부는 외피bran layer, 배유endosperm, 배아germ 등으로 이루어진 알맹이로 되어 있다. 쌀과 맥류의 형태는 서로 비슷하지만 맥류의 경우 알곡 중앙에 골이 져 있다. 옥수수는 원형, 방추형, 모난 형태 등 종류에 따라 형태와 크기가 다르고 조와 수수는 작은 알맹이 모양을 이루고 있다.

1) 외피Bran layer

외피는 겨층이라고 하며 낟알 무게의 약 15% 정도를 차지한다. 내부의 부드러운 부분인 배유 부분을 보호하는 역할을 하며 주로 섬유소 그리고 약간의 단백질, 무기질이 함유되어 있다. 외피는 가장 바깥에서부터 과피, 종피, 호분층으로 구분되며 배유 부분과 인접하고 있는 호분층을 이루는 세포는 단백질, 인, 티아민이 풍부하며 약간의 지방을 함유하지만 외피와 함께 도정 과정에서 떨어져 나간다.

2) 배유Endosperm

배유는 낟알의 대부분(약 83%)을 차지하며 다량의 전분과 원형질을 가지고 있는 세포로 구성되어 있다. 이 세포에는 단백질도 들어 있고 미량의 지방을 함유하나 무기질이나 섬유소는 거의 없다. 또한 비타민의 함량도 일반적으로 낮다. 도정 후 남는 부분으로 주로 우리가 이용하는 부분이다.

3) 배아Germ

종자에 있어 가장 중요한 곳으로 싹이 틀 때 뿌리나 잎의 새로운 식물체를 형성하는 부분이다. 낟알의 2~3%를 차지하지만 도정 과정에서 외피와 함께 제거되며 단백질, 지방, 무기질, 비타민 B 복합체와 비타민 E의 함량이 높다. 배아 부분은 지방 함량이 높아 보관 시에는 냉장 저장이 필요하며, 식용 유지의 원료로 사용된다.

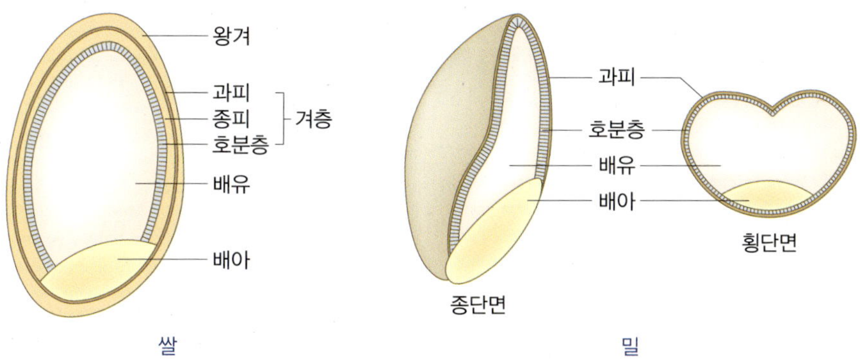

그림 4-1 곡류의 구조

2. 곡류의 구성 성분

곡류의 구성 성분은 표 4-1과 같다. 곡식의 종류에 따라 다소 차이는 있지만 대부분 탄수화물이 주요 성분이다. 이 탄수화물은 대부분 전분의 형태로 존재하며 약간의 자당과 덱스트린도 있다.

곡류의 단백질 함량은 대략 10% 내외로 비교적 높은 편이나 필수아미노산의 조성이 불완전하므로 동물성 단백질에 비해 질이 낮은 편이다. 라이신, 메티오닌, 트립토판 등의 필수아미노산이 부족하므로 우유, 달걀, 육류 등을 함께 섭취해야 한다. 특히 라이신 함량이 높은 두류를 함께 섭취함으로써 필수아미노산의 상호 보완 효과가 커진다.

같은 종류의 곡식이라도 곡류의 성분은 토질, 기후 등에 따라 다르다. 일반적으로 고온 다습한 지역에서 자란 곡류는 단백질 함량이 높고, 토양의 질소 함량이 높아도 역시 단백질 함량이 높다.

곡류의 지방 및 무기질은 주로 껍질과 배아 속에 많이 있기 때문에 도정과 제분 과정에서 대부분 손실이 된다. 배아 부분에 비타민 B_1, B_2 등이 풍부하다.

표 4-1 곡류의 구성 성분(100 g당)

곡류	열량(kcal)	수분(%)	단백질(g)	지질(g)	탄수화물(g)	섬유소(g)	무기질(mg)					비타민(mg)			
							회분	칼슘	인	철	칼륨	B_1	B_2	niacin	C
백미	345	13.4	6.4	0.4	79.5	-	0.4	7	87	1.3	170	0.23	0.02	1.2	0
현미	324	10.3	7.0	2.3	79.4	-	1.0	8	233	3.3	128	0.25	0.06	1.2	0
흑미	312	13.5	7.59	2.31	75.31	7.6	1.29	19	300	0.85	306	0.607	0.254	2.468	0
보리	316	13.5	9.30	1.81	74.39	12.8	1.00	30	206	2.59	282	0.057	0.162	1.822	0
밀	330	9.2	13.2	1.5	74.6	16.0	1.5	24	290	5.2	780	0.52	0.23	2.6	0
옥수수	110	63.6	4.9	1.2	29.4	-	0.9	21	131	2.2	370	0.25	0.11	2.6	0
찰수수	247	8.8	9.7	1.2	79.2	-	1.1	11	204	2.4	394	0.33	0.13	1.2	0
메밀	345	13.1	13.64	3.38	67.84	6.3	2.04	21	453	2.78	444	0.458	0.255	5.189	0
차조	345	14.2	9.58	3.59	71.14	5.1	1.49	14	341	3.79	302	0.510	0.162	3.671	0
율무	363	9.4	15.4	3.2	70.5	-	1.5	10	290	3.7	324	0.32	0.07	1.7	0
퀴노아	348	12.5	9.56	3.26	72.66	7.7	2.02	63	308	3.54	645	0.953	0.219	1.989	1.23
아마란스	353	6.9	17.09	5.94	67.27	13.8	2.80	252	662	9.79	615	0.590	0	1.650	4.04

자료 : 농촌진흥청 국립농업과학원, 식품성분표 제9개정판, 2017

3. 여러 가지 곡류

1) 쌀米, Rice

벼는 화본과의 벼속에 속하는 식물로서 그 열매를 나락 상태로 수확하여 도정한 것이 쌀이다. 아시아 동남부가 원산지이며, 보리나 밀에 비하여 늦게 인류의 식량으로 이용되었지만 오늘날 전 세계 인구의 약 40%가 쌀을 주식으로 이용하고 있다. 우리나라에서는 기원전 2~3세기경에 벼의 재배가 시작되었다는 기록이 있다. 비교적 덥고 습도가 높은 기후에서 잘 자란다.

그림 4-2 쌀의 형태

(1) 쌀의 형태와 특성

벼는 공통조상벼Gondwana Rice에서 진화하여 크게 분류하면 아시아 쌀로 대표되는 오리자 사티바*Oryza sativa*와 아프리카 쌀 품종인 오리자 글라베리마*Oryza glaberrima*로 나누어진다. 현재 아시아를 중심으로 전 세계적으로 재배하고 있는 가장 대표적인 품종은 오리자 사티바이며, 사티바 품종은 쌀의 형태에 따라 단립형Japonica, 중립형Javanica, 장립형Indica으로 크게 분류된다.

① 단립형(자포니카형)

쌀알의 길이가 짧고 통통하며 밥을 지으면 끈기가 있다. 즉 세포막이 얇아 파괴되어 전분 입자가 세포 외부로 방출, 호화가 되어서 부드럽고 점성이 커지게 된다. 온대몬순 지역인 우리나라, 일본, 중국 남북부, 미국의 캘리포니아 지역, 호주의 일부, 스페인 등지에서 주로 생산되며 세계 생산량의 약 20%를 차지한다.

② 장립형(인디카형)

쌀알이 길고 가늘며 부스러지기 쉽고, 밥의 점성이 낮다. 이는 세포막이 두껍고 밥을 지어도 세포막이 파괴되지 않아 세포막 내에서 전분 입자가 호화되기 때문이다. 열대 및 아열대 지역, 즉 인도, 동남아시아, 미국의 남부 지역 등에서 생산되며 세계 쌀 생산량의 약 80%를 차지한다.

(2) 멥쌀과 찹쌀

멥쌀은 보통 밥을 지어먹는 쌀로 배유 중의 전분 입자가 20~25% 정도의 아밀로오스를 함유하고 있으며 나머지는 아밀로펙틴으로 구성되어 있다. 아밀로오스 함유로 요오드와 반응하여 청색을 띤다. 쌀알의 조직은 반투명하고 비중은 1.13 정도로 찹쌀 1.08보다 크다.

찹쌀은 배유 중의 전분 입자가 아밀로펙틴만으로 구성되어 요오드액을 가하면 적자색을 보인다. 밥을 지으면 찰진 특성을 보이며 찹쌀 특유의 냄새가 나기 때문에 밥으로 이용하기보다는 주로 찰떡이나 약식, 한과, 오곡밥 등을 만드는 데 이용된다. 찹쌀알은 수분이 많을 경우 반투명하다가 건조되면 유백색을 띤다. 찹쌀을 물에 불리면 흡수율이 30~40%로 멥쌀보다 더 높아 멥쌀로 밥을 지을 때보다 물의 양이 적어야 하며 수증기로 쪄서 익히는 것이 좋다.

(3) 특수미

① 유색미

유색미(흑미, 녹미, 적미 등)에는 안토사이아닌계, 클로로필계, 카로틴계 등의 기능성 색소가 들어 있다. 유색미에는 라이신 등 필수아미노산 함량과 폴리페놀 함량이 일반 쌀보다 높으며 도정도가 낮아 식이섬유소 함량이 일반 쌀보다 높다. 유색미의 색소는 배유에는 거의 존재하지 않으므로 도정율이 높으면 색소의 손실이 크므로 현미의 형태로 섭취한다. 유색미는 주로 밥에 잡곡의 형태로 이용하고 있으며 떡, 식혜, 술, 각종 베이커리 재료로 다양하게 이용하고 있다.

② 향미

특유의 향을 가지고 있는 쌀인 향미aromatic rice는 고소한 향기와 맛을 지닌 쌀이다.

남아시아의 바스마티와 동남아시아의 재스민쌀이 대표적이며, 한국의 향미 품종으로는 골든퀸과 설향찹쌀 등이 있다.

③ 저항 전분 쌀

저항 전분resistant starch 함량이 높은 쌀 품종(품종명 : 도담 쌀)으로 저항 전분의 함량이 일반 쌀보다 10배 이상 높다. 저항 전분 쌀의 전분은 기존 일반 쌀의 구조인 A 타입과는 다른 C 타입 저항 전분으로 혈당지수가 낮은 건강 소재로 비만 및 당뇨 예방 효과가 있는 것으로 알려져 있다.

④ 가바(GABA) 쌀

일반 쌀보다 씨눈(배아)이 3배 이상 큰 품종으로 개발한 기능성 쌀 품종이다. 이 가바에는 두뇌 활동을 촉진해 집중력과 기억력을 강화시키는 물질인 '감마아미노뷰티르산'GABA, Gamma-Amino Butryric Acid이 풍부하다. 또한 일반 쌀에는 없는 흑미 특유의 항산화 물질인 안토사이아닌과 칼슘 및 철분 등 각종 무기질 역시 풍부하며, 이유식과 선식, 음료 등 다양한 용도로 가공이 가능하다.

⑤ 홍국쌀

쌀을 효모의 일종인 모나스커스 퍼퓨레우스*Monascus pupureus*와 함께 배양한 것으로 배양 과정 중에 생산된 모나콜린(Monacolin)은 콜레스테롤 합성을 억제하는 효과가 있다고 알려져 있다.

⑥ 쌀눈

쌀을 도정할 때 떨어져 나오는 쌀눈germ을 수거, 건조, 포장하여 상품화한 것으로 밥을 지을 때 별도로 첨가하여 사용하도록 한다.

(4) 도정

벼를 수확한 후 건조하여 껍질인 왕겨를 제거하면 현미가 된다. 현미는 겨층이 5%, 배아 3%, 배유가 92% 내외로 이루어져 있다. 도정은 현미의 겨층과 배아를 깎아 배유 부분을 얻는 과정인데 겨층과 배아 전체 8%가 모두 제거되어 배유 부분만 남은 것이 백미polished rice이다. 겨층 및 배아 부분의 50%가 제거되면 5분도미가 되고 70%가 제거되면 7분도미가 되는데 백미에 비해 누런색을 띠고 소화율도 낮지만 비타민 B_1, B_2의 함량이 많다. 도정 공정 후에 백미 표면에 미세한 겨와 미분립이 부착되어 윤기가 없어지고 저장성을 떨어뜨리기 때문에 겨를 제거하는 연마 공정을 거친 청결미를 생산하기도 한다.

(5) 쌀의 성분

쌀의 성분은 표 4-2와 같이 도정 정도에 따라 차이가 많다. 주성분은 탄수화물로 이 중 75%가 전분이다. 단백질은 주로 글루텔린으로 오리제닌oryzenin이라고 하며 아미노산 조성은 아르지닌arginine은 풍부하나 라이신lysine, 트립토판tryptophane, 트레오닌threonine, 메티오닌methionine 등이 부족하다. 지방은 주로 배아 중에 함유되어 있고 현미에는 2.3% 정도 함유되어 있으나 백미의 경우는 아주 낮다.

쌀 입자의 외부 층에는 유효한 무기질이 풍부하나 내부에는 함량이 적다. 쌀에 함유된 무기질로는 인, 칼륨, 마그네슘 등은 풍부하나 칼슘, 철 등은 부족하다. 비타민은 주로 B군이 함유되어 있는데 외피와 배아 부분에 많이 있어 백미의 경우에는 그 함량이 적다. 백미에 이 비타민 B군이 남아 있어도 물에 씻고 밥을 짓는 동안에 손실되기 때문

표 4-2 도정률에 따른 쌀의 일반 성분(100 g 당)

곡류	수분 (%)	단백질 (g)	지질 (g)	탄수화물 (g)	섬유소 (g)	무기질(mg)				비타민(mg)		
						칼슘	인	철	칼륨	B_1	B_2	niacin
현미	10.3	7.0	2.3	79.4	–	8	233	3.3	128	0.25	0.06	1.2
7분도미	12.3	6.9	1.1	79.1	–	24	179	0.9	170	0.19	0.05	2.7
백미	13.4	6.4	0.4	79.5	–	7	87	1.3	170	0.23	0.02	1.2

자료 : 농촌진흥청 국립농업과학원, 식품성분표 제9개정판, 2017

가공미

- 반숙미(parboiled rice) : 벼의 저장성을 높이기 위해 벼를 반증숙하여 건조한 쌀이다. 열대지방은 고온다습하여 벼로 저장한다 해도 변질되기 쉽고 병충해에 대한 피해가 크다. 따라서 이 같은 방법으로 벼를 처리하면 오래 저장할 수 있을 뿐만 아니라 겨층이나 배아의 비타민류가 배유로 이행되어 도정을 해도 비타민의 손실이 줄어든다. 그러나 반숙미는 보통의 백미보다 조리 시간이 더 오래 걸리며 이 벼를 도정할 때에는 쌀알이 부서지기 쉬운 단점도 있다.
- 기능성 쌀 : 쌀에 생리활성 성분을 보강하여 새로운 기능을 갖도록 한 것으로 여러 가지 기능성 쌀이 가공되어 생산되고 있다. 쌀에 특수 성분이 생성되도록 하거나 외부에서 첨가하기도 한다. 즉 쌀의 표면에 기능성 물질인 인삼 농축액, 키토산, 홍국추출물 등으로 피막을 입히거나, 특수버섯 균사체를 쌀에 넣어 배양시키기도 한다.

에 실제 섭취율은 매우 적은 편이다.

2) 밀Wheat, 소맥

서아시아가 원산이며 오래된 작물의 하나로 우리나라에서도 삼국시대 이전부터 재배해 왔다. 북미, 호주, 유럽, 러시아, 중국 등 비교적 온화하고 건조한 지역에서 잘 자란다.

(1) 밀의 종류

밀은 파종 시기에 따라 겨울밀과 봄밀로 나누거나 단백질의 함량에 따라 경질밀hard wheat, 중간밀, 연질밀soft wheat로 분류된다. 경질밀은 단백질 함량이 13% 이상이며, 입자의 단면이 반투명상으로 빵 제조에 적당하다. 연질밀은 단백질 함량이 9% 이하이며 입자의 단면이 백색 불투명한 분상질이다. 중간질의 밀은 단백질 함량이나 단면의 상태가 경질밀과 연질밀의 중간이다. 이외에도 지중해 연안에서 많이 재배되는 듀럼밀durum wheat은 단백질 함량이 높고 매우 단단한 밀로서 이를 제분하여 만든 세몰리나semolina는 파스타pasta를 만드는 데 주로 이용된다.

(2) 밀의 성분

밀의 배유세포에는 전분과 단백질이 들어 있는데 피층 쪽으로 갈수록 단백질 함량이 많아지며 배유 중심부로 갈수록 전분이 많아진다. 무기질은 과피 및 종피에 많고 배아에는 단백질, 비타민, 지방 등이 있다.

밀의 주성분은 탄수화물로 그중 전분이 대부분을 차지하며 전분 입자들의 크기는 직경 20~30 μm의 대형과 1 μm의 소형으로 차이가 크다. 헤미셀룰로스로 분류되는 펜토산은 정제밀가루 중량의 약 2~3%로 특히 수용성 펜토산은 반죽 과정 중 반죽의 응집력 발달에 관여한다.

밀의 단백질 함량은 밀가루 제품의 질에 직접적으로 영향을 미치는데 7~16% 정도로 폭이 넓다. 밀단백질은 글리아딘gliadin(42%)과 글루테닌glutenin(42%) 두 가지가 대부분이며 기타 알부민, 글로불린도 함유되어 있다. 밀가루 반죽을 하는 동안에 점성이 있는 글리아딘과 탄성이 있는 글루테닌의 두 가지 단백질이 이황화결합 등의 반응을 통해 결합되어 특유한 점탄성을 갖는 글루텐gluten을 형성한다. 아미노산 조성은 라이신, 트립토판, 트레오닌과 같은 필수아미노산이 부족하여 그 질은 우수한 편이 아니다.

지방은 밀 전체에 2% 정도 함유되어 있으나 그중 반은 호분층에 들어 있기 때문에 가루로 하면 약 1% 정도의 지방이 존재한다. 구성 지방산은 대부분 리놀레산linoleic acid, 올레산oleic acid과 팔미트산palmitic acid, 스테아르산stearic acid, 아라키돈산arachidonic acid 등이 있다.

밀의 비타민은 배아 중에 있고 가루에는 거의 없으며, 무기질도 2% 정도 함유되어 있으나 주로 과피나 배아 중에 존재한다.

밀에 들어 있는 프로테이스protease, 아밀레이스amylase, 말테이스maltase 등의 효소는 그 양이 적으나 밀가루의 보관 시 밀가루 품질에 큰 영향을 미친다. 이외에도, 카로티노이드carotenoid, 플라본flavone 등의 색소도 약간 들어 있다.

(3) 밀의 제분

밀은 외피가 두껍고 단단한 반면 배유 부분은 분상이기 때문에 도정을 하는 쌀과는 달리 제분 과정을 거쳐 가루 상태로 이용하게 된다. 먼저 건조된 밀 알곡에 물을 첨가하여 제분하는데 이 과정에서 밀기울, 배아 부분을 쉽게 분리할 수 있고 배유 부분이 부드러워져 적당한 크기로 분쇄할 수 있다. 수분 처리된 밀 알곡을 롤러 밀에 통과시켜 밀기울과 배아를 분리하고 부서진 배유를 체와 공기흡입기를 이용하여 적당한 크기의 가루로 만든다.

제분율은 원료 밀의 중량에 대한 제분으로 생긴 밀가루 중량의 비율을 말한다. 제분 과정의 각 단계에서 분리되는 밀가루를 모두 모으면 원료밀 중량의 72%가 된다. 이때의 제분율은 72%가 되며 이것을 스트레이트 밀가루straight-grade flour라고 하는데 이것이 바로 시중에서 쉽게 구할 수 있는 다목적용 밀가루이다. 제분하는 동안 처음 나오는 가루는 밀의 중심 부분으로 전분 함량이 많고 단백질 함량은 상대적으로 적어 주로 박력분을 만드는 데 쓰이며 사용 목적에 맞게 제분율을 조정하여 다양한 가루를 만들 수 있다. 분리된 밀기울과 배아는 사료나 건강식품의 제조에 이용할 수 있다.

3) 보리Barley, 대맥

재배 역사가 6000~7000년 정도의 가장 오랜 곡식류이다. 식량이 부족했던 옛날에는 주식으로 이용하였고 소맥인 밀보다 식량으로 더 중요시하였기 때문에 대맥이라고도

하였다.

보리의 종류에는 줄기에 이삭이 붙은 모양에 따라 육조대맥과 사조대맥, 이조대맥, 부제조 대맥이 있고 보리껍질의 분리 정도에 따라 겉보리covered barley(피맥)와 쌀보리 naked barley(나맥)로 구분한다. 겉보리는 껍질이 자실에 밀착해 있어 떨어지기 힘들며, 껍질 부분이 많고, 배유가 적다. 이에 비해, 쌀보리는 껍질이 밀착되어 있지 않고, 껍질 부분이 적으며 배유 부분이 많다. 또한 파종 시기에 따라 가을보리와 봄보리로 구분하는데 우리나라에서는 대부분 가을보리를 재배하고 있다.

(1) 보리의 성분

보리의 성분은 탄수화물이 75% 정도 함유되어 있으며 이 중 전분이 약 60%의 함량을 보인다. 펜토산pentosan이 8~10% 들어 있고 자당, 포도당, 라피노스가 소량 들어 있다. 곡립의 세포를 구성하는 수용성 식이섬유인 β-글루칸glucan이 다량 함유(3~7%)되어 있다.

단백질은 보리 중량의 약 10% 정도 함유되어 있으며 프롤라민(35~40%)과 글루텔린(30~35%)의 함량이 많다. 보리의 단백질은 호데인hordein이라고 부르며, 필수아미노산인 라이신, 트레오닌, 트립토판 등의 함량이 적어 질적으로 우수한 단백질은 아니나 밀보다는 우수하다.

지방은 2% 내외로 함유되어 있으며 배아 중에는 15%의 지방이 함유되어 있다. 지방산은 리놀레산이 가장 많고, 다음 올레산oleic acid, 기타 팔미트산, 스테아르산stearic acid이 약간 들어 있다.

비타민은 B군의 함량이 비교적 많고 배유 내부까지 분포되어 있으므로 도정에 의한 손실이 적다.

β-글루칸(glucan)

다수의 포도당이 β형으로 결합되어 있는 세포벽 구성 다당류〔mixed-linked(1→3),(1→4)-β-D-glucan〕로 이 물질은 비교적 낮은 온도, 즉 전분이 호화되기 이전의 온도에서 용해되어 강한 점성을 갖는다. β-글루칸의 점성은 양조와 제분 등에 어려움을 주지만 간 및 혈장의 콜레스테롤을 저하시키는 것으로 알려져 동맥경화, 고혈압, 당뇨병 등의 성인병 예방에 좋은 성분으로 인식되고 있다.

(2) 보리의 가공과 용도

보리는 도정을 한다 해도 속 겨층이 완전히 제거되지 않을 뿐만 아니라 알맹이 가운데 홈이 있고 섬유질이 많아 소화율도 낮고 조리·가공 적성도 좋지 않다. 따라서 보리쌀을 고열 증기로 찌고 납작하게 눌러 건조시켜 납작보리를 만들기도 하고 알맹이의 홈을 따라 잘라내어 할맥을 만들어 호화를 빠르게 시킬 수 있는 등 조리·가공 적성을 개선하고 소화율도 높일 수 있다.

보리는 주곡인 쌀과 혼합하여 밥을 짓는 데 이용하거나 볶아서 보리차를 만들기도 한다. 또한 맥아malt를 만들어 여러 용도에서 이용하고 있다. 보리가 싹이 틀 때는 많은 변화가 일어나는데, 자체 내에서 전분을 분해하는 효소들을 생성하게 된다. 싹이 튼 보리를 엿기름이라고 하는데, 엿기름의 효소량은 겉보리 알맹이의 1~1.5배일 때 가장 높다. 알맹이 길이의 1.5~2배인 장맥아는 감주, 식혜, 엿, 위스키의 제조용으로 이용한다. 알맹이 길이의 0.7배인 단맥아는 탄수화물의 함량이 많은 쌀보리로 만들며, 맥주 제조에 이용된다. 여러 품종 중 이조 대맥은 맥주 양조의 원료로 이용된다.

4) 옥수수Corn, Maize

멕시코와 그 주변 지역이 원산지이며, 아메리카 인디안의 중요한 식량이었다. 재배가 용이하고 생산량이 많아 대부분이 사료로 쓰이고 일부만 식용으로 이용된다. 곡류 중 저장성이 가장 좋다. 옥수수는 다른 곡류와 달리 그림 4-3과 같이 배아부가 전체 12~14%로 아주 큰 것이 특징이며 배아부분의 유지함량이 33~40% 정도로 높아 가공 시에 배아를 분리하여 옥수수기름을 생산한다. 아침식사용 시리얼, 옥수숫가루, 과자 등 많은 가공식품의 주요 재료로 이용되며 옥수수전분을 이용하여 물엿, 옥수수시럽 등으로 가공되기도 한다.

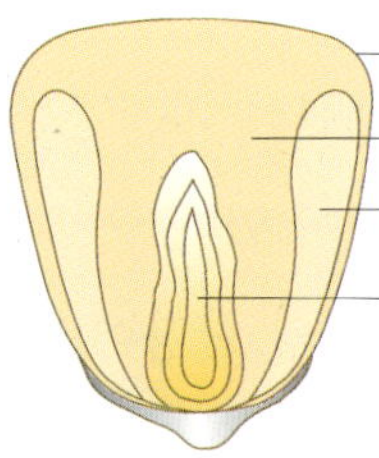

그림 4-3 옥수수의 낱알 구조

(1) 옥수수의 종류

옥수수는 종자의 형태, 크기와 특성, 색 등이 다양하여 그 종류가 대단히 많다. 색깔은 황색, 백색이 주이고, 가끔 적색, 흑색, 청자색 등의 옥수수가 있다.

표 4-3 옥수수의 종류와 특성

종류	특성	용도
파열종(pop corn)	알이 대단히 작고 외부가 단단하며 투명하다. 내부에 수분이 많은 분상의 전분질이 있으며 튀기면 파열한다.	팝콘용
경립종(flint corn)	배유 부분이 단단하여 저장성이 좋다.	그대로 식용
마치종(dent corn)	알이 굵어 수확량이 많으며 과피가 두껍다.	사료, 공업용 원료
연립종(soft corn)	배유 부분의 껍질이 단단하지 않고 부드럽다.	전분 제조
감미종(sweet corn)	감미가 강하고 연하다. 반투명하고 분상부가 적다.	조리용, 통조림용
찰옥수수(waxy corn)	전분 입자를 구성하는 아밀로펙틴의 함량이 많아 찹쌀처럼 끈기가 있다.	그대로 식용

(2) 성분

구성 탄수화물 대부분 전분이고, 약 2% 정도의 당을 함유한다. 감미종의 옥수수는 6% 정도의 당을 함유하므로 감미를 느낀다. 단백질은 주로 프롤라민으로 옥수수 단백질은 제인zein이라고 한다. 라이신과 트립토판의 함량이 적고, 트레오닌은 비교적 많은 편이다. 지방은 배아에 거의 함유되어 있으며, 주로 올레산, 리놀레산으로 구성되어 있고, 약간의 스테아르산과 팔미트산이 포함되어 있다. 옥수수기름 중에는 비타민 A, E 함량이 높으며, 무기질은 인이 많고 칼슘은 적다.

5) 기타 잡곡

(1) 호밀Rye, 호맥

아시아가 원산지이며, 내한성이 강하여 한랭 불모지에서 잘 자란다. 동부 및 북부 유럽에서 많이 식용하고, 미국에서도 이용도가 높아져 가고 있다.

밀과 일반 성분은 비슷하나 단백질의 점성이 약하고 강도도 약하므로 단독으로 빵을 만들면 탄성이 적고 조직이 치밀한 빵이 만들어진다. 또한 호분층의 색소 때문에 진한 갈색이 된다. 주로 밀가루와 섞어 이용되며, 특유한 맛이 있고 저장성이 높다.

(2) 귀리Oat, 연맥

유럽이 원산지이며 영국에서 많이 이용된다. 도정할 때 겉껍질만 제거되고 배아와 겨층 대부분이 배유와 함께 남으므로 영양소의 손실이 적다. 곡류 중 지방과 단백질 함량이 가장 높다. 또한 칼슘, 인, 철분 등의 무기질과 비타민 B군의 함량이 높다. 정백한 연맥을 증기로 가열하여 눌러서 납작귀리rolled oat로 가공한다. 소화가 잘되므로 유아용, 환자용, 노인용으로 유럽에서 많이 이용한다. 주로 오트밀oatmeal로 가공하여 식용하며, 쿠키, 머핀, 케이크, 빵 등에도 밀가루와 함께 사용한다.

(3) 메밀Buckwheat, 교맥

만주, 바이칼호 부근이 원산지이며 한지 박토에서 잘 자란다. 곡식류 중 유일하게 화본과 식물이 아니고 여뀌과에 속하며, 1년에 수차례 재배할 수 있다. 외피를 제거하고 제분하여 이용하며 단백질 함량이 약 11~14% 정도로 높다. 다른 곡류와 달리 아미노산 조성이 우수한데 트립토판, 트레오닌, 라이신 함량이 많은 편이다. 무기질은 인산이 대부분이고, 비타민 B_1, B_2도 함유되어 있다. 배아나 겨층에는 효소(amylase, maltase, lipase, protease)가 들어 있어서 저장 시 변성이 잘 일어난다. 또한 루틴lutin을 함유하여 혈관의 저항을 강하게 하여 혈관 손상을 예방하는 효과가 있으므로 고혈압 환자에게 좋은 곡류라 할 수 있다.

냉면, 메밀국수의 주재료로 이용하며 묵을 만들기도 한다. 국수류를 만들 때에는 점성이 부족하여 메밀가루에 밀가루를 10~50% 정도를 혼합하고 전분 등을 섞는다. 북아메리카에서는 핫케이크의 재료로 사용하며 동유럽에서는 거친 메밀가루로 카사라고 하는 걸쭉한 죽을 만들어 먹는다.

(4) 율무Adlay, Job's tears

율무는 벼과에 속하는 곡류로 아시아 열대지방과 중국의 남부, 대만, 일본 등지에서 재배되고 있으며 오래전부터 우리나라를 비롯한 동양 각국에서 이뇨, 위장보호, 진통 소염제 및 폐결핵, 관절통, 동맥경화증에 효력이 있다고 알려져 약용으로 널리 이용되어 왔다.

율무는 60~70% 정도의 탄수화물을 포함하고 있으며 율무의 전분은 찰성을 띠고 있다. 조단백질은 15.4%를 함유하고 있어 쌀, 보리 및 밀 등 타 곡류에 비해 그 함량이 높다. 정백해서 죽으로 조리하거나 가루로 갈아 떡을 만든다. 인도에서는 밀가루와 섞어 빵을 굽기도 한다. 율무의 줄기와 잎은 사료로 이용된다.

(5) 조Italian millet, 속

메조와 차조가 있으며, 저장성이 높아서 흉작 때 많이 이용한다. 성분은 다른 곡류와 비슷하며, 단백질은 트립토판이 다른 곡식보다 조금 많은 편이다. 지방은 리놀레산, 올레산 그리고 약간의 팔미트산의 지방산으로 구성되어 있다. 비타민 B군이 비교적 많은 편이며, 차조는 메조보다 단백질, 지방의 함량이 많다. 밥, 떡, 죽, 엿, 소주, 종국의 원료로 쓰인다.

(6) 수수Sorghum, 고량

멧수수와 찰수수가 있으며, 일반 성분은 다른 종류와 비슷하고, 단백질의 대부분은 글루텔린이다. 단백질의 소화율, 전분의 호화율, 소화율 등이 다른 곡류에 비하여 떨어진다. 찰수수는 단백질의 함량이 멧수수보다 약간 많은 편이다. 밥에 섞기도 하고, 제분하여 떡, 과자, 전분의 원료, 주정 원료, 엿 등을 제조하는 데 이용한다.

(7) 아마란스Amaranth

아마란스*Amaranthus caudatus*는 중남미가 원산지이며 페루 잉카Inka 시대와 멕시코의 아즈텍Azteke 시대부터 이용되어 온 작물로 유사 곡물로 분류된다. 아마란스 종실은 탄수화물 65%, 단백질 14%, 지질 6~9%, 섬유소 7% 등으로 구성되어 있다. 타 곡물에 비해 단백질 함량이 높으며 필수아미노산인 라이신lysine 함량이 높다. 지질은 약 77% 정도가 불포화지방산으로 구성되어 있으며 그중 리놀레인산(C18:2)과 올레인산(C18:1)의 함량이 높다. 또한 철분, 칼슘, 엽산 함량이 타 곡류에 비해 풍부하고, 파이토스테롤phytosterol과 토코페롤 함량이 높아 수퍼푸드super food로 알려져 있다. 아마란스 가루는 글루텐을 형성하는 능력이 없어 그 자체만으로 빵, 케이크를 만들 수 없으며 밀가루

그림 4-4 아마란스(좌)와 아마란스를 이용한 스낵(우)

의 약 30%까지 대체 첨가하여 사용하거나 호정화시켜 시리얼이나 스낵류를 제조하기도 한다.

(8) 퀴노아Quinoa

퀴노아는 안데스 지역의 원주민들이 약 3000년 전부터 재배하여 주식으로 이용해 온 작물이다. 퀴노아는 단백질 함량이 약 16~18%로 매우 높으며 필수아미노산인 라이신lysine이 풍부하게 들어 있다. 퀴노아의 표면은 씁씁한 사포닌saponin 성분으로 코팅되어 있어 시판 제품은 씻어서 포장된 것이나, 조리하기 전에 흐르는 물에 충분히 씻어서 제거해야 한다. 퀴노아는 당지수GI, glycemic index가 낮은 식품이며 지질함량은 낮으나 대부분이 오메가 6 지방산으로 구성되어 있다. 퀴노아는 무기질(마그네슘, 망간, 철, 구리, 철 등)과 비타민 B 복합체가 풍부하게 포함되어 있다. 퀴노아는 약 15분간 삶아서 샐러드, 스프 등에 첨가하거나, 가루는 수프, 소스 등에 넣어 점도를 증진시킨다. 단백질이 풍부한 작물이라 단백질 보강용 식품으로 다양하게 사용된다.

그림 4-5__ 퀴노아(좌)와 퀴노아 샐러드(우)

4. 곡류의 조리

곡류는 맛을 좋게 하고 소화율을 증가시키기 위해 조리를 한다. 곡류 조리에서 필수적인 것은 전분의 호화이다. 곡류에 함유된 전분의 완전한 호화를 위해서는 수분이 필요한데 곡류의 종류, 도정 정도, 건조 상태(곡류의 수분 함량), 전분의 특성, 가열 방법, 가열용기 등에 따라 호화에 필요한 수분량이 다르다. 곡류 전분의 함량과 전분 구성(아밀로오스, 아밀로펙틴의 구성 비율)에 따라 호화에 필요한 수분 필요량이 적으며, 곡류의 전분입자가 작을수록 호화가 시작되는 온도(개시 온도)가 높다.

곡류의 조리는 가열 용기에 따라 영향을 크게 받으며 일반적으로 열 전도율이 낮은 용기에 조리할 때 호화도가 좋아진다. 또한 곡류에 함유된 전분의 완전 호화를 위하여 충분히 높은 온도가 유지되어야 한다. 끓인 후 98~100℃의 온도가 20~25분가량 계속 유지되도록 해야 한다.

1) 밥

우리나라에서 선호하는 단립미(자포니카)로 지은 밥의 특성은 쌀에 흡수된 물이 중심부까지 고르게 분산되어 쌀알 속에 심이 없고 쌀의 외부에 물기가 없어야 한다. 아울러, 충분히 호화된 밥알이 부슬부슬 흩어지지 않으며 수분이 너무 많아 끈적이거나 밥알이 서로 과도하게 달라붙지 않아야 한다. 동남아시아 지역에서 주식으로 하는 장립미 또는 중립미는 쌀에 다량의 물을 넣고 끓인 후 물을 따라 버리고 다시 가열해 물기를 제거하는 방법으로 조리한다. 서남아시아 및 유럽에서는 쌀을 기름에 먼저 볶아 물이나 육수 등을 넣어 밥을 짓기도 한다.

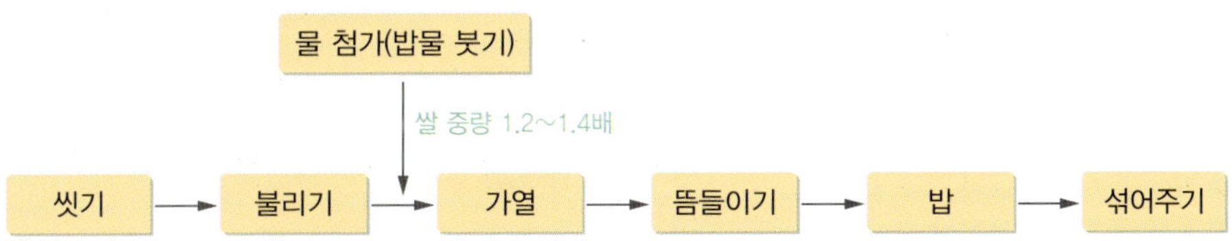

그림 4-6___ 밥 짓는 과정

(1) 취반 조건

우리나라와 일본에서 주식으로 사용하는 단립종(자포니카)의 밥 짓는 과정은 씻기, 불리기, 물의 양 조절, 가열, 뜸들이기로 구분할 수 있다.

① 씻기와 불리기

쌀에 묻어 있는 불순물, 겨, 먼지 등을 제거하고 동시에 물을 흡수시키는 과정이다. 이 과정에서 약 10~15% 정도의 물이 흡수되며 비타민 B_1과 같은 수용성 성분이 유출되므로 빠르게 진행하는 것이 좋다. 요즘에는 씻어 나온 쌀(청결미)은 씻기 과정이 생략되므로 불리는 과정만 진행하면 된다.

쌀은 조직이 단단하므로 물에 불린 후 가열해야 열전도율이 좋아지며 쌀알의 중심부까지 물과 열이 충분히 침투하여 전분을 완전히 호화시킬 수 있다. 불리는 과정에서 쌀을 물에 담가 두면 전분 입자 내의 비결정성 영역에 물이 결합하여 쌀 전분이 팽윤한다. 물의 온도가 높으면 흡수 시간이 빠르고 온도가 낮으면 더디게 흡수된다. 계절에 따라 불리는 시간이 30~90분 지나면 포화 상태에 도달하며 쌀 중량의 약 130% 정도 물을 흡수한다.

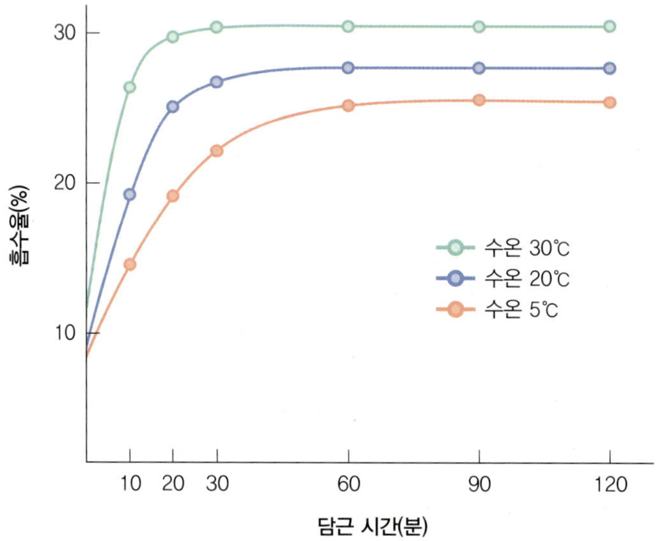

그림 4-7__ 수온에 따른 쌀의 흡수율

② 물 첨가(밥물 붓기)

쌀의 종류, 건조 상태에 따라 다르며 쌀 입자 속의 전분이 수화-팽윤-호화하려면 충분한 물이 필요하다. 보통 잘된 밥의 수분 함량은 63~65% 정도이고 중량으로 환산하면 쌀 무게의 2.2~2.4배로 증가된 것으로 120~140%의 물을 흡수한 것이 되며, 가열 과정 중 약 10~15%의 물이 증발되므로 이를 고려하여 쌀 중량의 1.4~1.5배의 물을 가한다. 쌀의 용적으로는 1.2배 정도로 하며 햅쌀인 경우 쌀 용적의 1.0배로 한다. 이와 같이 계산된 물의 양은 5~6인의 밥을 지을 때의 경우이다. 가열에 의해 증발하는 물의 양은 쌀의 양과 비례하지 않고 거의 비슷하므로 쌀의 양이 적으면 상대적으로 많은 양의 물이 필요하며 쌀의 양이 많아지면 비교적 적은 양의 물이 필요하게 된다.

③ 가열

호화되기까지 가열 시간은 쌀의 양, 온도, 압력, 화력, 조리 용기의 재질 등에 따라 다르지만, 밥을 하는 과정은 아래와 같이 크게 4단계로 나눌 수 있다.

- **1단계 온도 상승기** : 조리 용기 내부의 온도 상승이 이루어지는 단계로 쌀과 물의 양, 압력, 화력 및 조리 용기의 재질 및 종류 등에 따라 다르다. 불리기 과정에서 22~25%의 수분을 이미 흡수한 쌀은 온도가 상승하기 시작하면 더 많은 수분을 흡수하여 팽윤하고 60~70℃ 부근에서 호화되기 시작하며, 호화 개시 온도는 쌀의 품종에 따라 다르다.
- **2단계 비등기와 증자기** : 호화 개시 온도를 지나 강한 화력으로 가열하면 비등기에 도달하게 되고 조리 용기 내부의 온도는 98~100℃에 도달한다. 비등기 단계에서 온도가 너무 빠르게 올라가면 전분의 호화가 충분히 되지 못하고, 온도가 너무 천천히 올라가면 호화는 충분히 되지만, 비등기에서 필요한 물이 부족해서 밥의 식감이 단단해지게 된다. 증자기 단계에서 쌀은 계속 수분을 흡수하여 부피가 증가하여 쌀알의 구조가 깨지면서 전분이 유출된다. 유출된 전분은 서로 엉기고 점도가 높아지면서 쌀알은 움직이지 않는다. 이 단계는 쌀의 표면에 있는 수분이 수증기가 되어 쌀알이 쪄지는 단계로 쌀알이 호화 팽윤하면 유리 수분이 흡수된다. 열전도가 낮은 조리 용기일수록 밥의 질감과 맛이 좋아진다.
- **3단계 뜸 들이기** : 불을 끄거나 약하게 하여 놓아두면 조리 용기 안의 수분 분포가 안정화된다. 이때 조리 용기 내부의 잠열로 열을 유지하게 되는데 조리 용기의 재질은 열전도율이 낮을수록 좋다.
- **4단계 섞어주기** : 밥 짓기가 완성되면 주걱으로 섞어주는 것이 필요하다. 밥을 섞는 과정은 호화가 완성된 밥의 잔열과 증기를 빼줌으로서, 호화되는 과정에서 빠져나온 전분이 서로 엉겨 단단한 질감을 형성하지 않게 도와준다.

(2) 밥의 식미를 구성하는 요소

밥의 식미에 영향을 주는 요소로는 쌀의 구성 성분(전분의 구성, 단백질 함량, 유리아미노산 및 유리당 함량 등), 쌀의 도정도와 저장 조건, 호화 조건 등이 있다.

단립종인 자포니카형은 품종에 따라 차이는 있으나 아밀로오스와 아밀로펙틴의 구성 비가 약 20 : 80으로 밥의 식감이 차지고 탱탱하며, 점착력이 있는 것이 특징이다. 장립종인 인디카형의 쌀은 자포니카형에 비해 아밀로오스 함량이 높고 배유를 구성하는 세포벽이 두꺼워 밥을 지어도 세포벽이 파괴되지 않으므로 전분의 호화가 잘 되지 않아 끈기가 적고 부슬부슬한 편이다. 쌀 단백질은 녹말 입자를 둘러싸고 있어 밥을 지을 때 쌀의 수분 흡수를 방해하고 포화 팽창을 억제하기 때문에 단백질 함량이 높은 쌀로 지은 밥은 탄력과 점성이 떨어지고 단단하게 느껴지므로 우리나라 소비자들은 단백질 함량이 낮은 쌀을 선호한다. 따라서 단백질 함량이 낮은 쌀(6.0% 미만)을 밥맛이 우수한 쌀로 평가하고 있다.

- 밥의 감미는 포도당, 맥아당, 올리고당 등 유리당 함량과 관련이 있다.
- 밥을 짓는 물의 pH가 7~8일 때 밥의 외관이나 맛이 좋고 산성일수록 나빠지며, 0.03% 정도의 소금을 넣으면 밥맛이 향상된다.
- 밥을 짓는 조리 용기는 열전도율이 낮고 뚜껑이 잘 밀착되어 증발열이 적으며 여열이 오래 유지되는 것이 좋다.
- 밥맛은 쌀의 건조도와 밀접한 관계가 있는데 지나치게 건조된 쌀은 갑자기 수분을 흡수하므로 불균등한 팽창을 하고 조직이 파괴되어 쌀알 내부에 공간이 생겨서 질감이 나빠진다. 그러므로 수확 후 오래된 쌀의 밥맛은 좋지 않다.
- 쌀은 도정 후 14일 이내에 소비해야 밥맛이 좋으며 15℃ 이하에서 상대습도 70%이하에서 보관하는 것이 좋다.
- 쌀을 저장하는 과정 중 공기에 노출되면 산패가 일어나 밥맛을 저하시키므로 밀봉하여 건조하고 서늘한 곳에 저장하는 것이 좋다.

(3) 가공밥

가정에서나 단체급식소 및 업소에서는 대부분 밥을 직접 지어서 소비하고 있으나 최근 들어 식생활의 간편화 경향에 따라 냉동밥, 레토르트밥, 무균 포장밥 등 여러 가지 가공밥이 생산되고 있다. 최근, 고령 인구, 단독 세대, 1인 가구의 증가로 조리 과정이 필요 없는 즉석편이식과 가정대용식home meal replacement, HMR 형태의 냉동 즉석조리밥 시장이 급성장하고 있다.

표 4-4 가공밥의 종류와 특징

가공밥 제품	제품의 특징
알파화미	밥을 건조시켜 조리할 수 있게 한 것
냉동 쌀밥	쌀밥을 냉동시킨 것
레토르트 쌀밥	레토르트파우치에 넣어 밥을 지은 것으로 상온에서 장기 보존이 가능한 것
동결 건조밥	쌀밥을 동결 건조시켜 물만 부으면 먹을 수 있도록 한 것
무균 포장밥	무균 상태에서 밥을 포장하여 전자레인지에 데워 먹도록 한 것
냉동 즉석조리밥	각종 나물, 해산물, 육류 등의 재료를 전처리한 후 밥과 함께 조리하여 급속 냉동한 상품, 리조또 등

2) 죽

죽은 곡물의 낟알이나 가루에 물을 많이 넣어 오랫동안 끓여 전분을 완전히 호화시킨 유동성이 있는 음식으로 소화가 용이하므로 유아식이나, 노인식, 병인식으로 이용한다. 대부분의 농경문화 지역에서 가장 처음 이용된 곡물 음식이라 할 수 있으며 주로 쌀을 이용하여 조리하지만, 잡곡, 육류, 채소류, 두류, 패류, 견과류 등을 다양하게 섞어 조리하여 주식, 별식, 보양식으로도 이용된다.

죽은 물에 불린 쌀의 6~7배 정도의 물을 넣어 끓이고, 깨죽, 흑임자죽, 잣죽 등은 쌀을 갈아서 사용한다. 가열하는 동안 나무주걱 등으로 천천히 저어주면서 조리 용기 바닥에 눌어붙어 타거나 덩어리가 지지 않도록 한다.

최근에는 식사와 간식 대용으로 죽의 소비량이 늘어나면서 분말 형태의 즉석죽, 레토르트 죽, 냉장 유통 죽 등의 상품이 다양해졌으며 각종 죽을 조리하여 판매하는 죽 전문점이 외식상품으로 자리매김하고 있다.

3) 식혜

식혜는 발아시킨 보리 싹을 말려 만든 엿기름에서 아밀레이스를 우려내 밥의 전분을 부분적으로 당화시켜 만든 전통음료이다. 엿기름은 겉보리로 싹을 틔운 것으로 전분을 분해하는 α-아밀레이스와 β-아밀레이스를 많이 포함하고 있다. 겉보리를 온수에 2~3일 정도 담가 건져 따뜻한 곳에 묻어두면, 싹이 트면서 전분을 구성하는 포도당의 α-1,4 결합을 무작위적으로 분해하는 액화 효소인 α-아밀레이스 함량이 많아지게 된다.

이 효소의 최적 활성을 보이는 pH는 4.7~6.9, 최적 온도는 50~70℃이며 75℃에서 10분간 가열하면 완전히 불활성화된다. 곡류에 원래부터 존재하던 β-아밀레이스는 곡류가 발아하는 과정 중 활성이 증가하게 되는데 전분을 구성하는 포도당의 α-1,4 결합을 비환원성 말단에서부터 맥아당 단위로 가수분해하여 단맛을 증가시키는 당화 효소이다.

엿기름의 효소량은 싹의 길이가 겉보리 알맹이 길이의 1~1.5배일 때 가장 높아지므로 바로 건조시켜 가루로 만들어 둔다.

식혜를 만드는 첫 번째 단계는 엿기름 가루를 물에 담가 주물러서 수용성인 아밀레이스를 용출시킨 뒤 거른 엿기름 물(전분 가수분해효소액)을 준비한다. 불려 놓은 쌀을 고슬고슬하게 밥을 하여 뜨거운 김이 나간 후 준비해 둔 엿기름 거른 물(효소액)을 넣고 60℃에서 4~5시간 삭혀준다. 이 과정 중에 밥의 전분은 효소의 작용을 받아 가수분해되어 빠져나오기 때문에 가벼워져 식혜 물에 뜨게 되는데 밥알이 어느 정도 뜨기 시작하면 건져내어 냉수에 따로 헹구어 놓고 식혜 물을 끓여 효소 작용을 멈추게 한다. 식혜 물을 끓일 때 설탕, 생강 등을 넣어 맛을 더 좋게 한다.

겉보리 → 발아 → 교반 → 건조 → 마쇄 → 엿기름

그림 4-8 엿기름 만들기

4) 떡

떡은 역사가 가장 깊은 한국 고유의 곡물 요리로서 오늘날까지 시식, 절식, 연회, 통과의례, 선물용으로 사용되는 등 토속성과 전통성이 깊은 음식이다. 떡은 대부분 쌀을 주재료로 이용하며 인절미와 같은 떡을 제외한 대부분의 떡은 쌀이나 찹쌀을 충분히 물을 흡수시켜 가루 상태로 하여 찌거나 빚거나 혹은 지져서 만든다.

5) 각종 쌀 가공 제품

최근 글루텐프리 제품 시장이 확대되면서 쌀가루를 이용하여 만든 쌀빵, 피자도우 dough, 쿠키 등의 베이커리 제품과 전통주인 막걸리 등의 생산을 위해 쌀의 활용도가 높아지고 있다. 이에 따라, 가공용 쌀 품종의 개발과 간편하게 사용할 수 있는 쌀가루 제품이 개발되고 있다.

단원 정리

곡류 전 세계 각국에서 주요 식량 자원으로 이용되는 곡류는 각 지역의 기후 조건이나 토양의 특성에 따라 다양한 종류가 생산됨

곡류의 구조 외피, 배유, 배아로 조직되어 있음

쌀의 종류 우리나라 등에서 주로 생산되는 단립형(자포니카형), 동남아시아 등에서 생산되는 장립형(인디카형)으로 구분

쌀 전분의 구조 멥쌀의 전분 입자는 20~25% 정도의 아밀로오스와 아밀로펙틴으로 구성, 찹쌀은 아밀로펙틴으로만 구성

특수미 유색미, 향미, 저항 전분 쌀, 가바 쌀 등 특수미의 건강적 효능이 입증되면서 실제 사용량 증가 추세

밀의 종류 단백질 함량에 따라 경질밀, 중간밀, 연질밀로 분류

글루텐 밀가루 반죽의 글루텐은 점성이 있는 글리아딘과 탄성이 있는 글루테닌의 두 가지 단백질이 이황화 결합 등의 반응을 통해 결합되어 형성

아마란스 중남미가 원산지이며 페루 잉카 시대와 멕시코의 아즈텍 시대부터 이용되어 온 작물로, 타 곡물에 비해 단백질과 필수아미노산인 라이신 함량이 높음

가공밥 최근 고령 인구, 1인 가구의 증가로 가공밥 제품의 수요가 크게 늘고 있는데, 가공밥 제품의 종류로는 알파화미, 냉동 쌀밥, 레토르트 쌀밥, 동결 건조밥, 무균 포장밥, 냉동 즉석조리밥 등이 있음

식혜 발아시킨 보리 싹을 말려 만든 엿기름에서 아밀레이스를 우려내 밥의 전분을 부분적으로 당화시켜 만든 우리나라의 전통 음료

떡 송편, 증편 등의 찌는 떡, 절편, 인절미 등의 치는 떡, 화전, 부꾸미와 같은 지지는 떡, 단자와 경단 등의 빚는 떡, 증편 같은 발효 떡으로 분류

단원 문제

1 세계 3대 식량 작물을 나열하시오.

2 곡류에 부족한 필수아미노산 3가지를 제시하고, 이를 보충할 수 있는 방법을 설명하시오.

3 밀가루 반죽의 글루텐 형성 과정을 설명하시오.

4 섬유질이 많아 소화율도 낮고 조리 및 가공 적성도 좋지 않은 보리를 개선시켜 섭취하는 방법을 설명하시오.

5 식혜의 제조 원리를 설명하시오.

6 멥쌀과 찹쌀의 특성을 비교 설명하시오.

7 떡을 조리 방법에 따라 종류별로 분류하고, 각각의 예시를 제시하시오.

8 곡류의 전분 함량 및 구성, 전분 입자의 크기와 호화의 상관관계를 설명하시오.

Chapter 5

서류

학습 목표

1. 서류의 종류와 주된 구성 성분을 설명할 수 있다.
2. 서류 식품의 조리원리를 설명할 수 있다.
3. 감자의 갈변반응을 설명할 수 있다.

서류란 땅속 줄기나 뿌리의 일부가 전분이나 기타 다당류의 저장으로 비대해진 괴경 및 구근을 말하며, 감자, 고구마, 카사바(타피오카), 돼지감자, 토란, 마, 곤약 등이 이에 속한다. 서류는 수분 함량이 70~80%로 높으므로 곡류에 비해 저장성이 낮은 편이지만 전분 함량이 높아 주식이나 주식 대용으로 이용될 뿐만 아니라 조리 품질을 향상시키거나 가공식품 제조를 위한 전분의 원료로서 중요한 자원이 된다.

1. 서류의 구성 성분

서류의 주 구성 성분은 표 5-1과 같으며, 표에서 보는 바와 같이 탄수화물이 고형 성분의 대부분을 차지하고 있다. 구성 탄수화물의 대부분은 전분이며, 이외에 종류에 따라 차이는 있지만 다당류로서 섬유소, 펙틴 물질 및 헤미셀룰로스 등과 단순당으로서 포도당, 자당, 맥아당, 만니톨, 이노시톨 등의 당질이 들어 있다.

단백질은 감자와 토란에는 2.5~2.8%, 고구마에는 1.4% 정도 들어 있다. 감자와 고구마에는 무기질로서 칼륨이 비교적 풍부하고, 비타민 C 함량이 높다.

표 5-1__ 서류의 구성 성분(100 g당)

곡류	열량(kcal)	수분(%)	단백질(g)	지질(g)	탄수화물(g)	섬유소(g)	무기질(mg)					비타민(mg)			
							회분	칼슘	인	철	칼륨	B_1	B_2	niacin	C
감자	50	81.9	2.01	0.04	15.08	2.7	0.97	9	33	0.58	412	0.060	0.027	0.314	10.51
고구마	108	60.6	1.01	0.11	37.19	2.7	1.09	15	49	0.45	370	0.065	0.027	0.591	7.12
돼지감자	35	81.4	2.18	0.09	14.92	1.8	1.41	17	100	0.53	561	0.044	0.088	0.472	1.34
단마	47	83.1	1.84	0.12	14.05	2.4	0.89	9	52	0.44	417	0.119	0.053	0.677	3.84
칡뿌리	100	63.7	2.48	0.10	32.05	4.4	1.67	383	61	2.00	243	0.152	0.020	1.321	4.66
토란	53	80.8	2.08	0.14	15.77	2.8	1.21	11	55	0.59	520	0.081	0.022	0.630	1.21
곤약	6	96.7	0.12	0.01	3.1	2.4	0.11	67	3	0.11	13	0	0.090	0.002	0.1

자료 : 농촌진흥청 국립농업과학원, 식품성분표 제9개정판, 2017

2. 여러 가지 서류

1) 감자Potato

감자는 가지과에 속하는 1년생 식물로 남미 안데스산맥의 고산지대가 원산지이며 16세기경 유럽에 소개되어 지금은 전 세계적으로 이용하고 있는 식품이다. 우리나라에는 조선시대 후기에 도입되었다.

감자는 재배 시기에 따라 크게 1년에 한 번 재배하는 품종(남작, 수미, 조풍 등), 두 번 재배하는 품종(대지, 추백, 방울 등)으로 나뉜다. 감자는 용도에 따라 식용, 칩 가공용, 프렌치프라이 가공용 및 전분용 등으로 나눌 수 있다. 칩 가공용 품종은 감자 괴경 모양이 둥글고 속색이 흰색이며, 건물 함량이 높고 환원당 함량이 낮아 감자칩으로 가공하였을 때 칩의 색이 밝은 것이 좋으며, 프렌치프라이용은 건물 함량이 높아 튀겼을 때 모양이 구부러지지 않고 색이 밝은 것을 쓴다. 또한 모양이 장원형으로 긴 것을 많이 이용한다. 일반적으로 가공용 감자 품종들은 건물 함량이 높고 맛이 좋은 품종들이 많아 식용으로도 많이 이용되고 있다. 전분용 감자는 우리나라에서는 경제성이 없기 때문에 품종 개발된 것이 없다.

(1) 성분

감자의 탄수화물은 대부분 전분으로 구성되어 있으며, 미숙한 때에는 당분으로 존재하나 성장함에 따라 전분 함량이 높아진다. 건조 중량 중 전분이 차지하는 비율은 65~80%, 포도당, 과당, 및 자당과 같은 단순당은 약 10% 정도 들어 있다. 전분 및 당의 함량은 저장 온도에 따라 변하는데 10℃ 이하에서 저장할 경우 감자 속의 아밀레이스와 말테이스의 작용으로 전분이 분해되어 당으로 된다. 당의 함량이 증가된 감자는 단맛은 있으나 삶거나 구웠을 때 질척한 질감을 주므로 전분의 분해를 막으려면 10℃ 이상의 실온에 저장하는 것이 좋다.

감자의 단백질 함량은 1.5~2.5% 정도이며 주로 글로불린계의 튜베린tuberin이고 그 외에 소량의 알부민도 들어 있다. 단백질의 필수아미노산 조성은 비교적 우수한 편이나 메티오닌이 부족하다. 감자는 속살이 노란 것일수록 단백질 함량이 높은 것으로 알려져 있다.

감자의 무기질 함량은 약 1% 정도이며 칼륨의 함량이 높아 알칼리성 식품으로 분류된다. 비타민 B_1과 비타민 C의 함량이 높은 편이며, 특히 감자 내의 비타민 C는 가열 조리에 비교적 안전한 편이다.

한편 감자에는 솔라닌solanine이라는 알칼로이드가 들어 있는데 감자의 싹 부위와 햇빛에 노출되어 녹색으로 변한 껍질 부분에 많이 존재한다. 이 물질은 독성이 있어 복통, 위장 장애 등의 중독 증상을 나타내며 다량 섭취 시 중추신경계의 기능 저하가 일어나므로 조리 시 이 부분을 제거하고 이용하는 것이 좋다.

(2) 질감 특성

감자를 익히면 파삭파삭한 질감의 분상질mealy potatoes과 질척한 질감의 점질waxy potatoes의 특성을 보이는 것이 있다. 미국산 품종인 러셋버뱅크는 길쭉한 모양의 감자로 대표적인 분상질 감자이며 국산 품종인 남작, 두백, 하령 등이 대표적인 분상질 감자이다. 우리나라에서 가장 많이 재배되는 수미秀美감자는 분상질과 점질 감자의 중간 정도의 질감을 가지고 있다. 감자의 질감은 여러 가지 원인에 따라 차이를 나타내는데 주로 세포 간의 결합력, 전분의 충실도와 단백질의 함량 등에 달려 있다. 전분이 충실하게 형성되어서 전분 함량이 많아 비중이 높은 경우에는 분상질의 특성을 나타낸다. 분상질 감자의 비중은 1.110~1.115 정도로 점질 감자의 1.070~1.080보다 높은 편이다. 전분이 충실하게 형성되지 않은 것은 품종에 관계없이 점질의 특성을 보이며 분상질 종류일지라도 미숙한 햇감자는 점질에 가깝다. 미성숙한 감자는 불용성의 프로토펙틴이 많아 세포가 잘 분리되지 않기 때문이다. 즉 감자의 질감은 전분의 충실도와 세포 사이에 존재하는 펙틴질의 상태에 의한다. 감자의 점질성과 분질성을 나타내는 정도를 전분량에 대한 단백질의 비율로 나타내기도 하는데 단백질 함량이 많을수록 또는 전분 함량이 적을수록 이 값은 커지며 감자의 점성이 높음을 나타낸다.

분상질과 점질 감자의 구별은 비중을 측정하여 알 수 있다. 물 11컵에 소금 1컵을 녹여 감자를 껍질째 담갔을 때 비중이 낮은 점질 감자는 표면에 뜨고 비중이 높은 분상질 감자는 완전히 가라앉는다.

(3) 갈변 현상

감자의 껍질을 벗기거나 썰어 놓으면 감자 세포 내에 존재하던 효소 작용으로 처음에는 붉게 변하다가 차차 색이 진해져서 갈색이 된다. 이것은 감자 조직 내에 존재하는 클로로젠산chlorogenic acid, 카페산caffeic acid, 카테콜catechol, 다이하이드록시페닐알라닌DOPA 등의 폴리페놀화합물이 함유되어 있어 산소와 접촉하게 되면 산화효소인 타이로시네이스tyrosinase 혹은, 폴리페놀옥시데이스polyphenol oxidase와 같은 효소가 폴리페놀화합물을 기질로 이용하여 일어나는 산화반응의 결과이다. 이 효소는 수용성이므로 껍질을 깎거나 썬 감자를 물에 담가두거나 진공포장을 하여 산소와의 접촉을 차단하면 갈변 현상을 막을 수 있다.

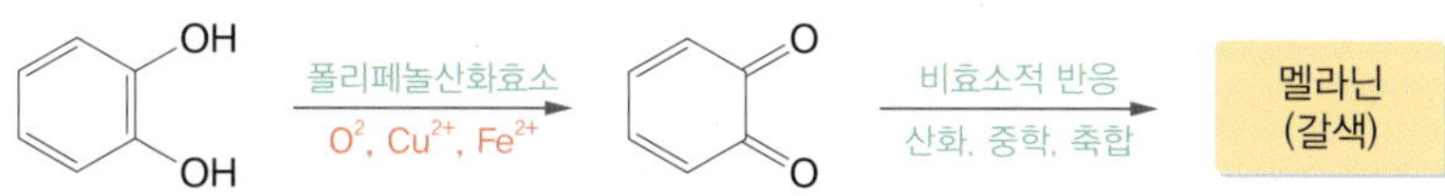

폴리페놀류(무색) 퀴논류(암적색)

그림 5-1__ 폴리페놀산화효소에 의한 갈변반응

2) 고구마Sweet potatoes

고구마는 메꽃과에 속하는 1년생 식물로 원산지는 남미이며 아메리카 대륙의 발견이래 세계적으로 전파되었고, 우리나라에는 18세기경에 보급되어 특히 남부 지역에서 많이 생산하고 있다.

고구마의 주성분은 탄수화물이며 그 대부분이 전분이다. 이외에 포도당, 자당, 만니톨, 맥아당, 이노시톨 등의 당이 들어 있어 단맛을 준다. 고구마를 저장하는 동안에 자체 내의 당화효소인 β-아밀레이스에 의해 전분이 분해되어 당의 함량이 증가한다. 또한 헤미셀룰로스, 셀룰로스 등도 함유하고 있어 변통을 좋게 한다. 고구마의 단백질 함량은 1.4% 정도 되며 대부분 글로불린 계열 단백질인 이포마인ipomain이다.

비타민 C의 함량은 비교적 높은 편이며 육질의 색이 진한 황색일수록 카로틴의 함량이 높다. 무기질로는 특히 칼륨이 많이 함유되어 있다. 고구마는 특수 성분으로 수지배당체인 얄라핀jalapin, $C_{34}H_{65}O_{16}$을 함유하고 있는데, 이 물질은 고구마를 잘랐을 때 절단면에서 나오는 액체의 성분으로 갈변 또는 흑변의 원인 물질이다. 물에 불용이며 미숙 상태에서 함유량이 높다가 수확 후 점차 감소한다.

고구마 조직에는 클로로젠산chlorogenic acid이 함유되어 있으므로 절단하면 갈변하는데 갈변 현상을 막으려면 1% 소금물에 잠시 담가두면 된다. 또한 고구마는 저장성이 낮아 저장 기간 동안 연부병이나 흑반병 등에 걸려 상하기 쉬울 뿐만 아니라 기온이 낮은 곳에서는 냉해 등을 일으키기도 한다. 고구마의 저장 조건은 온도 13℃, 습도 85~90%가 가장 알맞다.

3) 토란Taro

토란은 인도와 그 인접 지역이 원산지로 동남아시아, 중국, 아프리카, 남미 등 열대지방에서 널리 재배되고 있다. 다른 서류에 비해 수분 함량이 높아 열량이 낮은 편이며 주성분은 전분, 펜토산 등의 탄수화물이고 이외에 단백질, 비타민 등이 소량 들어 있다. 껍질을 벗기면 점질물이 있는데 이것은 갈락토스와 단백질의 결합체인 수용성의 당단백질로 갈락탄galactan이라 한다. 이 물질은 조미료의 침투를 어렵게 하므로 조미하기 전에 가열하여 용출시키는 것이 좋다. 토란은 피부에 닿으면 아리거나 따끔거리는데 이는 호모젠티스산homogentisic acid과 옥살산oxalic acid에 의한 것이며 가열한 후 물에 담그면 제거된다.

그림 5-2 토란

4) 카사바Cassava

카사바는 남아메리카가 원산지이며 등대풀과의 다년생 목본으로 덩이뿌리를 이용한다. 프랑스어로는 마니오크manioc라고 한다. 주산지는 열대, 아열대 지역으로 브라질, 태국, 인도네시아 등지에서 주로 생산된다. 카사바에는 전분이 20~25% 정도 함유되어 있고 칼슘과 비타민 C가 풍부한 편이다. 카사바는 쓴맛을 지닌 고미종과 단맛을 지닌 감미종의 두 가지가 있는데 고미종에는 청산이 함유되어 있으므로 식용으로 이용할 때에는 가열, 발효, 수침 등의 방법으로 청산을 제거해야 한다. 감미종은 고구마처럼 삶아서 식용으로 사용되고 고미종은 전분 제조에 사용된다.

타피오카tapioca는 카사바 뿌리에서 분리한 식용 전분을 말하며 열대지방의 중요한 식량 자원이다. 타피오카 전분은 전분당, 과자 제조, 알코올, 요리 원료 등 식용 외에 방직용 풀로 이용된다. 우리나라에서는 타피오카를 수입하여 알코올 발효 원료로 이용하고 있으며 최근에는 제빵 등에도 다양하게 이용하고 있다.

그림 5-3 카사바

5) 마Yam

참마과에 속하는 다년생의 덩굴성 식물로 산야에서 자생하는 자연마와 밭에서 재배하는 참마가 있다. 고온성 작물로 4~5월에 심어서 10월 이후에 수확한다. 건조한 곳에 굴을 파서 12~15℃로 유지하면 8월까지 저장할 수 있다. 주성분은 전분과 점액 물질이며 점액 물질은 뮤신mucin으로 단백질과 만난mannan이 결합한 것이다. α-아밀레이스 등 각종 효소를 함유하고 있어 생식을 하여도 소화가 잘 되며, 가열에 의한 비타민류의 손실도 적다. 마는 점성이 강하여 갈아서 생식하거나 삶아서 이용한다. 주로 조림, 샐러드, 튀김, 마즙, 마잡곡죽, 마젤리 등에 사용된다. 또한 마를 말려 노랗게 볶은 후 가루로 만들어 차로 마시기도 한다. 한방에서는 비폐의 음을 보양하는 약제로 이용되며 강장, 기능식품으로 알려져 소비가 크게 증가하고 있다.

6) 구약감자Konjak, 곤약

구약감자는 인도차이나 반도가 원산지로 일본 중부의 산간 지역에서 주로 생산된다. 글루코만난glucomannan이라는 탄수화물을 많이 가지고 있으며 가수분해되면 만노스와 포도당이 생성된다. 인체 내의 소화 효소로는 가수분해되지 않지만 장내 세균에 의해 분해되므로 정장 작용이 있다. 글루코만난에 알칼리를 첨가하여 가열하면 탄력 있는 젤 상태가 되므로 이를 이용하여 곤약을 만든다. 구약감자의 뿌리를 말려 섬유질을 제거한 가루 상태로 혹은 그대로 으깨어 만들 수 있다. 물에 곤약가루를 잘 저어 알칼리를 첨가하여 잘 섞는다. 이것을 뜨거운 물속에 넣어 응고시킨 후 다시 물에 담가 떫은맛을 빼면 곤약이 된다. 첨가하는 알칼리는 주로 생석회(수산화칼슘)를 물에 녹인 석회유나 탄산나트륨을 사용하는데 수산화칼슘으로 만들면 흰색이 되고 탄산나트륨으로 만든 것은 검은색이 된다. 곤약은 97%가 수분이지만 독특한 탄성과 씹히는 맛이 있다.

7) 야콘Yacon

야콘은 국화과에 속하는 쌍자엽 다년생 덩이뿌리 식물로 남미 안데스 지역인 볼리비아, 페루가 원산지이다. 최근 우리나라에서는 강화, 상주, 괴산 등지에서 재배하고 있다. 땅속의 배라고 불리며 수확 직후에는 단맛이 적으나 저장 기간이 길수록 당도가 높아지며 전분과 이눌린의 양이 적어 원산지에서는 과일로 취급되기도 한다. 야콘 잎은 단백질 함량이 2.7%로 일반 채소류보다 높은 편이다. 생식이 가능하고 디저트용, 착즙용으로 사용되며 질감은 아삭하다. 어린 식물체는 나물용으로 이용하며 야콘냉면, 야콘국수로 가공하여 사용한다.

8) 돼지감자Jerusalem artichoke

국화과에 속하는 일년생 풀의 덩이뿌리로 마디가 있고 크기는 작은 감자 정도 된다. 우리나라에 야생하며 뚱딴지라는 이름으로도 불린다. 주성분은 이눌린으로 산이나 효소로 가수분해하여 과당의 원료, 엿, 알코올 발효용, 사료 등으로 이용한다.

그림 5-4__ 돼지감자

3. 서류의 조리

1) 감자의 조리

감자는 맛이 담백하여 여러 가지 음식에 주재료로 또는 부재료로 다양하게 이용되는데 감자의 질감 특성에 따라 적절한 조리법을 선택하는 것이 좋다. 즉 점질의 질척한 감자는 국, 찌개, 카레 등에 넣어 조리하거나 조림, 샐러드에 적당하며 포슬포슬한 분상질 감자는 통감자 구이용, 매시트포테이토, 쪄서 그대로 먹는 것으로 적합하다.

이외에도 감자칩, 프렌치프라이, 과자, 면, 떡, 물엿, 포도당, 풀, 주정 등의 여러 가지 가공품의 제조에 이용된다.

(1) 매시트포테이토

매시트포테이토는 보슬보슬하고 점성이 없어야 한다. 그러므로 충분히 성숙한 분질의 감자를 익혀 뜨거운 상태에서 바로 체에 내린다. 뜨거울 때에는 펙틴이 용해되어 유동성이 크므로 세포 분리가 쉽지만 식으면 유동성을 잃고 다시 세포들이 결착되어 체에 내리기 어렵다. 무리하게 으깨면 세포막이 터져 호화된 전분이 유출되므로 끈적거리는 질감인 점성이 높은 매시트포테이토가 된다. 그러나 차가운 감자를 다시 뜨겁게 데운 후 으깨면 금방 조리한 감자와 같이 보슬보슬한 매시트포테이토를 만들 수 있다.

(2) 감자튀김

잘 튀겨진 감자튀김은 표면은 바삭바삭하면서 속이 완전히 익어야 하며 엷은 갈색으로 튀겨져야 한다. 분상질의 감자를 사용하여 120~150℃에서 투명해질 때까지 튀긴 다음 온도를 180~190℃로 높여 한 번 더 튀긴다. 또한 감자를 0~4℃의 낮은 온도에서 저장하면 전분이 당화되어 당 함량이 증가된다. 이와 같은 감자로 프렌치프라이 등의 튀김 조리를 하는 경우 캐러멜화 현상이 일어나므로 제품의 색이 진해지거나 또는 질척한 질감을 주므로 주의해야 한다. 최근에는 전분 함량이 높은 식품을 튀길 때 지나치게 오래 가열하면 신생 물질인 아크릴아마이드acrylamide가 생성되고, 이를 섭취하면 건강에 악영향을 줄 수 있는 것으로 세계보건기구WHO에서 주의를 요하고 있다.

아크릴아마이드

아크릴아마이드는 감자 · 곡류 등 탄수화물이 많은 식품을 120℃ 이상으로 장시간 가열할 때 아미노산(아스파라긴)과 환원당(포도당 등)이 마이야르 반응(Maillard reaction)을 통해 생성되며, 감자튀김, 감자스낵, 커피류 등이 주된 노출 원인 식품이다. 특히 조리 온도가 높을수록, 조리 시간이 길수록 굽거나 튀기는 과정 중에 아크릴아마이드 생성량이 많아지고, 단위 체중당 섭취량을 비교할 때 성인에 비해 어린이의 노출 농도가 두 배 정도 높은 것으로 보고되고 있다. 세계보건기구(WHO) 산하 국제암연구소(IARC)에서는 '인체발암추정물질(Group 2A)'로 분류하는 등 식품 섭취를 통한 위해성 물질로 알려져 있다.

(3) 감자칩

감자칩은 얇게 썬 감자를 수분 함량이 5% 이하가 되도록 기름에 튀긴 음식이다. 고온에서 단시간 동안 튀기면 내부에 수분이 남아 있으므로 시간이 지나면 눅눅해진다. 처음에 130~140℃ 정도의 낮은 온도에서 튀겨 충분히 탈수시킨 다음 온도를 180℃ 정도로 올려 다시 한 번 더 튀긴다. 고온에서 단시간 동안 튀기면 내부에 수분이 남아 있으므로 시간이 지나면 눅눅해진다. 얇게 썬 감자의 표면에 당이 있으면 감자가 충분히 익기 전에 당의 캐러멜화가 일어나기 때문에 색이 진해지고 풍미가 나빠지므로 튀기기 전에 물에 담가 전분이나 당을 씻어 내는 것이 좋다.

2) 고구마의 조리

고구마는 여러 가지 가공 조리에 다양하게 이용되고 있으며 전분, 물엿, 제과, 주정 등의 가공 원료로 사용된다. 고구마는 품종에 따라 점질과 분상질의 질감, 또는 중간의 질감 특성을 보이는데 이는 아밀로오스 함량이나 전분의 결정도에서의 차이 때문인 것으로 알려져 있다. 일반적으로 구워먹을 때는 점질의 질감을 더 선호하고 쪄먹을 때는 분질의 질감을 더 좋아한다.

고구마를 단맛이 더 높게 조리하려면 서서히 익히는 것이 좋은데 이는 고구마 조직 내에 함유된 β-아밀레이스의 작용 온도가 55~65℃이므로 이 부근의 온도에서 익히는 동안 당화가 일어나기 때문이다. 고구마를 조리한 후 표면이 녹변하는 현상을 볼 수가 있는데, 이는 고구마 껍질 중의 안토사이아닌이 알칼리와 접촉하여 색소의 변화가 일어나는 것으로 맛, 영양, 안전성 등에는 문제가 없다.

원물 간식(서류 가공품) : 반건조 고구마

원물 간식인 서류 가공품은 다른 재료를 첨가하지 않고 고구마 등을 바로 쪄서 그대로 말린 것으로 「식품공전」에 서류 가공품으로 등록되어 있다. 제조 과정은 원료를 세척하고, 기계로 1차 껍질을 벗겨낸 후, 기계가 벗겨내지 못한 부분은 수작업으로 탈피한다. 스팀기에서 고구마를 증숙하고 건조기에서 2회 건조 과정을 거친다. 건조된 고구마의 선별 공정을 마치면 자동 포장을 거쳐 X-ray 이물질 검사 후 레토르트 살균을 하여 최종 제품이 완성된다.

원료 → 세척 및 탈피 → 스팀기 증숙 → 건조 → 선별 및 포장 → 중량 및 이물 검사 → 레토르트 살균 → 최종 제품

단원 정리

서류의 이용 수분 함량이 70~80%로 높아 곡류에 비해 저장성이 낮지만 전분 함량이 높아 주식이나 주식 대용으로 이용됨

감자의 전분 및 당의 함량 10℃ 이하에서 저장할 경우 감자 속의 아밀레이스와 말테이스의 작용으로 전분이 당으로 분해됨

감자의 색 속살이 노란 것일수록 단백질 함량이 높음

솔라닌 감자의 싹 부위와 햇빛에 노출되어 녹색으로 변한 껍질 부분에 다량 존재하는 알칼로이드 독성분

고구마 저장 고구마는 저장하는 동안 자체 내의 당화 효소인 β-아밀레이스에 의해 전분이 분해되어 당의 함량이 증가

서류의 갈변 현상 감자 또는 고구마의 갈변 현상을 막기 위해서는 물 또는 1% 소금물에 담가 두거나 진공 포장을 하여 산소와의 접촉을 차단해야 함

곤약 구약감자라고도 불리며, 글루코만난을 다량 포함하고 만노스와 포도당으로 가수분해됨

점질과 분상질 점질의 질척한 감자는 국, 찌개, 카레 또는 조림, 샐러드로 조리하며, 포슬포슬한 분상질 감자는 통감자 구이용, 매시트포테이토, 쪄먹는 용으로 적합

아크릴아마이드 전분 함량이 높은 식품을 튀길 때 고온에서 지나치게 오래 가열하면 신생 물질인 아크릴아마이드가 생성되는데, 이는 섭취 시 건강에 악영향을 줄 수 있어 주의 필요

단원 문제

1 감자를 삶거나 구웠을 때 단맛이 느껴지지만 질감이 질척하다면, 그 이유가 무엇인지 설명하시오.

2 고구마를 저장하는 동안 당의 함량이 증가하는 이유를 설명하시오.

3 감자 또는 고구마 절단면의 갈변 현상을 방지하기 위한 방법을 설명하시오.

4 토란은 피부에 닿으면 따끔거리는데, 이 원인 물질 2가지와 대처 방법을 각각 서술하시오.

5 점질 감자와 분상질 감자의 알맞은 조리법을 각각 비교 설명하시오.

6 최근 감자튀김과 같이 전분 함량이 높은 식품을 튀길 때 고온에서 지나치게 오래 가열하면 생성되어 주의가 필요하다고 보고되는 신생 물질에 대하여 설명하시오.

7 감자를 먹은 후 복통, 위장 장애 등의 중독 증상이 발생하였다면, 이 이유를 설명하시오.

Chapter 6

두류 및 가공 제품

학습 목표

1. 두류의 종류에 대하여 알고 차이를 설명할 수 있다.
2. 두류의 성분과 조리과학적 특성에 대하여 설명할 수 있다.
3. 두류의 조리원리에 대하여 설명하고 조리 및 가공에 응용할 수 있다.
4. 두류가공식품의 종류와 특성, 가공 과정에 대하여 설명할 수 있다.

두류는 인간의 식생활에서 곡류 다음으로 중요한 위치를 차지하는 작물로, 온대에서 열대, 습한 기후에서 건조한 기후에 이르기까지 세계 각 지역에서 수천 년 동안 각각의 환경에 적합한 다양한 종류가 재배되어 왔다. 아시아, 중동, 남아메리카, 멕시코 등의 식생활에서 두류는 빼놓을 수 없는 식품이다. 두류는 곡류 위주의 주식에서 부족하기 쉬운 영양소를 보충해줄 뿐만 아니라 이를 이용한 여러 가지 가공식품은 식재료가 제한된 지역의 식사에서 단조로움을 벗어날 수 있게 해준다. 특히 한국인의 식생활에서 두류는 여러 가지 면에 있어서 큰 의의를 갖는다. 두류 단백질은 식물성 단백질이지만 생물가가 높을 뿐 아니라 경제성도 높아 단백질 급원식품으로서 중요하다. 따라서 잡곡밥, 콩조림 등 두류 그 자체를 익히거나 조리하여 이용하기도 하고 또는 두부, 두유, 묵, 면 등의 두류 가공식품이나 장류와 같은 발효식품의 제조에 널리 이용해 왔다. 두류의 생리적 기능성이 알려지면서 건강식품으로 인정을 받아 이의 소비가 증가하는 추세이다.

1. 두류의 종류와 분류

일반적으로 우리의 식생활에 상용되는 두류의 종류에는 대두와 검정콩, 강낭콩, 동부, 녹두와 팥 등이 있으며 그 외에도 여러 가지 콩이 이용되고 있다(그림 6-1). 두류는

그림 6-1 여러 가지 종류의 두류

저장성을 높이기 위해 건조품을 많이 이용하는데, 생콩과 달리 전처리와 조리에 시간이 많이 소요되는 경향이 있다. 그린빈이나 완두콩, 청태콩과 같은 풋콩은 말린 상태의 두류와는 달리 연하므로 단시간에 조리할 수 있고 영양적 특성도 달라서 일반 채소로 취급된다.

두류는 그림 6-2에서 보는 것과 같이 대두와 밤콩 등 단백질과 지방 함량이 높은 종류와 팥, 녹두, 완두, 동부, 강낭콩 등과 같이 탄수화물을 주로 함유하고 있는 두 가지 종류로 나눌 수 있다.

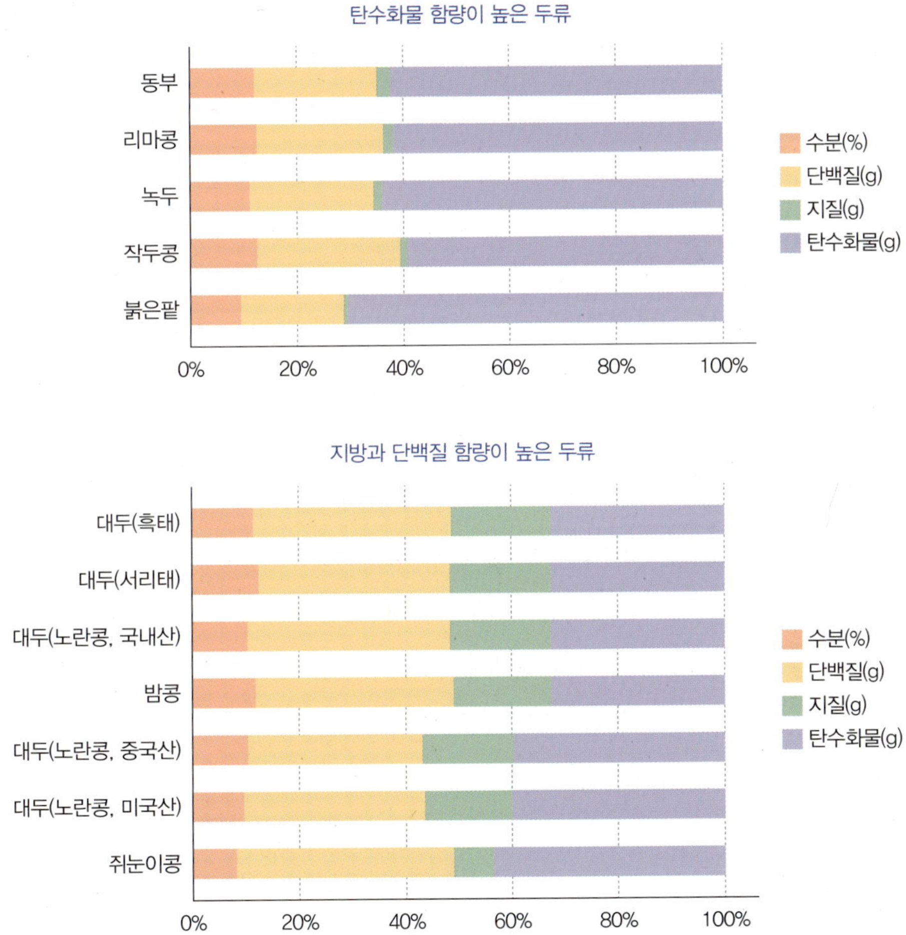

그림 6-2__ 두류의 종류와 구성 성분

2. 두류의 구조

두류의 구조는 어린잎(배), 어린뿌리(유근), 떡잎(자엽), 씨껍질(종피), 어린줄기(배축)로 이루어져 있다(그림 6-3). 어린잎 부분이 싹이 트면서 자라게 되고, 떡잎은 성장을 위한 영양분을 공급하게 되는데, 우리는 주로 떡잎 부분을 섭취하여 영양소를 얻게 된다.

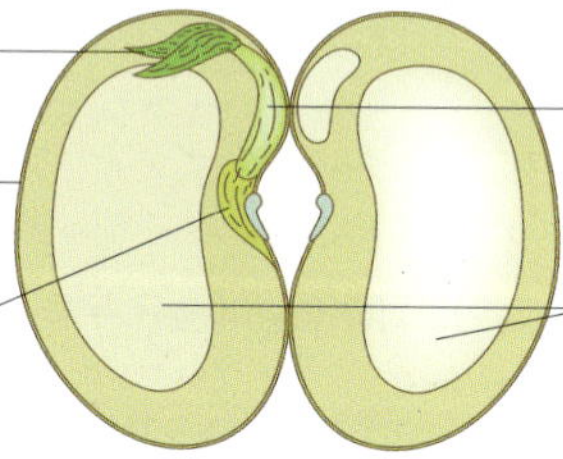

그림 6-3__ 두류의 구조

3. 두류의 구성 성분

두류를 구성하고 있는 영양 성분은 두류의 종류에 따라 달라지는데, 특히 단백질, 지방, 탄수화물 함량에 있어 큰 차이를 나타낸다. 대표적인 두류의 성분은 표 6-1과 같다.

1) 단백질

두류는 일반적으로 단백질 함량이 높다. 두류 중에서도 대두의 단백질 함량은 약 33~36% 정도로 곡류의 약 3배에서 많게는 6배에 달한다. 1인 1회 분량을 기준으로 단백질 함량을 비교하면 두류는 육류에 비해서 약 1/2 정도의 단백질을 함유하고 있으며, 두류 1인 1회 분량을 먹는 경우 성인 1일 단백질 권장섭취량의 14~16% 정도를 섭취할 수 있다. 일반적으로 두류에는 저장 단백질인 글로불린이 70% 정도를 차지하며, 알부민이 10~20%, 글루테린이 20% 정도를 차지한다. 특히 대두 단백질은 글로불린에 속하는 글리시닌glycinin이 대부분이며 팥에는 파세올린phaseolin의 함량이 많다.

두류 단백질은 양적인 면에서 중요할 뿐 아니라 필수아미노산인 아이소루신, 루신, 페닐알라닌, 트레오닌과 발린이 풍부하여 질적으로도 우수하다. 아미노산가는 단백질의 질을 평가할 때 가장 쉽게 사용하는 방법으로 1973년(또는 1985년) FAO/WHO에서

표 6-1__ 두류와 두류가공식품의 일반 성분(100 g당)

두류	열량 (kcal)	수분 (%)	단백질 (g)	지질 (g)	탄수화물(g)	총식이섬유 (g)	무기질(mg)					비타민(mg)			
							칼슘	인	철	나트륨	칼륨	B_1	B_2	niacin	C
대두, 흑태 말린 것	407	11.6	36.1	15.37	32.45	20.8	158	570	7.68	3	1,804	0.074	0.697	1.318	4.57
대두, 서리태 말린 것	413	10.3	38.68	15.86	30.45	20.8	199	653	6.19	1	1,848	0.168	0.682	1.422	6.72
대두, 노란콩 (국내산) 말린 것	409	11.2	36.21	14.71	32.99	25.6	260	660	6.66	2	1,838	0.553	0.384	1.64	3.27
대두 (미국산) 말린 것	432	9.5	33.9	16	39.6	-	118	34	6.5	3	842	0.35	0.35	2	0
대두 (중국산) 말린 것	433	10.3	32.7	16.9	39.2	-	117	31	7.7	3	1,129	0.68	0.63	3	0
밤콩 말린 것	410	11.2	35	17.2	30.6	-	239	660	8.1	4	1,453	0.49	0.17	2	0
강낭콩 생것	172	56.1	8.8	0.86	32.38	14.1	49	281	3.11	0	730	0.449	0.124	1.881	2.12
쥐눈이콩 말린 것	403	12.6	37.32	14.61	30.59	22.2	212	743	8.14	2	1,888	0.164	0.682	1.527	2.29
동부 생것	166	58.5	9.51	1.02	29.37	10.2	27	242	2.5	2	573	0.137	0.176	1.489	0.27
동부 말린 것	343	14.4	19.61	2.1	60.56	21	56	499	5.15	4	1,181	0.282	0.362	3.071	0.56
리마콩 말린 것	351	11.7	21.9	1.8	60.8	19.6	78	250	6.2	-	1,800	0.47	0.16	1.9	0
녹두 말린 것	352	9.4	24.51	1.52	60.15	22.4	100	411	4.11	1	1,420	0.156	0.358	1.634	5.29
완두콩 생것	114	71	7.92	0.44	19.51	8.5	36	174	2.08	0	356	0.186	0.141	2.946	11.9
작두콩 말린 것	344	12	26.3	1	57.4	-	84	353	3.7	5	1,296	0.54	0.25	2	0
붉은팥 말린 것	335	15.2	21.82	1.07	58.56	15.6	64	400	5.12	2	1,263	0.424	0.165	2.503	4.29

자료 : 농촌진흥청 국립농업과학원, 국가표준식품성분 DB 9.2, 2020

제시한 잠정적 아미노산 패턴을 기준으로 대상 식품의 아미노산가를 계산한다. 식물성 식품인 대두 단백질은 동물성 단백질에 비해 아미노산가가 낮아 질이 낮은 것으로 보고되어 왔다. 그러나 체내에서의 단백질 이용률을 반영하지 못한다는 단점을 보완하기 위해 FAO에서는 소화율이 고려된 아미노산가Protein digestibility corrected amino acid score, PDCAAS를 도입하였으며 2011년에는 변경된 기준 아미노산 패턴을 제안하고 있다. 대두 단백질은 우유, 달걀 단백질과 유사한 PDCAAS를 보여 최근에는 질적으로 양호한 단백질로 인정받고 있다.

특히 대두는 곡류의 제일 제한 아미노산인 라이신의 함량이 높으므로 두류와 곡류를 혼합한 식사를 하면 단백질의 질을 높이는 데 효과적이다. 쌀에 콩을 혼합하였을 때의 단백질의 보완 효과는 표 6-2와 같다. 쌀 100 g에는 라이신이 불과 0.22 g밖에 함유되어 있지 않으나 콩 5 g을 혼합함으로써 라이신 0.129 g을 더 가하게 되며, 쌀의 아미노산가도 동시에 증가된다.

표 6-2 쌀에 콩을 혼합하였을 때의 단백질 보완 효과

	단백질(g)	질소(g)	라이신(g)	메티오닌+시스테인	트립토판
쌀 100g	6.6	1.042	0.220	0.290	0.080
대두 5g	1.7	0.297	0.129	0.046	0.028
합계 105g	8.3	1.339	0.349	0.336	0.108
질소 1g당			0.261	0.251	0.081
표준 단백질의 질소 1g당			0.270	0.270	0.090
표준 단백질에 대한 비율(%)			97	93	90

자료 : 소림정명, 대두, p.33, 건백, 1976

2) 지방과 탄수화물

두류는 종류에 따라 지방과 탄수화물의 함량이 크게 다르다. 팥, 녹두, 강낭콩, 동부 등은 전분의 함량이 높아 묵과 당면의 원료로 이용되고 있으나, 대두의 경우 전분의 함량은 매우 낮을 뿐 아니라 대부분의 탄수화물이 난소화성 다당류이다. 지방 함량도 팥, 동부, 완두는 1% 이하인 반면 대두와 낙화생(땅콩)은 각각 14.7%와 42.6%를 함유하고 있어 이들로부터 식용유를 채유하여 사용한다. 두류에서 얻은 식용유에는 불포화지방산이 풍부하게 들어 있는데 특히 대두에는 올레산이 21.2%, 리놀레산이 53.4%, 오메가 3 지방산인 리놀렌산은 8.6% 정도 함유되어 있어 필수지방산의 급원 식품으로 중요시되고 있다(표 6-3).

표 6-3__ 각종 두류의 지방산 조성

종류	지질 (g)	총 지방산 (g)	포화 지방산 (g)	불포화지방산		지방산(%) (탄소수: 이중결합수)				
				MUFA (g)	PUFA (g)	16:0	18:0	18:1	18:2	18:3
강낭콩 생것	0.86	0.82	0.22	0.1	0.5	21.2	2.9	11.9	28.1	32.7
녹두 말린 것	1.52	1.45	0.55	0.07	0.83	27.8	6.1	4.7	38.9	18.3
대두, 흑태 말린 것	15.37	14.71	2.37	3.31	9.02	11.8	3.2	22.2	52.3	8.9
대두, 노란콩 말린 것	14.71	14.07	2.07	3.23	8.75	10.6	3.1	22.7	53.4	8.6
동부 말린 것	2.1	1.56	0.56	0.12	0.88	26.8	3.2	7.2	32.9	23.4
잠두 생것	1.53	1.18	0.25	0.30	0.63	17.2	2.6	-	-	-
팥 말린 것	1.07	0.71	0.25	0.05	0.41	27.9	3.7	6.5	38.6	17.8

자료 : 농촌진흥청 국립농업과학원, 국가표준식품성분 DB 9.2, 2020

3) 무기질과 비타민류

두류는 곡류에 비해 칼슘, 인, 철 등이 풍부하게 함유되어 있으나 비타민 A와 비타민 C의 좋은 급원식품은 못된다. 반면 콩나물이나 숙주나물은 발아하여 성장할 때 비타민 C가 합성되므로 비타민 C의 함량이 높다.

4) 기타 성분

대두의 노란색, 검정콩의 검은색, 팥의 붉은색 등 두류는 종류에 따라 각기 고유의 색소 성분을 함유하고 있다. 대두의 노란색은 플라보노이드계 색소인 아이소플라본, 검정콩의 껍질색은 안토사이아닌계 색소인 크리산테민에 기인한다. 검정콩의 색소는 철이나 주석 등의 금속이온과 결합해서 더 짙은 검은색이 되므로 이런 성질을 이용하여 콩조림을 할 때에는 두꺼운 무쇠솥을 이용해 왔다. 한편 콩을 삶을 때 쉽게 물러지도록 중탄산소다를 소량 첨가하면 알칼리에 의해 색이 열어지는 것을 관찰할 수 있다.

4. 두류의 조리

1) 대두의 조리

생두류의 단백질 펩타이드는 매우 치밀한 조직으로 이루어져 있으므로 가열에 의해 변성되어야 소화 효소의 작용을 쉽게 받을 수 있다. 또한 날콩에는 단백질의 체내 이용을 저해하는 트립신 저해인자와 적혈구를 응집시키는 헤마글루티닌hemagglutinin이 함유되어 있는데 이런 물질도 열에 불안정하므로 가열하면 변성되어 기능을 상실한다.

말린 콩은 딱딱한 외피에 둘러싸여 있으며 수분 함량이 비교적 낮다. 콩의 외피는 보통 물을 투과시키지 않으므로 가열하기 전에 장시간 물에 담가 충분히 불린 다음 가열해야 쉽게 물러진다. 또한 콩을 높은 온도에서 급격히 가열하면 전분이 고르게 호화되지 않을 뿐 아니라 삶는 동안 콩 껍질이 터지게 되므로 외관도 좋지 않다. 검정콩이나 대두 등은 5~6시간, 팥, 녹두 등은 거의 12시간 정도 물에 침지해야 하나 물의 온도에 따라 시간이 달라진다.

마른 콩을 불릴 때 1%의 식염수에 담가 두었다가 그 용액에서 그대로 가열하거나 약간의 소금을 넣고 가열하면 콩이 부드럽게 익는다. 특히 대두의 주단백질인 글리시닌은 식염과 같은 중성 용액에 잘 용해되기 때문에 대두의 경우 그 효과가 크다.

헤미셀룰로스가 알칼리에 의해 연화되는 성질을 이용하여 콩을 삶을 때 0.3% 정도의 중탄산소다를 첨가하는 경우가 있는데, 이 경우 알칼리에 의해 펙틴이 작은 가용성 분자로 분해되어 물이 쉽게 침투되므로 빨리 물러지고 조리 시간이 단축된다. 하지만 이는 콩에 많이 들어 있는 수용성 비타민의 파괴를 촉진하므로 이의 사용은 고려하여야 한다. 가압 냄비를 사용하는 경우도 콩의 조리 시간을 단축시킬 수 있다.

콩을 삶을 때

펙틴 물질은 식물 세포벽의 구성 성분으로 칼슘이나 마그네슘과 같은 +2가 이온과 결합하여 세포벽을 단단하게 유지해 준다. 그러나 콩을 소금물에 불리면 일부 칼슘이나 마그네슘이온 자리에 나트륨이온이 대신 자리를 잡으면서 펙틴의 결합이 약해진다. 따라서 소금물에 불린 다음 가열하면 콩이 아주 부드러워진다. 또한 물을 서서히 흡수하면서 부피가 늘어나기 때문에 삶는 동안 터지지 않는다. 불리지 않은 콩과 불린 콩, 가열할 때 소금을 넣은 것과 넣지 않은 경우를 비교해 보면 소금물에 불려서 약간의 소금을 넣고 가열한 경우 콩이 터지지 않고 속까지 고르게 익어 가장 부드러워지는 것을 볼 수 있다.

경수 또한 콩의 조리 과정에 영향을 준다. 경수에 들어 있는 칼슘과 마그네슘이온이 콩의 펙틴 물질과 결합하여 가열 시에 콩의 연화를 저해한다. 완두콩에는 피트산이 다량 함유되어 있는데 경수 내의 칼슘과 피트산이 결합하여 불용성의 피트산의 칼슘염을 형성하므로 콩의 연화를 저해할 수 있다.

콩조림을 만들 때

콩조림을 만들 때는 먼저 콩을 충분히 불린 다음 삶는다. 콩을 충분히 불리지 않으면 쉽게 물러지지 않고 간장이나 설탕의 맛이 쉽게 배어들지 않는다. 또한 설탕이나 간장을 먼저 넣으면 심두 현상이 일어나 콩으로부터 수분이 빠져나와 콩이 쭈글쭈글하고 딱딱해진다. 그러므로 충분히 불린 콩을 물러지도록 삶은 다음 간장과 설탕을 넣고 조려야 맛이 잘 배어들고 보기에도 좋다.

2) 팥의 조리

팥을 이용한 대표적인 음식으로는 팥밥, 팥죽, 양갱 등이 있으며, 떡을 만들 때 고물이나 소로 이용하기도 한다. 팥은 콩보다 불리거나 삶는 데 더 오랜 시간이 걸리므로 12시간 이상 불린 다음 미리 삶아서 이용한다. 팥을 삶을 때에는 한 번 끓인 물을 따라 버린 다음 다시 물을 붓고 삶아야 떫은맛을 없앨 수 있다. 삶은 팥은 팥밥의 경우처럼 그대로 이용하기도 하고 체에 걸러서 껍질을 제거한 후 체에 내린 것을 팥죽이나 양갱을 만드는 데 사용하기도 한다. 또는 두꺼운 냄비에 넣고 약한 불에서 눋지 않도록 계속 저으면서 가열하여 물기를 제거한 다음 고물이나 소로 이용한다.

팥은 두류 중 전분 조직이 가장 큰 두류에 속하는데 이 전분 입자의 바깥쪽 세포막이 가열에 의해 응고되면서 전분 입자가 세포 단위로 분리되어 포슬포슬한 질감을 갖는 팥소를 만들 수 있다. 으깬 감자에서와 마찬가지로 세포막이 파괴되면 내부의 전분이 세포 밖으로 이탈되어 질척하게 될 수 있으나 두류의 세포막은 감자보다 파괴되기 힘들어 쉽게 질척해지지 않는다.

3) 녹두의 조리

녹두는 껍질이 두껍기 때문에 주로 반으로 갈라 유통된다. 쪼갠 녹두를 물에 불린 다음 먼저 껍질을 제거한다. 껍질을 제거한 녹두를 마쇄기로 곱게 갈아 고명과 함께 지져낸 빈대떡은 전통적인 우리 고유의 음식이다. 이외에도 녹두는 대두에 비해 전분 함량이 높으므로 예로부터 청포묵, 창면, 죽, 고물 등을 만드는 데 이용해 왔다.

거피한 녹두를 갈아서 고운체로 거른 다음 가라앉혀 웃물을 따라낸다. 남은 앙금에 물을 붓고 가열한다. 전분이 호화되기 시작하면 약한 불에서 뜸을 들이다가 최대로 걸쭉해지면 틀에 부어 굳히는데, 이때 형성되는 젤이 청포묵이다. 일반적인 두류 전분과는 달리 녹두 전분은 아밀로오스 함량이 적지만 호화되었을 때 점성을 지니며 녹두 전분 젤은 다른 전분 젤에 비해 투명하고 탄력성이 높다.

빈대떡을 부칠 때

녹두에는 전분 함량이 높으며 또한 아밀레이스 활성도 높다. 그러므로 녹두를 이용할 때는 아밀레이스의 활성을 잘 조절해야 한다. 빈대떡을 부칠 때 마쇄기에 미리 갈아 놓으면 아밀레이스가 작용하여 묽어지는 경우가 있다. 그러므로 빈대떡을 부칠 때에는 마쇄기에 갈아 곧바로 지져내는 것이 좋다.

5. 두류 가공식품

우리나라에서 가공식품 제조 시 이용되는 두류는 여러 종류가 있으나 그중 가장 많이 이용되는 것은 대두이다. 대두를 이용한 가공식품은 발효식품인 된장, 간장, 고추장, 청국장을 비롯하여 두부, 두유, 콩나물, 대두 단백 제품, 대두유, 대두박 등이 있다. 대두에 들어 있는 아이소플라본은 항암 작용, 폐경 후 증후군의 완화 등에 효과가 있으며, 생리적 활성이 널리 알려지면서 대두 및 대두 가공 제품의 소비가 크게 늘고 있다. 일

표 6-4 대두와 대두 가공식품 내 아이소플라본 함량(μg/g, 건조중량 기준)

	다이드제인	제니스테인	총 아이소플라본
대두	172~931(평균 : 467)	112~679(평균 : 342)	309~1,610(평균 : 809)
된장	210~287	479~586	689~873
미소	304~514	540~775	844~1,289
청국장	304	741	1,045
두부	119~387	272~508	391~895

자료 : Lee MH, et al., Isoflavone content in soybean and its processed products. Korean *J Food Sci Tech* *34*(3):365, 2002

부 대두 발효식품의 경우 무게당 아이소플라본의 함량이 대두보다 높아지는 것으로 나타나기도 하였다(표 6-4).

1) 두유 및 두부

두유와 두부는 우리나라에서 오래전부터 널리 사용해 온 식품이다. 특히 콩국은 여름철의 음식으로 애용되어 왔으며, 두유는 유당이 들어 있지 않으므로 유당불내증과 같이 우유에 과민성 증세를 보이는 사람들을 위한 우유 대용 식품으로도 중요하다. 두부는 일반두부, 연두부, 순두부 등이 주로 생산, 판매되고 있고 그 시장이 날로 증가하는 추세이다.

(1) 두유

콩을 물에 충분히 불린 다음 삶는다. 부드럽게 삶은 콩을 곱게 갈아 단백질을 용출시킨 후 체나 여과포로 여과하여 두유를 얻는다. 두유는 우유에 비해서 칼슘, 비타민 A와 비타민 C 및 함황 아미노산인 메티오닌이 적게 함유되어 있으므로 두유를 우유의 대용으로 사용할 때는 부족한 영양소의 보충이 필요하다. 또한 전통적인 방법으로 두유를 제조할 경우 두유에 함유된 소당류에 의한 장내 가스 발생, 트립신 저해인자, 피트산 등의 영양 저해 물질과 비린내 발생 등이 문제가 될 수 있다. 가정에서는 가열 처리를 통해 트립신 저해인자 등의 단백질 물질과 효소를 불활성화시킴으로써 이러한 문제를 일부 해결할 수 있다. 최근에는 두유의 부족한 영양소를 강화하거나, 섭취 대상의 특성을 고려하여 성분을 조정한 다양한 두유들이 개발되면서 식사대용식이나 영양보충식 등으로 다양하게 활용되고 있다.

(2) 두부

콩의 주된 단백질인 글리시닌은 열에는 안정하나 금속염과 산에는 불안정하여 곧 응고, 침전한다. 두부는 콩으로부터 두유를 얻은 다음 콩 단백질의 응고성을 이용하여 제조한 것으로, 소화성도 우수하고 독특한 맛과 탄력 있는 질감을 갖고 있어서 우리의 기호에 맞는 식품이다. 두유를 응고시키는 데는 여러 종류의 응고제(표 6-5)를 사용할 수 있으며 전통적으로는 간수에 들어 있는 칼슘과 마그네슘 등의 전해질을 첨가하여 두부

표 6-5 두부 제조용 응고제의 종류와 양

(콩 1컵당)

응고제의 종류	양
황산칼슘($CaSO_4$)	3.5 g (1.84%)
염화칼슘($CaCl_2$)	2.0 g (1.05%)
염화마그네슘($MgCl_2$)	3.5 g (1.84%)
글루코노 델타 락톤	3.75 g (1.97%)
아세트산(25%)	3.5 mL (0.48%)

자료 : 문수재 외, 가정학회지, 17:1 p.11, 1979

를 제조한다.

① 두부의 제조

가정에서 두부를 제조할 때에는 다음의 방법을 적용할 수 있다.

- **두유의 제조** : 대두 1컵(190 g)을 깨끗이 씻은 후 물에 담가 충분히 불린다. 불린 콩을 마쇄기로 약 5분간 마쇄하고 가열한 후 여과주머니에 넣어 두유를 추출한다.

  두유를 충분히 추출하기 위해서 두유를 짜낸 비지에 2~3회 정도 물을 더 가하여 이 과정을 반복하는데, 총 물의 사용량이 콩의 13배를 넘지 않도록 한다. 콩을 가열할 때 거품이 심해 끓어 넘칠 수 있으므로 기름을 몇 방울 가하여 거품 형성을 막는다.
- **대두 단백질의 응고와 성형** : 두유를 10분간 끓인 후 70℃가 되면 이 온도를 유지하면서 준비된 응고제를 한 방울씩 넣고 저어주면 멍울멍울 엉기면서 단백질이 응고된다. 단백질이 엉기면 작은 두부 틀에 헝겊을 깔고 응고물을 붓는다. 뚜껑을 덮고 무게가 약 600 g 정도인 추로 10분간 눌러 놓아 두부의 모양을 만든다.
- **찬물에 담그기** : 성형된 두부를 찬물에 담가 두면 과잉의 응고제를 용출시킬 수 있

두부 제조를 위한 두유를 추출할 때

콩을 갈을 때에는 아주 미세한 상태가 될 때까지 갈아 단백질이 최대한 추출되도록 한다. 이때 콩을 충분히 불리지 않으면 마쇄하는 동안에도 계속 수화가 일어나 입자가 커지므로 마쇄 효과가 적어지고 두부 수율도 낮아진다. 또한 콩을 가는 동안 마쇄기의 모터에 열이 가해져 온도가 올라가면 단백질의 열변성이 일어날 수 있으므로 마쇄기의 온도가 너무 올라가지 않도록 주의한다. 두유 추출 후 가열하는 동안 트립신 저해인자와 리폭시게네이스가 불활성화된다. 그 결과 소화에 도움을 줄 뿐 아니라 리폭시게네이스의 작용에 의한 불쾌한 냄새 생성을 막는 데 효과가 있다.

을 뿐 아니라 두부가 건조되는 것을 막는다. 30~60분 이내에 과잉의 응고제가 대부분 용출되므로 물을 갈아주고 저온에서 보존하도록 한다. 두부는 기온이 낮은 겨울철에는 비교적 장시간 동안 그 선도를 보존할 수 있으나 기온이 높은 여름철에는 쉽게 부패하므로 저장하는 데 유의하여야 한다.

② 비지

두부를 만들기 위해 두유를 짜내고 남은 찌꺼기를 비지로 이용하는데 단백질 함량은 낮지만 고유의 질감과 고소한 맛이 있다.

③ 두부의 수율과 특성

두부의 수율은 마쇄 정도에 따른 두유의 제조량에 따라 달라지지만 곱게 갈았을 경우 원료 대두의 약 4배를 얻을 수 있다. 응고제의 종류에 따라 두부의 특성에 차이가 있는데 단백질 응고제로 염화칼슘을 사용한 경우 빠른 시간 내에 응고되지만 조직감이 거칠고 단단한 두부가 만들어진다. 이에 비해 황산칼슘을 이용하면 수율도 높고 부드러운 두부를 제조할 수 있다. 일반적으로 응고제의 양이 많거나 가열 시간이 길수록, 가열 온도가 높을수록 두부의 질감이 딱딱해진다. 또한 압착 정도에 따라서도 질감이 달라지는데, 두유가 응고되었을 때 압착하지 않고 그대로 섭취하는 순두부는 부드러운 질감을 가져서 이유식이나 환자식에 이용하면 좋다. 시판되는 순두부와 연두부는 가수량을 낮게 하여 제조한 두유를 응고제와 함께 용기에 넣어 응고 온도를 맞춘 후 압착없이 그대로 응고시켜 제조한다.

(3) 두부 가공품

두부를 이용하여 튀김두부와 동두부를 제조하면 저장성이 좋아질 뿐만 아니라 풍미도 높아진다.

① 튀김두부(유부)

튀김두부는 보통 두부보다 단단하게 만든 두부를 얇게 썰어서 튀김용 기름으로 표면이 황갈색이 될 때까지 튀겨낸다.

② 동두부(얼린 두부)

원래 추운 지방에서 천연으로 두부를 냉동하여 만들었던 것으로 최근에는 산업적으로 생산한다. 두부를 -5~-10℃의 냉동기에 넣어 급속 냉동시킨 다음 물에 침수시키면 수분이 얼었다가 탈수되면서 단백질의 조직이 치밀해지고 탄성이 생기면서 스펀지와 같은 질감이 형성된다. 이를 다시 건조실에서 건조하면 오래 보존할 수 있다. 조리할 때는 다시 물에 불려서 삶은 다음 뽀얀 물이 나오지 않을 때까지 반복해서 스펀지를 짜듯 물에서 헹구어 낸 다음 조미한다.

2) 대두 발효식품

(1) 메주의 제조

메주는 한식 또는 개량식으로 만들어 사용한다.

① 한식 메주

콩을 잘 씻은 후 상온에서 12~16시간 정도 물에 불렸다가 냄비나 압력솥에서 부드러워지도록 충분히 삶는다. 잘 무른 콩을 절구에 넣어 찧은 다음 네모나 둥근 모양으로 빚어 말린다. 겉은 건조되지만 안에는 충분한 습기가 있어서 안쪽에서부터 발효된다. 한식 메주의 발효를 주도하는 미생물은 고초균*Bacillus subtilis*이지만 발효 환경을 엄격하게 통제하지 않는 경우 잡균의 번식이 같이 일어날 수 있으므로 품질이 균일해지기 어렵다. 어느 정도 발효가 일어나면 메주를 햇빛에 말려 소독한 다음 짚으로 묶어 매달아 건조시킨다. 2~3개월 정도 지나면 메주가 완성된다.

② 개량식 메주

한식 메주에 비해 발효 조건을 조절하므로 재래식에 비해 시일이 단축되고 잡균의 번식을 억제하여 균일한 품질을 얻을 수 있다. 장류 제조에 관계하는 미생물에는 곰팡이류로서 아스퍼질러스 오리제*Aspergillus oryzae*, 세균류로서 젖산균, 초산균, 단백질 분해균, 효모류로서 사카로미세스*Saccharomyces*속 등이 있다. 이 중 당화력과 단백질 분해력이 강하며 향기와 맛을 동시에 향상시키는 균종인 아스퍼질러스 오리제 단일 균종의 종국을 사용하여 개량식 메주를 제조한다.

(2) 간장과 된장

전통적인 간장과 된장의 제조 과정은 다음과 같다. 메주를 18%의 식염수에 담근다.

18%의 염도에서는 대부분의 미생물은 성장할 수 없으나 미생물이 생성한 단백질 분해 효소와 당질 분해 효소 등은 계속 작용하여 단백질을 펩타이드 또는 아미노산으로, 당질을 당으로 분해한다. 이와 동시에 내염성의 야생 효모가 번식하고 젖산균, 초산균 등의 유기산 생성균이 증식하므로 pH가 차차 낮아지면서 된장과 간장의 특유한 맛과 향기가 형성된다. 숙성 후 고형물과 액체를 분리하여 고형물로는 된장을, 그리고 액체는 가열하여 효소 및 미생물을 불활성화한 후 간장을 만든다. 간장은 짠맛 외에 특유한 향미도 있어 조미료로서 우리 식생활에서 빼놓을 수 없다. 맛 성분은 맥아당·포도당 등의 단맛, 초산·젖산·호박산 등의 신맛, 아미노산의 구수한 맛이 혼합되어 있고 간장 고유의 냄새는 β-메틸머캅토프로파놀β-methyl mercaptopropanol에 기인한다. 뿐만 아니라 알코올류, 알데하이드류, 케톤류, 휘발성산, 에스터류, 페놀류 등의 냄새도 섞여 있다. 간장의 색은 발효 과정 중 마이야르 반응에 의해 생성된 멜라닌과 멜라노이딘 색소가 짙은 색으로 변한다.

간장과 된장은 재료와 제조 방법에 따라 색과 맛, 향기 등 관능적 특성이 달라지므로 용도에 맞는 장류의 선택이 중요하다. 우리나라에서 이용되는 간장은 「식품공전」에 한식간장, 양조간장, 산분해간장, 효소분해간장, 혼합간장으로 분류된다.

한식간장은 전통적인 방식으로 메주를 주원료로 하여 식염수 등을 섞어 발효·숙성시킨 후 그 여액을 가공한 것으로 대두, 식염, 물만을 재료로 하여 단맛이 적고 색이 짙지 않아 국, 찌개, 나물류 등에 주로 이용된다. 한국 전통조리에서는 '국간장' 또는 '청장淸醬'이라고 표현하기도 한다.

양조간장은 대두, 탈지대두 또는 곡류 등에 누룩균 등을 배양하여 식염수 등을 섞어 발효·숙성시킨 후 그 여액을 가공한 것을 말하는데, 대두, 식염, 물 외에도 곡류가 재료로 사용되어 한식간장에 비해 단맛이 강하고 색도 짙다. 따라서 조림, 포, 육류 양념 등에 주로 이용된다.

산분해간장은 단백질을 함유한 원료를 산으로 가수분해한 후 그 여액을 가공한 것이고 효소분해간장은 단백질을 함유한 원료를 효소로 가수분해한 후 그 여액을 가공한 것인데 산분해간장과 효소분해간장은 자연발효시킨 간장과 향미의 차이가 있어 단백질 또는 탄수화물 원료를 추가로 가하여 발효·숙성시키거나 한식간장 또는 양조간장과 혼합하여 가공한 혼합간장 형태로 많이 이용한다.

장류와 알레르기 유발 식품 표시

최근 가공식품, 학교급식뿐 아니라, 어린이 급식, 일반음식점 등으로 알레르기 유발 식품 표시가 확대되고 있다. 대두와 밀도 알레르기 유발 식품 중 하나이므로 이들을 재료로 하는 간장이 레시피에 포함되면 알레르기 유발 식품 표시를 해야 한다. 양조간장이나 혼합간장의 경우 대부분 밀이 원료로 포함되므로 대두와 밀을 모두 표기해야 하고, 밀을 사용하지 않은 한식간장의 경우 대두만 표기하면 된다. 하지만 시판 국간장 중 밀을 원료로 포함하는 제품도 있고, 조리에 사용될 간장의 종류를 지정할 수 없는 경우가 많으므로 간장을 이용하는 레시피에는 대두와 밀을 모두 표기해 주는 것이 바람직하다.

된장도 한식 메주에 식염수를 가하여 발효한 후 여액을 분리한 한식된장과 대두, 쌀, 보리, 밀 또는 탈지대두 등을 주원료로 하여 누룩균 등을 배양한 후 식염을 혼합하여 발효·숙성시킨 것 또는 메주를 식염수에 담가 발효하고 여액을 분리하여 가공한 일반적인 된장으로 구분된다.

(3) 막장과 고추장

막장은 간장을 분리하지 않고 두류 이외의 밀이나 보리 같은 전분질과 고춧가루 등을 넣어 속성으로 발효시킨 장류이다.

고추장은 쌀, 찹쌀, 보리 또는 밀 등의 전분을 당화하여 얻어진 단맛, 소금의 짠맛, 고춧가루의 매운맛과 메줏가루에 들어 있는 미생물에 의한 단백질과 당질이 분해되면서 생긴 맛 성분이 어우러진 우리 고유의 식품이다. 먼저 찹쌀, 보리, 밀 등에 엿기름을 넣고 삭힌 다음 메줏가루와 고춧가루를 넣고 소금으로 염도를 맞춘 다음 발효시켜 제조한다.

(4) 청국장과 낫토

콩을 푹 물러지도록 삶아서 식힌 다음 소독된 용기에 담아 볏짚과 함께 40℃ 전후에서 발효시키면 16~18시간 경과 후 콩에서 실과 같은 끈적끈적한 물질이 나온다. 이때 콩을 10℃ 이하로 냉각시킨 후 그대로 또는 마쇄하여 소금과 마늘, 고추, 마른 생강으로 양념하여 둔다. 청국장의 발효를 주도하는 균은 고초균*Bacillus subtilis*이다. 청국장 발효 시에 생성되는 점액 물질은 글루탐산의 중합체인 폴리펩타이드와 프럭탄의 혼합물인데 청국장의 발효가 제대로 이루어지면 점액성 물질이 잘 생기며 잘 끊어지지 않는다. 낫토의 경우 청국장과 제조 원리는 비슷하나, 발효 균주를 순수 배양하여 접종하는 제조법을 이용하고 있다.

3) 콩나물, 숙주나물

콩나물과 숙주나물은 기르기 쉬울 뿐만 아니라 이들이 지니고 있는 풍부한 영양가로 인하여 한국인의 식생활에 큰 공헌을 하고 있다. 콩나물과 숙주나물은 각기 5 mg%와 10 mg%의 비타민 C를 함유하고 있으며, 특히 유리 아미노산인 아스파트산이 풍부하다. 또 섬유소가 풍부하므로 변비의 방지에도 도움이 되는 식품이다.

크기가 작은 대두 또는 녹두를 선별하여 6~24시간 동안 수침(수온이 40°C 정도인 경우 3~4시간)하면 원두의 약 2배가량 팽윤하여 발아되기 시작한다. 물이 빠지는 구멍이 있는 통이나 시루 밑에 헝겊을 깔고 콩을 담은 다음 검정색 천으로 덮어 햇빛이 들어가지 않도록 어두운 곳에 둔다. 온도를 22~23°C로 유지하면서 매일 4~5번씩 미지근한 물을 주면 뿌리가 나오고 자라기 시작하여 5~6일 지나면 약 10 cm 정도까지 자란다. 이때 비타민 C의 함량이 가장 높다.

4) 기타 두류 가공 제품

(1) 콩단백

콩단백은 콩의 단백질을 효과적으로 이용한 새로운 제품으로 탈지대두에서 단백질을 분리하고 이것을 섬유상으로 만들어 육류와 유사한 조직을 갖도록 가공한 대두 가공품이다. 1960년 초 미국에서 로버트 알렌 보이어(R. A. Boyer)가 특허 제작하여 실용화되었는데 지금은 우리나라에서도 다양한 형태의 육류 대체품을 만들어 시판하고 있

콩햄

콩고기

그림 6-4 콩단백을 이용한 육류 대체품

다(그림 6-4). 육류 대체품의 원료로는 분리대두단백, 탈지대두분말, 밀글루텐 등이 많이 이용된다.

육류의 수요 공급의 불균형과 경제성, 육류 내에 함유되어 있는 동물성 지방의 다량 섭취에서 오는 성인병 문제, 두류의 건강 기능성 등을 고려하면 콩단백의 가공과 소비 전망은 밝다고 할 수 있다. 최근에는 대두를 이용한 치즈 유사 제품도 판매되고 있다.

(2) 가공 두류

주로 건조품으로 이용되는 두류는 외피가 단단하고 조직이 치밀하여 전처리와 조리에 시간이 많이 소요된다. 이러한 두류를 보다 간편하게 섭취할 수 있게 가공된 제품들이 다양하게 개발되고 있다. 대표적인 것이 두류 통조림으로 두류를 원형대로 가열, 조미, 살균, 밀봉하여 통조림으로 제조하여 바로 섭취할 수 있도록 만든 것으로 두류의 모양과 질감을 살리면서 간편한 섭취가 가능하게 하였다. 또한 최근 다양한 볶은 콩류들도 시판되고 있는데, 콩의 단단한 질감을 개선하고, 가열을 통해 소화성 등 여러 가지 영양 문제도 개선함으로써 건강 간식이나 식사대용식으로 이용되고 있다(그림 6-5).

두류 통조림 　　　　 여러 가지 볶은 두류

그림 6-5__ 각종 가공 두류

단원 정리

두류의 구조 어린잎(배), 어린뿌리(유근), 떡잎(자엽), 씨껍질(종피), 어린줄기(배축)로 구성

두류의 분류 대두와 밤콩 등 단백질과 지방 함량이 높은 종류와 팥, 녹두, 완두, 동부, 강낭콩 등과 같이 당질을 주로 함유하고 있는 두 가지 종류로 분류

두류의 단백질 두류는 일반적으로 단백질 함량이 높으며, 대두에는 글로불린에 속하는 글리시닌이, 팥에는 파세올린의 함량이 높고 필수아미노산인 아이소루신, 루신, 페닐알라닌, 트레오닌과 발린이 풍부하여 질적으로도 우수

두류의 지방 팥, 동부, 완두는 지방 함량이 낮으나 대두와 땅콩은 지방 함량이 높고 불포화지방산이 풍부

두류의 당질 팥, 녹두, 강낭콩, 동부 등은 전분의 함량이 높아 묵과 당면의 원료로 이용되고 있으나 대두의 경우 전분의 함량은 매우 낮을 뿐 아니라 대부분의 당질이 난소화성 다당류로 구성

대두의 조리 장시간 물에 불린 후 가열 후 섭취

팥의 조리 충분히 불린 후 미리 삶아서 이용하며, 한 번 끓인 물을 따라 버린 다음 다시 물을 붓고 삶아서 떫은맛 제거

글리시닌 대두의 주된 단백질로 글로불린의 한 종류이며 식염과 같은 중성염 용액에 잘 용해되고 열에는 안정하나 금속염과 산에는 불안정하여 곧 응고 침전

트립신 저해인자 날콩 내 단백질 소화 방해 물질로 가열에 의해 변성

리폭시게네이스 불포화지방산에 작용하여 과산화물을 생성하는 효소로 콩 비린내 생성에 관여

헤마글루티닌 날콩 내 적혈구를 응집시키는 물질로 가열에 의해 변성

대두 발효식품 대두를 발효시켜 만드는 전통 식품으로 메주, 간장, 된장, 고추장, 청국장 등이 있고, 발효 과정 중에 단백질이 아미노산으로 분해되어 감칠맛이 증가

두부 콩으로부터 두유를 얻은 후 콩 단백질이 염에 의해 응고되는 성질을 이용하여 제조한 것으로 소화성이 우수하고 독특한 맛과 탄력 있는 질감을 가짐

단원 문제

1 두류를 성분 특성에 따라 분류하고 그 종류를 나열하시오.

2 두류의 조리원리에 대해 설명하고 대두와 팥의 조리 시 유의 사항을 설명하시오.

3 두류를 가열 섭취하였을 때 얻을 수 있는 잇점을 두류 내 성분과 연결시켜 설명하시오.

4 두류 가공식품의 종류와 특성, 가공 과정에 대하여 설명하시오.

5 대두 발효식품의 재료와 제법에 따라 달라지는 특성의 차이를 설명하시오.

Chapter 7

가루 제품

학습 목표

1. 떡의 종류와 조리 과정을 알 수 있다.
2. 밀가루 종류에 따른 특성과 글루텐 형성 과정을 알 수 있다.
3. 밀가루 제품의 조리에 사용되는 부재료의 종류와 역할을 알 수 있다.
4. 다양한 종류의 반죽과 관련 제품의 특성을 알 수 있다.

곡류는 낟알로 쓰이는 동시에 가루 형태로도 사용되어 왔다. 곡류의 주된 구성 성분인 전분의 호화 특성을 활용한 떡은 우리나라를 중심으로 다양하게 이용되어 왔으며, 글루텐을 형성하는 단백질을 포함하는 밀은 글루텐 특유의 탄성과 기체에 의하여 부풀어오르는 특성을 활용하여 여러 종류의 국수, 파스타, 빵, 케이크류 등으로 널리 이용되어 왔다. 특히 밀가루 제품에는 다양한 부재료가 포함되는데 물, 우유, 달걀 등의 액체와, 설탕, 팽창제, 유지류 등은 각각 고유한 기능을 가지며 재료의 배합 비율, 혼합 방법 등에 따라서 케이크, 페이스트리, 쿠키 등으로 만들어진다.

1. 쌀가루 제품

1) 떡

(1) 떡의 분류

떡은 주재료와 부재료의 종류에 따라 수많은 종류로 나눌 수 있으나, 가장 흔한 분류법은 조리법에 따른 분류이다. 조리법에 따라 찌는 떡(증병), 치는 떡(도병), 빚는 떡(삶는 떡), 지지는 떡(유전병) 등으로 나눈다.

① 찌는 떡(증병甑餠)

곡물가루에 물을 내려 시루에 넣고 그대로 쪄내는 설기떡(무리떡)과 고물을 켜켜로 얹어가며 쪄내는 켜떡이 여기에 속한다. 설기떡에는 쌀가루만을 사용한 백설기와 콩, 쑥, 밤 등의 부재료를 다양하게 넣은 콩설기, 쑥설기, 밤설기, 잡과병 등의 다양한 설기떡이 있다. 켜떡은 고물로 팥, 콩, 녹두, 깨 등을 쓰기도 하고 계절에 따른 다양한 채소 등을 넣기도 한다.

② 치는 떡(도병搗餠)

시루에 쪄낸 찹쌀이나 멥쌀을 절구나 안반(떡판)에 쳐서 끈기가 나게 한 떡이다. 찹쌀로 만든 인절미와 멥쌀로 만든 흰가래떡, 절편 등이 이에 속한다. 재료에 따라 여러 가지 이름을 붙인다.

③ 빚는 떡

찹쌀이나 멥쌀가루를 반죽하여 모양대로 빚어 만든 떡을 말한다. 빚는 떡은 떡을 빚어 삶거나 쪄서 익히며 익힌 후 고물을 묻히기도 한다. 송편이나 단자, 경단 등이 빚는 떡에 속한다. 송편의 경우 어떤 소를 넣느냐에 따라 이름을 붙이며 단자나 경단의 경우 고물로 쓰는 부재료에 따라 이름이 달라진다.

④ 지지는 떡

곡식가루를 반죽해 모양을 만든 후 기름에 지지는 떡이다. 찹쌀가루를 반죽해 모양을 만들어 여러 가지 꽃잎을 고명으로 장식한 화전이 대표적이다. 쌀가루 이외에도 메밀가루나 수수가루를 사용하기도 하는데 메밀가루를 이용한 전병이나 수수가루를 이용한 부꾸미가 이것이다. 이외에도 찹쌀가루에 송편처럼 소를 넣어 지지는 주악이나 빈대떡, 장떡도 넓은 의미에서 지지는 떡에 속한다.

⑤ 발효떡

멥쌀가루에 막걸리와 생이스트를 넣어 발효시켜 부풀린 증편이 대표적인 발효떡이다.

(2) 떡의 재료

① 쌀가루

멥쌀가루나 찹쌀가루를 이용하는 경우가 대부분이다. 깨끗이 세척하여 불리는 과정을 거치는데 계절에 따라 4시간에서 하룻밤 정도 불린다. 이 과정은 쌀알이 수분을 흡수하는 과정이므로 멥쌀가루가 찹쌀가루보다 불리는 시간이 좀 더 길다. 불리기가 끝난 쌀은 소금을 첨가하고 가루를 내서 이용한다.

② 고물과 소

떡의 고물과 소로는 붉은팥, 거피팥, 녹두, 콩, 깨 등이 가장 흔하게 이용되며 참깨, 흑임자, 밤, 대추, 석이버섯 등은 경단이나 단자의 고물로도 이용된다. 이 중 가장 흔하게 사용되는 것은 붉은 팥고물로 붉은팥을 깨끗이 씻어 삶거나 푹 쪄서 사용하는데 고물로 사용할 경우 소금을 첨가한 후 완전히 으깨지지 않도록 대강 찧어 사용하고 소로 사용할 경우 체에 걸러 가루 상태로 만들어 쓴다. 거피 팥고물이나 녹두고물은 충분히 불려 껍질을 완전히 제거하고 쪄서 사용한다. 콩고물은 세척 후 볶아 껍질을 제거하고 갈아서 가루 상태로 만들어 사용한다.

(3) 떡의 조리원리

① 호화

전분의 호화는 떡의 조리 과정 중 가장 중요하다. 쌀가루는 밀가루와 달리 글루텐이 없으므로 빵처럼 크게 부풀지 않으며 전분의 호화로 점탄성이 생겨난다. 쌀가루의 입자가 작을수록 점탄성과 응집성이 좋아지며 입자가 클수록 수분 흡수율이 낮고 호화와 팽윤이 느려진다. 부재료인 설탕의 양이 지나치게 많으면 호화에 사용될 수분을 경쟁적으로 이용하여 호화를 방해한다. 송편이나 경단, 화전 등의 지지는 떡은 쌀가루를 반죽하여 먼저 모양을 만들어야 하는데 이때는 반드시 뜨거운 물에 익반죽하여야 가루가 잘 뭉쳐져 모양을 만들 수 있다. 쌀가루가 뭉쳐지기 위해서는 어느 정도 점성이 필요한데 점성을 내기 위해서는 뜨거운 물을 이용하여 전분을 일부 호화시켜야 하기 때문이다.

② 발효

증편은 우리나라 전통떡 중 유일한 발효떡으로 잘 변질되지 않으므로 여름철에 주로 이용되어 왔다. 쌀가루의 전분이 가수분해되어 포도당이 생성되며 발효에 의하여 이산화탄소와 에틸알코올이 생성되는데 이산화탄소는 반죽을 부풀게 하고 에틸알코올에서는 특유의 향미 성분이 생긴다. 전통적으로는 막걸리를 이용하여 막걸리 속의 효모가 발효를 주도하도록 했으나 최근에는 효모를 직접 사용기도 한다. 효모를 직접 사용하면 발효 시간을 단축시키는 이점은 있으나 막걸리에 있는 효모 이외의 성분이 주는 향미 성분은 잘 생겨나지 않는다.

$$C_6H_{12}O_6 \longrightarrow 2\,C_2H_5OH + 2\,CO_2$$

③ 떡의 노화

떡도 다른 전분 식품과 마찬가지로 시간이 지나면 노화 현상이 일어난다. 떡의 노화는 찹쌀로 만든 찰떡보다 멥쌀로 만든 떡에서 더 쉽게 일어나는데 이것은 찹쌀과 멥쌀의 아밀로펙틴 함량의 차이에 따른 것이다. 부재료로 넣는 설탕이나 호박, 무 등의 채소는 떡의 노화를 어느 정도 지연시키는 효과가 있으며 상업적으로는 효소를 사용하기도 한다. 쌀을 그대로 익혀낸 후 쳐서 만드는 인절미의 경우 치는 과정에서 내부의 아밀로펙틴이 밖으로 노출되어 엉기면서 점탄성이 증가되므로 쌀을 찔 때 완전히 호화시키고 오랫동안 쳐서 떡을 만들면 그렇지 않을 경우보다 노화가 지연된다.

(4) 떡 만들기

① 간하기와 물 내리기

떡 맛을 좌우하는 중요한 요인 중의 하나는 떡의 간을 딱 맞추는 일이다. 보통 쌀 5컵에 소금 1큰술 정도가 적당하다고 보며 쌀을 가루로 낼 때 첨가하거나 떡가루에 물을 내릴 때 소금물을 만들어 첨가한다. 쌀을 찌는 인절미 같은 경우는 찌다가 소금물을 뿌려 간을 한다.

쌀가루를 체에 친 후 적당한 양의 수분을 첨가하는 과정을 물 내리기라고 하는데 이때 설탕물을 이용해 떡에 단맛을 주거나 먼저 물 내리기를 하고 나중에 설탕을 첨가할 수 있다. 설탕과 물의 비율은 1 : 2 정도가 알맞으며 설탕물의 양은 가루를 쥐었을 때 모양대로 쥐어지는 정도가 알맞다.

② 떡 찌기

켜 없이 찌는 설기떡이나 버무리의 경우는 그대로 찌고, 켜켜이 쌓는 켜떡의 경우 쌀가루와 고물을 잘 분배해 고물과 쌀가루의 순서로 켜켜이 안친다. 설익지 않고 고루 익게 하기 위해서는 재료 사이에서 증기의 대류가 잘 일어날 수 있도록 가루와 고물을 누르지 말고 가볍게 안치는 것이 중요하다. 멥쌀인 경우는 떡이 설익는 경우가 거의 없지만 찹쌀의 경우는 더운 김이 조밀한 찹쌀가루 사이에서 대류가 잘 일어나지 않아 설익을 수 있다. 따라서 멥쌀보다 찹쌀의 경우 켜의 두께를 더 얇게 하는 것이 좋다. 또한 떡을 찌는 동안 생긴 수분이 떡 위로 떨어지면 떡이 잘 익지 않으므로 맨 위에는 베보자기나 한지를 깔아 준다. 전통 시루를 사용할 경우에는 솥과 시루 사이에 밀가루나 쌀가루를 되직하게 반죽한 시루번을 바르는데 이것은 증기가 새어나가 떡이 골고루 익지 않는 것을 방지한다.

떡을 찔 때는 불 조절도 중요한데 불이 너무 세서 솥의 몸체에 닿게 되면 가루가 익기 전에 마르게 되므로 떡이 설게 된다. 찌는 시간은 김이 오른 뒤 작은 시루는 15분, 큰 시루는 30분이면 적당하고 10분쯤 뜸을 들인다.

2) 쌀국수 및 라이스페이퍼

쌀국수는 베트남, 태국, 싱가포르 등의 동남아시아 지역에서 아밀로오스 함량이 많은 장립미를 사용하여 만들어 온 쌀가루 가공품으로 생면 혹은 건면 상태로 만들어지는데 최근 국내에서도 소비가 크게 늘어나고 있다.

쌀국수나 라이스페이퍼는 쌀가루만으로 만들기도 하지만 쌀의 품종에 따라 쌀가루에 밀가루나 전분을 첨가하여 제조하기도 한다. 국내에서 소비되는 쌀국수는 과거에는 태국이나 베트남 등지에서 전량 수입하여 사용하였으나 최근 쌀의 품종과 부재료, 제조 방식 등을 조절하여 국내에서도 생산되고 있다. 전통적 방식의 동남아 쌀국수는 쌀가루를 물에 풀어 얇게 펼친 후 익히고 건조시켜 라이스페이퍼 형태를 만들어 낸 후 이것을 썰기 좋게 건조하여 만드는 세절면이지만 최근에는 압출면 방식으로 제조되기도 한다. 이때 라이스페이퍼의 두께, 건조 정도, 썰 때의 너비 등을 조절하여 다양한 제품을 만들어 낼 수 있다.

쌀가루

쌀은 건강한 가공식품의 소재로 주목받으며 쌀가루의 이용도 확대되고 있다. 한국산업표준(KS)은 쌀가루를 떡용, 면용, 제빵용, 제과용의 4개 용도로 구분하고 용도별 가공 적성에 적합하도록 규격을 설정하였다. 쌀가루 제분 방법은 크게 습식과 건식으로 구분할 수 있는데 습식 쌀가루는 유통기한이 짧고 가공 비용이 높으나 전분의 손상이 적다. 건식 쌀가루는 습식에 비하여 공정이 단순하고 비용이 낮고 보관이 용이하나 손상 전분 함량의 증가로 가공 제품의 품질에 영향을 미칠수 있다. 이러한 단점을 보완하여 건식 제분 시 손상 전분 함량이 낮은 쌀가루용 품종이 개발되기도 하였다.

자료 : 식품저널 foodnews(http://www.foodnews.co.kr)

2. 밀가루 제품

1) 밀가루

(1) 밀가루의 분류

밀가루는 밀의 품종, 재배 환경 등에 따라 같은 종류의 밀이라도 제분 과정, 정제 정도에 따라서 서로 품질이 다르다. 일반적으로 밀의 중심부는 단백질 함량이 비교적 낮고 전분 함량이 높으며 밀의 외부는 단백질 함량이 높고 전분 함량이 낮다. 일반적으로 밀가루의 종류는 단백질 함량을 기준으로 강력분, 중력분, 박력분으로 나누지만 밀가루의 등급은 회분 함량에 따라 구분한다.

밀가루의 질을 판단하는 데 중요한 것은 강도, 수분, 흡수율, 색 등이다. 단백질 함량이 높을수록 반죽의 강도가 크고 제빵 시 가스gas 보유율이 크며, 수분 흡수율도 높다.

강력분은 경질의 봄밀이나 경질의 붉은 겨울밀로 만드는데 글루텐 함량이 12~16%로 단백질의 양이 많을 뿐 아니라 질도 다르다. 즉 글루텐 자체가 강한 탄성과 점성을 가지고 있고 수분 흡수율도 높으며 흡착력도 강해 이 밀가루로 만든 반죽은 크게 부풀며 제빵용으로 주로 사용한다.

중력분은 다목적 밀가루라고 하며 주로 가정에서 사용한다. 중력분은 경질 또는 연질의 밀로 만들며 제분 과정에서 생긴 가루를 거의 다 섞은 것이다. 단백질 함량은 강력분과 박력분의 중간이며 단백질의 탄력성과 점성, 수분 흡수율도 강력분과 박력분의 중간쯤이다.

박력분은 연질의 붉은 겨울밀이나 흰 밀로 만들며 9% 이하의 단백질을 함유하고 있다. 탄력성과 점성이 약하고 물 흡착력이 약하다. 섬세한 조직의 케이크를 만드는 데 사용한다.

이외에도 파스타를 제조하기 위해서는 세몰리나semolina를 사용하는데 이는 아프리카, 지중해 연안 등에서 재배하는 듀럼밀durum wheat을 제분한 것이다. 이것은 초경질 밀로 단백질 함량이 강력분보다 더 높으며 카로티노이드 함량이 많아 일반 밀가루보다 짙은 색을 띤다.

통밀가루

통곡물(whole grain)에 대한 관심의 증가와 더불어 소비가 증가되고 있다. 밀의 배유와 배아는 물론 밀기울(bran)을 모두 포함한 밀가루이다. 일반 밀가루에 비하여 거친 입자가 빵 제조 시 글루텐을 끊어서 빵의 부피가 감소할 수 있다. 따라서 고운가루로 제분하거나 일반 밀가루와 섞어서 사용하기도 한다. 통밀가루나 통밀가루 제품은 배아에서 유래한 지방을 포함하므로 저장에 유의하여야 한다.

(2) 밀가루의 구성 성분

① 단백질

밀 단백질 중 프롤라민인 글리아딘gliadin과 글루테린인 글루테닌glutenin은 주로 배유에 존재하며 라이신, 트립토판, 메티오닌 등의 필수아미노산이 부족한 불완전 단백질이다. 그러나 이들 단백질은 제빵 시 반죽의 점탄성을 부여하는 중요한 성질을 가지고 있다.

밀가루에 50~60%의 물을 가하여 반죽하면 글리아딘과 글루테닌이 물과 결합하여 삼차원 그물 구조의 글루텐gluten이 형성된다. 글루테닌은 긴 실 모양을 한 단백질로 여러 개의 글루테닌이 겹쳐져 연결되고 그 사이사이에 동글동글한 모양의 글리아딘이 끼어 글루텐이 만들어진다. 선형 단백질인 글루테닌은 글리아딘에 비해 분자량이 훨씬 크며 밀가루 반죽에서 탄성을, 둥근 모양인 글리아딘은 점성을 부여한다. 반죽을 오래할수록 질기고 점성이 강한 글루텐이 만들어진다. 그물 모양으로 형성된 글루텐은 밀가루 반죽 내부에서 건물의 뼈대처럼 반죽의 구조를 형성하고 내부에 수분과 전분 등을 가두는 모양이 된다. 글루텐 구조는 탄력적인 구조이므로 반죽이 열을 받아 그물 구조 내부에 있는 전분이 호화되고 수분이 증기가 되면서 부피가 커져도 글루텐 망은 찢어지지 않고 형태를 유지할 수 있다.

반죽에 글루텐 그물이 형성된 후 물로 계속 씻어 전분을 완전히 씻어내면 순수한 글루텐만 남게 된다. 이때 강력분의 경우는 고무처럼 탄력이 있고 비교적 많은 양의 글루

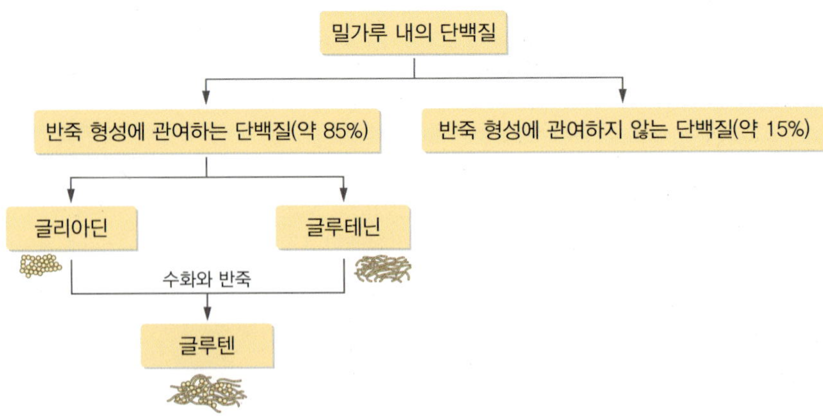

그림 7-1___ 밀가루 내의 단백질과 글루텐 형성

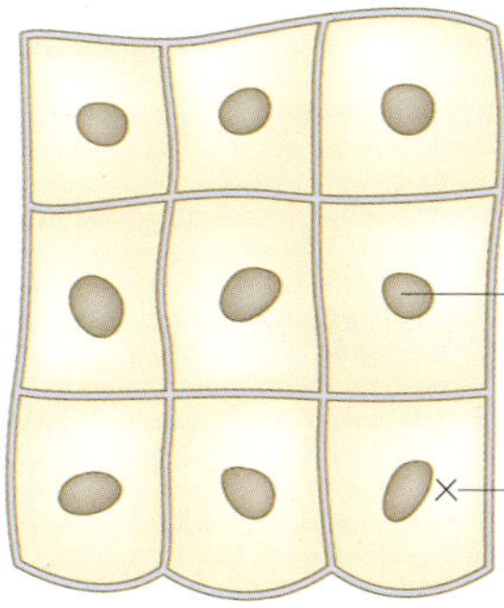

그림 7-2 밀가루 반죽의 글루텐 그물 구조

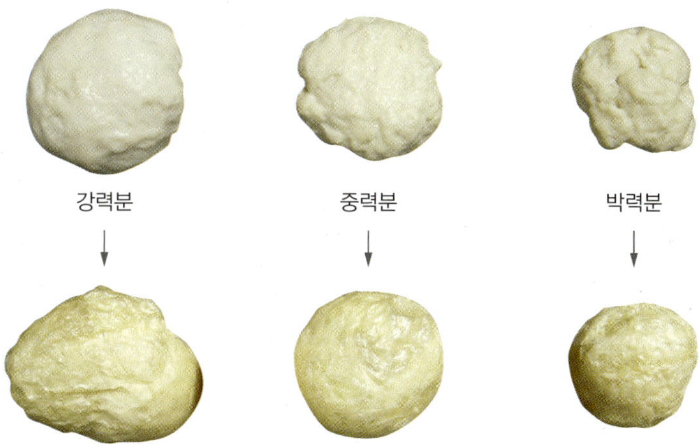

그림 7-3 강력분, 중력분, 박력분에서 분리된 글루텐과 구운 후의 글루텐

텐이 남게 되고, 박력분의 경우는 부드럽고 적은 양의 글루텐이 남게 된다. 이것을 적당한 온도로 오븐에 구웠을 때 팽화율은 글루텐 함량이 많은 것일수록 크다.

② 탄수화물

밀가루에는 전분이 75~80% 함유되어 있다. 밀가루에 물을 넣고 반죽하면 전분 입자들은 수분을 흡수하여 팽윤하면서 글루텐의 그물 구조 사이를 메워 벽을 형성한다. 그리고 반죽을 가열하면 전분 입자들이 호화되면서 부피가 커져 벽을 만들어 반죽 내에 존재하는 기체가 외부로 빠져나가는 것을 방지하여 반죽이 부풀게 된다. 밀가루에 함유되어 있는 당은 맥아당, 포도당, 과당, 자당 등이며 밀가루 반죽의 발효 시에 이스트의 영양원으로 이용되어 반죽의 발효에 도움을 준다.

③ 효소

밀가루에는 아밀레이스amylase, 프로테이네이스proteinase, 펩티데이스peptidase, 라이페이스lipase, 옥시데이스oxidase 등의 효소가 소량 존재하며 이들 효소는 밀가루 반죽의 질에 영향을 준다. 밀가루에 비교적 많이 존재하는 β-아밀레이스는 α-1,4 결합을 가수분해하여 차례로 맥아당을 떼어낸다(당화 효소). α-아밀레이스도 α-1,4 결합을 분해하는 작용을 하나 이 효소는 아밀로오스와 아밀로펙틴의 내부를 무작위로 분해하여 덱스트린을 형성한다. α-아밀레이스에 의해 분자량이 큰 전분이 분자량이 작은 덱스트린으로 분해되기 때문에 반죽이 질어지므로 이 효소를 액화 효소라고 한다. 빵 반죽에 설탕을 조금 넣으면 이스트가 설탕을 이용, 발효시켜 이산화탄소CO_2를 만들어 빵 반죽이 빨리 부푼다. 빵 반죽에 설탕을 넣지 않으면 전분이 α-아밀레이스와 β-아밀레이스에 의해 분해된 후 이스트의 작용을 받으므로 발효에 시간이 걸린다. 밀가루에 있는 단백질 분해 효소는 지나치게 많을 경우 빵 반죽을 묽게 만들어 글루텐 역할이 제대로 되지 않는데 프로테이네이스나 펩티데이스는 아밀레이스와 달리 밀가루 내에서 활성이 크지는 않다. 지방 분해 효소인 라이페이스는 밀 저장 시 품질을 저하시키는데, 밀에는 다른 곡류에 비해 라이페이스 함량이 적고 또 밀가루로 만들 때 제거된 배아 부분에 많이 존재하므로 지방 분해 효소는 밀가루의 저장에 큰 영향을 주지는 않는다.

④ 비타민과 무기질

밀에 포함된 비타민과 무기질은 주로 낟알의 바깥쪽 특히 호분층 세포에 많이 포함되어 있으므로 제분율이 높을수록 함량이 높아진다. 비타민 B_1, B_2, B_6, 니아신, 판토텐산, 비타민 E 등과 인, 칼슘, 마그네슘, 철분, 구리, 망간 등의 무기질이 함유되어 있지만 제분 과정 중 대부분의 밀기울이 분리되므로 영양소 손실이 동반된다.

2) 가루 제품의 부재료

(1) 팽창 기체와 팽창제

밀가루를 반죽하는 과정 중 체에 치기, 크리밍creaming, 폴딩folding, 비팅beating 등의 물리적 조작은 공기를 포함시켜 반죽을 부풀게 한다. 또 부재료로 사용되는 액체나 화학적, 생물학적 팽창제도 증기나 이산화탄소를 발생시켜 부풀릴 수 있다.

① 공기

공기는 반죽하는 동안 여러 과정을 통하여 포함되는데 가루를 체에 치는 과정, 크리밍, 폴딩, 비팅 과정 등이 이에 해당된다. 크리밍 과정은 지방과 설탕을 섞는 과정인데 혼합물 내에 공기가 포함되면 밀가루 반죽의 색이 엷어지고 부드러워진다. 폴딩은 크리밍한 혼합물에 밀가루를 넣고 잘 섞어주는 과정인데 밀가루를 우유, 크림 등과 잘 섞는 것이 목적이지만 섞는 동안 상당량의 공기가 들어가게 된다. 비팅이란 달걀흰자를 거품내기 위하여 젓는 과정을 말한다. 스펀지케이크의 팽창제는 주로 공기이다.

② 수증기

반죽의 수분에서 생기는 증기로 팽창시키는 것이다. 팽창 효과가 크며, 물이 증기로 변할 때는 용적이 막대하게 증가되는 원리를 이용한 것이다. 1용량의 물이 증기화하면 1,600배 이상으로 늘어난다. 그러나 수증기만으로는 팽창시키는 데 한계가 있고, 이산화탄소나 공기 등과 혼합되어야 쉽게 용적을 증가시킬 수 있다. 수증기가 팽창제로 이용될 때는 빠른 시간 내에 고온에 도달하고 일정 시간 유지되어야 한다. 팝오버popover, 크림퍼프cream puffs 껍질의 경우 거의 수증기에 의하여 팽창되나 공기도 함께 작용하여 용적을 증가시킨다.

③ 이산화탄소

이산화탄소는 제빵이나 케이크 제조에서 가장 중요한 팽창 기체이다. 반죽 내에서 이산화탄소를 발생시키는 물질은 이스트와 같은 생물학적 팽창제와 베이킹소다, 베이킹파우더와 같은 화학적 팽창제로 나눌 수 있다.

- **생물학적 팽창제** : 생물학적 팽창제란 이스트 같은 미생물이 생성하는 이산화탄소를 이용하여 반죽을 팽창시키는 것이다. 빵 만드는 데 주로 사용하는 이스트는 사카로마이세스 세레비제*Saccharomyces cerevisiae*이며 발효하여 이산화탄소와 에탄올을 생성한다. 이스트는 생명을 가진 미생물이므로 성장 조건으로 물과 영양소, 적당한 온도가 필요하다. 이스트가 필요로 하는 영양소는 주로 당으로 반죽 내의 탄수화물이 분해된 포도당, 과당, 자당, 맥아당을 기질로 이용하고 온도는 35℃ 정도로 맞춰 준다. 반죽에 이스트를 작용시켜 팽창하기까지의 과정은 다음과 같다.

전분 + 물 → 덱스트린 + 물 → 맥아당 → 포도당

$C_6H_{12}O_6$	⟶	$2CO_2$	+	$2C_2H_5OH$
단당류		이산화탄소		에탄올

빵 반죽에 적당한 양의 설탕을 넣어 주면 이스트가 영양원으로 이용하기 쉬워 발효 시간이 짧아지고, 설탕을 넣지 않을 경우에는 밀가루의 전분이 분해 과정을 거친 후 이스트가 영양원으로 이용하기 때문에 시간이 더 걸린다. 그러나 지나치게 많은 양의 설탕을 사용하는 경우 세포의 삼투 현상으로 탈수될 수 있으므로 발효에 방해를 받는다.

소금은 발효 속도를 조절하는 인자로 사용되는데 삼투압을 높이므로 적당량 사용했을 경우 과발효되는 것을 막을 수 있다.

- **화학적 팽창제** : 화학적 팽창제는 밀가루 반죽에 첨가되어 탄산가스를 생성할 수 있는 물질이다. 중탄산염에 나트륨이나 칼륨, 암모늄을 결합시켜 사용할 수 있는데 쓴맛과 냄새가 적은 나트륨염이 결합된 중탄산나트륨을 베이킹소다로 가장 많이 사용한다.

베이킹소다는 가열하면 다음 식에서 보는 바와 같이 이산화탄소와 물, 탄산나트륨으로 분해된다. 이 반응에서 탄산가스를 생성하여 밀가루 반죽을 부풀게 하나 탄산나트륨이 남기 때문에 씁쓸한 맛이 나고, 알칼리성 물질이므로 밀가루의 플라본flavone 색소를 누렇게 변화시킨다.

$2NaHCO_3$	+	heat	⟶	Na_2CO_3	+	CO_2	+	H_2O
중탄산나트륨				탄산나트륨		이산화탄소		물

베이킹소다를 사용할 경우에는 산을 함유한 물질을 첨가해 주어야 쓴맛이나 잔류물 등을 중화시켜 제품의 질을 좋게 할 수 있다. 주로 유기산을 함유한 물질로 버터밀크, 당밀, 꿀, 황설탕, 과일즙 등을 사용한다.

베이킹파우더는 베이킹소다의 단점을 보완한 것으로 습기를 흡수해 산과 알칼리가 반응하는 것을 고려하여 베이킹소다에 산이나 산성염, 전분을 섞어 제조한 것이다. 그러므로 베이킹파우더로 부풀린 제품은 색이 희고 쓴맛도 없다. 반응을 일으킬 수 있는 산이나 산성염은 주로 주석산tartaric acid, 주석영cream of tartar, 인산phosphoric acid, 인산염, 황산염 등인데 황산염-인산염 베이킹파우더처럼 반응 조건과 시점이 다른 두 가지 물질을 함께 쓰는 경우를 이중반응 베이킹파우더라 한다. 이중반응 베이킹파우더는 반죽을 하자마자 반응 초기에 한 번, 오븐에 넣어 열을 가했을 때 한 번 각각 이산화탄소를 방출하여 팽창 효율이 높고 오래 팽창하게 한다.

(2) 유지

반죽 내에서 각종 유지의 역할은 맛을 좋게 하고 색깔을 갈변시켜 먹음직스럽게 하는 것 이외에 첨가하는 양에 따라 반죽을 팽창시키거나 부드럽게 하고 파이나 크래커를 만들 때처럼 켜를 생기게 하는 등의 역할을 한다. 제과, 제빵용으로 사용되는 유지의 종류는 매우 다양한데 버터와 라드 등의 동물성 유지에서부터 이를 대체한 마가린과 쇼트닝이 흔히 사용되며 제품의 종류에 따라 식물성 유지가 사용되는 경우도 있다. 각각의 제품의 특징에 따라 용도에 알맞은 유지를 골라 쓸 수 있고 유지의 종류에 따라 제과 제빵 제품의 품질은 크게 달라진다.

제빵 제품에서 유지는 반죽을 연하게 하는 연화 작용, 공기를 포함해 반죽을 부풀게 하는 팽창 작용을 하며, 표면에 적당한 갈색을 부여해 외관을 좋게 하기도 한다.

(3) 액체

액체는 밀가루 반죽을 혼합하는 동안 설탕, 소금, 베이킹파우더 등을 용해시켜 반죽에 고루 섞이도록 하는 용매로 작용한다. 화학적 팽창제를 사용했을 때 반죽 속의 수분은 베이킹소다와 베이킹파우더가 반응을 일으켜 이산화탄소를 형성하는 과정을 촉진한다. 또한 밀가루에 작용하여 글루텐을 형성하며 빵이 구워지는 단계에서 전분을 호화시킨다. 액체는 또한 지방을 고루 분산시키며 가열 시 수증기를 형성하여 팽창제의 역할을 하기도 한다. 주로 물이 사용되며 우유, 과일즙, 커피, 달걀에 포함된 수분 등을 사용할 수 있고 우유는 굽는 제품에서 갈색을 내는 데 도움을 준다. 반죽 시 첨가되는 수분의 양은 제품의 질감에 영향을 주므로 정확한 수분량을 첨가하여야 하며 물을 대신해 100% 수분이 아닌 우유나 달걀, 과일즙 등을 사용할 때에는 고형 성분을 감안하여 함량을 조정하여야 한다.

(4) 달걀

달걀은 전란이나 혹은 난백, 난황만을 사용하기도 한다. 반죽 내에서의 달걀의 기능은 달걀의 기포성과 열응고성, 유화성 등이 고루 발휘된다. 난백은 거품을 형성하는 성질로 인해 반죽 내에 공기를 포함시켜 팽창제의 역할을 하여 제품에 적당한 용적을 준다. 달걀 단백질은 가열에 의해 응고됨으로써 구조를 형성하는 글루텐을 돕는 작용을 한다. 난황이 지닌 유화성은 포함된 지방을 유화시켜 고루 분산시키는 작용을 하여, 결과적으로 조직이나 질감을 좋게 해 제품의 질을 향상시킨다. 또한 맛을 내고 제품의 색을 내거나 반죽에 수분을 공급하는 역할을 하기도 한다.

(5) 설탕

설탕은 반죽에 단맛을 주며 이스트가 첨가된 혼합물에서는 이스트의 성장을 촉진시킨다. 또한 반죽 내에서 단백질의 연화 작용을 한다. 설탕은 반죽에서 글루텐의 형성을 저해하는데, 물과의 결합력이 크므로 글루텐이 이용할 수 있는 수분이 적어지며 설탕이 들어 있지 않을 때보다 글루텐 구조의 형성을 위해 반죽 시간을 길게 하여야 한다. 적당량의 설탕을 넣음으로써 제품의 부피가 증가되는데, 이는 글루텐이 연화되어 기체가 쉽게 팽창하기 때문이다. 설탕을 과량 사용할 경우 글루텐이 정상적으로 형성되지 않아 가열 시 기체의 팽창에 의한 압력의 증가를 견디지 못해 표면이 갈라진다. 반대로 설탕 함량이 정상보다 적을 때는 결이 거칠고 제품이 질겨지기 쉽다. 설탕은 전분의 호화 온도를 높이는데 이러한 성질은 설탕이 많이 들어가는 케이크에서 중요하다. 설탕은 고온에서 캐러멜화하는 특성이 있으므로 반죽을 가열하면 적당한 향과 색을 낸다. 수분이 적은 제품에서 설탕은 적당하게 바삭바삭한crispiness 질감을 준다. 설탕은 종류가 다양한데 일반적으로 설탕의 입자가 고운 것이 굵은 것보다 고루 분산이 되어 좋다. 설탕 대신 시럽이나 꿀을 사용할 경우에는 액체 사용량을 줄여 주어야 한다.

(6) 소금

소금을 적당량 사용하는 것은 맛을 향상시키며, 글리아딘의 점성을 증가시킨다. 글루텐의 입체적 망상 구조를 치밀하게 하여 결국 글루텐의 강도를 높여주므로 빵이나 국수 반죽을 질기고 단단하게 한다. 이스트를 사용하는 반죽의 경우 소금은 발효 속도를 조절해 주는 역할을 한다.

3) 밀가루 제품의 종류

밀가루로 만든 반죽은 밀가루와 액체의 비율에 따라 된 반죽dough과 묽은 반죽batter으로 구분된다. 배터batter는 충분한 액체가 첨가되어 쉽게 저을 수 있는 상태이며 묽은 정도에 따라 2단계, 혹은 3단계로 구분한다. 묽은 배터는 반죽의 가루와 액체의 비가 1 : 1 정도이며 된 배터는 2 : 1 정도가 된다. 팝오버, 크림퍼프 껍질 반죽은 묽은 배터이며 머핀은 된 배터를 사용한다. 도우dough는 반죽에 약간의 액체가 첨가되어 도마 위에 올려놓고 반죽할 수 있는 정도의 것으로 역시 무른 도우soft dough와 단단한 도우stiff dough로 나눌 수 있다. 보통 베이킹파우더 비스킷은 무른 도우를, 도넛이나 국수, 쿠키류는 단단한 도우를 사용한다.

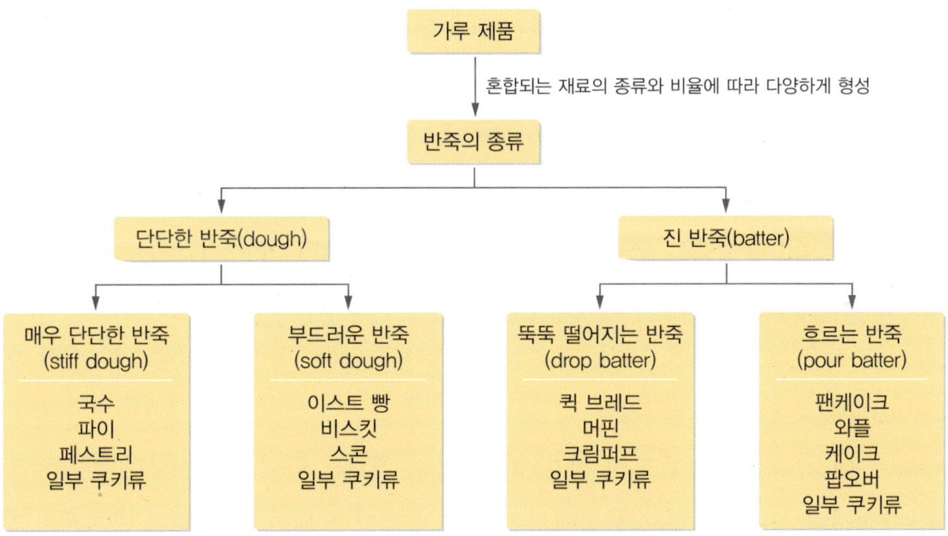

그림 7-4 밀가루 반죽의 종류와 용도

(1) 이스트 빵Yeast breads

이스트의 작용으로 반죽 내의 당질이 발효되어 팽창한 것으로 일반적으로 밀가루, 이스트, 물 또는 우유, 소금, 설탕, 지방 등의 재료가 필요하다. 이스트 빵의 반죽 방법에는 스트레이트법straight dough method, 스펀지 도우법sponge dough method, 액종법brew process, 연속제빵법continuous dough making method 등이 있다. 흔히 사용하는 스트레이트법은 모든 재료를 한번에 넣어 반죽하는 것으로 공정이 간단하다.

① 구성 재료

이스트 빵의 필수 재료는 밀가루, 이스트, 액체이고 소금, 설탕, 지방, 달걀 등은 맛, 질감, 색을 위해 필요한 부재료이다. 밀가루는 중력분을 사용하기도 하나 튼튼한 글루텐 망을 형성하는 강력분을 사용하여야 발효 과정에서 일어나는 팽창을 견뎌 적절한 용적을 얻을 수 있다.

액체로는 물이나 우유를 사용하는데 우유는 사용 전 가열하여 효소를 불활성화시킨 후 사용하여야 반죽에 영향을 주지 않는다. 액체는 제빵 재료들을 녹이거나 분산시키는 용매로서의 역할, 글리아딘과 글루테닌에 작용하여 글루텐을 형성하는 과정에서의 역할, 전분을 수화시켜 호화시키는 과정, 이스트의 작용 등 다양한 과정에서 반드시 필요하다. 이스트 빵에서의 팽창제는 사카로미세스 세레비시아*Saccharomyces cerevisiae*를 사용하는데 당을 이용해 이산화탄소와 에탄올을 생성한다. 이스트가 성장하는 데 적당한 온도는 20~27℃이며 발효 온도 범위는 27~38℃이다. 발효에 의해 생성된 알코올은 굽는 동안 휘발하며 일부 남아 있는 이산화탄소는 수분과 결합하여 약산인 탄산을 형성한다. 발효하는 동안 밀가루에 존재하는 박테리아에 의해 젖산과 초산도 형성되는데, 산도가 높아지면 글루텐은 수화되고 제품의 향이 좋아지며 저장 기간이 늘어난다.

소금은 맛을 내고 과발효하는 것을 억제시키는 작용을 한다. 소금이 없으면 빨리 발효하여 조직이 거칠어지며, 지나치게 많이 사용하는 경우 삼투압 상승으로 인한 이스트 작용 방해로 발효가 느려진다.

설탕은 이스트 빵에서 반드시 첨가되어야 하는 재료는 아니지만 적당량 첨가하면 발효를 촉진시켜 준다. 즉 발효 과정에서 이스트의 먹이가 되며 빵 부피를 증가시키고 알코올 생성으로 풍미를, 가열 과정에서 마이야르Maillard 작용으로 빵 껍질이 적당한 갈색이 되게 한다. 그러나 지나치게 많이 사용하면 빵의 부피가 감소한다. 지방 역시 이스트 빵에서 꼭 필요한 재료는 아니지만 적당량 사용하면 빵을 부드럽게 하며 껍질의 색을 먹음직스럽게 한다. 그러나 너무 많이 사용하면 글루텐의 형성을 방해해 부피가 감소된다. 달걀은 모든 반죽에 다 사용하는 것은 아니지만 맛도 좋게 하고 빵 껍질이 윤이 나도록 한다. 이스트는 밀가루의 2~3%를 사용하는데 발효 시간에 여유가 있으면 최소량 사용하고, 발효 시간이 짧을 때는 양을 늘린다.

② 이스트 빵의 조리

- **혼합** : 반죽기를 이용할 수도 있고 손으로 반죽할 수도 있으나 어떤 방법이든지 글루텐 망이 잘 형성되어 매끈하고 탄성이 생길 때까지 물리적으로 잘 치대주어야 한다. 재료가 혼합되면 액체는 밀가루 단백질에 흡수되어 글루텐의 그물 구조를 형성하고 전분은 완전히 물을 흡수하여 섞인다. 반죽이 매끄럽고 탄력이 있으면 글루텐 형성이 잘된 것이며 완료점을 잘 찾아야 하는데 기계 반죽을 하는 경우 과도하게 반죽하면 글루텐이 끊어져 반죽은 끈적하고 탄력이 없어진다. 이것을 구우면 부피가 작고 속이 거친 빵이 된다. 반죽 중에 단백질과 전분은 물 분자와 결합하여 수화하고 밀가루 단백질은 수소결합, S-S 결합 등을 통하여 글루텐을 형성한다. 혼합 및 반죽 방법에는 여러 가지가 있으나 가장 일반적인 방법으로 스트레이트법과 스펀지 도우법이 있다.
- **발효 및 굽기** : 이스트에 의하여 당이 발효하여 이산화탄소와 알코올이 생성된다. 이산화탄소에 의하여 글루텐 망이 늘어나서 반죽이 해면상으로 팽창한다. 팽창하는 동안 글루텐 망은 더욱 탄성이 생겨 공기를 보유한다.

  1차 발효는 27~28℃, 습도 75%가 적당하나 발효 시간을 너무 길게 하면 글루텐 망이 약화되어 굽기 전에 보유한 기체를 잃기 쉽다. 그래서 지나치게 발효한 빵은 부피가 작다. 또한 빵의 조직이 거칠어지고 때로는 신맛이 나는데 이것은 젖산이 지나치게 생성되었기 때문이다. 손가락으로 반죽을 눌러 자국이 남아 있을 때, 처음 부피의 2배 이상이 되었을 때 반죽의 가장자리 부분을 가운데로 뒤집어 모으면서 펀치를 하고 재반죽한다. 펀치는 반죽 온도를 균일하게 해주고 신선한 산소를 공급하여 이스트의 성장을 도와준다. 재반죽의 목적은 이산화탄소를 둘러싸고 있는 글루텐 섬유가 지나치게 늘어나지 않도록 하고 발효 중 소모된 영양소를 다시 이스트 주변에 공급해 주며 발효하는 동안에 방출된 열을 균일하게 하는 것이다. 다음 과정으로 정확히 분할을 하고 둥글리기를 하여 글루텐의 구조를 정돈하는데 이로써 가스 보유에 도움을 주고 다음 단계인 성형을 쉽게 한다. 중간 발효는 성형 전 10~20분간의 휴지기를 말하는데 반죽의 유연성, 탄력성, 신장성 등이 회복되어 성형이 쉽도록 해준다.

  성형 후 글루텐을 다시 숙성 팽창시키는 과정을 2차 발효라 하는데 1차 발효보

펀치

이스트 빵을 만드는 과정에서 첫 번째 발효 후 발효된 반죽의 가운데 부분을 주먹으로 내려치는 것을 말한다(punch down). 이 과정을 통하여 반죽의 온도와 기포의 크기를 균일하게 하며 지나치게 형성된 이산화탄소는 제거하고 설탕, 이스트, 글루텐 등을 재분배하여 결과적으로 빵 조직의 질감을 좋게 한다.

다 약간 높은 온도에서 진행된다. 반죽이 처음 부피의 2배, 완제품의 80%까지 부피가 팽창되면 완성된 것이다.

완성된 반죽을 오븐에 넣으면 처음 몇 분간 부피가 빨리 팽창하는 현상이 생기는데 이를 오븐 스프링oven spring이라고 한다.

이스트로 부풀린 빵의 굽는 온도는 빵의 종류에 따라 다르지만 보통 200~210℃ 이상의 높은 온도에서 굽다가 175~177℃의 온도로 내려 굽는다.

- **스테일링**staling : 빵을 구운 후 방치해 두면 생기는 일련의 바람직하지 않은 변화를 스테일링이라고 하는데 가장 큰 원인은 전분의 노화 현상이다. 그러나 빵은 전분 이외의 다른 구성 성분들을 함께 가지는 복합체이므로 스테일링은 노화 현상 이외에도 수분의 감소, 단백질 변성, 유지의 산패 등이 동반되어 전체적으로 탄력성이 없어지고 향기가 감소되며 기호도가 떨어지는 전반적인 변화이다.

(2) 케이크

케이크는 다른 밀가루 음식보다 지방, 설탕, 달걀의 양이 많다. 밀가루에 대한 우유, 달걀, 설탕의 분량을 다르게 하거나 향신료, 과일 또는 견과를 첨가하여 수십 종류의 케이크를 만들 수 있다. 그러나 일반적으로 케이크를 분류할 때는 지방을 함유한 것과 지방을 함유하지 않은 것으로 나눈다.

① 구성 재료

- **밀가루** : 박력분이 적당한데 단백질 함량은 7~8.5% 정도의 것이 좋으며, 밀가루의 입자가 곱고 고른 것이 좋다. 그러나 중력분으로도 다른 재료를 조절하면 좋은 질의 케이크를 만들 수 있다.
- **액체** : 가장 많이 사용하는 액체는 우유이며 연유, 탈지유, 버터밀크, 분유 등도 이용된다. 우유 이외에 과일을 으깨거나 강판에 간 것 등을 이용하기도 한다.

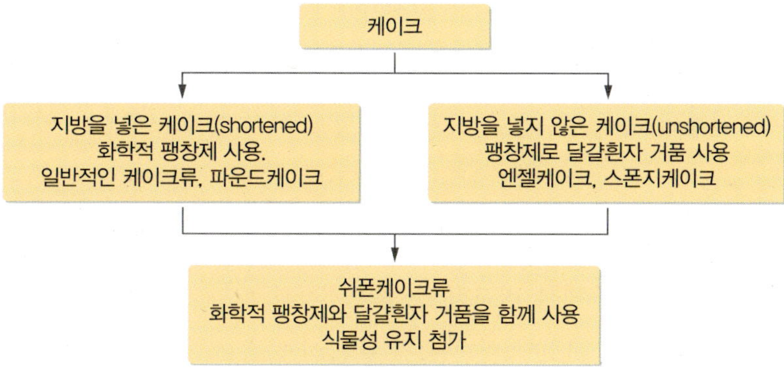

그림 7-5 케이크의 분류

정확한 양의 수분을 사용하는 것이 중요하며 지나치면 질어지고 완제품의 부피가 줄어든다. 수분을 적게 사용할 경우 제품이 건조해지기 쉽다.

- **유지** : 유지는 글루텐을 연화시키고 전분 입자를 부드럽게 하여 부드러운 제품을 만들고 크리밍 과정에서 많은 공기를 포함하여 부피를 증가시킨다. 가장 흔히 사용하는 유지는 버터로 맛이나 색 등 식품 가치는 더 높으나 값이 비싸고 크리밍 과정에서 공기를 포함시키는 양이 적다. 버터 외에는 쇼트닝을 많이 사용한다.

  유화제를 함유한 쇼트닝은 밀가루에 대한 설탕의 비율을 높일 수 있도록 해주며, 일반적으로 모노, 다이글리세라이드mono, diglycerides가 유화제로서 쇼트닝에 3% 정도 첨가된다. 유화제를 적당량 사용하면 케이크 반죽의 점착력이 감소되어 굽는 동안 유동성이 커지며 완성품의 부피가 증가하고, 질감이 미세하고 고르게 된다.
- **설탕** : 글루텐과 달걀 단백질을 연화시키는 작용을 한다. 설탕을 지나치게 많이 사용할 경우 부피가 작아지고, 케이크의 껍질 부분이 건조하고 바삭거리게 된다. 백설탕, 황설탕을 흔히 사용하며, 꿀이나 고과당 콘시럽도 사용할 수 있다. 꿀을 사용하면 촉촉한 상태가 오래 유지될 수 있으나 케이크가 끈적끈적해지기 쉽다. 꿀을 사용하면 수분이 많아지므로 액체 양을 감소시켜야 한다.
- **팽창제** : 일부 케이크 종류에서 화학적 팽창제를 사용하며 달걀과 수분, 크리밍 과정을 통해 팽창하는 경우가 많다.
- **달걀** : 달걀 단백질의 응고로 케이크의 조직이 형성된다. 특히 케이크는 대부분 박

력분을 사용하여 약한 글루텐 망을 형성하게 되므로 달걀 단백질이 케이크의 조직을 보완한다. 이외에도 달걀은 케이크 반죽에 공기를 유입시켜 중요한 팽창제의 역할을 하며 난황의 레시틴은 좋은 유화제 역할을 하고 맛에도 중요한 역할을 한다.

② 케이크의 종류

- **지방을 사용하는 케이크**butter cake, shortened cake : 지방을 함유하는 케이크는 종류가 대단히 많은데 그중에서 비교적 소량의 지방과 달걀을 함유하고 있는 것을 플레인케이크plain cake라 하고 지방과 달걀을 많이 함유하고 있는 것을 파운드케이크pound cake라고 한다. 플레인케이크는 화학 팽창제를 사용하여 이산화탄소로 팽창시킨 것이며, 파운드케이크는 다량의 지방과 설탕을 사용하여 크리밍하는 동안 혼입된 공기와 거품 낸 달걀에 혼합된 공기로 팽창시키므로 케이크의 조직은 대단히 곱고 부드럽다. 파운드케이크의 이름은 밀가루, 설탕, 유지, 달걀을 1파운드씩 넣어 만든다는 것에서 유래되었다.

  지방을 사용하는 케이크에서 지방의 역할은 반죽에 공기를 혼합시키는 크리밍 기능과 글루텐이 과도하게 발달되는 것을 막아 연하게 하는 연화shortening 기능이다. 버터, 마가린, 쇼트닝 등이 많이 사용되며 충분히 크리밍되어 많은 공기를 함유할수록 질이 좋은 케이크가 만들어진다. 너무 찬 지방이나 녹은 지방은 공기가 충분히 들어가기 어려우므로 실온에 30분쯤 두었다 사용하는 것이 좋다.

  달걀은 케이크의 맛과 색을 내고 단백질의 응고로 글루텐의 역할을 도와 케이크의 형태를 만드는 역할을 한다.

  케이크에는 많은 양의 설탕이 사용되는데 설탕은 케이크를 부드럽게 하나 지나치게 많은 설탕은 글루텐 형성을 방해하여 케이크의 품질이 저하될 수 있다.

  반죽을 젓는 횟수가 부족하면 재료가 잘 섞이지 않아 제품의 질이 거칠고 잘 부풀지 않으며 지나치게 많이 저으면 글루텐이 많이 형성되어 부드럽지 않다.

  반죽이 완성되면 즉시 굽는 것이 좋은데 만일 즉시 굽지 못하면 냉장고에 넣거나 얼리는 것이 좋다. 실온에 방치할 경우 이산화탄소가 빠져나가 구운 후 조직이 거칠게 된다. 오븐의 온도가 낮으면 케이크가 덜 부풀고 표면의 색이 엷으며, 케이크가 끈적거린다. 오븐의 온도가 너무 높으면 부풀기 전에 글루텐 단백질이 응고되어 케이크가 덜 부풀며, 기공이 작고 촘촘하여 기공벽이 두껍고 표면이 검게 탄다.

- **지방을 넣지 않은 케이크**unshortened cake : 많은 양의 난백을 사용하여 만든 것으로 공기와 증기가 팽창제 역할을 하는 폼케이크foam cake이다. 경우에 따라 소량의 베이킹파우더를 사용하기도 한다. 대표적인 것으로 엔젤케이크angel cake와 스펀지케이크sponge cake가 있다. 지방을 넣지 않은 케이크는 반죽할 때 물이나 우유를 넣지 않고 모든 수분을 난백에서 공급받는다. 난백 거품을 낼 때 들어간 공기와 난백의 수분에서 얻어진 수증기가 주 팽창제이다.

  지방을 넣은 케이크보다 더 섬세하고 가볍고 스펀지같이 생겼는데 이런 종류의 케이크에서 구조를 주로 담당하는 것은 난백 단백질이고 박력분의 글루텐은 보조적 기능을 한다.

  엔젤케이크나 스펀지케이크 같이 지방을 사용하지 않는 케이크는 주로 튜브 팬tube pan을 이용해 165~175℃ 정도의 중불에서 굽는다. 케이크의 용적이 크고 난백을 많이 사용해 단백질 함량이 높기 때문에 너무 고온에서 굽게 되면 케이크 중심부의 단백질까지 고루 익기 전에 바깥쪽은 타고 표면이 두껍고 질겨질 수 있다. 튜브 팬을 사용하는 것은 내부까지 열이 고루 전달되게 하기 위해서이다. 팬에는 기름을 바르지 않고 굽는데 기름을 바르면 팽창 도중에 미끄러져 내려가 부피를 감소시킨다.

그림 7-6___ 튜브 팬

  반죽이 완성되면 바로 팬에 넣어 구워야 반죽의 공기가 빠져나가지 않는다. 또 오븐의 온도가 갑자기 떨어지면 케이크가 주저앉을 수 있으므로 구워지는 동안에는 오븐을 열지 않도록 한다.

(3) 퀵 브레드Quick breads

퀵 브레드는 주로 아침 식사용으로 먹는 것이 많다. 머핀, 비스킷, 그리들케이크, 와플, 팝오버, 프리터, 크림퍼프 등이 여기에 속한다.

① 구성 재료

밀가루는 중력분이나 강력분을 이용하며 박력분은 적당하지 않다. 적당한 글루텐 강도를 가져 공기, 수증기, 이산화탄소 등의 팽창 기체를 유지할 수 있어야 한다.

액체는 물이나 우유를 사용한다. 대부분의 퀵 브레드는 화학적 팽창제를 사용한다. 특히 반죽이 묽을 경우 된 반죽보다 글루텐을 충분히 형성시키지 못하므로 가스를 보유하기 힘들어 좀 더 많은 양의 팽창제를 첨가한다. 부드러운 맛을 내기 위해 지방이 첨가되기도 하는데 고체 지방 이외에도 식물성유를 사용하기도 한다.

팝오버 이외에는 달걀 사용량이 많지 않으며 설탕도 많이 사용하지 않는다.

② 퀵 브레드의 종류

- **머핀** : 반죽의 정도는 밀가루와 액체의 비가 2 : 1 정도이며 밀가루, 우유, 달걀, 지방, 설탕, 팽창제 등이 첨가된다. 반죽의 젓는 정도가 품질에 결정적인 영향을 미치므로 약간의 밀가루 덩어리가 있을 정도로 가볍게 젓는다.
- **그리들케이크** : 핫케이크 혹은 팬케이크라고 하는 제품으로 묽은 반죽을 팬에 놓고 갈색이 되도록 한 번만 뒤집어 굽는다.
- **와플** : 그리들케이크와 비슷한 반죽을 요철이 된 특별한 기구에 넣고 굽는다. 잘 구워진 와플은 부드럽고 바삭하다.
- **팝오버** : 아침 식사에서 빵 대신 먹는 것으로 반죽이 묽은 대신 달걀을 많이 사용하여 형태를 유지한다. 특별한 팽창제를 사용하지 않으며 묽은 반죽 속에 있는 다량의 수분이 고온에서 일시에 증기가 될 때 부피가 커진다. 따라서 굽는 온도에 민

표 7-1 퀵 브레드의 재료와 배합 비율(소금은 공통으로 소량 들어감)

종류	반죽	치대기	밀가루	액체	유지	설탕	달걀	베이킹 파우더
비스킷	Soft dough	○	1 C	1/3 C	21/2 tbs	0	0	2 tsp
머핀	Drop batter	X	1 C	1/2 C	1~2 tbs	2 Tbs	1/2	2 tsp
크림퍼프	Drop batter	X	1 C	1C	1/2 C	0	4	0
팬케이크	Pour batter	X	1 C	1 C	1 tbs	1 tsp	1	1~2 tsp
와플	Pour batter	X	1 C	5/8 C	1/4 C	1/4 C	1	1~2 tsp
팝오버	Pour batter	X	1 C	1 C	0~1 tbs	0	2	0

감하게 품질이 결정된다. 일시에 생기는 수증기를 견디기 위하여 밀가루는 강력분을 사용한다.

- **비스킷** : 베이킹파우더로 부풀리는 달지 않은 제품으로 아침 식사용으로 많이 먹는다. 밀가루와 액체의 비율이 3 : 1 정도의 된 반죽을 사용하고 글루텐이 최소한으로 형성되게 반죽한다.
- **크림퍼프** : 일명 슈크림이라고 하는 것으로 밀가루와 액체의 비율이 1 : 1이 되는 묽은 반죽을 사용한다. 별도의 팽창제 없이 다량의 수분으로 팽창을 일으키는 점이 팝오버와 비슷하다. 최대한의 용적을 얻기 위해서는 고온으로 구워야 하며 고온에서 발생되는 증기를 견딜 수 있도록 강력분을 사용한다. 완성될 때까지 적정한 온도를 유지하지 못하면 제품이 꺼지므로 굽는 도중 오븐의 문을 열면 실패하기 쉽다.

(4) 쿠키류Cookies

쿠키는 고체 지방을 사용하고 크리밍법에 의하여 반죽한다. 가루는 주로 중력분을 사용하며 베이킹파우더에 의해 팽창되는 경우가 많다. 과량의 유지를 사용하므로 부드러운 맛과 특유의 향을 가지며 저장 기간도 길다. 쿠키류는 부드럽고 바삭거리는 것이 좋으며 반죽 시 거칠어지지 않도록 주의한다. 혼합 방법은 지방이 많은 케이크의 반죽과 유사하나 액체량이 적기 때문에 된 반죽dough인 경우가 많지만 반죽이 아주 묽어 짤주머니에 넣어 짜서 구운 것에서부터 된 반죽을 사용하여 밀어 펴서 모양을 만들거나, 냉장고에 넣었다가 썰어서 굽는 것에 이르기까지 다양한 정도의 반죽이 사용된다. 지방과 달걀 사용량이 많은 경우 다른 액체를 사용하지 않을 수도 있으며, 팽창제의 사용량이 대단히 적다. 케이크보다 약간 높은 온도에서 구우며, 설탕 함량이 많은 제품의 경우는 굽는 온도를 조금 낮춘다.

(5) 페이스트리류Pastry

질이 좋은 파이나 페이스트리를 만들려면 껍질crust을 잘 만드는 것이 중요하다. 좋은 파이 껍질은 질기지 않고 연해야 하며 포크로 자를 수 있을 정도이나 부스러지면 안 된다. 색은 연한 갈색이 좋다. 페이스트리에서 가장 중요한 것은 부드러움tenderness과 바삭한 층flakiness이다. 바삭한 층은 작은 덩어리의 지방이 반죽 내에 남아 있다가 반죽을 밀었을 때 반죽 사이에 퍼진 것이 열을 가하면 녹아내리면서 공간이 생겨 형성된 것이다.

① 구성 재료

재료는 밀가루, 지방, 소금, 액체로 간단한 편이다.

- **밀가루** : 일반적으로 다목적용인 중력분을 주로 사용한다. 그러나 가끔 아주 연한 제품을 만들기 위해서 박력분을 사용하는 경우도 있다. 바삭한 층이 잘 생기게 하기 위해서는 중력분이 더 유리하다.
- **유지** : 지방은 대부분 고체 지방을 사용하는데 질이 좋은 페이스트리를 만들 수 있는 지방은 라드이다. 라드는 쇼트닝 파워가 커서 어떤 온도에서나 별로 영향을 받지 않는다. 라드 다음으로는 경화유인 쇼트닝이 좋다. 버터나 마가린은 방향과 색상은 더 좋게 하나 바삭한 층은 적다. 액체 오일은 연한 페이스트리를 만들 수는 있으나 켜가 생기게 할 수는 없다.
- **액체** : 액체는 물을 사용하는데 페이스트리에서 물은 글루텐의 수화 작용과 더불어 재료들을 서로 연결시켜준다. 물의 사용량은 지방의 사용량과 밀가루의 종류에 따라 다르다. 일반적으로 표준량보다 적게 사용하는 경우 잘 밀어지지 않으며 구운 후 부스러지기 쉽고, 지나치게 사용할 경우에는 반죽에 탄력이 생겨 미는 동안 오그라들고 다 구운 후 페이스트리가 줄어들어 질겨진다. 페이스트리를 만들 때는 찬물을 사용하는 것이 바삭한 층을 내는 데 더 좋다.
- **소금 및 기타 재료** : 소금은 맛을 위해 사용하는데 다량의 지방을 사용하기 때문에 약간 사용하면 맛이 좋아진다. 기타 재료로 베이킹파우더를 사용하는 경우도 있고 색을 보다 좋게 하기 위하여 난황이나 탈지분유, 콘시럽 등을 첨가하기도 한다.

② 페이스트리의 조리

페이스트리는 사용하는 재료에 따라 차이가 있으나 섞는 방법에 따라서도 결과가 다를 수 있다. 재료를 지나치게 섞는 것도 부적당하며 밀가루에서 지방을 잘라 주는 형식으로 섞어야 한다. 페이스트리 블렌더pastry blender, 포크나 칼 두 개로 섞어 주거나 경우에 따라서는 손가락으로 가볍게 섞어 줄 수 있다. 지방이 밀가루에 고르게 분산되었을 때 찬물을 조금씩 가하면서 포크로 가볍게 섞어 준다. 반죽을 밀어 펼 때 여러 번

접어 밀면 바삭한 층이 증가한다.

(6) 국수Noodles와 파스타Pasta

국수는 주재료인 밀을 이용하여 부풀리지 않고 만드는 대표적인 제품이다. 우리나라에서는 밀가루에 메밀, 콩, 감자 등을 섞어 국수 제조에 이용해 왔다. 이들 부재료들은 밀에 부족한 단백질을 보충하고 국수의 물성을 부드럽거나 쫄깃하게 만드는 역할을 한다.

국수는 제조 방법에 따라 크게 수인면과 세절면, 압출면으로 나눈다. 수인면은 밀가루 반죽을 손으로 늘어뜨려 국수발을 만드는 것으로 손으로 쳐서 만드는 중화면 등이 여기에 속한다. 세절면은 면대를 칼로 썰어 국수발을 만드는 칼국수, 소바, 우동, 파스타면 등이며, 압출면은 반죽을 구멍으로 통과시켜 끓는 물속에 흘려보내 만드는 국수로 냉면이나 당면 등이 해당된다.

우리나라 국수는 보통 중력분이나 강력분을 사용해 만드는데 익혔을 때 끊어지지 않으면서 탄력성이 있고 표면이 매끄러운 것이 좋다. 국수면의 늘어지는 성질은 글리아딘 때문인데 반죽에 첨가하는 소금은 글리아딘의 점성을 증가시키는 역할을 한다. 국수를 삶을 때는 무게 기준으로 6~7배의 넉넉한 물을 이용해 삶는데 삶는 물의 양이 적으면 국수가 서로 붙고 넣는 순간의 온도가 떨어져 단시간에 호화되는 것을 방해한다.

스파게티, 마카로니 등의 파스타면은 듀럼밀에서 얻어지는 세몰리나로 만든다. 단백질 함량이 높으므로 점성과 탄성이 강한 반죽을 얻을 수 있는데 물을 사용하지 않고 달걀에서 수분을 얻는 경우가 많다. 파스타면은 다른 국수에 비해 수분 함량이 낮고 단백질 함량이 높아 단단하므로 15분에서 20분 정도로 오래 삶아야 하며 특별한 경우를 제외하면 삶은 뒤 냉수에 헹구지 않는다.

중화면은 탄산칼슘이나 탄산소다를 반죽에 사용한다. 이들 알칼리성 물질은 글루텐의 발달과 전분의 호화, 팽윤을 돕는다. 밀가루에 존재하는 안토잔틴 색소가 알칼리에 의해 황색으로 변색하므로 면 색깔이 누르스름한 빛을 띤다.

단원 정리

떡의 종류 조리법에 따라 찌는 떡, 치는 떡, 빚는 떡, 지지는 떡, 발효떡 등으로 구분할 수 있으며 부재료의 종류에 따라 다양한 종류가 있음

글루텐 밀가루의 단백질인 글리아딘과 글루테닌이 수화하여 형성된 글루텐은 반죽에 점탄성을 부여하며 빵의 구조를 유지하는 역할을 함

팽창제 밀가루 제품의 조리 과정 중 포함되는 공기와 수분은 물리적 팽창제로 작용하고 그 외에 첨가되는 생물학적 팽창제로는 이스트, 화학적 팽창제로는 베이킹소다와 베이킹파우더가 사용됨

밀가루 반죽 밀가루와 액체의 비율에 따라 된 반죽(dough)과 묽은 반죽(batter)으로 구분되며 용도와 제품 특성에 따라 다양한 반죽이 사용됨

이스트 빵 주재료인 강력분에 이스트와 액체를 기본 재료로 하고, 소금, 설탕, 약간의 지방이 첨가될 수 있음. 반죽 과정에서 충분한 글루텐이 형성되어야 하며 반죽 후 발효 과정을 거침

퀵 브레드 발효 과정 없이 화학적 팽창제를 사용하여 단시간에 조리되며 머핀, 팬케이크, 와플, 팝오버, 비스킷, 크림퍼프 등이 있음

파스타와 국수 주재료인 밀가루를 부풀리지 않고 밀가루 반죽의 탄성을 이용한 제품이며 파스타면은 일반적인 강력분보다 단백질의 함량이 높은 듀럼밀로 만들어짐

단원 문제

1 우리나라 떡의 조리 과정에서 물 내리기가 중요한 이유는 무엇인지 설명하시오.

2 우리나라 떡의 종류 중 '지지는 떡'은 다른 종류의 떡과 어떤 차이가 있는지 설명하시오.

3 떡의 노화를 늦추거나 방지할 수 있는 방법에 대해 설명하시오.

4 찐빵은 떡인지 빵인지 이유와 함께 설명하시오.

5 밀가루 제품의 조리 과정 중 물리적 팽창제의 종류와 역할을 설명하시오.

6 이스트 빵을 만들기 위한 발효 과정 중 일어나는 현상은 무엇인지 설명하시오.

7 오븐에서 이스트 빵을 굽는 동안 어떤 변화가 일어나는지 설명하시오.

8 파운드케이크, 엔젤케이크, 스폰지케이크, 쉬폰케이크 등에서 부드러움의 조리원리는 무엇인지 설명하시오.

9 국수나 파스타를 삶는 중간에 찬물을 첨가하는 이유는 무엇인지 설명하시오.

10 중화면의 색깔이 누런 빛을 띠는 이유는 무엇인지 설명하시오.

Chapter 8

유지류

학습 목표

1. 지방과 지방산의 구조와 특성을 알 수 있다.
2. 열전달 매체로서 지방의 역할과 특성을 알 수 있다.
3. 지방산의 종류와 융점, 지방의 가소성과의 관계를 이해하고 응용할 수 있다.
4. 유화액의 형태와 종류, 유화제의 역할을 알 수 있다.
5. 식용 유지의 산패 현상과 관련된 요인을 알 수 있다.
6. 튀김 시 일어나는 조리 현상을 이해하고 관련된 요인을 알 수 있다.

식용 유지는 동물의 지방 조직이나 유즙 또는 식물의 열매나 씨앗, 견과류 등에서 주로 얻어지고 일부 과일의 과육이 급원이 되기도 한다. 물리적인 상태에 따라서 상온에서 고체상의 것을 지방fat, 액체상의 것을 유oil라고 부른다. 그러나 고체상의 모든 지방도 온도를 상승시키면 액체상으로 되고, 액체상의 유도 온도를 낮게 하면 고체화한다.

유지는 식품의 맛과 입 안에서의 촉감을 좋게 하며 반죽 중에서 글루텐의 그물을 짧게 해주어 연화시키는 작용을 한다. 또한 고온으로 가열할 수 있어서 튀김 과정 중 식품으로 열이 전달되도록 하는 좋은 매개체가 되며 인체에 대하여는 농축된 열량원이 된다.

1. 유지의 구조

1) 유지의 구성 및 종류

지질은 그 구조에 따라 중성지질, 복합지질, 유도지질로 분류할 수 있다.

중성지질은 탄소, 수소, 산소의 3원소로 구성되어 있으며 구조상으로 1분자의 글리세롤과 3분자의 지방산이 결합되어 있다. 글리세롤은 3개의 수산기-OH를 가진 알코올이다. 3개의 수산기에 모두 지방산이 에스터 결합을 이루고 있는 경우 중성지방triglyceride, TG이라 하고, 이때 3분자의 지방산이 동일한 경우에는 단순 트라이글리세라이드simple triglyceride, 2가지 이상의 지방산으로 구성되어 있는 경우에는 복합 트라이글리세라이드mixed triglyceride라고 한다. 식용 유지의 대부분은 중성지방이고 약간의 모노글리세라이드와 다이글리세라이드가 있다.

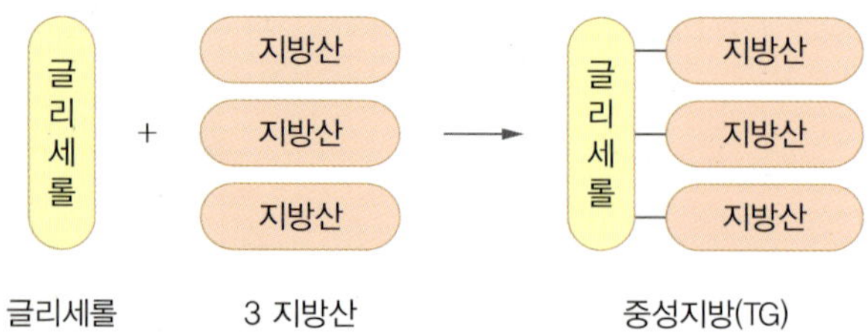

단순지방 이외에도 지방산이 인산, 탄수화물, 단백질 등으로 대체되어 인지질, 당지질, 단백지질 등의 형태로 되어 있는 것을 복합지질이라 한다.

기능성 지질(Functional Fats)

omega-3 지방산, omega-6 지방산, 공액리놀레산(conjugated linoleic acids, CLA), 중간지방사슬(medium chain triglycerides, MCT), 피토스테롤(phytosterols), 인지질 등 건강에 유익한 효과를 나타낸다고 알려진 지질로서 그 자체로 기능성 식품으로 소비되거나 다양한 가공식품에 사용되는 등 그 영역을 넓혀가고 있다.

유도지질은 지방의 분해 산물로서 스테로이드, 지용성 비타민, 글리세롤, 지방산 등이 여기서 속한다.

2) 지방산과 구조

지방산fatty acid은 짝수 개의 탄소가 직쇄상으로 연결되어 있고 한쪽 끝은 카복실기, 다른 한쪽 끝에는 메틸기가 연결되어 있다. 직쇄상으로 연결된 탄화수소 사슬에서 2개 이상의 수소가 제거되어 이중결합을 가지는 부분이 있으면 그 지방산을 불포화지방산이라 하고 이중결합이 2개 이상인 지방산을 다가불포화지방산polyunsaturated fatty acid, PUFA이라 한다. 동물성 고체지방은 이중결합이 없는 포화지방산의 함량이 높으며 식물성 지방은 불포화지방산의 함량이 많으나 생선유, 팜유, 코코넛유 등의 예외적인 경우도 있다. 유지의 지방산이 가지는 이중결합의 수는 유지의 용해도나 융점, 산화 등 유지의 성질에 크게 영향을 미친다. 천연 불포화지방산의 이중결합은 대개 시스형이나 가끔 트랜스형이 존재하기도 한다.

지방을 구성하는 지방산은 여러 종류가 있으나 식용 유지에 가장 흔하게 함유되어 있는 것은 스테아르산(C18:0), 팔미트산(C16:0), 올레산(C18:1) 등이다.

이중결합이 2개인 리놀레산, 3개인 리놀렌산, 4개인 아라키돈산은 체내에서 생성되지 않기 때문에 반드시 식품을 통해 섭취해야 하므로 필수지방산essential fatty acid이라 한다.

각종 유지에 포함된 지방산 함량 및 분포는 표 8-1과 같다.

표 8-1 각종 유지의 지방산 함량

유지 종류 \ 지방산 종류	포화지방산	모노불포화 지방산	다가불포화 지방산	뷰티르산	카프로산	라우르산	팔미트산	스테아르산	올레산	리놀레산	α-리놀렌산	아라키드산
단위	g/100 g			mg/100 g								
고추기름	14.97	22.36	57.51	0	0	0	9953.13	3756.31	20386.44	50718.29	6748.64	354.44
돼지기름	39.29	43.56	9.81	-	-	140	23000	13000	-	8900	460	200
들기름	7.63	12.29	75.18	0	0	0	5721.78	1780.39	11229.47	13080.83	62029.11	124.08
땅콩버터	10.98	24.96	13.69	0	0	5.16	5136.89	2270.51	23985.21	13641.47	30.59	750.96
마가린	51.68	11.86	4.59	515.51	544.82	15256.18	17312.68	4988.73	10999.14	4108.55	476.70	86.70
면실유	21.06	17.44	53.85	-	-	0	18000	2200	-	54000	340	260
버터	48.05	15.96	1.84	2258.14	1412.27	3183.28	20350.03	8504.18	13962.47	1522.99	175.00	121.24
쇠기름	41.05	45.01	3.61	0	0	75	23000	14000	-	3300	170	130
쇼트닝	-	-	-	-	-	-	-	-	-	-	-	-
미강유	-	-	-	-	-	-	-	-	-	-	-	-
아마씨유	8.976	18.438	67.849	0	0	18	5109	3367	-	14246	53368	131
아몬드유	8.200	69.900	17.400	0	0	0	6500	1700	-	-	-	-
아보카도유	11.560	70.554	13.486	-	-	-	10900	660	-	-	-	-
옥수수유	13.27	29.11	52.67	0	0	0	10471.83	1871.70	27509.71	51635.59	1037.33	432.70
올리브유	15.73	70.69	8.90	0	0	0	12273.77	2870.99	66207.03	8187.36	711.21	356.77
카놀라유	7.64	55.36	31.16	0	0	0	4776.92	1845.70	49415.83	19750.24	11320.51	494.76
홍화씨유	7.36	73.24	13.62	-	-	0	4500	1900	-	13000	210	400
참기름	14.65	38.17	42.16	0	0	0	8692.84	5137.51	37002.12	41621.25	534.07	578.21
코코넛유	83.96	6.59	1.53	0	510	43000	8500	2600	-	1500	0	79
콩기름	14.62	21.71	57.28	0	0	0	10214.28	3474.66	19496.05	50726.80	6557.68	300.13
팜유	47.08	36.70	9.16	-	-	420	41000	4100	-	9000	190	350
포도씨유	10.02	15.04	69.85	0	0	0	6170.95	3568.64	13937.83	69454.53	356.59	141.56
해바라기유	10.64	22.96	60.95	0	0	0	6420.86	3098.14	21741.25	60334.03	617.28	217.29
호두유	9.100	22.800	63.300	0	0	0	7000	2000	-	-	-	-
혼합식물성유	10.97	41.10	40.94	-	-	32	6900	3000	-	34000	6800	470

자료 : 농촌진흥청 국립농업과학원, 국가표준식품성분 DB 9.2, 2020

2. 유지의 성질

1) 용해성

유지는 물에 용해되지 않고 매개체가 없으면 물과 섞이지 않는다. 그러나 클로로포름, 에테르 및 석유에테르 등의 유기 용매에는 용해된다.

지방산의 카복실기 부분은 수용성이지만 탄화수소 부분은 물과 친화력이 낮은 소수성 영역이므로 탄화수소의 길이가 짧은 저급 지방산의 경우 물에 녹기도 하나 탄화수소 직쇄 구조의 길이가 길어질수록 용해성은 떨어진다.

2) 비중

자연계에 존재하는 모든 기름은 물보다 가벼워 비중이 1.0 이하로 대부분의 유지의 비중은 0.92~0.94이다. 그러므로 균질화 과정을 거치지 않은 우유의 상층에 크림이 뜨고, 오일과 식초로 된 샐러드드레싱은 기름이 위에 뜬다.

3) 융점

일반적으로 비교적 융점이 높아서 상온에서 고체상의 것은 지방fat이라고 하며, 융점이 낮아서 상온에서 액체상의 것은 유oil라고 한다. 유지류의 융점은 여러 가지 요인에 의해 영향을 받으나 지방산의 탄소 사슬의 길이, 포화 정도, 이중결합의 수, 결정 구조 등에 크게 영향을 받는다.

(1) 지방산의 포화 정도

유지의 융점은 구성 지방산의 종류에 의해 크게 영향을 받는다. 즉 불포화지방산의 함량과 지방산의 탄소 사슬의 길이에 의하여 영향을 받는데 지방이 팔미트산이나 스테아르산 같은 포화지방산을 높은 비율로 함유하면 융점이 비교적 높고 실온에서 고체 상태가 된다. 반면 올레산이나 리놀레산과 같은 불포화지방산의 함량이 많으면 비교적 융점이 낮고 실온에서 액체 상태가 된다. 다가불포화지방산을 다량 함유하거나 다가불포화지방산 대 포화지방산의 비율P/S ratio이 높은 지방으로는 옥수수유, 대두유, 면실유, 잇꽃기름 등이 있다.

(2) 지방산의 탄소 사슬 길이

지방산을 구성하는 탄소 원자의 수가 증가할수록 지방산의 융점은 높아진다. 예를 들면 탄소 원자의 수가 4개인 뷰티르산은 탄소 원자의 수가 18개인 스테아르산보다 더 낮은 온도에서 녹는다. 버터는 비교적 짧은 사슬의 지방산들을 다량 함유하며 대부분 포화지방산으로 이루어져 있는데, 그보다 긴 사슬의 지방산을 함유하는 쇠기름이나 수소화된 쇼트닝보다 융점이 낮다. 일반적으로 동물성 유지는 탄소의 사슬이 긴 포화지방산의 함량이 많아 융점이 높고 식물성 유지는 불포화지방산의 함량이 많기 때문에 융점이 낮다.

(3) 시스-트랜스 구조

올레산의 시스형 지방산의 융점은 14°C인데 트랜스형 지방산의 융점은 44°C이다. 탄소 사슬의 수나 이중결합의 수 등 지방산의 다른 특성이 동일할 때 시스형 지방산은 트랜스형 지방산보다 낮은 융점을 갖는다. 수소화 과정은 불포화지방산의 이중결합을 수소로 포화시켜서 융점을 높이므로 상온에서 고체인 지방을 만드는 과정인데 이 과정에서 일부 불포화지방산은 포화되지 않고 시스형에서 트랜스형으로 변환되기도 하며 이러한 변환은 융점을 높이는 데 기여한다.

(4) 결정 구조

지방산을 이루는 다양한 결정형은 각기 다른 융점을 가지고 결정 크기가 크면 융점이 더 높아진다. 대부분의 지방은 단일 결정으로 이루어진 것이 아니므로 명확한 녹는점을 가지지 않고 그 대신 녹는 범위를 갖는다.

4) 유지의 동질이상과 결정 구조

긴 사슬을 가지고 있는 유기 화합물들은 인접된 것끼리 나란히 밀집하여 결정을 형성하는데 지방은 결정을 이룰 때 두 가지 이상의 결정형crystal form이 동시에 존재할 수 있다. 이러한 현상을 유지의 동질이상polymorphism이라 한다.

결정형에 따라 고유의 녹는점, 결정 구조 및 용해성을 가지는데 동시에 두 가지 이상의 결정형을 가질 수 있으므로 유지의 녹는점은 예민하지 않아 녹는점melting point이라

기보다는 녹는 영역melting zone을 가진다. 즉 유지의 트라이글리세라이드 분자들이 각각의 녹는점을 가지며 동일 트라이글리세라이드 분자라 하더라도 그 분자를 이루고 있는 서로 다른 결정형들의 녹는점이 각각 다르기 때문에 유지의 녹는점은 예민하지 않다. 일반적으로 α형과 β형, β′형의 세 가지 결정형이 널리 알려져 있다.

(1) α형 결정

급속하게 냉각시킬 때 형성되는 결정으로 차지고 투명하나 융점이 낮고 가장 불안정한 형태의 결정이어서 쉽게 녹고 재결정화되어 β형이나 β′형 결정이 된다.

(2) β형 결정

β형 결정은 불투명하고 모래알 같이 거친 질감으로 천천히 냉각시키거나 장시간 저장하면 형성되는데 결정 구조 중 가장 안정하며 높은 융점을 가진다. 흔히 미세한 형태의 결정이 녹았다가 재결정될 때 β형 결정으로 재결정되는데 모든 결정은 항상 가장 안정된 형태로 되려는 성질을 가지기 때문이다.

(3) β′형 결정

β′형 결정의 표면은 매우 부드럽고 매끄러우며 이러한 상태의 지방은 조리용으로 가장 품질이 좋은 지방 결정이다. β′형 결정은 쇼트닝, 마가린 및 굽는 제품을 만드는데 유용하며, 이는 β′형 결정이 작은 기포의 형태로 다량의 공기를 포함시킬 수 있도록 도와서 가소성plasticity과 크리밍성creaming이 우수한 제품을 만들도록 해주기 때문이다. 크기가 작고 융점이 낮은 결정 상태인 쇼트닝은 혼합물 내의 트라이글리세라이드의 형태가 다양하므로 부드러운 케이크를 만드는 데 더 적당하다. β′형 결정은 α형 결정보다는 안정한 형태이지만 녹은 다음 재결정화될 때에는 이보다 더 안정한 β형 결정으로 재결정된다.

5) 가소성

가소성은 물체에 어떠한 힘을 주어 변형시키면 힘을 제거해도 변형된 상태를 유지하는 성질을 말한다. 유지는 각기 융점이 다른 다양한 결정형으로 이루어져 있으므로 실온에서 고체상으로 보이는 유지들이 실제로는 고체지방 결정과 액체 상태의 기름을 함께 함유하고 있다. 액체 부분은 작은 결정체의 망상 조직 내에 포함되어 있어 가소성을 나타내는 온도 영역에서는 반고체 상태를 보이고 따라서 유지가 부스러지지 않고 다양한 모양으로 성형되거나 눌러 펴질 수 있게 한다. 유지의 가소성은 제과 제품, 특히 페이스트리에서 중요한 성질이다. 가소성은 발림성spreadability을 결정하고 이 발림성은 온도의 영향을 받는다. 또 가소성 지방은 크리밍성이 있어 공기를 혼합하며 섞이는 성질을 가진다. 따라서 발림성이나 크리밍성이 좋은 유지를 원할 때는 넓은 온도 범위대에서 가소성을 가지는 지방을 선택하는 것이 좋다. 대부분의 동물성 지방은 가소성을 가지는 온도의 범위가 좁다.

6) 가수분해

유지류는 산과 알칼리, 효소(라이페이스), 수분 등에 의해서 분해되며, 특히 유지가 알칼리에 의해서 가수분해되는 반응을 비누화(검화)saponification라고 한다.

비누화가는 유지 1 g을 완전히 비누화하는 데 필요한 KOH의 mg수로 나타내는데 평균 분자량이 적은 유지일수록, 즉 저급 지방산이 많이 함유된 유지일수록 비누화가가 높다.

7) 발연점

유지를 가열하여 온도가 상승하면 지방이 분해되어 푸른 연기가 나기 시작한다. 이 점을 발연점이라 한다. 연기의 성분은 지방산 알데하이드, 케톤, 아크롤레인 등이다. 발연점은 지방의 종류나 그 외의 여러 조건에 따라 다르며 기름의 발연점에 영향을 주는 조건은 유리지방산의 함량, 기름의 표면적, 이물질의 존재, 사용 횟수 등이다.

(1) 유리지방산 함량

유리지방산의 함량이 높은 기름일수록 발연점이 낮다.

(2) 기름의 표면적

같은 기름이라도 끓이는 용기의 면적이 넓을수록 기름의 표면적이 넓어져 발연점이 낮아진다.

(3) 이물질의 존재

기름 이외의 이물질이 존재할 때 발연점이 낮아진다. 그러므로 튀김 음식을 할 때 되도록 밀가루나 빵가루 등이 떨어지지 않도록 해야 한다. 정제도가 낮은 유지의 경우 순수 지방 외의 다른 성분이 포함되어 있으므로 정제도가 높은 유지보다 발연점이 낮다.

(4) 사용 횟수

반복하여 사용한 기름은 사용 횟수가 증가할수록 발연점이 낮아진다. 한 번 사용할 때마다 10~15℃ 정도씩 발연점이 낮아진다.

각종 유지의 특성은 표 8-2와 같다.

표 8-2___ 각종 유지의 성질

종류	비중	융점(˚C)	굴절률	요오드가	비누화가
옥수수기름	0.922	-	1.4734	122.6	190.0
낙화생유	0.914	-	1.4691	93.4	192.1
면실유	0.917	-	1.4735	105.7	194.3
올리브유	0.918	0~6	1.4679	81.1	192.0
참기름	0.919	-3~-6	1.4646	106.6	191.5
대두유	0.927	-	1.4729	130	190.6
야자유	0.924	25.1	1.4493	10.4	257.0
라드	0.936	28~48	1.4520	57.5	197.5
양기름	0.945	44~51	1.4565	40	194.0
버터	0.911	28~38	1.4548	36.1	227.0
쇠기름	0.948	40~50	1.4537	49.5	197.0

초콜릿

초콜릿은 카카오 지방의 물리적 특성을 이용하여 만들어진다. 초콜릿 제조 후 보관이 적절하지 않으면 표면에 흰색의 얼룩이 생기는데 이를 블룸(bloom) 현상이라고 하며 이것은 융점이 높은 지방의 결정이 결정화를 반복하면서 발생하는 현상으로 초콜릿의 품질 저하를 일으킨다. 이러한 현상을 방지하기 위하여 초콜릿을 융점 이상의 고온으로 가열한 후 온도를 낮추며 결정을 재배열시키는 공정을 실시하는데 이를 템퍼링(tempering)이라 한다. 재결정화될 때 보다 안정적인 결정으로 재결정되는 성질을 이용한 것이다.

3. 유지의 가공 처리

유지는 여러 급원에서 채유하여 기본적인 처리를 한 후 식용으로 한다.

1) 채유 방법

동식물 조직에서 유지를 추출하여 채유하는 방법으로 다음과 같은 방법이 있다.

(1) 추출법Extracting method

원료 중의 유지에 용제를 사용하여 추출하는 방법이다.

(2) 압착법Pressing method

식물의 종자에서 유지를 얻을 때 원료에 고도의 압력을 가하여 짜내는 방법으로 풍미가 좋은 오일을 이 방법에 의해 채유하며 정제하지 않는 경우도 있다.

(3) 증기 처리법Steam rendering

지방 조직을 잘게 썰어서 다량의 물과 함께 탱크에 넣고 압력을 가하여 148℃로 가열 처리하는 방법으로 기름이 위에 뜨면 채유하며 채유량이 많다.

(4) 건열 처리법Dry rendering

잘게 썬 지방 조직을 반 진공으로 하여 가열 처리하는 방법으로 맛은 좋으나 채유량이 적다.

2) 정제 처리

유지 성분 이외의 지방산, 단백질, 단백질 분해물, 당질의 유도체 등을 제거하여 제품의 질을 좋게 하는 방법으로 이 과정을 통해 99.5%의 순도를 얻게 된다.

과량의 유리지방산은 기름의 풍미를 손상시키고 튀김에 사용할 때 그 효과를 감소시키므로 알칼리를 이용하여 제거한다. 이 밖에도 활성백토를 이용하여 가열, 여과하는 방법으로 색소를 없애고 증류법을 이용하여 냄새를 제거하는 정제 처리 과정을 거친다.

3) 동유 처리

액체 유지를 7.2℃까지 냉각시켜 고체화한 지방을 여과 처리하는 방법이다. 이렇게 처리하면 융점이 높은 트라이글리세라이드는 결정화하여 제거되고 여과된 기름은 융점이 낮아서 냉장 온도에서 결정화하지 않게 된다. 샐러드유를 제조할 때 많이 이용되는데 만일 동유 처리하지 않은 유지로 마요네즈를 만들었을 경우 냉장 보관할 때 결정이 생기면 유화액이 분리되기 쉽다.

4) 경화 처리

경화 처리는 액체 유지를 고체 상태나 가소성이 있는 쇼트닝으로 변화시키기 위해, 그리고 액체 유지의 산패에 대한 안정성을 높이기 위해 개발되었다.

수소 가스를 니켈 촉매 하에 액체 유지에 주입시키면 경화가 일어나는데 그 과정에서 지방산 부분의 탄소 원자 사이에 있는 이중결합의 일부가 깨지고 수소가 채워진다. 이러한 화학 변화로 지방산의 포화도가 증가하여 지방의 융점이 상승한다. 경화 처리로 액체 유지는 실온에서 고체 상태가 되는데 수소 첨가 과정 중에 온도와 압력을 주의 깊게 조절하여야 적절한 가소성을 가질 수 있다. 수소 경화 쇼트닝의 주된 원료는 대두유이며 소량의 면실유나 야자유도 이용된다.

부분적으로 수소 첨가된 유지에 있어서 남아 있는 이중결합이 일부에서 변화가 일어나 다수의 위치이성체와 기하이성체가 생긴다. 즉 이중결합이 일반적인 구조인 시스형

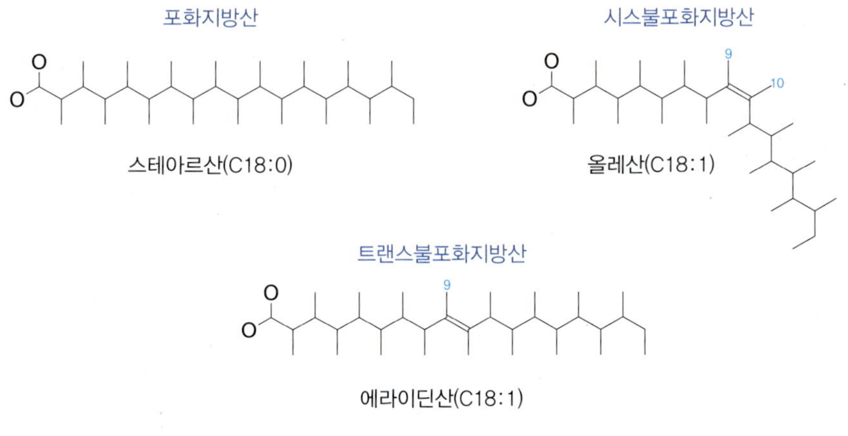

그림 8-1 시스, 트랜스지방산

에서 트랜스형으로 변화될 수 있어 식물성 유지를 원료로 했으나 구조상으로는 동물성 포화지방과 비슷한 형태를 가지게 된다. 트랜스지방산이 많아지면 지방의 융점이 높아지고 저장성이 향상되나 최근 건강상의 문제를 일으킨다는 연구가 발표되고 있다.

트랜스지방산

트랜스지방산은 식물성 유지의 경화 처리 과정에서 주로 생성되는 것으로 알려져 있으며 자연에 일부 존재하기도 한다. 트랜스지방산은 체중 증가, 대사증후군 및 심장질환 등을 유발하는 등 건강에 나쁜 영향을 끼친다는 연구 결과들이 보고되어 왔다. 세계보건기구와 한국인 영양소 섭취기준에서는 트랜스지방산을 섭취 에너지의 1% 이하가 되도록 권고하고 있으며 이에 따라 성인 남자는 1일 2.8 g, 성인 여자는 2.2 g 이하로 섭취하여야 한다. 우리나라는 2007년부터 영양 성분 표시에 트랜스지방 함량을 의무적으로 표시하도록 하고 있으며, 저트랜스지방 유지 또는 트랜스지방 프리 유지 제품들이 개발 및 사용되고 있다.

5) 에스터 교환

유지에 촉매를 가하여 반응시키면 글리세라이드 분자 내 혹은 분자 사이에 지방산 잔기가 교환되어 다른 글리세라이드 조성을 갖는 유지를 얻을 수 있는데 이를 에스터 교환반응이라 한다. 에스터 교환반응은 분자 내에서 일어날 수도 있고 다른 유지 분자 간에 일어날 수도 있다.

라드의 표면을 얇게 하거나 크리밍성을 좋게 하려는 목적으로 사용되는데 촉매에 의해 사이사이에 에스터화된 라드는 트라이글리세라이드 분자 간의 지방산 라디칼을 보다 더 불규칙적인 방식으로 재배열함으로써 만들어진다. 이렇게 만들어진 라드의 결정들은 크기가 더 작고 크리밍성이 좋아진다. 또 이 공정은 수소를 첨가하지 않은 식물성 기름과 고도로 수소가 첨가된 소량의 지방의 혼합물에 대해서도 사용되는데 이 처리를 하게 되면 혼합물은 단단해지면서도 여전히 리놀레산을 보유하게 된다.

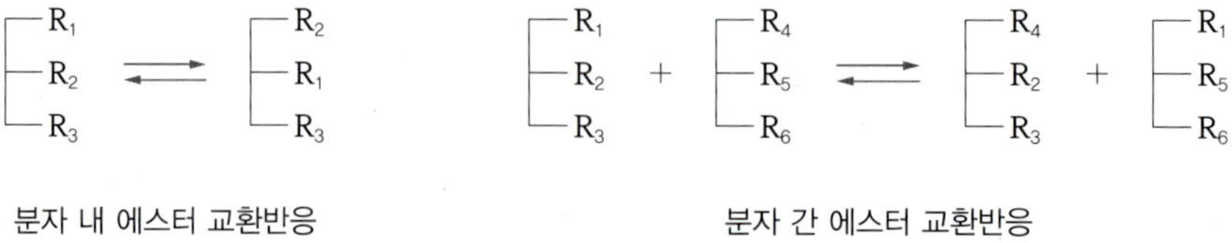

그림 8-2 에스터 교환반응

4. 유지식품

여러 급원으로부터 생산되는 식용 유지의 종류, 특성 및 제조 과정은 다음과 같다.

1) 대두유Soybean oil

미국에서 사용되는 식물성유의 60% 이상을 차지하며 세계적으로 그 사용량이 증가하고 있다. 정제 정도에 따라 튀김용, 샐러드용으로 사용하는데 반건성유이므로 오래 저장하면 점성이 생긴다.

2) 옥수수유Corn oil

옥수수는 다른 곡류에 비해 큰 배아를 가지고 있어 배아에서 기름을 추출할 수 있다. 옥수수기름은 배아를 분리하여 압착, 용매 추출하여 기름을 얻는 옥수수 배아유이다. 미국에서 다량 생산하며 샐러드 오일, 마가린의 제조에 많이 사용된다.

3) 올리브유Olive oil

올리브유는 남유럽에서 조리용, 샐러드용으로 가장 많이 이용하고 있는 기름으로서 방향이 좋다. 올리브유는 단일불포화지방산MUFA, mono unsaturated fatty acid의 함량이 78%나 되기 때문에 값이 비싸도 소비가 증가하는 추세로 산도에 따라 구분되는데 산도가 낮은 것이 등급이 좋다. 올리브 열매에서 가벼운 압력으로 처음 짜내는 최상 등급의 올리브유를 엑스트라 버진 오일extra virgin oil이라 하는데 산 함량이 1% 미만으로 향과 색이 좋지만 값이 비싸다. 추출 방법에 따라 다양한 등급의 올리브유가 생산되므로 용도에 맞게 선택해 사용할 수 있다.

4) 카놀라유Canola oil

카놀라는 최근에 개발된 평지씨rapeseed의 재배 변종에 붙여진 이름으로 65% 정도의 올레산을 함유한다. 원래 평지씨는 에루크산erucic acid과 글루코시놀레이트 glucosinolates 등 독성 물질을 함유하고 있어 식용으로 부적합하였으나, 새로운 유전적 변종은 이들 물질을 최소한으로 함유하여 FDA의 승인을 받았다.

5) 포도씨유Grapeseed oil

포도씨에는 약 20% 정도의 지방이 함유되어 있고 그 대부분은 중성지방이다. 지방산의 조성은 리놀레산이 가장 많아 70% 이상을 차지하고 올레산, 팔미트산, 스테아르산 등으로 이루어져 있어 불포화지방산의 함량이 높다.

포도씨유에서 주목받고 있는 성질은 항산화력인데 토코페롤 함량이 약 50 mg/100 g으로 대두유나 옥수수유의 약 70배 수준으로 알려져 있다. 최근 들어 포도의 항산화 물질로 주목받고 있는 레스베라트롤이나 카테킨 등은 수용성 물질이므로 포도씨유에는 거의 함유되어 있지 않다.

6) 참기름Sesame oil

항산화력이 높은 토코페롤과 세사몰sesamol을 함유하고 있어서 항산화성과 저장성이 좋은 편이다. 특유의 향기가 있으며 일반적으로 정제하지 않고 사용한다.

7) 들기름Perilla oil

들깨의 종실을 압착한 기름으로 특유의 냄새로 인해 주로 향미를 가진 조미향미유로 사용된다. 리놀렌산이 60%가량 함유되어 있으며 산패가 빨라 상온에서는 오래 보관하기 어렵다.

8) 면실유Cottonseed oil

가격이 저렴하고 이취가 적어 튀김용 기름으로 많이 사용하며, 정제 과정과 동유 처리를 거쳐 샐러드 오일로 많이 사용한다. 정제 전의 면실유는 색과 냄새가 좋지 않고 독성이 있는 페놀성 물질인 고시폴gossypol을 함유하고 있으므로 반드시 제거해야 한다. 쇼트닝이나 마가린의 제조에도 사용된다.

9) 코코넛유Coconut oil

포화지방산의 비율이 85% 정도이므로 실온에서 고체 상태이다. 그중 대부분이 라우르산lauric acid 같은 짧은 사슬의 지방산들이다. 코코넛유는 융점의 범위가 좁아 과자나 쿠키의 부재료로 이용된다.

10) 팜유Palm oil

야자열매에서 추출된 유지로 씨에서 얻어지는 기름을 팜핵유palm kernel oil, 과육에서 얻어지는 기름을 팜유palm oil라고 하며 이 두 가지는 구성지방산에 차이가 있으나 둘 다 로르산의 함량이 많다. 실온에서 반고체이며, 부분적으로 수소 처리되어 대두유와 함께 쇼트닝에 소량 사용된다. 이들 유지는 이중결합이 적어 쉽게 산패하지 않으므로 오래 저장하는 식품에 널리 이용되나 가수분해되어 이취를 발생시킨다.

최근에는 포화지방산의 심장병과의 관계로 인해 다른 식물성 기름으로 대체되어 가고 있다. 아이스크림의 초콜릿 코팅이나 초콜릿 등 제과용으로 사용된다.

11) 버터Butter

버터는 우유의 크림층을 저온 처리한 후 교반하여 만든다. 버터 자체에 형성된 유화액은 유중수적형 유화액으로 16% 정도의 수분이 80% 정도의 지방과 유화제로 작용하는 소량의 단백질에 분산되어 있다. 크림을 교반해 버터를 만들고 남은 것을 버터밀크라고 한다.

계절이나 소의 사료에 따라 버터의 색이 달라지고 시장의 요구에 따라 색소를 사용하기도 하는데 푸른 사료를 먹었을 때 버터의 색이 더 진하게 되며 상업적으로는 카로틴이 색소제로 사용된다. 색소가 사용되는 경우는 교반하기 전 크림에 넣는다. 버터는 비타민 A의 좋은 급원이 되며 다른 지방에 비하여 소화가 쉽고 풍미가 있어 식품으로 가치가 높다. 버터의 방향은 여러 가지 화합물의 영향을 받으나 주로 다이아세틸diacetyl과 이의 합성 과정 중 중간 산물로 생성된 아세틸 메틸카비놀acetyl methylcarbinol 등이다. 다이아세틸은 *Streptococcus citrovorus*와 *S. paracitrovorus*가 우유에 소량 존재하는 구연산에 작용하여 만들어진다. 이외에도 우유 중에 포함된 유당에 의하여 젖산균과 소량의 프로피온산, 아세트산 등이 형성됨으로써 맛을 좋게 한다.

12) 마가린Margarine

마가린은 1869년에 프랑스의 화학자 H. 메주무리에Mege-Mouries 의해 최초로 개발되었다. 대두유와 면실유를 정제한 다음 적당한 경도를 갖도록 수소를 첨가하여 제조한다. 여기에다 저온 살균된 탈지유나 유청을 발효시켜 교반해서 얻어진 지방 성분을 섞는다. 마가린은 유중수적형 유화액으로 80% 정도의 지방을 함유해야 한다. 물성을 쉽게 조절할 수 있으므로 다양한 제품들이 제조된다.

13) 라드Lard

라드는 가정에서 사용되어 온 가장 오래된 식용 유지 중 하나이며, 돼지의 지방 조직을 녹여서 정제한 지방으로 기름기가 적은 돼지고기를 생산하는 추세와 함께 라드의 공급, 소비도 줄어들었다. 라드의 질은 지방을 추출한 부위, 사료, 지방의 정제 과정에 따라 다르며 질이 좋은 라드는 색이 희고 냄새가 없다. 복강의 엽상지방leaf fat으로 좋은 품질의 라드를 만든다.

라드는 산패에 의해 변질되기 쉬우므로 보존 기간을 연장시키고자 가공 중에 항산화제를 첨가한다. 일부 라드는 발연점이 낮아서 튀김에는 잘 사용되지 않으나, 발연점이 높은 라드도 생산이 가능해졌다. 라드는 다른 어떤 유지보다 쇼트닝 효과가 크고 음식을 부드럽게 하는 힘이 크기 때문에 제과용으로 많이 이용된다. 페이스트리를 만들 때 라드를 사용하면 보다 바삭거리고 음식에 넣으면 다른 기름보다 음식을 한결 부드럽게 해준다.

라드와 탤로tallow(소나 양의 기름)는 모두 포화지방산을 가지고 있으므로 에스터 교환반응을 적용하면 불포화도는 변하지 않으면서 지방이 결정화하는 양상이 달라져 가소성과 크리밍성을 개선할 수 있다. 라드를 함유하는 쇼트닝에는 품질 보존을 위해 항산화제를 넣는다.

14) 쇼트닝Shortening

쇼트닝은 라드의 대용품으로 1900년대부터 생산되기 시작하였다. 식물성유에 수소를 첨가하여 제조한 것은 질이 좋기 때문에 널리 이용되기 시작하였다.

쇼트닝의 특징은 무색, 무미, 무취이고 쇼트닝 효과와 크리밍성이 대단히 크기 때문에 모든 제과용으로 유용하게 이용된다. 또한 순수한 식물성유에 수소를 첨가한 것은 발연점도 높아 튀김용으로도 이용된다.

쇼트닝 중 슈퍼글리세리네이티드 쇼트닝superglycerinated shortening은 5%의 모노글리세라이드와 다이글리세라이드를 첨가하여 유화성을 증가시킨 것으로 케이크를 만들 때 지방에 대해 더 높은 비율의 설탕과 액체를 넣을 수 있도록 만든 것이다. 그러나 유화제 첨가로 인하여 발연점은 낮아져서 튀김용으로는 부적당하다.

5. 유지류의 변화 및 방지

유지류 또는 유지류가 다량 함유된 식품을 보존했을 경우나 가열하였을 경우 여러 가지 조건에 의하여 변화가 일어난다.

1) 유지류의 산패

지방을 방치하면 몇 가지 원인에 의하여 색, 맛, 냄새 등의 변화에 의한 품질 저하가 일어나는데 이러한 현상을 산패라고 한다. 특히 지방이 고도로 불포화되었거나 환경 조건이 그러한 반응을 유발하기에 적합한 경우에 산패가 일어나게 된다. 산패를 일으키는 화학적 변화는 주로 두 가지 형태로, 가수분해에 의한 것과 산화에 의한 것이 있다.

(1) 가수분해에 의한 산패

가수분해는 화학 결합이 깨어지면서 물이 결합되는 화학반응이다. 중성지방이 가수분해되면 유리지방산과 글리세롤을 생성하는데, 이 반응은 효소 라이페이스나 가열에 의해 촉진될 수 있다. 차고 젖은 상태의 음식을 튀김 기름에 넣으면 기름이 가수분해에 의해 산패되기 쉽고 역으로 지방이 가열되지 않으면 라이페이스가 활성을 유지해서 가수분해반응을 더 촉진한다. 지방의 가수분해로 생기는 유리지방산은 대체적으로 불쾌한 냄새를 내게 되어 유지의 품질을 떨어뜨린다.

$$\text{지방} + H_2O \xrightarrow{\text{효소(lipase)}} \text{글리세롤} + \text{지방산}$$

(2) 산화에 의한 산패

산화적 산패는 일부 식품에 존재하는 효소 리폭시게네이스lipoxygenase에 의해 유발될 수도 있으나, 대개는 유지가 공기와 접촉해 산소를 흡수하여 산화되는 자동산화에 의한 산패가 더 일반적이다. 산화적 산패를 받기 쉬운 것은 주로 불포화지방이며, 고도로 수소가 첨가된 지방이나 대부분 포화지방산들로 구성된 천연 지방은 이러한 화학반응에 대해 비교적 저항력이 있다.

자동산화는 보통 초기반응 단계, 연쇄반응(전파반응) 단계, 종결반응 단계 등 3단계로 진행되고 초기반응이 일어나기 전 유지가 산소를 천천히 흡수해가는 단계인 유도 기간을 가진다. 유도 기간이 지나면 유지의 산소 흡수 속도는 급속도로 증가하여 본격적인 산패가 시작된다.

초기반응 단계 $RH \rightarrow R\cdot + H\cdot$

연쇄반응 단계 $R\cdot + O_2 \rightarrow ROO\cdot$

$ROO\cdot + RH \rightarrow ROOH + R\cdot$

종결반응 단계 $R\cdot + R\cdot \rightarrow R{-}R$

$ROO\cdot + R\cdot \rightarrow ROOR$

$ROO\cdot + ROO\cdot \rightarrow ROOR + O_2$

$RO\cdot + RO\cdot \rightarrow ROOR$

그림 8-3 유지의 자동산화 단계

① 초기반응 단계

유지 분자들이 광선이나 가열, 금속, 분자 상호 간 충돌 등의 어떤 이유로 에너지를 얻어 활성화되어 결합 상태에서 떨어져 나와 유리라디칼을 생성하는 단계이다.

불포화지방산의 이중결합 부근에 느슨하게 결합되어 있는 수소 원자를 잃어버림으로써 유리라디칼(R·)이 만들어지는데 이것은 매우 반응성이 큰 상태이다.

② 연쇄반응 단계

초기반응에서 만들어진 유리라디칼이 공기 중의 산소와 빠르게 결합하여 퍼옥시라디칼peroxy radical(ROO·)을 형성하는데 이것은 다른 유지에서 수소를 얻어 하이드로퍼옥사이드(ROOH)를 형성하면서 또 다른 유리라디칼을 만든다. 이 반응은 대부분의 이중결합이 제거될 때까지 계속 반복된다. 하이드로퍼옥사이드는 계속 분해되어 연쇄반응을 지속할 수 있는 여러 가지 라디칼들을 만들어 내고 동시에 분자량이 작은 산이나 알코올, 알데하이드, 케톤 등으로 분해되어 풍미가 저하되고 산패취를 발생하게 된다.

③ 종결반응 단계

연쇄반응에서 생성된 각종 라디칼들이 서로 결합하여 중합체polymer를 형성하는 단계이다. 모든 유리기가 다른 유리기 또는 항산화제와 반응했거나 불포화지방산의 이중결합에 산소와 반응할 더 이상의 수소가 존재하지 않을 때 연쇄반응은 종결된다. 종결반응 단계가 되면 하이드로퍼옥사이드의 함량이 감소되고 유지의 불쾌한 냄새, 점도 증가, 산가 증가, 요오드가 저하 등의 특징들을 보인다. 또 알데하이드, 케톤, 산, 중합체 등의 양이 늘어난다.

이러한 유형의 산패는 유지류와 지방질 식품을 변질시키는 주된 원인이 되며, 곡류 가공품 같이 소량의 지방을 함유한 건조식품에서도 문제가 될 수 있다. 지방질 식품에서 산패가 진행되면 그 안에 들어 있는 지용성 비타민 A와 E도 산화될 수 있다.

(3) 유지의 산패에 영향을 미치는 요인

① 온도

저장 혹은 가열 온도가 높을수록 유지의 산패는 촉진된다.

② 광선

광선은 유지의 산패를 촉진한다. 특히 파장이 짧은 광선일수록 유지의 산화에 크게 영향을 미치므로 자외선과 파장이 짧은 일부 가시광선도 산패에 영향을 미친다. 광선에 의한 유지의 산패를 방지하기 위해서는 광선에 노출시키지 않도록 함은 물론 포장용기나 재질을 광선을 차단할 수 있는 것으로 선택하는 것이 좋다.

③ 산소

아주 작은 양의 산소도 유지의 산패를 유발할 수 있다. 따라서 산소나 공기의 접촉을 최소한으로 하는 것이 중요하다. 진공 포장하거나 질소나 이산화탄소 등으로 가스치환 포장, 탈산소제를 첨가하는 방법을 사용할 수 있다.

④ 금속

금속은 자동산화 과정에 생기는 하이드로퍼옥사이드의 분해를 촉진하여 라디칼의 생성 속도를 높여 산화를 촉진한다. 그러나 모든 금속의 효과가 같은 것은 아니며 구리 > 철 > 니켈 > 주석 > 아연 > 알루미늄 > 망간의 순으로 산화를 촉진한다.

⑤ 수분

유지의 산패에 관한 수분의 효과는 일관적이지 않다. 종전에는 수분은 산패를 촉진시키는 요인으로 생각되어져 왔으나 근래 소량의 수분은 식품속의 금속이온을 킬레이팅하여 줌으로써 금속이온이 산화 과정에 참여하는 것을 억제하는 것으로 알려지고 있다. 그러나 이러한 효과는 수분 함량이 많을 때는 적용되지 않으며, 많을 때는 물론 산패를 촉진한다. 또 수분은 자동산화뿐 아니라 가수분해에 의한 산패에도 사용될 수 있다.

⑥ 유지 자체의 특징

유지 자체의 불포화 정도나 불포화를 이루는 이중결합의 형태, 에스터화 정도 등이 산패의 속도에 영향을 미친다. 이중결합이 많아 불포화도가 높을수록 산화가 빨리 일어나고 트랜스형의 지방산은 시스형보다 산패 속도가 느리다. 또 지방산과 글리세롤이 에스터화되어 있을 경우 유리지방산 형태로 있을 때보다 산패가 천천히 일어난다.

2) 가열에 의한 변화

(1) 가열 분해와 발연점의 저하

유지를 고열로 가열하면 연기가 발생되며, 이 연기 중에는 아크롤레인이라는 물질이 들어 있다. 유지 속의 일부 중성지방이 분해되어 지방산과 글리세롤로 분해되고 이때 생긴 글리세롤이 탈수되면 아크롤레인이 생기는데 이 물질은 눈과 목의 점막을 자극한다.

튀김 중에 유리지방산이 생성되면 발연점이 낮아지는데 수분이 많은 식품을 다량으로 튀길 때 유리지방산의 생성 속도가 증가한다. 밀가루나 반죽 조각 같은 부유 물질도 발연점을 낮춘다. 또한 공기에 노출된 지방의 표면적이 넓을수록 발연점은 더 신속히 저하된다.

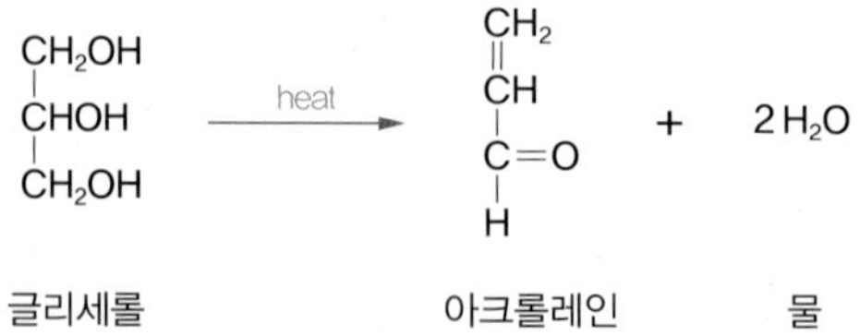

그림 8-4___ 아크롤레인의 구조

(2) 색의 암변

튀김 기름이 사용됨에 따라 색의 암변이 일어난다. 튀기는 재료의 성분이 튀김 기름의 색변화에 영향을 주게 되는데 예를 들어 감자는 튀김 기름의 색을 거의 변화시키지 않는 반면 닭은 기름의 색을 상당히 짙게 변화시킨다. 튀김 반죽의 성분도 색 변화에 영향을 주며, 반죽에 달걀노른자가 들어간 경우에 지속적으로 사용하면 기름의 색이 진해진다.

(3) 산화중합반응

기름이 가열되면서 공기 중의 산소와 반응하여 여러 가지의 산화반응 물질이 생성된다. 항산화제를 첨가한 기름 역시 고열로 가열하는 경우 항산화제의 효력이 상실된다. 산화가 과도하게 진행되면 종종 중합반응이 수반된다. 이 과정에서 작은 분자들은 결합하여 큰 분자들을 형성하게 된다. 이 반응의 생성물들은 튀김 기름에 거품이 일게 하고 점성이 있는 물질을 형성할 수도 있다. 중합이 잘 일어나는 기름은 불포화도가 높은 것, 튀김용으로 반복하여 사용한 기름 등이다.

3) 항산화제와 산패의 방지

유지는 저장 조건을 조절함으로써 급격한 산패의 진전을 방지할 수 있다.

냉장 온도에서 보존하면서 동시에 빛, 수분, 공기를 차단하면 산패 방지에 도움이 된다.

항산화제는 산화 과정에서 산소를 가로채는 역할을 하여 유지의 산패 유도 기간을 연장시켜 주거나 산패의 진전에 관계되는 연쇄반응을 중단시키는 물질이다. 항산화제는 천연 항산화제와 합성 항산화제로 나누는데 천연 항산화제는 몇몇 식품 특히 종자류 등에 자연적으로 존재하는 화합물이다. 예를 들어 토코페롤은 식물성 기름을 얻을 수 있는 종자류에 천연적으로 존재하는 효과적인 항산화제이다.

합성 항산화제는 대부분 페놀기를 가진 물질로 지방산에 수소를 제공하고 자신이 산화되는 환원제이다.

(1) 천연 항산화제

① 토코페롤

일종의 페놀화합물로 대두유, 옥수수유, 참깨유 등에 많이 존재하는 비타민 E이다. 수산기가 붙는 위치와 수에 따라 α, β, γ, δ의 네 종류가 존재하며 항산화력은 $\delta > \gamma > \beta > \alpha$의 순이다. 항산화력은 생체 내에서의 활성 강도와는 일치하지 않는다.

불포화도가 높아 산화에 취약한 식물성 유지에 많이 함유되어 산화안정성을 돕는다.

② 고시폴

면실유 중에 다량 존재하며 강력한 항산화력을 가지기는 하나 독성이 강하므로 반드시 정제하여 독성 물질을 제거하여야 한다.

③ 세사몰

참깨에 들어 있는 세사몰린sesamolin의 배당체로 존재하는 천연 항산화제이다.

④ 레시틴

인지질의 일종으로 대두유와 옥수수유에 다량으로 존재하나 항산화력이 강하지는 않다.

⑤ 폴리페놀류

폴리페놀화합물 중 항산화력으로 가장 주목받는 물질은 녹차에 들어 있는 카테킨이다.

⑥ 기타

헤스페리딘hesperidin, 퀘르세틴quercetin, 루틴rutin 등 귤, 양파, 메밀 등에서 발견되는 플라보노이드도 당과 결합하는 배당체로 존재하면서 항산화력을 가진다.

(2) 합성 항산화제

산패를 지연시키기 위해 유지에 항산화제를 첨가하는 것은 상업적으로 중요한 일이며, FDA에 의해 이러한 목적으로 허가된 물질에는 butylated hydroxyanisoleBHA, butylated hydroxytolueneBHT, tertiary butyl hydroquinoneTBHQ 및 propyl gallate PG 등이 있다. 식용 유지나 지방식품에 사용되는 이들 합성 항산화제는 대부분 페놀계 물질로 과량 사용하면 독성을 유발할 수 있으므로 사용량과 사용 식품이 규제를 받고 있다.

구연산 같은 물질들은 상승제로서 항산화제와 함께 식품에 사용될 수 있다. 상승제는 항산화제와 함께 사용할 때는 그 효과를 증진시키지만 단독으로 사용하게 되면 그다지 효과가 없다. 지방의 변질을 방지하는 것은 정제된 유지뿐만 아니라 지방 함량이 높은 다른 식품들, 예를 들면 육류 가공품, 건조된 전곡의 곡류 제품, 견과류, 지방이 많이 함유된 과자류, 감자칩, 가루 믹스 제품 등에 있어서도 중요한 문제이다.

6. 유지류의 조리

유지류는 조리에 있어서 여러 가지 용도로 사용된다. 예를 들면 조리에 있어서 식품에 열을 전달하는 매체, 연화제, 유화제, 음식 맛의 증진제 등으로 이용된다.

1) 열전달 매체 작용

유지는 물보다 훨씬 높은 온도로 가열될 수 있는 물질이므로 효율적인 에너지 전달 매체이다. 뿐만 아니라 특유한 향기와 맛, 색을 내어 식품의 외관을 좋게 하고 식욕을 증진시킬 뿐 아니라 수용성 영양소의 손실을 최소화하여 영양가의 손실도 적다.

튀길 때 식품은 몇 단계를 거쳐서 빠르게 조리되는데 수분 증발, 기름의 흡유, 마이야르 반응으로 인한 껍질의 색 형성, 완전한 내부 조리의 순으로 변화가 일어난다. 즉 튀긴 음식의 표면이 바삭한 것은 식품 표면의 수분이 증발되고 기름이 흡유되어 표면이 기름으로 둘러싸이기 때문이다.

(1) 튀김용 기름

튀김용의 기름은 발연점이 높은 것을 택해야 한다. 유지의 발연점은 그 천연 조성과 가공 방법에 따라 달라진다. 대부분의 액체유는 고도로 정제, 탈취되어 228℃ 이상의 비교적 높은 발연점을 갖는다. 수소를 첨가한 쇼트닝의 경우에는 유화제를 첨가하지 않은 것은 220~232℃의 발연점을 가지나, 대부분의 시판 쇼트닝은 다목적용으로 모노글리세라이드 혹은 다이글리세라이드가 유화제로서 첨가되어 있다. 유화제를 첨가하면 발연점이 낮아진다. 이러한 경우에 처음에 나는 연기는 지방 자체의 분해에 의한 것이 아니라 유화제로부터 발생되는 것이다. 따라서 유화제가 분해되고 나면 발연점이 다소

표 8-3 유지의 발연점

유지의 종류	발연점(℃)	유지의 종류	발연점(℃)
대두유	225	해바라기유	213
면실유	229	조제(crude) 올리브유	160
정제 코코넛유	232	엑스트라 버진 올리브유	208
옥수수유	227	정제 올리브유	242
참기름	178	버터	180
정제 낙화생유	230	라드	183~205
카놀라유	243	쇼트닝	180~220

상승하게 된다.

(2) 가열 온도 및 시간

기름은 비열이 낮기 때문에 온도가 쉽게 상승하고 쉽게 저하된다. 그러므로 기름의 온도에 주의하여야 한다. 내용물을 익히지 않고 표면만 익히고자 할 때는 고온에서 단시간 조리하고 재료 내용을 충분히 익히기 위해서는 저온에서 서서히 익힌다. 튀김을 할 때는 심한 온도 변화를 막기 위하여 두꺼운 금속으로 된 직경이 좁은 팬을 사용하는 것이 좋다. 두꺼운 금속으로 된 용기에 많은 양의 기름을 넣고 일정한 온도에 도달한 기름에 식품을 넣으면 기름 온도의 변화는 적다. 그러나 얇은 용기에 적은 양의 기름을 넣고 일정한 온도에 도달한 기름에 식품을 넣으면 온도의 변화가 심하여 일정한 온도로 회복하는 데 시간이 걸린다. 특히 팬의 열 용량, 기름의 열 용량에 비하여 재료의 열 용량이 클 경우에는 온도의 회복이 늦다.

(3) 튀김 기름의 감소 및 기름의 흡수

가열되는 동안 기름은 분해되어 휘발성 물질을 생성하거나 비산하여 감소되기도 하지만 기름의 양이 감소하는 데 가장 큰 원인은 식품 재료에 흡수되기 때문이다. 튀긴 음식에서 기호성을 결정하는 중요한 요소는 흡유량인데 흡유량이 지나치게 많으면 입 안에서의 느낌과 맛이 나빠지며 소화 속도가 느려진다. 기름은 기름의 온도와 가열 시간, 식품 재료의 표면적, 재료의 성분과 성질 등에 따라 달라진다. 조리 시간이 길거나 식품의 표면적인 클수록, 튀기는 온도가 낮을수록 흡유량이 증가한다. 식품 중의 당, 지

튀김 음식을 할 때 주의할 점

① 한꺼번에 너무 많은 식품을 넣지 않는다. 온도 상승의 회복이 늦어서 흡유량이 늘어난다.
② 수분이 많은 식품은 미리 어느 정도의 수분을 제거시킨다. 수분 함량이 많은 식품은 기름의 온도를 저하시키기 때문이다.
③ 튀김망을 사용하는 것이 이물질을 쉽게 제거시킬 수 있어서 좋다.
④ 온도가 조절되는 튀김기를 사용하면 온도가 낮게 떨어져 과량의 기름이 흡수되는 것을 방지할 수 있다.
⑤ 기름을 사용하다보면 기름의 색이 검게 변하고 기름의 양도 줄어드는데 이때 사용하던 기름에 새 기름을 첨가하는 것은 좋지 않다. 사용 횟수가 서로 다른 기름을 섞지 않도록 한다.
⑥ 튀긴 후 사용한 기름을 재사용하려면 반드시 식힌 후 이물질을 걸러 밀폐용기에 보관한다. 특히 철제 팬에 동물성 식품을 튀겼으면 식품 중에 포함된 헤모글로빈과 철화합물이 산화 촉매작용을 하여 산화가 촉진되므로 반드시 다른 용기에 담아 보관하도록 한다.

방, 수분, 달걀 등은 기름의 흡유량을 많게 한다. 밀가루 중의 글루텐은 흡유량을 감소시키는 경향이 있어 강력분을 사용했을 때보다 박력분을 사용했을 때 흡유량이 좀 더 많아진다.

(4) 튀김 용기

스테인리스 스틸로 된 기구를 사용한다. 철, 구리 또는 합금은 산패를 촉진시킨다. 표면적이 좁고 깊은 튀김기에 1/2~3/4 정도만 기름을 채우는 것이 좋다.

2) 연화 작용

밀가루 제품에서 유지의 중요한 역할은 글루텐 섬유의 길이를 짧게 해주어 연화시키는 것이다. 이 연화 작용은 서로 다른 글루텐 섬유들을 물리적으로 분리시켜 서로 결합하지 못하도록 방해하는 층을 형성함으로써 이루어진다. 유지를 많이 넣고 반죽한 크래커나 페이스트리, 비스킷 등이 바삭바삭하고 층이 생기는 것은 유지가 작용하여 글루텐을 연화시켰기 때문이다. 또 유지가 많이 들어간 케이크는 한결 부드러운데 역시 유지의 연화 작용 때문이다. 이와 같이 유지가 연화 작용을 하는 정도를 쇼트닝 파워라고 한다.

효과적으로 연화시키기 위해서는 유지가 잘 퍼지거나 입혀지고spread or coat 밀가루에 잘 달라붙는 성질이 있어야 한다.

유화제가 함유된 유지는 반죽 내에서 작은 지방구들이 잘 분산되도록 도와 유화제를 사용하지 않은 경우보다 부피가 증가되고 질감이 더 부드러워진다.

(1) 유지의 가소성과 연화 작용

가소성이 있는 유지에서 중성지방 분자의 일부는 액체 형태로 존재하고 일부는 고체 형태로 결정화되어 있다. 유지 내에 고체와 액체상이 공존함으로써 유지에 힘이 가해졌을 때 부서지거나 쪼개지지 않고 잘 성형될 수 있다. 가소성이 큰 유지일수록 더 잘 퍼지므로 밀가루의 표면에 더 잘 분산된다. 가소성을 가지지 않더라도 불포화지방산을 많이 함유한 식물성 유지는 쇼트닝 파워가 커서 연화 작용이 큰 반면 지나치게 단단한 유지는 잘 퍼지거나 분산되지 않아 연화 작용이 약하다.

가소성(Platicity)

가소성은 일정 온도에서 유지가 갖는 부드러운 정도에 관한 물리적 특성으로 외부의 자극에 반응하여 형성한 형태를 유지하는 능력이다. 가소성을 가진 버터나 쇼트닝은 크리밍 과정에서 공기를 다량 포함한다. 참기름은 가소성을 가지지 않으나 쇼트닝 파워가 커서 약과의 부드러움에 기여한다.

(2) 쇼트닝 파워에 영향을 주는 요인

① 온도

온도는 유지의 퍼짐성과 가소성에 영향을 주는데, 버터의 경우 22~28°C에서 가장 가소성이 크고 18°C에서는 가소성이 낮아지며 고온에서는 버터가 매우 부드러워지거나 완전히 녹게 된다. 일반적으로 융점보다 높은 온도에서 잘 퍼져 글루텐의 표면을 잘 둘러싸므로 쇼트닝 파워가 커질 수 있다.

② 지방의 양

다른 비율이나 조건들을 표준화시킨다면 반죽 내에서 유지의 양이 많을수록 쇼트닝 파워는 커진다. 한 가지 유지를 다른 것으로 대체하는 경우에 이 점을 고려해야 한다. 즉 버터나 마가린은 지방 함량이 약 80~82% 정도이고 16%는 수분인데 비해 라드, 경화유지 등은 지방 함량이 100%이므로, 지방 함량이 높은 유지를 지방 함량이 낮은 유지로 대체할 때 단지 동일한 무게로 한다면 구운 가루 제품의 연한 정도에 영향을 주게 된다.

③ 반죽 내의 다른 재료

우유나 달걀 단백질의 경우 유화될 때 일부 유지를 사용하기 때문에 쇼트닝 작용을 하게 될 유지의 양이 감소하게 되어 쇼트닝 파워를 떨어뜨린다.

3) 유화 작용

유화란 물과 기름처럼 서로 섞이지 않는 두 가지 물질이 섞여 잘 분산된 상태를 말한다. 한 액체가 작은 입자가 되어 다른 액체에 분산된 상태로 존재하는데 이러한 상태의 액체를 유화액이라 하고 유화액을 만들기 위해서는 유화제가 필요하다.

(1) 유화형

유화액에는 두 가지 형태가 있다. 그중 하나는 연속상이 기름이고 분산상이 물인 유중수적형water in oil emulsion, W/O이고, 다른 하나는 연속상이 물이고 분산상이 기름인 수중유적형oil in water emulsion, O/W이다. 버터나 마가린은 유중수적형 유화액이고, 우유나 마요네즈는 수중유적형 유화액이다.

(2) 유화제

유화제는 친수성기와 소수성기를 동시에 가지고 있는 물질이다. 소수성기로는 기름 입자의 표면을 싸서 기름 입자들끼리 결합하는 것을 방지하고, 친수성기로는 물과 결합하여 섞일 수 없는 두 물질 사이에서 교각의 역할을 한다. 천연 물질로 가장 일반적인 유화제로는 난황의 레시틴이 있으며 우유의 유청 단백질, 젤라틴, 녹말 등도 다소간의 유화력을 가지고 있다. 식품공업에서 합성되어 사용되는 유화제는 솔비탄 지방산 에스터, 설탕 지방산 에스터, 모노글리세라이드, 다이글리세라이드 등이 있다.

(3) 유화액의 종류와 안정성

유화액에는 우유, 크림, 버터, 난황과 같이 지방구가 미세하여 자연적으로 유화 상태에 있는 식품이 있고, 기름과 물을 혼합하여 흔들거나 젓거나 하여 인공적으로 유화액을 형성시켜 이용하는 것이 있다.

이러한 식품 유화액에는 마요네즈와 샐러드드레싱, 소스, 그래비, 푸딩, 케이크 반죽 등이 있다. 그 밖에 땅콩 버터, 과자, 냉동 후식, 소시지 같은 식품의 가공 시에 유화액

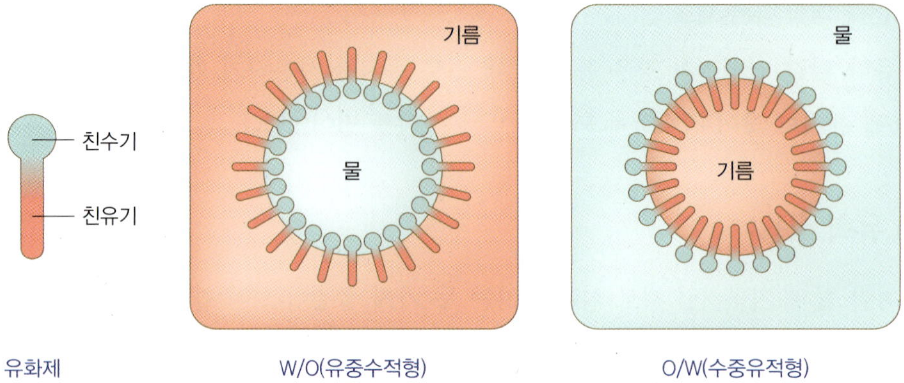

그림 8-5__ 유화제와 유화액의 형태

이 형성된다. 일단 유화가 이루어져도 장시간 방치했을 때 분산상의 작은 입자가 응집하여 떠오르거나 침전하여 유화가 깨지기도 한다. 안정된 유화액 상태를 만들려면 연속상과 분산상의 비중을 비슷하게 하고, 분산상의 입자를 작게 하는 것이 좋다. 또 연속상의 점도를 높게 하여야 분산상의 이동이 어려워져 뭉치기 어렵게 되므로 안정된 유화액을 만들 수 있다. 입자의 표면에 적당한 전하를 띠게 되면 전하의 반발력이 분산에 도움을 준다. 유화가 지속되는 기간을 기준으로 유화액의 종류를 나눌 수 있다.

① 일시적 유화액

프렌치드레싱과 같이 기름과 수분뿐이고 이들을 연결시키는 유화제가 없어서 흔들거나 저어주는 순간에만 유화 상태였다가 중지하면 유화는 분리된다. 따라서 사용할 때마다 흔들어서 사용하여야 한다. 일시적 유화액은 대부분 점도가 낮다.

② 반영구적 유화액

부드러운 요구르트와 비슷한 점도를 가지는 상태이며 상업적으로 판매되는 각종 샐러드드레싱류 등이 여기에 속한다.

③ 영구적 유화액

마요네즈와 같이 유화제를 넣고 유화시킨 안정성이 있는 유화액을 영구적 유화액이라고 한다. 영구적 유화액은 대부분 점도가 높은 상태인데 점도가 높을수록 분산되어 있는 기름 입자의 이동이 어려워지므로 안정한 유화 상태를 유지하기에 유리하다.

단원 정리

지방 구성 탄소, 수소, 산소 등의 세 종류의 원소로 구성되고 구조상으로는 1분자의 글리세롤에 3분자의 지방산이 결합

지방의 융점 지방산 탄소 사슬의 길이, 포화 정도, 시스-트랜스 구조, 결정 구조 등에 영향을 받음

지방의 조리 시 기능 열전달 기능, 연화 과정, 유화 작용 등의 기능

발연점 유지 가열 시 푸른 연기가 나기 시작하는 온도로, 유리지방산의 함량, 기름의 표면적, 이물질의 존재, 사용 횟수 등에 영향을 받음

유지의 가열 가열 분해와 발연점의 저하가 일어나고, 색의 암변, 산화중합반응 등이 발생

유지류의 산패 효소나 가열에 의해 촉진되는 가수분해 의한 산패와 공기 중 산소 흡수에 의한 자동산화가 주를 이루며 온도, 광선, 산소, 금속, 수분 등과 유지 자체의 특성에 영향을 받음

단원 문제

1 지방산의 융점에 영향을 주는 요인에 대해 설명하시오.

2 동질이상(polymorphism)에 대해 설명하시오

3 산패란 무엇이며 가수분해에 의한 산패와 산화적 산패의 차이에 대해 설명하시오.

4 식품 조리와 관련된 지방의 기능에 대해 설명하시오.

5 도넛의 구멍은 튀김의 조리원리와 어떤 관계가 있는지 설명하시오.

6 튀김 시 튀김 기름에는 어떤 변화가 일어나는지 설명하시오.

7 유화제의 역할은 무엇인지 설명하시오.

8 유지 제품에 항산화제가 필요한 이유는 무엇이며 어떤 종류가 있는지 설명하시오.

9 버터가 상온에서 반고체 상태로 존재하는 이유는 무엇인지 설명하시오.

10 식품의 예를 들어 수중유적형 유화액을 설명하시오.

Chapter 9

채소류

학습
목표

1. 채소의 구조를 설명할 수 있다.
2. 채소류의 분류에 따른 종류를 이해할 수 있다.
3. 색소의 종류와 조리 과정에서 일어나는 변화를 알 수 있다.

채소는 인류가 오랫동안 식용으로 이용하면서 세계적으로 800여 종의 종류를 재배하고 있고 원산지는 중앙아시아, 지중해, 아메리카 대륙 등이다. 수분 함량이 80~95%이며 다양한 비타민과 무기질의 중요한 공급원이다. 또한 다양한 색과 풍미로 식욕 촉진 등의 기능을 갖는다.

1. 채소류의 분류

채소를 사용하는 부위에 따라서 잎, 줄기, 뿌리, 구근, 열매, 꽃 등으로 분류하고 이를 엽경채류, 근채류, 과채류, 화채류로 분류한다.

1) 엽경채류

대부분의 잎채소의 경우 잎과 줄기를 함께 사용하기 때문에 엽경채류로 부른다. 죽순,

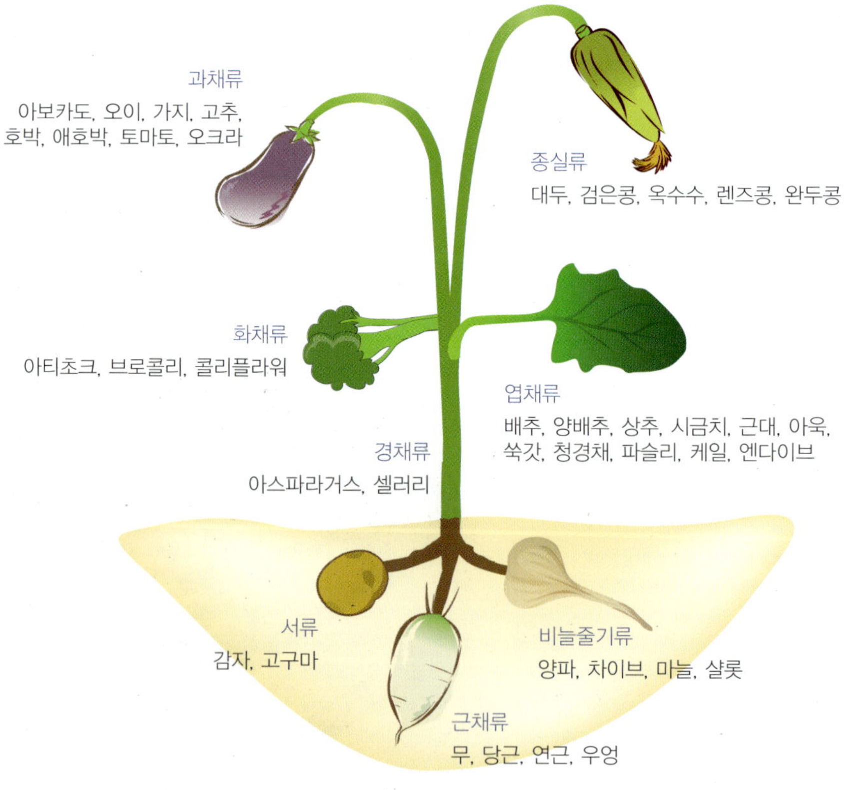

그림 9-1___ 채소류의 분류

아스파라거스, 땅두릅 등의 줄기를 먹는 경채와 배추, 양배추, 양상추, 쑥갓 등의 잎을 먹는 엽채로 구성되어 있다. 수분이 90% 이상 함유되어 있지만 당질의 함량은 낮다. 단백질과 지방 역시 극히 소량이거나 거의 들어 있지 않다. 그러나 엽채류는 비타민 A, 리보플라빈, 아스코브산ascorbic acid 등의 비타민과 철분, 칼슘 등 무기질의 좋은 급원이다.

2) 화채류 및 과채류

꽃이 채소로 이용되는 종류는 콜리플라워, 브로콜리, 아티초크 등이며 과일이 채소로 이용되는 종류는 호박, 오이, 가지, 고추, 토마토 등이다. 일반적으로 이들 채소는 수분 함량이 엽채류보다 낮아서 80~82% 정도이며 당질은 15%가량 함유되어 있다. 그러나 오이, 토마토, 풋고추 등은 수분 함량이 높아 90% 이상이다. 당질은 전분과 당분의 상태로 존재한다. 토마토, 풋고추, 브로콜리는 특히 비타민 C의 함량이 높을 뿐 아니라 풋고추, 브로콜리와 같이 푸른색을 가진 채소는 비타민 A, 비타민 B_2, 칼슘 및 철분을 다량 함유하고 있다. 콜리플라워와 콜라비는 비타민 C의 좋은 급원이다.

3) 근채류

뿌리줄기부에 당질을 저장하므로 이 종류에 속하는 채소는 일반적으로 수분 함량이 낮은 대신 당질 함량이 높으며 감자, 고구마 등에는 당질이 전분 형태로 함유되어 있고 무, 당근, 비트 등에는 당분으로 존재한다. 저장성이 있어서 저장 온도와 습도만 조절하면 상당한 기간 신선하게 저장할 수 있다. 당근과 고구마는 비타민 A의 좋은 급원 식품이며 신선한 감자와 고구마는 비타민 C를 다량 함유하고 있다. 감자는 전분 식품으로 일부 지역에서는 에너지의 급원 식품으로 중요시하고 있다.

4) 종실류

씨 부분을 채소로 이용하는 것으로 완두콩, 청대콩 등이 있다. 이들 채소에는 당질이 전분과 당분의 상태로 존재하며 비타민과 무기질이 풍부하고 특히 다른 채소와 달리 단백질이 많이 들어 있다.

2. 채소류의 구조

식물의 구조는 세포벽, 색소체, 액포로 구성되어 있고 그림 9-2에 나타낸 바와 같다. 세포벽은 셀룰로스, 헤미셀룰로스, 펙틴 및 비셀룰로스성 다당류를 포함하는 복잡한 탄수화물로 구성되어 있고 세포벽과 세포벽 안쪽 사이는 얇은 원형질막이 존재한다. 세포벽은 섬유질로 구성되어 있고 물질을 선택적으로 투과시키는 역할을 하는데 이에 관여되는 주요 성분은 셀룰로스이다. 색소체에는 엽록체, 유색체 및 백색체 등이 있으며 엽록체에는 클로로필이 있고, 유색체는 카로티노이드 색소를 지니고 있다. 백색체는 색소를 포함하지는 않으며 전분이 만들어져 저장되는 기능을 지닌다. 액포는 세포 내에서 주위의 원형질로부터 구분된 얇은 막으로 둘러싸인 공간으로 수용액이 채워져 있는데 당, 유기산 등 다양한 향미 성분을 포함하고 있고 플로보노이드 색소와 단백질 등이 있다.

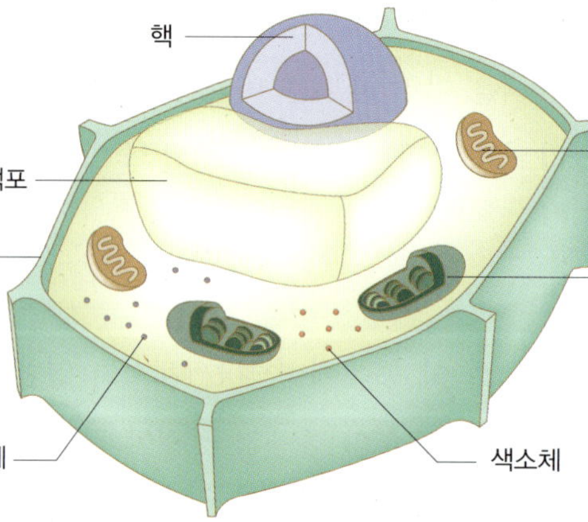

그림 9-2__ 채소류의 세포 구조

3. 채소류의 구성 성분

1) 채소류의 영양 성분

채소류는 표 9-1에서 나타난 바와 같이 수분 함량이 90% 이상을 차지하며 쑥과 같이 수분 함량이 적은 채소를 제외하고는 100 g당 30 kcal 미만이다. 대신 비타민이 풍부하게 들어 있다. 채소류는 비타민 A와 비타민 C의 함량이 비교적 많고, 당질의 함량

표 9-1 채소류의 성분 함량(100 g 중)

식품명	열량 (kcal)	수분 (g)	단백질 (g)	지질 (g)	탄수화물 (g)	회분 (g)	무기질				비타민					폐기율 (%)
							칼슘 (mg)	인 (mg)	철 (mg)	염분 (mg)	A (μg)	B_1 (mg)	B_2 (mg)	니아신 (mg)	C (mg)	
가지	15	93.9	1.13	0.03	4.36	0.58	16	35	0.26	0	52	0.03	0.16	0.36	0	4
갓	32	87.8	3.5	0.2	7.3	1.2	193	59	2.7	33	1183	0.24	0.16	1.2	135	-
당근	25	91.1	1.02	0.13	7.03	0.72	24	42	0.28	23	5516	0.04	0.06	0.9	3	3
무	13	95.3	0.63	0.09	3.36	0.62	23	37	0.18	6	0	0.06	0.02	-	7	-
미나리	19	92.8	2.2	0.2	3.8	1.0	55	50	2	18	1320	0.15	0.16	0.6	15	12
상추	15	93.8	1.1	0.3	3.6	1.2	95	42	1.6	36	1040	0.11	0.31	0.4	-	-
셀러리	14	93.9	1.04	0.07	3.95	1.04	88	36	0.28	70	683	0.04	0.09	0.8	11	2
시금치	30	89.4	3.1	0.5	6	1	40	29	2.6	54	2876	0.12	0.34	0.5	60	-
쑥	32	87.3	3.4	0.38	7.04	1.88	109	69	8.14	3	4153	0.03	0.38	0.6	7	0
쑥갓	14	94.6	1.93	0.17	2.35	0.95	91	36	0.79	145	2472	0.03	0.09	0.15	10	0
아스파라거스	20	93.6	1.85	0.53	3.51	0.51	22	53	0.5	4	321	0.12	0.13	0.8	5	0
양배추	26	89.7	1.68	0.08	7.92	0.62	45	35	0.27	8	13	0.03	0.03	0.6	20	11
양파	20	92	0.95	0.04	6.68	0.33	15	27	0.2	3	2	0.03	0.01	0.1	6	2
오이(개량종)	12	95.2	1.22	0.02	3.05	0.51	18	39	0.2	3	61	0.002	0.03	0.1	11	0
죽순	23	91.6	3.48	0.22	3.77	0.93	14	66	0.39	0	14	0.04	0.16	0.3	8	58
파(생)	22	91.4	1.2	0.2	6.7	0.5	25	26	1	17	8	0.02	0.04	0.3	11	13
풋고추	23	91.1	1.71	0.19	6.42	0.58	15	38	0.5	1	458	0.01	0.08	0.56	44	5
호박(애호박)	17	93.1	1.07	0.09	5.14	0.6	15	36	0.23	4	270	0.04	0.08	0.3	3	4

자료 : 농촌진흥청 국립농업과학원, 국가표준식품성분 DB 9.2, 2020

이 적다. 과채류의 경우에는 당질이 함량이 비교적 많고 구근류는 당질이 가장 많다.

2) 채소류의 색소 성분

(1) 녹색 채소(클로로필계 색소)

채소의 녹색은 식물 세포의 엽록체에 존재하는 클로로필 색소에 기인한다. 클로로필 색소는 다른 색소에 비해 조리 과정에서 영향을 크게 받아 변화한다.

그림 9-3에서 보는 바와 같이 클로로필은 분자의 중심에 Mg^{2+}을 두고 4개의 피롤그룹pyrrole group이 메틴 브릿지methine bridge로 결합되어 포피린 고리porphyrin ring를 형

표 9-2__ 식물 색소의 분류

급원	용해성	색소		
식물성 색소	지용성	클로로필계(chlorophyll)	클로로필a 클로로필b	
		카로티노이드계(carotenoids)	카로틴(carotene)	α-카로틴 β-카로틴 γ-카로틴 라이코펜(lycopene)
			잔토필(xanthophyll)	루테인(lutein) 제아잔틴(zeaxanthin) 크립토잔틴(cryptoxanthin) 캅산틴(capsanthin) 크로세틴(crocetin)
	수용성	플라보노이드계(flavonoid)	안토사이아닌(anthocyanin) 안토잔틴(anthoxanthin)	
		폴리페놀계(polyphenol)	타닌류(tannin)	

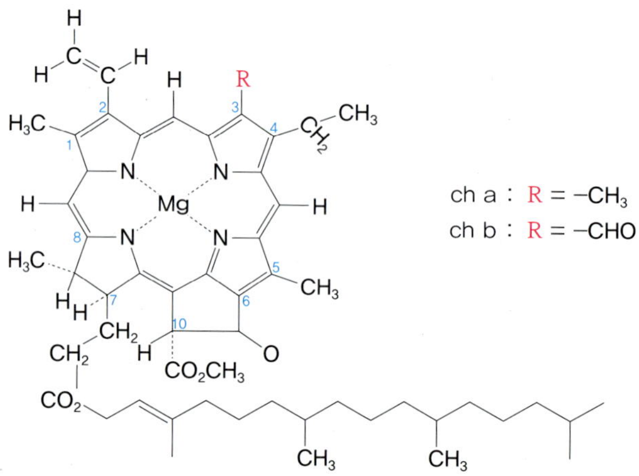

그림 9-3__ 클로로필의 구조

성하고 있다. 이 구조는 적색소인 헤민그룹hemin group과 유사하다. 피톨 알코올phytol alcohol이 한 개의 피롤그룹과 에스터ester로 결합되어 있으며 피톨의 긴 탄소 사슬에 인해 클로로필은 지용성 성질을 갖는다.

클로로필에는 a형과 b형이 있는데 a형은 청록색, b형은 황록색의 색감을 지니며 자연계에는 약 3대 1의 비로 존재한다.

클로로필의 분자 내에 존재하는 Mg^{2+} 이온은 산성 용액에서 가열하면 H^+ 이온과 쉽게 치환되어 퇴색된 녹회색인 '페오피틴 a'나 올리브색인 '페오피틴 b'를 형성한다.

클로로필 구조 중에서 에스터 결합을 하고 있는 피톨그룹phytyl group이 효소 클로로필레이스chlorophylase에 의해 가수분해되면 수용성인 클로로필라이드chlorophyllide를 형성한다. 즉 녹색 채소를 오래 방치하면 조직 내의 클로로필레이스가 작용하여 클로로필의 에스터 결합을 분리시킨다. 따라서 녹색 채소를 물에 데치면 수용성인 클로로필라이드가 침출되어 조리수를 푸르게 물들인다.

(2) 등황색 채소(카로티노이드계 색소)

카로티노이드계 색소는 등황색을 지니고 있는데 클로로필과 같이 존재하면 클로로필에 가려 그 등황색을 나타내 보이지 못하는 경우도 있다. 카로티노이계 색소는 당근, 고구마, 노란 호박뿐만 아니라 푸른색 채소에도 들어 있다. 토마토의 적색은 라이코펜lycopene으로 카로티노이드계 색소이다.

카로티노이드계 색소는 지용성이어서 물에는 용해되지 않으나 기름에는 용해된다. 조리

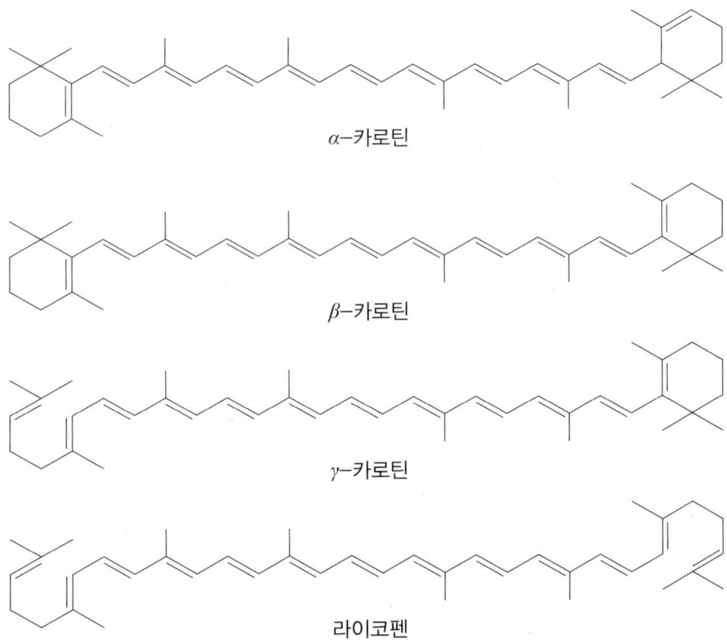

그림 9-4 카로틴류의 구조

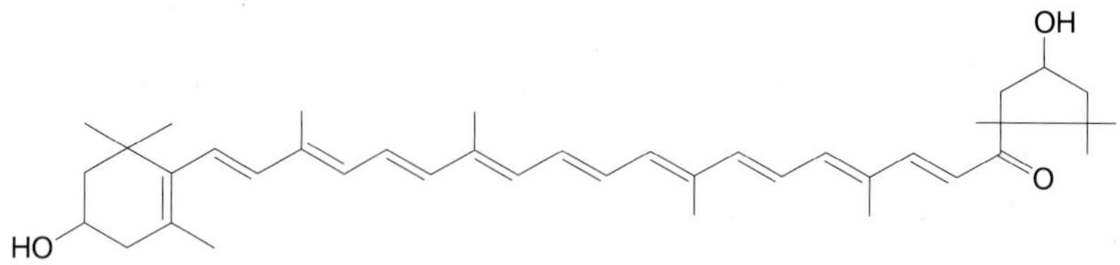

캡산틴(capsanthin)

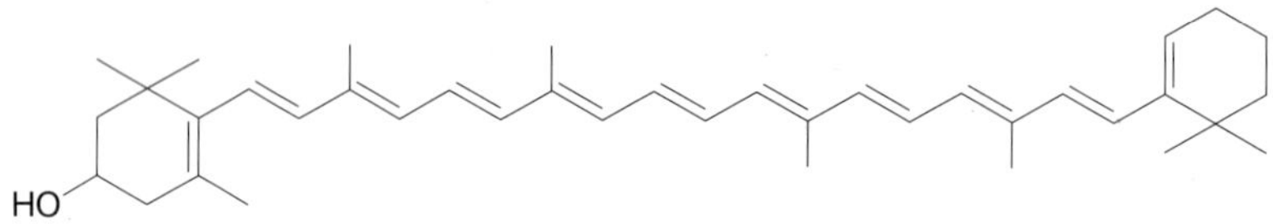

크립토잔틴(cryptoxanthin)

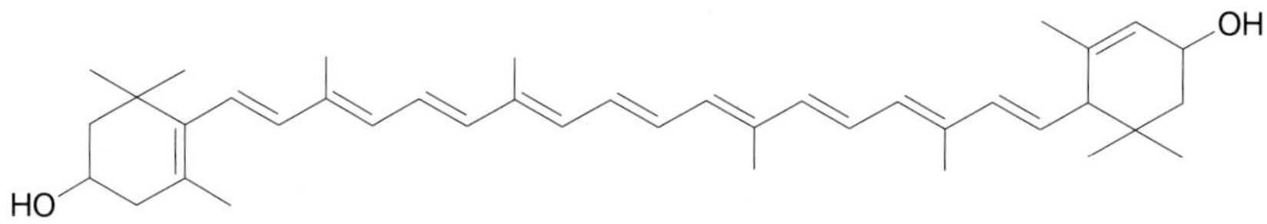

루테인(lutein)

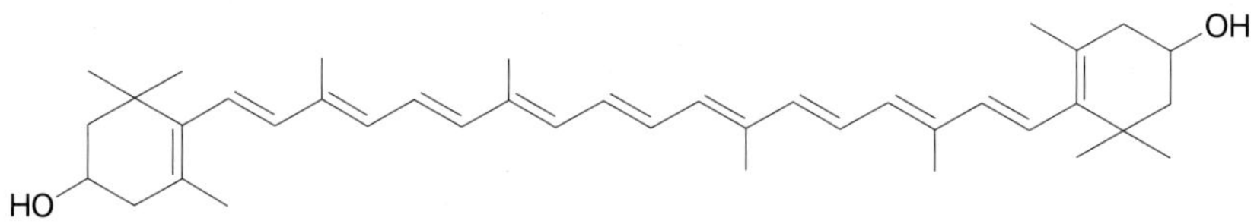

제아잔틴(zeaxanthin)

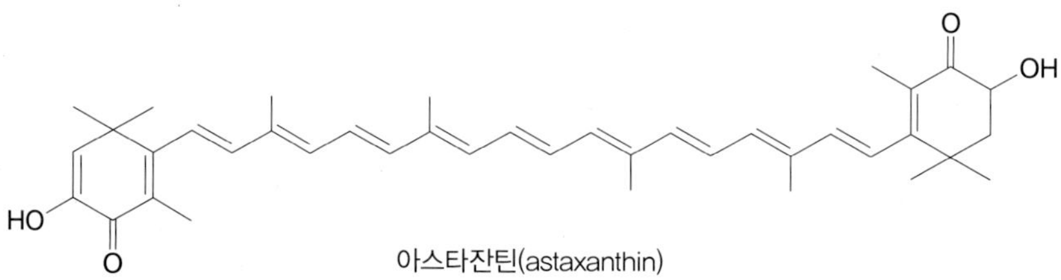

아스타잔틴(astaxanthin)

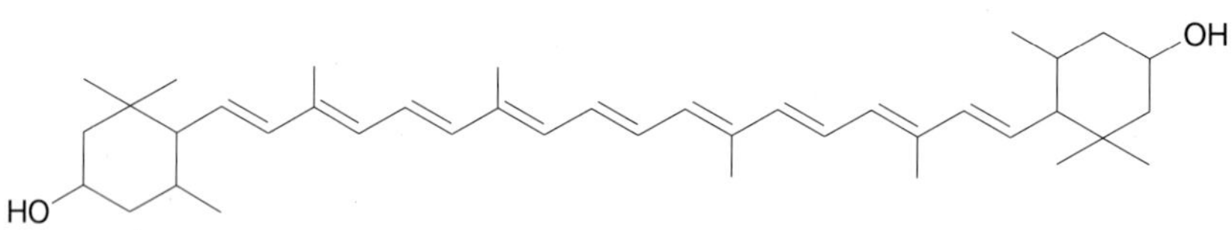

비올라잔틴(violaxanthin)

그림 9-5___ 잔토필류의 구조

과정에서는 비교적 안정한 색소이며, 당근과 같이 이 색소를 많이 함유한 채소를 기름에 볶을 때에는 용해되어 침출되는 것을 볼 수 있다. 카로틴carotene은 비타민 A의 전구체이다. 산화되기 쉬우므로 신선할 때 비타민 A의 효과가 높다.

(3) 적색 채소(안토사이아닌계 색소)

당근, 자색 양배추, 비트, 가지 등 채소의 적·자색은 안토사이아닌계 색소이며 세포액 내에 용해되어 있으므로 세포의 반투막을 통해 침출되어 나온다.

수용성인 이 색소는 산에 안정하여 색 자체를 더욱 선명하게 유지하나 알칼리나 금속과 반응하면 적색은 자색으로 변하고 점차 변색이 진행되면 청색과 녹색으로 변한다.

(4) 백색 채소(안토잔틴계 색소)

감자, 무, 배추 줄기, 양배추 속, 양파, 콜리플라워 등의 백색과 담황색은 안토잔틴 anthoxanthins계 색소에 속한다. 이 색소는 물에 쉽게 녹으나 백색이므로 눈에 띄지 않는다. 산에는 안정하나 알칼리와 반응하면 노르스름하게 된다. 양배추, 콜리플라워, 양

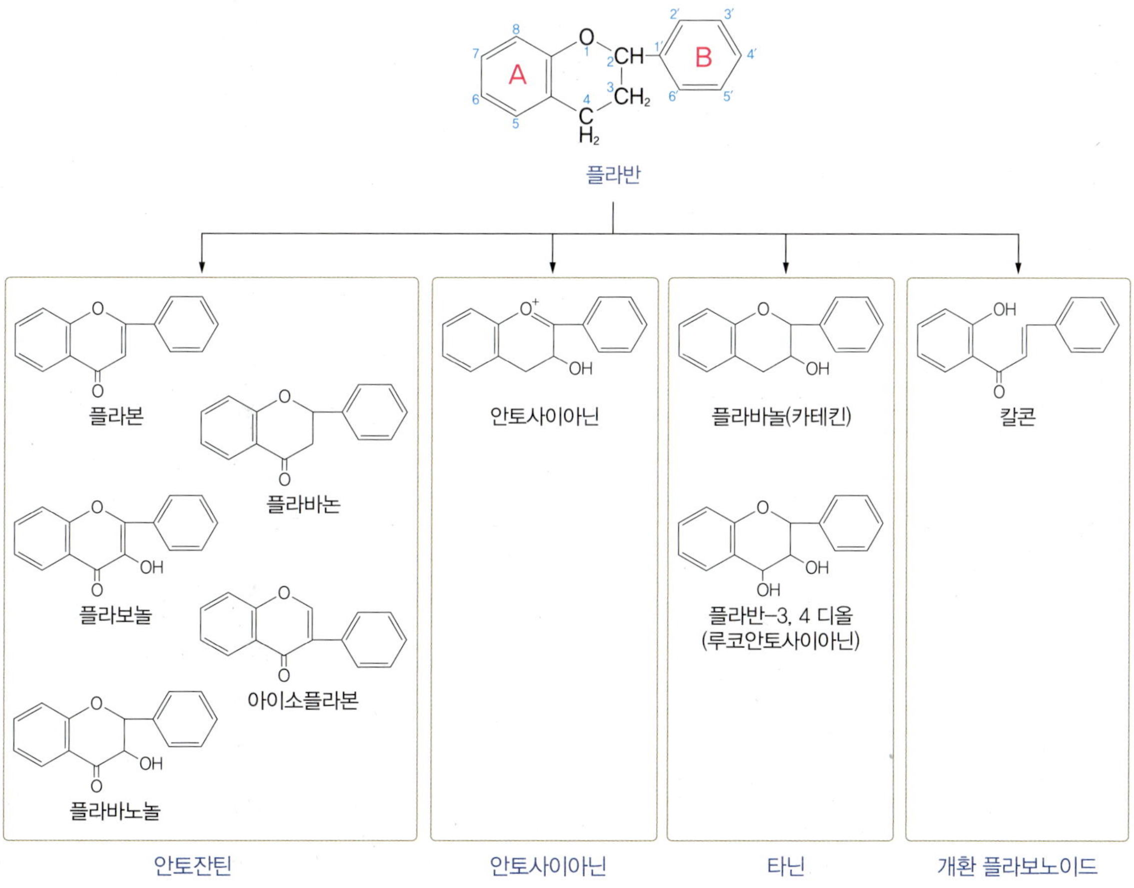

그림 9-6 플라보노이드의 구조

파 등에는 안토잔틴의 일종인 플라보놀 색소가 함유되어 있다.

3) 채소류의 구조 형성 성분

생채소는 빳빳하고 아삭아삭한 질감을 지니고 있으나 시들거나 가열하게 되면 식물 세포의 원형질과 세포막이 변성된다. 충분히 수분을 함유하고 있던 생세포는 확산에 의해서 수분을 상실하게 되며, 이로 인해 부피와 무게가 줄게 된다. 그러나 감자, 고구마와 같은 전분 함량이 높은 채소는 예외이다. 가열에 의해서 세포막이 변성되고, 세포 간에 존재하는 불용해성인 프로토펙틴이 용해성 펙틴으로 전환됨으로써 채소는 매우 연하게 된다.

(1) 리그닌

리그닌은 식물의 목질부를 형성하는 주요 물질이다. 리그닌은 셀룰로스, 헤미셀룰로스 등과 결합되어 있으며 기본 구성 단위는 phenylpropane이고, 식물의 생육 기간과 함량이 비례한다. 리그닌은 다량의 메칠기(14~21%)를 함유하고 있는데, 알칼리에는 불안정하나 산에는 안정하며 동물에 의해 소화되지 않는다.

(2) 셀룰로스

셀룰로스는 식물체의 세포벽 골격을 형성하는 주성분이다. D-글루코스가 β-1,4와 결합한 곧은 사슬상의 다당류이며, 식물체의 거의 절반을 차지하고, 모든 유기물 내에 가장 많이 존재한다. 목질부에서는 리그닌과 단단하게 결합하고 있다.

(3) 펙틴

펙틴은 주로 식물체의 세포간극, 세포막에 함유되어 있으며, 셀룰로스 등과 함께 세포를 유지하는 중요한 기능을 갖는 물질로 과실 채소에 많이 함유되어 있다. 펙틴질은 프로토펙틴, 펙틴, 펙트산을 포함하고, 과실 등에서 미숙할 때는 프로토펙틴이 많고 숙성에 따라 감소하여 펙틴이나 펙트산으로 분해된다. 펙틴 이외에는 물에 불용성이다.

4) 채소류의 향미 성분

채소의 향미 성분은 당분, 유기산, 무기염류, 휘발성 황화합물 및 타닌류 등이다. 유기산에는 비휘발성인 사과산malic acid, 구연산citric acid, 옥살산oxalic acid, 석신산succinic acid 등이 있으며 휘발성 황화합물은 채소에 강한 맛과 냄새를 준다. 그 예로는 배추, 양배추, 무, 파, 양파, 마늘 등을 들 수 있다.

(1) 강한 향미 채소류

파, 양파, 마늘, 달래(파류), 배추, 양배추, 브루셀 스프라우트, 브로콜리, 콜리플라워, 부추, 미나리(배추류) 등의 채소에는 황 또는 황함유물이 있기 때문에 썰거나 또는 조리하는 과정에서 강한 자극성 냄새가 난다. 이들 중에서 파류와 배추류는 그 향미 성분의 성질이 달라 파류는 생채일 때 썰게 되면 강한 자극성 물질이 눈을 자극하여 눈물을 흘리게 하나 가열하면 점차 그 향미 성분이 부드러워진다. 한편 배추류는 생채로 있을 때나 조직을 절단하면 별다른 향이 없으나 가열 조리하여 시간이 경과하면 점점 냄새가 강하게 형성된다.

① 파류 채소의 향미 성분

이들 채소에는 시스테인cysteine 유도체인 함황 물질인 알리인alliin, S-allyl-L-cysteine sulfoxide이 존재하며, 동시에 조직 세포 내에는 알리이네이스alliinase가 있어 조직이 절단되면 효소가 검출되어 알리인에 작용하게 되어 암모니아, 피루브산 및 알리신allicin, diallyl thiosulfinate을 형성한다. 알리신은 휘발성이며 대단히 불안정한 화합물이므로 곧 분해하여 강한 냄새를 지닌 다이알릴 다이설파이드diallyl disulfide를 형성한다.

이는 마늘, 파, 양파 등의 독특한 냄새 성분이다.

또한 자극성 물질인 (+)-S-(propenyl)-L-cysteine sulfoxide는 효소에 의해서 휘발성인 프로페닐 설페닐산propenyl sulfenic acid을 형성한다. 이는 강한 자극성 물질이므로 파류 채소를 썰거나 다지거나 할 때 이 성분으로 인해 눈물을 흘리게 된다. 이러한 자극성 물질은 가열에 의해 약화된다. 파류 채소는 향기와 자극성 성질로 인해 양념으로서 다른 식품의 조리에 사용된다.

② 배추류 채소의 향미 성분

이들 채소에는 시니그린sinigrin이 존재하며 이는 채소의 조직이 절단될 때 조직 내에 함유되어 있는 효소인 마이로시네이스myrosinase의 작용을 받아 겨자유mustard oil, allyl isothiocyanate를 형성한다. 겨자유는 생배추를 썰 때 풍기는 향긋한 냄새이다. 배추류 채소에는 시니그린 외에도 메틸 시스테인 설폭사이드S-allyl-L-cysteine sulfoxide를 함유하는데 이 화합물은 가열에 의해서 다이메틸 다이설파이드dimethyl disulfide를 형성하며 배추류를 삶을 때 불쾌한 냄새가 나게 한다.

또 알릴 아이소시아네이트의 유도체인 황하수소H_2S도 배추류 채소를 삶을 때 나는 냄새 성분의 일종이다.

(2) 약한 향미 채소류

당근, 감자, 고구마, 시금치, 쑥갓, 오이, 가지, 호박, 완두콩 등의 채소는 휘발성 황화합물을 함유하고 있지 않으므로 맛이 퍽 부드러우며 당분 함량에 따라 단맛을 느끼기도 한다. 그러나 이러한 채소의 향미 성분은 물에서 오래 삶으면 수용성 맛 성분이 용출되어 맛을 잃게 되므로 채소의 단맛을 보유하기 위해서는 소량의 물에 조리 시간을 가능한 한 짧게 하는 것이 좋다. 또한 물에 삶은 것보다 증기에 찌거나 오븐에서 구우면 더욱 향미 성분을 많이 간직할 수 있다.

4. 채소류의 종류와 특성

1) 엽채류 및 경채류

식물의 잎과 줄기가 채소로서 식용되는 것을 말하며 시금치, 근대, 상추, 배추, 양배추, 브루셀 스프라우트, 셀러리, 미나리, 부추, 케일 등이 이에 속한다.

(1) 시금치Spinach

시금치는 가을에서 봄까지 재배되며 겨울에 신선한 채소로 공급될 수 있으므로 우리 식생활에 중요한 위치를 차지하고 있다. 시금치는 여러 가지 종류가 있으며 우리나라 재래종은 잎사귀가 작고 뿌리 부분이 붉은색이지만 뉴질랜드 시금치New zeland spinach

는 잎사귀가 큰 것이 특징이다.

시금치에 함유되어 있는 색소는 클로로필과 카로틴이다. 비타민 A의 전구체인 카로틴은 시금치 100 g 중에 약 8,000 IU가 함유되어 있으므로 영양소의 좋은 급원이 된다. 뿐만 아니라 신선한 것에는 비타민 C의 함량도 높다. 수용성 유기산으로서 구연산, 사과산 및 옥살산이 존재하며 옥살산은 주로 칼슘과 결합되어 불용해성인 수산 칼슘을 형성하므로 시금치 내의 칼슘을 잘 흡수 이용되지 않는다. 무기질로서는 마그네슘, 칼륨 및 철분이 비교적 많이 함유되어 있다.

일반적으로 시금치는 데쳐서 무치거나 국으로 이용한다.

(2) 배추Chinese cabbage

배추는 저온에서 재배되는 식물로서 늦은 가을과 이른 봄에 잘 성장한다. 특히 생육 말기에 기온이 낮으면 배추는 속에서 결구하여 통통하게 자란다. 겉껍질은 녹색을 지니고 있으나 속과 줄기는 백색이다.

배추의 종류는 여러 가지가 있으며 잎과 줄기가 길어 모양이 긴 산동배추와 짧고 통통한 포두연종이 시장에 많이 나온다. 신선한 배추에는 비타민 C가 풍부하며, 무기질로는 칼슘, 칼륨, 나트륨 등이 함유되어 있다. 당질은 대부분 당분의 형태여서 감미를 느낄 수 있다. 배추는 삶으면 쾨쾨한 냄새가 나는데 이것은 황화합물이 가열에 의해서 분해되어 황화수소가스 및 기타 화합물을 형성하기 때문이다.

배추는 삶아서 나물로 쓰기도 하지만 일반적으로 김치를 담그는 데 사용된다.

(3) 양배추Cabbage

양배추는 잎사귀가 서로서로 포개져 구형을 형성하면서 싸여져 있으며 종류에 따라 구형의 모양이 다르고 색도 백색인 것과 적자색인 것이 있다. 당질로서 포도당과 자당을 함유하며 비타민 C의 좋은 급원이다. 무기질은 칼륨, 칼슘, 인, 철, 망간 등이 들어 있으며 특히 칼륨의 좋은 급원이다. 바깥 푸른 잎사귀에는 속의 담황색 잎사귀보다 비타민 C, 철분, 칼슘 등의 영양소가 많다. 양배추도 배추와 같이 황화합물을 함유하고 있다. 양배추는 생채 또는 조리 목적에 따라 여러 방법으로 이용된다.

(4) 상추Lettuce

상추는 여러 가지 종류가 있으며 색이 연한 연두색에서부터 강한 녹색 및 자색을 나타내는 것까지 있다. 우리나라 시장에서 일반적으로 구입할 수 있는 상추는 잎 상추leaf lettuce로 이는 녹색인 것과 자색이 많이 섞인 것들이 있다. 또 양상추head lettuce, butter leaf lettuce가 있는데 이는 양배추와 같이 잎사귀가 겹겹이 싸여 구형을 형성하고 있다. 그 외에도 산동배추와 같은 모양인 로메인레터스를 비롯하여 치커리, 오고라기 상추, 에스카롤, 빕레터스 등이 있다.

상추의 일반 성분은 다른 엽채류와 유사하며 주요 유기산으로는 사과산, 주석산, 옥살산 등이 있다.

유럽 원산인 상추는 독특한 질감이 있어서 생식으로 상용되고 있다. 상추쌈은 우리나라 식생활에서도 식사로 즐기는 일면을 보여주는 좋은 예가 되고 있다.

(5) 셀러리Celery

유럽이 원산인 셀러리는 잎사귀보다는 줄기 부분을 식용으로 하고 있다. 수분 함량이 높으며 독특한 향미 성분이 있어 생식용으로 샐러드에 많이 이용되고 각종 음식에도 다양하게 사용된다.

(6) 아스파라거스Asparagus

그리스 원산지인 아스파라거스는 땅속에서 연화 재배된 것으로 가식부는 유경이고 녹색, 담황색 그리고 흰색의 세 종류가 있다. 독특한 향을 지니고 연한 섬유질이 많은 이 채소는 신선할 때 0.5~1℃에서 저장하여야만 저장성이 있다.

아스파라거스는 삶아 조리하기도 하지만 일반적으로 통조림이나 냉동한 것을 흔히 사용하고 있다. 이상의 채소 외에서 쑥갓, 아욱, 미나리, 파, 부추, 죽순, 케일, 콜라비, 두릅, 고비 등이 엽경채에 속한다.

2) 구근채류

땅속에서 자라고 있는 식물의 부분을 채소로 사용하는 것으로 일반적으로 잠재 에너지를 뿌리 부분에 많이 저장한다. 특히 감자, 고구마와 같은 것은 전분성 식품으로서 채소로 취급되기보다 주식의 위치를 차지할 때도 있다.

(1) 토란Taro

인도와 동남아시아가 원산지인 토란은 중국, 일본, 우리나라 등지에서 식용되고 있다. 가을에 수확하여 추석 전후에 많이 이용한다.

토란도 전분이 많아서 건물에는 약 70% 함유되어 있고, 무기질로는 칼륨이 많이 함유되어 있다.

(2) 무Radish

무의 원산지는 확실하지 않으며 세계 전역에 걸쳐 오래전부터 재배되어 왔다. 무의 종류는 다양하며, 무와 비슷한 근엽으로는 순무turnip, 루타베가swedish turnip, 당근 등이 있다.

품종은 계절에 따라 다음과 같이 분류한다.

① 봄무 : 송도 봄무

② 여름무 : 미농 올무

③ 가을무 : 재래종(서울무, 농산무 등), 궁중, 중화, 성호원

무는 수분 함량이 90%나 되며 당질은 주로 포도당glucose으로 약 3% 함유되어 있다. 비타민 C가 풍부히(20~40 mg%) 들어 있으며 무기질도 칼륨, 칼슘, 나트륨 등이 함유되어 있다. 무의 매운맛과 향미 성분은 메틸머캅탄methyl mercaptane과 배당체 시니그린의 분해로 생긴 겨자유이다. 또한 무에는 상당량의 아밀레이스amylase, 아미데이스amidase, 글루코시데이스glycosidase 등이 들어 있으며 그중 아밀레이스가 가장 많이 들어 있다.

무는 나물, 생채로도 이용되지만 우리 식생활에 크게 비중을 차지하는 김치, 깍두기, 동치미 등으로 이용되며 단무지로 가공 이용되기도 한다.

(3) 당근Carrot

원산지가 유럽이며 무 다음으로 넓게 이용되는 근채이다. 오렌지·적색을 띤 것과 등황색인 것이 있으며 색소는 카로틴과 라이코펜이다. β-카로틴이 많으므로 비타민 A의

급원으로 중요한 식품이다.

당근은 단맛을 지니고 있으며 당질로는 과당, 서당, 포도당, 전분, 오탄당, 덱스트린, 펙틴 등이 함유되어 있다. 그중 과당이 주된 당분이다. 뿌리가 성숙됨에 따라 색도와 강도가 증가하나 그 외의 성분은 일정하다. 당근은 조직이 비교적 단단하여 저장 조건이 알맞으면 저장성이 좋다. 온도 0~4℃, 습도 96%로 저장하면 신선한 상태로 6개월 이상 저장할 수 있다. 당근은 생채, 나물로 많이 이용이 되며 근래에는 당근주스로 이용되나 카로틴은 지용성이며 산화되기 쉬운 영양소이므로 취급에 주의가 필요하다.

(4) 비트Beet

흑자색인 뿌리채소로 유럽이 원산지이며 재배가 쉬워 외국에서는 각 가정에서 재배하기도 한다. 비트의 색은 안토사이아닌계의 베타인이며 수용성이다. 단맛을 지지고 있으며 주된 당질은 포도당, 과당 및 서당이다.

(5) 우엉Burdock

동양이 원산인 근엽 채소로 무나 당근과 달리 직경에 비해 길이가 길다. 우엉 껍질은 흑자갈색이나 껍질을 벗기면 담황색이다. 색소로서 안토사이아닌계 색소를 지니고 있을 뿐 아니라 타닌의 함량이 높아 공기 중에 노출되면 곧 갈변된다. 갈변 현상을 막기 위하여 절단한 우엉을 물이나 1% 정도의 소금물에 담근다. 그리고 갈변된 우엉은 0.1%의 아황산나트륨Na_2SO_4에 담가두면 가역 반응을 일으켜 탈색이 된다. 가정에서 가장 손쉬운 방법은 물이나 소금물에 담그는 방법이다.

우엉에는 당질로서 이눌린inulin이 전체의 50% 이상을 차지하며 그 외에 소량의 오탄당과 당분이 함유되어 있다. 또 칼륨, 나트륨, 칼슘, 마그네슘과 같은 무기질이 함유되어 있다. 가끔 우엉을 삶으면 청색을 띨 때가 있는데 이것은 우엉에 함유되어 있는 알칼리성 무기질이 안토사이아닌계 색소와 반응하여 변색된 것이다. 우엉도 여러 가지 조리 방법을 적용하여 우리 식생활에 이용되고 있다.

(6) 연근Lotus root

연근의 원산지는 인도이며, 연꽃의 지하경을 식용으로 하고 있다. 전분과 섬유질이 주로 함유되어 있으며 무기질은 칼륨의 함량이 높다.

연근도 페놀레이스와 페놀화합물인 타닌 물질을 다량 함유하므로 절단면이 공기와 접촉하면 갈변한다.

(7) 마늘Garlic

파, 양파, 마늘, 냉이, 부추, 염부추 등은 모두 파류에 속하고 있으며 이들 채소가 지니고 있는 독특하고 자극성 있는 맛과 향기로 인해 채소로 사용하기보다는 일반적으로 양념으로 사용한다. 마늘은 동양, 지중해 근처 또는 남부 유럽이 원산지이다. 마늘의 자극성 성분에 관하여서는 이미 강한 향미 성분에서 설명한 바 있다. 황화합물 외에 탄수화물로는 이눌린이 존재한다.

(8) 양파Onion

양파의 원산지는 페르시아, 아프가니스탄 등이다. 양파는 향기와 맛으로 인해 세계 각국에서 애용되고 있으며 이의 종류도, 모양도 다양하지만 색도 백색, 황색, 자색 등이 있다.

양파에는 용해성 당분이 상당량 함유되어 있으며 그중 자당 함량이 높다. 신선한 양파는 비타민 C의 함량도 높으며 크기가 작은 것에 더 많이 들어 있다. 저장 중에는 비타민 C가 점차 줄어들어 전체의 50%까지 감소하며, 조리에 의한 손실은 65%가량 된다. 양파의 자극성 향미는 황화합물에 기인하며 이는 휘발성이므로 조리 과정에서 약화된다. 양파는 껍질이 노란 것이 백색인 것보다 수분 함량이 적으며 따라서 향미 성분도 더 강할 뿐더러 저장성도 좋다. 저장함에 따라 맛 성분은 더 강화된다. 양파는 얇게 썰어 건조시키거나 분말로 하여 양념용으로 사용하기도 한다.

3) 과채류

식물학적으로는 과일로 취급되는 부분을 조리에서는 채소로 쓰는 것인데 오이, 가지, 호박, 박, 고추, 토마토, 오크라okra 등을 들 수 있다.

(1) 오이Cucumber

오이의 원산지는 인도의 히말라야 지방이다. 여러 가지 종류가 있으며 채소로는 완전히 성숙하지 않은 어린 열매를 사용한다. 완숙한 오이는 껍질의 색이 노래지며 속의 씨가 영글어서 식용으로 쓰기는 적당하지 않다.

오이는 수분 함량이 높아 95%를 차지하고 있으며 나머지 5%의 고형물 내에 당질, 섬유질, 무기질, 비타민류가 들어 있다. 당질로는 포도당, 자당, 과당, 오탄당, 펙틴질 등이 있으며 비타민 C는 신선할 때 15 mg% 함유되어 있다. 무기질로는 칼륨과 인이 주로 들어 있다. 가끔 오이 꼭지가 굉장히 큰 것이 있는데 이는 스테로이드 배당체의 일종인 큐커비타신cucurbitacin 때문이다.

오이는 생채 나물로도 쓰이지만 오이지, 오이김치, 그리고 피클로 이용된다.

(2) 가지Eggplant

중앙아시아가 원산지라고 알려져 있는 가지는 여러 종류가 있으며, 모양은 달걀형을 하고 있다. 채소에서 분류하기로는 과채류에 속하지만 정확한 식물학적 분류에 의하면 장과류에 속한다.

일반적으로 알려져 있는 가지의 색은 안토사이아닌계 색소인 자색인데 그 외에도 등황색, 갈색, 잿빛, 등의 색을 가진 가지가 있다. 가지는 수분 함량이 높으며 프로토펙틴protopectin이 조리 과정에서 펙틴으로 쉽게 전화되므로 짧은 가열 시간에도 곧 조직이 연화된다.

안토사이아닌계 색소를 지닌 가지는 조리 과정에서 색이 쉽게 변화된다. 특히 조직 내에는 페놀레이스와 페놀화합물인 타닌의 함량이 높아 갈변되기 쉬우며 특히 철로 된 칼로 절단하면 갈변이 신속하게 일어난다.

가지는 나물, 가지 구이, 가지김치 등으로 다양하게 이용된다.

(3) 호박Squash and pumpkin

호박에는 여러 종류가 있으며 원산지는 동남아시아 등지와 미국이다. 호박 중에는 애호박, 일명 여름호박(주키니)과 겨울호박(도토리 모양의 호박, 하버드호박, 버터호두호박)이 있다. 애호박은 약 10 cm 정도의 크기에서부터 상당히 자란 크기의 열매를 채소로 사용하며 연하기 때문에 껍질, 속, 씨까지 모두 식용할 수 있다. 한편 겨울호박은 잘 익은 후에 따서 껍질과 종자는 버리고 껍질을 벗긴 내부만을 찌거나 삶거나 하여 식용으로 한다. 늙은호박은 둥근 수박 모양으로 그 크기가 대단히 크다. 겨울호박과 같이 완숙한 후 수확하므로 껍질과 종자는 버리고 나머지만 식용으로 한다.

신선한 애호박에는 비타민 C가 약 20 mg% 함유되어 있다. 겨울호박과 늙은호박 등은 전분이 다량 함유되어 있으나 저장하는 동안에 분해되어 당분으로 전환되므로 감미를 지니게 된다. 10℃ 이상의 실온에서 호박을 저장하면 당질이 분해되어 당 함량이 감소된다. 호박의 색은 황색이며 좋은 비타민 A의 공급원일 뿐만 아니라 비타민 B2, 칼슘, 철, 마그네슘, 인 등을 풍부하게 함유하고 있다. 애호박은 다른 채소와 같이 여러 가지로 조리하여 이용하고 있으며, 늙은호박은 이들의 질감, 전분 함량, 감미 등을 이용하여 호박범벅, 파이 등으로 사용할 뿐만 아니라 길게 썰어 말린 호박고지는 시루떡에 섞어서 찌기도 한다. 또 호박의 씨는 따로 말려서 식용하기도 하는데 이는 단백질, 지방 함량이 높으며, 특히 지방에는 필수지방산인 리놀레산linoleic acid이 풍부하다.

(4) 고추Pepper

고추는 남미가 원산지이며 종류도 다양하여 크기와 모양, 매운맛 성분의 유무 등에 의해서 분류된다. 스페인 말로 매운 고추를 피멘토pimiento라고 부르며 고추와 모양이 비슷하고 색도 적색인 파프리카paprika는 매운맛이 없다.

일반적으로 풋고추는 비타민 C와 비타민 A가 풍부하고 향긋한 맛과 냄새가 나는데 그 향미는 유게놀eugenol 때문이다. 풋고추나 붉은 고추는 모두 조리에 많이 이용된다. 붉은 고추는 매운 성분이 풍부하므로 건조 분말로 하여 양념으로 사용한다. 매운 성분은 알칼로이드의 일종인 캡사이신capsaicine이며 이는 과피에 많다.

(5) 토마토Tomato

토마토는 남미가 원산지이며 미대륙 발견 이래 유럽에 소개되어 스페인, 이탈리아 등지에서 널리 이용하게 되었다.

우리나라에서는 토마토의 모양이 감과 비슷하고 일년초의 열매라 하여 '일년감'이라고 불렀다. 토마토는 일반적으로 익으면 붉은색을 나타내나 어떤 종류는 황색을 나타내는 것도 있다.

토마토는 후숙이 가능한 채소로써 미리 수확한 푸른 토마토는 10℃ 정도의 온도에서 서서히 성숙하므로 수주간 신선하게 저장할 수 있다. 과일의 색소는 카로틴, 라이코펜 및 클로로필이며 유기산은 주로 구연산과 사과산이다. 또한 약 20 mg%의 비타민 C가 함유되어 비타민 C의 급원 식품이다. 토마토는 생과, 샐러드에 이용되는 것 외에 가공하여 통조림, 소스, 주스, 퓌레, 케첩 등으로 다양하게 이용된다.

(6) 오크라Okra

남미가 원산지인 오크라는 고추 모양과 유사한 열매이다. 우리나라에서는 많이 알려져 있지 않으나 외국에서는 다양하게 이용되고 있다.

4) 화채소류Flower

꽃 부분을 쓰는 것으로 브로콜리, 콜리플라워, 아티초크 등이 있다.

(1) 브로콜리Broccoli

이탈리아 말로 '브로콜리'의 의미는 팔arm 또는 가지branch라고 한다. 이탈리아 지방이 원산지이며 이 지방에서 널리 쓰이던 것이 미국에 소개되었으므로 일명 '이탈리언 브로콜리'라고도 한다.

진한 녹색이며 긴 줄기 끝에 쑥갓 꽃송이 같은 꽃이 소복이 붙어 있는 이 식물은 비타민 C가 풍부할 뿐더러 철분과 칼슘의 좋은 급원 식품이다. 주요 유기산은 사과산과 구연산이며 옥살산과 숙신산도 소량 함유하고 있다. 조리는 연하게 그러나 푸른색을 유지하도록 데쳐서 나물로 이용할 수 있다.

(2) 콜리플라워Cauliflower

양배추와 같은 모양이지만 잎사귀 속에 백색 꽃군이 자라며 이 꽃 부분을 식용으로 한다.

주요 유기산은 사과산과 구연산이고 비타민 C도 풍부하게 들어 있다. 샐러드, 피클로 이용되며 데쳐서 나물로도 쓰인다.

(3) 아티초크Artichoke

지중해 연안이 원산지이며, 해안 부근에서 자란다. 온화한 기후를 좋아하는 성질을 가져 남부지방에서 월동이 가능하다. 여러해살이 초본으로 꽃이 피기 전 총포 밑 부분을 잘라 채소로 먹는다. 꽃봉오리, 잎, 뿌리는 영양가가 풍부하여 약용으로 사용되기도 한다.

5. 채소류의 조리

채소는 종류에 따라 향미를 살리고 소화를 돕기 위해 다양한 조리법이 적용된다. 대부분 생식을 하거나 데치거나 볶아서 섭취한다. 데치는 과정에서는 식이섬유가 연화되고 미생물이 사멸된다. 구근채류는 삶는 조리법으로 질감을 무르게 하여 소화를 좋게 한다.

1) 조리에 의한 채소의 성분 변화

채소의 성분이나 영양소의 함량은 조리 과정의 기계적 조작, 열처리, 물 또는 농도가 낮은 염 용액의 용매 작용, 공기와의 접촉 산화, 양념 등과의 작용, 휘발성 물질의 증발 등으로 인해 여러 가지 변화를 일으킨다. 이러한 변화로 인하여 채소 자체가 지니고 있는 성분의 손실이 나타나고 최대한의 성분 보유를 위해 적절한 조리 방법을 이용하는 것이 중요하다.

(1) 섬유질 및 펙틴 물질

조리 과정에 있어서 섬유소cellulose는 어느 정도 연화되고 반섬유소hemicellulose의 양은 감소된다. 사람은 섬유소를 소화할 능력이 없어 영양소로서의 가치는 없으나 장을 자극하여 장의 활동을 원활히 한다. 섬유소가 많고 질긴 채소를 삶을 때 약간의 알칼리(식소다, 중조)를 첨가하면 반섬유소의 분해로 짧은 조리 시간에도 섬유소가 연화되나 시간이 너무 길어지면 섬유소의 분해가 지나쳐 질감이 나빠진다. 그러나 산은 섬유소의 질감을 단단하게 만든다.

식물 세포 간을 접착하고 있는 시멘트 물질인 펙틴 물질은 조리 과정에서 용해되어 단단하였던 채소가 연하여진다. 염화칼슘calcium chloride이나 수산화칼슘calcium hydroxide 등이 들어 있는 조리수에 채소를 데치거나 삶으면 채소의 질감이 연하여지지 않고 단단한 채로 있는 것은 펙틴 물질이 이들과 작용하여 불용해성 칼슘염을 형성하여 식물 조직에 침체되기 때문이라고 한다. 그러므로 연수를 삶았을 때보다 경수에서 채소를 조리하면 섬유소가 잘 연해지지 않는다.

(2) 수분 함량의 변화

조리 과정에서의 수분 함량의 변화는 채소가 어떤 상태인가에 따라 좌우된다. 마른 채소는 조리수를 흡수하나 신선한 채소를 삶거나 찌면 수분은 다소 상실된다. 채소를 오래 삶으면 물을 다량 흡수하여 채소의 질감이 지나치게 질척해진다.

(3) 향미 성분의 변화

채소의 향미 성분은 유기산, 당분, 전분, 무기질, 함황 물질 등이다. 채소의 종류에 따라 성분 함량이 다르므로 조리에 의한 영향도 여러 가지이다. 어떠한 채소라도 조리 시간이 지나치면 성분의 분해로 퇴화된다.

조리된 채소의 맛은 향미 성분의 성질과 조리 방법에 따라 크게 영향을 받게 된다. 즉 채소를 삶거나 찔 때 냄비의 뚜껑을 꼭 닫고 조리하면 향미 성분을 더 많이 보유할 수 있으나 뚜껑을 열고 조리하면 휘발성 물질은 휘발한다. 또한 물을 많이 넣고 삶게 되면 용해성 맛 성분, 당분, 유기산, 무기질 등이 조리수에 용출된다. 그러므로 채소의 맛을 최대한으로 보유하도록 하려면 채소가 익을 수 있을 정도의 소량의 물에 뚜껑을 덮고 조리하는 조리법을 선택하도록 해야 한다.

양배추류 채소에 함유되어 있는 황화합물은 조리 과정에서 분해하여 채소의 맛에 영향을 준다. 조리된 양배추류에서 맛볼 수 있는 강한 쾨쾨한 냄새와 맛은 생배추류에 함유되어 있는 메틸 시스테인 설폭사이드가 가열에 의해 분해하여 생성된 다이메틸 다이설파이드dimethyl disulfide와 기타 휘발성 화합물에 의한 것이다. 또 조리 시간이 계속되면 겨자유의 분해로 황화수소가스를 발하므로 불쾌한 냄새와 더불어 맛이 감퇴된다.

메틸 시스테인 설폭사이드를 많이 함유하는 채소는 배추, 무, 머스타드, 케일, 콜라비, 콜리플라워, 브로콜리 등이다. 그러므로 이들 채소를 조리할 때는 조리 시간을 단축하는 것이 좋다.

(4) 색소에 대한 영향

채소의 조리 시에 영향을 받는 요소 중 가장 중요한 것은 색소의 변화이다. 표 9-3에 각종 식물성 색소의 성질이 요약되어 있다.

① 클로로필Chlorophyll

표 9-3에서 보는 바와 같이 여러 색소 중에서 가장 조리 온도와 조리 시에 침출된 유기산에 의해서 영향을 많이 받는다.

표 9-3 조리에 의한 식물 색소의 변화

색소			색조 범위	장기 가열에 의한 영향	산에 의한 영향	알칼리에 의한 영향	금속이온에 의한 영향
클로로필계 (chlorophyll)	클로로필a		진녹색	초기에 밝아졌다가 올리브빛 갈색으로 변함	어두운 녹색	청록색(클로로필린)	동, 아연에 의해 색이 선명해지지만 독성으로 인해 유해를 줄 수 있어 사용상 주의를 요함
	클로로필b		녹색	초기에 밝아졌다가 올리브빛 녹갈색으로 변함	올리브빛 녹갈색(페오피틴)	청록색(클로로필린)	
카로티노이드계 (carotenoids)	카로틴 (carotene)	α-카로틴	주황색	주황색	색조가 밝아짐	갈색	영향을 받지 않음
		β-카로틴	주황색				
		γ-카로틴	주황색				
		라이코펜(lycopene)	적색				
	잔토필 (xanthophyll)	루테인(lutein)	주황색				
		제아잔틴(zeaxanthin)	주황색				
		크립토잔틴(cryptoxanthin)	주황색				
	캅산틴(capsanthin)		붉은색				
	크로세틴(crocetin)		노란색				
플라보노이드계 (flavonoid)	안토사이아닌(anthocyanin)		적색	붉은 톤의 갈색	빨강	청색, 보라, 녹색(변색)	Cu, Fe, Al, Sn 등은 적색을 녹색, 청색으로 변색시킴
	안토잔틴(anthoxantin)		백색, 담황색	큰 변화 없고 백색을 잃고 누렇게 변함	더 밝아짐	누런색	Cu, Fe은 흑갈색으로 변색. Al은 누런색으로 변색(갈변)

푸른색 채소의 색을 가능한 한 선명하게 유지하고 섬유소를 알맞게 연화되도록 조리하기 위해 데칠 때에는 다량의 물을 사용하되 끓을 때 채소를 넣고 처음 2~3분 동안은 냄비의 뚜껑을 열어 놓아 휘발성 유기산을 휘발시켜야 한다. 유기산이 다량의 물에 의하여 용출·희석되어 엽록소와의 반응을 제한할 수 있기 때문이다. 또 푸른색 나물을 식초로 양념할 때는 시간이 경과할수록 푸른색이 올리브색으로 변하므로 섭취 직전 무치는 것이 좋다.

② 카로티노이드Carotenoid

지용성 등황색 색소는 보통 조리 과정이나 조리 온도에 크게 영향을 받지 않으며, 기름을 이용한 조리 시 색소 추출도 선명한 색을 띤다.

③ 안토사이아닌Anthocyanin

안토사이아닌계 색소는 수용성이며 알칼리에 의하여 쉽게 색이 변하여 붉은색에서 자색, 청색으로 변한다. 물에 쉽게 침출되므로 조리하는 동안 적색 채소는 탈색되기 쉽다. 또 조리수가 알칼리성이면 색 변화가 더욱 심하다. 적색 양배추를 조리할 때 사과와 같이 삶거나 또는 식초를 넣는 것은 이 색소가 산에서는 선명한 적색반응을 나타내는 것을 이용한 것이다.

④ 플라본Flavone

수용성이며 조리 과정에서는 비교적 안정한 색소이나 금속에 의하거나 장기 가열에 영향을 받는 색소이다. 따라서 조리한 내용물을 담는 용기가 금속일 때 주의하여야 한다.

2) 조리 과정에 의한 비타민의 손실

채소의 종류, 조리 방법, 취급법에 따라 다르지만 다소간의 비타민 손실을 보게 되며 주원인은 산화에 의한 파괴와 조리 용수에 수용성 비타민의 용해, 알칼리에 의한 분해 등이다.

조리 과정에서 가장 손실되기 쉬운 비타민은 비타민 Cascorbic acid이며 이는 수용성이고 또한 쉽게 산화되어 조리 열에 의해 분해 작용도 쉽게 일어난다. 비타민 A 또는 카로틴은 지용성이며 조리 중 비교적 안정하나 산화에 의해 쉽게 파괴된다. 티아민vitamin B_1은 조리 온도에 의해 불안정하나 리보플라빈이나 니아신은 비교적 안정하다.

조리수의 산, 알칼리도에 의해서도 비타민의 손실을 가져오며 특히 알칼리일 때 비타민 C, 티아민, 리보플라빈의 파괴가 일어난다. 가끔 푸른 채소의 녹색을 선명하게 유지하기 위해 가공 및 대량 취사 시 소량의 중조를 첨가할 때가 있는데 이는 티아민, 리보플라빈 및 비타민 C의 파괴를 촉진하는 요인이 되므로 사용하지 않는 것이 좋다.

수용성 영양소의 손실은 절단면을 통해서도 용출되므로 씻는 과정이나, 삶거나, 찌는 동안에도 되도록 껍질째 또는 통째로 조리한 후 적당한 크기로 자르는 것이 좋다.

또한 조리된 채소는 하루 동안 냉장 보관하는 동안에도 비타민 C의 손실이 상당량 있었으며, 재가열 중에도 손실이 일어났다. 채소를 조리한 후 따뜻한 온도에서 보관하게 되면 향과 영양가의 손실이 생기므로, 채소를 냉각시켰다가 상에 내놓을 때 신속히 재가열하는 것이 더 좋다.

단원 정리

유조직 세포 채소와 과일의 영양 성분을 저장하는 곳으로 일반적으로 사이즈가 크고 세포벽이 얇고 큰 액포를 가지고 있음

색소체 식물 세포에서 색소를 만들거나 색소를 가지고 있는 세포 기관

엽록체 녹색식물 잎의 세포에 들어 있는 세포 소기관으로 광합성이 이루어지는 장소

액포 세포 내에서 주위의 원형질로부터 구분되어 수용액이 채워져 있는 공간

클로로필a 엽록소의 종류로 모든 광학성 생물에 존재하며 특히 식물성플랑크톤 세포에 보편적으로 많이 분포함

클로로필b 황록색을 형성하는 클로로필임

카로티노이드 주로 노란색, 주황색, 빨간색을 지닌 색소군으로 분자 속에 이중결합이 많아 공기 속에서 산화하기 쉬움

카로틴 당근, 수박, 토마토 등에 많이 함유되어 있는 황적색 내지 빨강, 보라색 색소의 일종으로 비타민 A의 전구체

잔토필 카로티노이드 중 하이드록시기, 카복실기 또는 에폭시드 등의 형태로 산소를 함유하는 물질의 총징

라이코펜 잘 익은 토마토 등에 존재하는 일종의 카로티노이드색소로 카로틴과 비슷함

플라보노이드 두 개의 페닐기를 지닌 화학적으로 관련된 색소성 그룹

안토사이아닌 과일이나 채소의 주된 색소로 빨강, 보라, 파랑 등 여러 가지 색을 띠며 안토사이아니딘의 배당체

단원 문제

1 채소의 가식 부위에 대한 세포의 형태와 조직 및 구조적 특징을 설명하시오.

2 식물이 숙성되는 과정에서 나타나는 변화를 설명하시오.

3 안토사이아닌과 안토잔틴의 차이는 무엇인지 설명하시오.

4 빨간 양배추를 끓일 때 조리수의 pH와의 관계를 설명하시오.

5 양배추, 양파 등에서 향미를 내는 물질에 대하여 설명하시오.

Chapter 10

과일류

학습 목표

1. 과일의 발생상의 분류에 따른 종류와 특징을 설명할 수 있다.
2. 과일의 색소와 처리 과정에서 일어나는 변화를 알 수 있다.
3. 과일의 조리 및 가공 중 변화를 알 수 있다.

과일은 당분과 유기산의 함량이 높아 단맛과 신맛을 지니고 있으며 알데하이드, 알코올, 에스터 등으로 향기로운 냄새와 아삭거리는 질감 그리고 다양한 색을 지니고 있다. 과일은 주로 생으로 먹지만 냉동하거나 설탕을 첨가하여 조리하여 먹기도 한다. 과일에 대한 기본 지식을 지녀야 과일의 전처리나 조리 과정에서 일어나는 변화에 대하여 올바르게 대처할 수 있다.

1. 과일류의 분류

우리의 식생활에서 사용하는 과일을 인과류, 핵과류, 장과류, 과채류, 견과류로 분류할 수 있다.

1) 인과류Pomes, Kernel fruits

사과, 배, 감과 같이 꽃받침이 발달하여 결실한 과일로 꼭지와 배꼽이 서로 반대편에 있다.

2) 핵과류Drupes stone fruits

복숭아, 자두, 살구, 대추, 앵두 등과 같이 씨방이 성장 발달하여 결실한 과일로 과일의 중간에 딱딱한 핵층이 있고 그 속에 종자가 있다.

표 10-1 과일의 분류와 특징

분류	특징	종류
인과류	꽃받침이 발달하여 결실한 과일	사과, 배, 감
핵과류	씨방이 성장하여 발달하여 결실한 과일, 중간에 핵층이 있고 종자가 있음	복숭아, 자두, 살구, 대추, 앵두, 아보카도
장과류	중과피와 내과피로 구성되어 있음	포도, 무화과, 딸기, 바나나, 파인애플
과채류	1년생 채소에서 씨방이 발달하여 열매 맺는 것으로 과일과 채소의 중간 형태	토마토, 참외, 수박 등
견과류	겉껍질이 단단하고 속에 종실이 있는 형태로 영양분이 종실 내에 저장되어 있는 형태	잣, 땅콩, 밤, 호두 등

3) 장과류Berries

포도, 무화과, 딸기, 바나나, 파인애플 등과 같이 과일이 중과피와 내과피로 구성되어 있으며 작은 종자도 많이 있다.

4) 과채류

토마토, 참외, 수박 등의 1년생 채소에 씨방이 발달하여 열매를 맺는 것이다.

5) 견과류

잣, 땅콩, 밤, 호두 등의 겉껍질이 단단하고 속에 종실이 있는 형태로 되어 있다.

2. 과일류의 구성 성분

과일은 식물의 씨방이나 씨방 주위 부분이 발달하여 과육을 이룬 것으로 고유의 맛과 향을 가지고 있어 오래전부터 식용으로 선호되어 왔다. 과일류는 수분의 함량이 높고 단백질과 지질의 함량은 낮아 주요 에너지원으로는 부적합하다. 하지만 당 성분과 유기산 성분이 조화를 이루어 상쾌한 맛을 만들어내고, 무기질과 비타민이 풍부하게 포함되어 있는 대표적인 당 성분에는 포도당, 과당, 설탕 등이 있고 유기산으로는 구연산citric acid, 사과산malic acid, 주석산tartaric acid 등이 있다. 과일은 숙성될수록 당 성분이 증가하여 유기산과 함께 과일 특유의 맛을 낸다.

과일류의 색깔을 나타내는 색소에는 미숙과의 녹색을 나타내는 클로로필chlorophyll, 주로 붉은색을 나타내는 안토사이아닌anthocyanin계 색소, 황색이나 적색을 나타내는 카로티노이드carotenoid계 색소 등이 있다. 과일류에 포함되어 있는 펙틴은 적당한 산성과 당 성분 함량 조건에서 응고하는 성질이 있어서 과일을 잼이나 젤리로 가공할 수 있게 해준다.

표 10-2 과일류의 성분 함량(100g 중)

식품명	열량 (kcal)	수분 (g)	단백질 (g)	지질 (g)	탄수화물 (g)	회분 (g)	무기질				비타민					폐기율 (%)
							칼슘 (mg)	인 (mg)	철 (mg)	염분 (mg)	A (μg)	B_1 (mg)	B_2 (mg)	니아신 (mg)	C (mg)	
감(단감)	51	85.6	0.41	0.04	13.66	0.29	6	15	0.15	0	81	0.06	0.05	0.3	14	15
귤(생)	39	89	0.7	0.1	9.9	0.3	13	11	0	11	5	0.13	0.04	0.4	44	18
딸기	29	91.5	0.8	0.1	7.2	0.4	13	27	0.4	2	12	0.02	0.02	0.3	82	2
매실	41	89.4	1.1	1.1	7.8	0.6	28	24	3.7	3	14	0.06	0.02	0.5	11	-
무화과(생)	54	84.6	0.6	0.1	14.3	0.4	26	16	0.3	2	15	0.03	0.03	0.2	2	15
바나나	84	76.1	1.1	0.1	21.94	0.76	7	26	0.29	0	25	0.05	0.07	0.5	6	60
배(신고)	46	87	0.3	0.04	12.35	0.31	1	12	0.05	0	0	0.02	0.05	0.15	2.76	17
복숭아(백도)	49	85.8	0.59	0.04	13.1	0.47	4	24	0.11	0	3	0.02	0.02	0.29	2.1	19
사과(부사)	53	85.2	0.2	0.03	14.36	0.21	4	11	0.1	0	25	-	0.02	0.39	1	12
살구	30	90.9	1.2	0.05	7.12	0.73	15	22	0.45	1	2280	0.08	0.03	0.2	-	7
수박	31	91.1	0.79	0.05	7.83	0.23	6	12	0.18	0	853	0.02	0.03	0.4	7	28
앵두	61	82.9	1.1	0.3	15.2	0.5	23	30	0.5	10	4	0.06	0.04	0.7	17	-
자두	26	93.2	0.5	0.6	5.3	0.4	3	12	0.2	1	-	0.04	0.03	0.3	5	-
참외	47	86.1	1.57	0.29	11.01	1.03	6	51	0.26	2	6	0.01	0.08	0.2	2	10
파인애플(생)	53	84.9	0.46	0.04	14.32	0.28	16	5	0.09	0	62	0.05	0.09	0.1	45	46
포도(킴벨얼리생)	60	83.4	0.66	0.42	15.1	0.42	3	15	0.11	2	39	0.06	0.05	0.2	0.1	31

자료 : 농촌진흥청 국립농업과학원, 국가표준식품성분 DB 9.2, 2020

1) 과일류의 성분

(1) 당질

과일에는 과당, 포도당, 자당 등이 약 10% 함유되어 있기 때문에 단맛이 난다. 특히 포도의 경우는 약 20%에 달하여 단맛이 매우 강하나, 당분의 함량은 과일의 종류와 성숙도에 따라 다르다.

(2) 단백질 및 지질

과일은 100 g에 약 1 g 내외의 단백질을 함유하고 있고 지방 함량 역시 적다.

(3) 비타민 및 무기질

과일은 무기질과 비타민의 좋은 급원 식품으로서 인, 철분 및 비타민 C가 풍부하다. 감귤류, 딸기류, 멜론류 등은 다른 과일에 비해서 특히 비타민 C를 다량 함유하고 있다. 과육이 등황색인 살구, 황도 및 바나나와 같은 것은 비타민 A의 급원인 카로틴이 풍부하다(표 10-2 참조). 과일에는 비타민 B군은 비교적 적게 들어 있다. 과일에 들어 있는 비타민의 함량은 품종, 성장 기후, 일조량, 성숙도에 따라 다양하며, 과일의 취급 방법, 가공 방법, 저장 온도 및 저장 기간에 따라 비타민의 함량이 감소된다.

(4) 유기산

식물의 세포액에는 여러 가지 종류의 유기산이 용해되어 있다. 유기산, 유기산의 에스터 그리고 당분은 각종 과일의 향기와 맛을 내는 주요 성분이 되고 있다. 과일에 분포되어 있는 보편적인 유기산은 감귤류에 구연산, 사과나 복숭아에 사과산, 포도에 주석산, 대황근rhubarb에 수산oxalic acid 그리고 덩굴월귤cranberry에 안식향산benzoic acid 등이다. 이렇게 과일에는 다양한 종류의 산이 많으며 따라서 pH의 범위는 대략 2.0~4.0이다. 그러나 바나나(pH 4.6)와 수박(pH 6.0)은 예외적으로 높은 pH를 지니고 있다. 표 10-5에는 각종 과일의 pH를 표시하였다.

(5) 색소

과일류의 다양하고 선명한 색을 식품 조리 시 적절히 배합 이용하면 음식의 품질을 높일 수 있다.

① 엽록소의 카로티노이드

클로로필과 카로티노이드는 지방에 용해되어 식물 세포의 색소체에 존재한다. 초록색 채소와 달라서 멜론, 아보카토 등과 같이 몇몇 과일을 제외하고는 카로티노이드 색소를 지닌 과일은 적다. 살구, 오렌지, 황도, 파인애플 등의 등황색 과일에는 카로티노이드가 풍부하게 함유되어 있으며 또한 토마토나 수박 등에서도 이 색소를 발견할 수 있다.

② 플라보노이드계 색소

플라보노이드계 색소는 수용성이며 식물 세포의 세포액에 존재한다. 플라보노이드계 색소에는 안토사이아닌, 안토잔틴 및 '타닌'으로 오인되는 페놀화합물인 플라보노이드계의 제3 물질 등이 있다.

- 안토사이아닌 : 안토사이아닌계 색소는 적색, 자색 또는 청색을 지니고 있으며 이는 한 개 또는 두 개의 단당류와 결합되어 있는 배당체이다. 안토사이아닌계 색소 중에서 과일류에 흔히 존재하는 색소는 펠라고니딘pelargonidin, 사이아니딘cyanidin, 델피니딘delphinidin 및 말비니딘malvinidin 등이다. 이러한 색소의 소재를 보면 표 10-3과 같다.

표 10-3 안토사이아닌계 색소와 그 소재

색소	색	소재
펠라고니딘 배당체	적색	양딸기, 앵두
사이아니딘 배당체	청색, 감적색	블랙베리, 블루베리
		사과 껍질, 포도 껍질
델피니딘 배당체	청색	석류
말비니딘 배당체	적자색	포도 껍질

과일 중에 가장 많이 존재하는 색소는 사이아니딘이며 또 대부분의 과일은 이들 색소가 혼합되어 들어 있다. 여러 가지 색깔의 과일주스를 혼합하면 때때로 식욕을 떨어뜨리는 결과를 가져오기도 하고, 과일주스의 캔 내에 주석이나 철의 염이 존재하는 경우에는 이들이 안토사이아닌 색소와 결합하여 보라색이나 청록색을 띠는 수가 있다.

- 안토잔틴 : 안토잔틴계 색소는 안토사이아닌계 색소보다 식물계에 더 널리 분포되어 있다. 플라본flavons, 플라본올flavonols, 플라보논flavonones을 포함한 안토잔틴 색소는 과일과 채소에 배당체로 존재한다. 이는 백색 또는 담황색을 나타낸다.
- 기타 플라보노이드 : 플라보노이드계 색소의 제3 물질로서 과일과 채소 내에 존재하는 페놀화합물의 대표 물질은 카테킨을 예로 들 수 있다. 카테킨의 유도체인 류코안토사이아닌은 무색 색소이며, 산과 같이 가열하면 안토사이아니딘을 형성한다. 이러한 반응으로 인해 가끔 통조림 배의 과육이 약간 부분적으로 분홍색을 띠는 것을 볼 수 있다. 류코안토사이아닌은 한때 타닌 물질로 인식되기도 하였다.

(6) 질감

펙틴 물질은 세포벽과 세포벽 간에 존재하며 세포 간을 결착시키는 시멘트와 같은 역할을 한다. 화학적으로 본 펙틴 물질은 α-1,4 글루코사이드 결합에 의해 연결된 D-갈락투론산galacturonic acid의 중합체이다.

펙틴 물질에는 펙트산pectic acids, 펙틴산pectinic acids 및 프로토펙틴protopectin의 3종의 물질이 이에 속해 있다. 과일의 종류와 부위에 따라 펙틴 함량이 다르며 추출된 펙틴류는 산 및 설탕과 함께 끓이면 과일 젤리가 형성된다. 사과, 포도, 밀감 등의 껍질과 중심부에는 펙틴 물질이 농축되어 있다.

펙틴 물질의 분포 상태는 성숙도에 따라 다르다. 딱딱한 미숙 과일에는 상당량의 프로토펙틴이 함유되어 있으나 과일이 성숙함에 따라 과일의 조직은 연하여지며 프로토펙틴은 수용성인 펙틴으로 전환된다.

(7) 향미 성분

과일이 우리 식생활에 기여하는 것은 영양학적인 면뿐 아니라 이것이 지니고 있는 질감, 산미와 감미, 선명한 색상, 향긋한 풍미 등 때문이다. 과일 특유의 향긋한 풍미는 휘

표 10-4__ 과일류에 존재하는 향미 성분

분류	설명	성분
에스터(ester)류	과일 향기의 주성분	amyl formate(사과, 복숭아) isoamyl formate(배) ethyl acetate(파인애플) isoamyl acetate(사과, 배) methyl butyrate(사과) isoamyl isovalerate(바나나)
알코올류	채소, 과일, 주류의 향기 성분	ethyl alcohol(주류) pentanol(감자) β,γ-hewenol(채소의 푸른잎, 다엽) 1-octen-3-ol(송이버섯) 2,6-nonadienol(오이)
정유(terpene)류	식물체를 수증기에 증류할 때 얻어지는 향기 성분	limonene(오렌지, 레몬, 박하) α-pinene(레몬, 당근, 송백류) camphene(레몬, 생강) geranio (오렌지, 레몬) citral(오렌지, 레몬) linalool(차잎, 복숭아)

발성 화합물의 복합으로 오는 것이다. 이러한 성분은 각 과일에 소량씩 함유되어 있고 극히 불안정한 상태이므로 그 성분 함량을 정확히 규명하기란 어렵다.

2) 과일류의 성숙도에 따른 구성 성분의 변화

과일이 성숙함에 따라 과일의 여러 성분은 중요한 변화를 일으키면서 완전히 성숙하게 된다. 과일의 성숙 과정에 따른 변화는 조직 내에 함유되어 있는 여러 가지 효소의 작용에 의해서 이행되며 이 효소 작용은 성숙 후에도 계속 진행이 되므로 수확한 과일은 효소 작용을 지연시킬 수 있는 온도에 저장하지 않으면 과일의 질감이나 맛의 변질을 초래한다.

(1) 견고성 및 크기

성숙함에 따라 과일의 크기는 각 과일이 지닐 수 있는 최대의 크기로 자라며 과육은 점차 연해진다. 세포벽과 중간 박판middle lamella에 침체되어 있는 불용해성인 프로토펙틴은 효소의 작용에 의해 펙틴산으로 전환되면서 성숙한 과일의 질감을 부여한다.

(2) 색

미숙과는 엽록소가 다른 색소보다 두드러지게 나타나 푸르지만 과일이 성숙함에 따라 엽록소가 분해되면서 푸른색은 상실된다. 한편 안토사이아닌계 색소가 합성되고 엽록체에 엽록소와 공존하고 있던 카로티노이드가 나타나게 되므로 성숙한 과일의 특유한 색으로 변한다.

(3) 향기 및 맛 성분의 형성

휘발성 유기산은 에스터를 형성하여 과일 특유의 향기를 낸다. 유기산의 양은 감소되며 미숙과에 존재하는 전분은 분해되어 양이 감소되고 당의 함량이 증가되어 성숙과의 단맛을 낸다.

(4) 타닌의 감소

미숙과에 다량 함유되어 있으나 성숙함에 따라 감소된다.

(5) 비타민의 증가

충분히 성숙한 과일에는 비타민 C와 카로틴의 함량이 최고에 달하며 특히 태양광선에 의해 충분히 성숙한 후 수확한 과일은 온실에서 성숙한 과일보다 비타민의 함량이 높다.

(6) 인공 숙성

과일을 가장 맛있게 먹는 방법은 나무에서 원숙된 것을 즉시 먹는 것이다. 그러나 대부분의 경우는 산지에서 수확한 다음 소비자의 손에 들어올 때까지는 상당한 시간이 걸리고 또 수확한 후 오래도록 저장해 두어야 하기 때문에 수확은 주로 원숙하지 않은 과일을 하며 출하 시 인공적으로 성숙시킨다.

에틸렌 가스는 과일이 성숙하는 동안에 과일 내에서 소량이 생성되어 숙성 과정에 관련된 생리적 변화를 일으키는 것으로, 인공 성숙을 위해 주로 이용하는데 이 가스는 클로로필 색소를 파괴함과 동시에 적색소의 형성을 자극하여 과일을 숙성하게 한다. 특히 감귤류, 토마토, 바나나의 성숙을 위해서 에틸렌 가스를 사용하는 것은 보편화되어 있다. 일반적으로 자연적으로 익은 과일과 에틸렌 가스에 의해 숙성된 것을 비교하면 전체적인 성분에는 큰 차이가 없으나 비타민 함량은 자연적으로 성숙된 것이 더 높다.

3. 여러 가지 과일류

1) 인과류

(1) 사과Apple

사과는 우리나라에서 가장 흔한 과일로 거의 연중 구매할 수 있으며 그 품종도 다양하여 우리 식생활에 큰 공헌을 하고 있는 과일이다. 사과는 미국인 선교사 후렌차가 1892년에 처음 심기 시작한 이래 우리나라 기후에 알맞아서 곧 전국에서 생산하기 시작하였다.

품종으로는 축, 욱, 홍옥, 국광, 골드 딜리셔스golden delicious, 레드 딜리셔스red delicious, 워너샙winesap, 조나단jonathan, 매킨토시macintosh, 롬 뷰티rome beauty, 인도, 위금 등이 있으며, 근래에 와서는 개량종으로 여러 종류가 시판되고 있다. 그중 향미 성분과 육즙이 풍부하며 아삭아삭한 질감을 지닌 부사가 국내에서는 인기를 독차지하고 있다.

사과는 과육에 페놀화합물인 카테킨과 클로로젠산 등과 효소인 폴리페놀옥시데이스가 공존하므로 절단하면 쉽게 화학반응을 일으켜 갈변된다. 수확한 후 저장해 두면 처음에는 유기산의 양이 감소되므로 맛이 좋으나 기간이 경과됨에 따라 효소 작용이 진행되어 과육의 당분, 수분이 감소되고 또 연화하여 질감이 저하된다. 그러나 저장 조건이 알맞으면 사과는 저장성이 좋은 과일이다. 사과의 장기 저장에는 저온 가스 저장법을 사용한다. 밀봉할 수 있는 창고에 사과를 넣고 호흡에 의한 탄산가스의 발생, 산소의 소비를 이용하여 창고 내 공기를 탄산가스 5%, 산소 3%, 질소 92%로 조절하고 실온을 0~4℃로 유지하면서 저장하면 6개월 이상 신선하게 저장할 수 있다.

(2) 배Pear

배는 온화하고 건조한 기후에서 잘 자란다. 우리나라의 유명한 배의 산지는 경기, 경남, 황해, 전라 등지이며 특히 구포, 삼랑진, 나주 등은 배의 산지로 유명하다. 배도 사과와 같이 품종이 다양하며 일본종, 서양종, 중국종으로 대별할 수 있다.

일본종으로는 장십랑, 이십세기, 진유, 조생적, 만이길 등이 있으며, 중국종으로는 자이, 압이, 홍이 등이 있다. 서양종으로는 바틀릿bartlett, 라프랑스Lafrance, 실버벨Silver Bell, 패스크라센Passe Crassane, 윈터 넬리스Winter Nelis 등이 있다.

우리나라에서 재배되는 품종은 전부 일본종이며 이는 과육이 단단하면서 과즙이 많아 그 질감이 퍽 아삭아삭하다. 그러나 중심부에 석세포가 많아 거칠기도 하다. 일본종은 수확 직후 먹을 수 있으나 서양종과 중국종은 모두 푸른색일 때 따서 후숙하여 먹는다. 과육이 연하고 모양이 갸름한 것이 일본종과 다른 점이다.

배의 맛 성분으로서 당분이 8~12% 들어 있으며 주로 과당, 포도당, 자당이 함유되어 있다. 유기산으로는 사과산과 구연산이 들어 있으며 방향성 물질로는 리놀렌산decadienoic acid의 에스터와 헥실아세테이트hexylacetate가 들어 있다. 과육 내의 석세포는 펜토산pentosan이며 분해하면 자일로스xylose와 아라비노스arabinose를 생성한다. 또 페놀화합물이 소량 함유되어 있으므로 절단하면 갈변 현상이 일어난다. 배를 저장하여 두면 단단하고 아삭아삭하던 과육의 질감이 감소되고 조직이 연화되는데 이는 섬유질과 용해성이 감소하기 때문이다.

배는 생과로서 가장 많이 이용되나 역시 배숙, 통조림, 잼, 주스 등으로 가공해 이용된다.

(3) 감Persimmon

감은 동양이 원산지이고 기후에 잘 적응하는 과일로서 그 품종도 다양하다. 감나무의 성장이 우리나라 경기 이남에 알맞으며 질이 좋은 품종이 많이 생산된다. 감의 품종을 대별하면 단감과 떫은 감으로 분류할 수 있으며 단감은 따뜻한 지방에서 그리고 떫은 감은 추운 지방에서 생산되나 단감을 추운 지방에서 기르면 떫은 감이 된다.

단감에는 선사환, 부유, 차랑 등이 있으며, 떫은 감에는 농기고종시, 경산반시, 의성사곡시, 남원흑시, 대전이시 등이 있다.

단감과 떫은 감은 당질 함량의 차가 별로 없고 모두 약 14% 함유되어 있으며 그 대부분이 당분이 포도당, 과당 및 자당으로 구성되어 있다.

감은 비타민 C가 풍부한 과일로 30~40 mg% 들어 있다. 단감은 초가을에 수확하여 곧 생과로서 이용할 수 있으나 떫은 감은 타닌을 다량 함유하고 있어서 몹시 떫기 때문에 충분한 후숙 과정을 밟아 연시로 만들어 먹는다. 타닌 물질은 필로그루신phloroglucine과 갈산gallic acid으로 된 시부올shibuol이며 이는 수용성이므로 연약한 타닌 세포를 뚫고 과육에 침출한다. 감은 성숙함에 따라 세포 간의 호흡으로 생성된 아세트알데하이드acetaldehyde가 시부올과 반응하여 불용해성인 물질로 변화하여 떫은맛이 감소되고 당분은 증가되므로 단맛을 느끼게 된다. 인공적인 탈삽도 이 원리를 이용한 것이다.

감은 생과로 이용하거나 건조시켜 건시로 이용한다.

(4) 감귤류Citrus fruits

감귤류는 비타민 C의 급원 식품으로서 우리 식생활에 중요한 위치를 차지하고 있다. 감귤류는 온대지방에서 자라며 우리나라는 제주도가 밀감의 산지로 유명하다. 감귤류의 원산지는 인도, 중국, 동남아시아, 말레이시아 등의 열대지방이며 미국에서는 캘리포니아주, 애리조나주, 플로리다주 및 텍사스주가 감귤류의 산지로 유명하다.

품종은 귤tangerines, 오렌지oranges, 자몽grapefruits, 하등sour oranges, 레몬lemon, 라

임lime, 유자, 금귤, 탄젤로tangelo(귤과 자몽의 교배종) 등 다양하며 같은 품종 중에도 여러 가지 종류가 있어서 조금씩 다르다. 즉 오렌지 중에도 발렌시아valencia, 네이블navel, 함린hamlin, 파산parson, 브라운brown, 파인애플pineapple 등의 종류가 있으며 자몽류에도 던칸duncan, 홀hall, 마시marsh, 월터walters 등의 종류가 있다.

감귤류를 구입할 때에는 비교적 껍질이 얇고, 단단하며, 크기에 비해 무거운 것이 껍질이 두껍고 무게가 가벼운 것보다 더 과즙이 많다는 것을 유념하여 고르면 된다.

감귤류 내에는 구연산과 사과산 같은 유기산이 과일의 맛을 주는 주성분으로 함유되어 있으며 당의 함량은 품종에 따라 차이가 많으나 평균 10% 정도이고 환원당과 설탕, 포도당, 과당 형태로 들어 있다. 감귤류에는 비타민 C가 평균 40 mg% 함유되어 있으며 저온에서 장기간 저장하는 동안에도 비교적 영양소의 잔존율이 높다.

감귤류 중 밀감, 오렌지 및 자몽은 생과로 이용되는 한편, 통조림, 주스로 가공하여 다양하게 이용되고 있다. 가공 주스는 농축 냉동하여 운반과 저장이 편리하다.

2) 핵과류

(1) 복숭아Peach

중국이 원산지로 우리나라에서도 오래전부터 재배한 과일이다. 복숭아는 성숙기에 따라 조숙종, 중숙종, 만숙종으로 나눈다.

조숙종으로는 일월도, 천진수단도 등이 있으며, 중숙종에는 전십랑, 이핵수단도 등이, 만숙종에는 백도, 상해수단도 등이 있다.

복숭아는 보통 껍질에 털이 있으나 승도nectarines는 털이 없어 더 많이 애용되기도 한다. 복숭아에는 사과산, 구연산이 주요 유기산으로 존재하며 향미 성분으로는 개미산formic acid, 초산acetic acid, 카프릴산caprylic acid 등의 에스터와 아세트알데하이드 등이 함유되어 있다. 당분은 평균 9% 정도가 함유되어 있으며 대부분이 자당의 상태로 있다. 무기질로는 칼륨potassium이 다량 함유되어 있고 비타민 C는 적은 편이어서 좋은 급원이 못된다. 과육이 백색인 백도의 중심부는 흔히 사이아니딘 배당체 색소를 지니고 있어 적색을 띠고 있다. 또한 황도의 색소는 β-카로틴, 제아잔틴zeaxanthin, 크립토잔틴crytoxanthin 등의 카로티노이드계 색소이며 β-카로틴이 들어 있어서 비타민 A의 급원 식품이 되기도 한다. 복숭아도 생과로 이용이 많이 되나, 통조림, 주스 등으로 가공하여 널리 이용되고 있다.

(2) 앵두Sweet cherry

앵두는 건조하고 한랭한 지방에서 잘 자라며, 품종도 다양하다. 당분 함량은 7~14%로 주로 포도당과 과당으로 구성되어 있으며, 단맛이 짙은 과일이다. 유기산으로는 사과산, 구연산을 주로 함유하고 있다. 생과로도 이용이 되나 대부분은 통조림으로 한다. 또 SO_2 가스로 표백한 후 착색하여 병조림marashino-type과 리큐어cream dementhe cherrie(혼성주)를 만들기도 한다.

앵두의 품종에는 빙bing, 블랙타타르black tartarian, 몽모랑시montmorency, 로열 앤 체리royal ann cherry 등이 있다.

(3) 살구Apricot

중국이 원산지인 살구는 우리나라에서도 많이 재배되는 과일이다. 복숭아와 유사하나 크기가 작으며 농후한 등황색을 지니고 있다. 달고 신맛을 지닌 향기 높은 과일로 당분의 함량이 5~8%이며 포도당, 과당, 자당으로 구성되어 있다. 유기산은 주로 사과산과 구연산이며 비타민 A도 풍부하게 함유되어 있다. 과육의 색소는 카로틴과 라이코펜이다.

살구 역시 생과로 이용되나 통조림, 건과, 잼 등으로 가공되어 널리 이용된다.

(4) 자두Plum

자두는 아시아 및 북미가 원산이며 북미에는 야생으로 많이 자라고 있다. 자두의 색은 다양하여 적, 황, 녹색 및 청색을 지닌 것들이 있으며 주로 아시아 지역에서 자라는 것은 황색과 적색종이 보편적이고 유럽 및 미국종은 녹색과 청색종이 흔하다. 당분은 6~14%이고, 유기산으로는 사과산이 0.6~2% 함유되어 있다.

자두는 생과로도 이용이 되나 잼, 젤리, 자두버터 등으로 가공하는 한편 건과prunes로도 만들어 이용한다.

(5) 대추Jujube

대추는 중국, 우리나라 그리고 북아프리카가 원산지이며 품종도 여러 가지이다. 대추는 생과보다는 건조시켜 건과로서 다양하게 이용된다. 특히 아랍이나 미국 등지에서 생산되는 대추는 우리나라 것보다 크며 말렸을 때는 적자색보다 자갈색으로 되고 당의 함량이 47%가량 농후해진다. 우리나라에선 대추를 한약제로 쓰나 후식용으로도 널리 이용한다.

(6) 매실

매실은 매화나무의 열매이며 원산지는 중국이다. 열매 중 과육이 80%를 차지하며, 과육은 약 85%의 수분과 약 10%의 당질로 이루어져 있다. 매실 안에 함유되어 있는 아미그달린은 사이안 배당체의 일종으로 몸속에 들어가 암세포에만 다량 들어 있는 베타글루코시데이스에 의해 사이안화수소를 유리시켜 암세포를 제거한다. 무기질과 비타민이 풍부하며, 매실 속 피크린산이 독성 물질을 분해하는 역할을 하므로 해독 작용이 뛰어나고, 장의 연동운동을 도와 위장운동을 촉진시켜주므로 체질개선에 효과적이다.

3) 장과류

(1) 포도Grape

포도의 품종은 다양하며 우리나라에서는 1901년에 수입되어 재배되기 시작하였다. 품종을 대별하면 유럽종, 미국종 및 간생종으로 분류한다.

- **유럽종** : 포도송이의 알이 통통하나 껍질을 벗기기 힘이 든다. 당분의 함량이 높아서 10~15%이며 어떤 것은 20% 정도 함유하는 것도 있다. 성숙한 포도에는 과당이 많아 퍽 달게 느껴진다. 말라가malaga, 머스캣muscat, 톰슨 시들리스thompson seedless, 엠퍼러emperor, 리비에르ribier, 토카이tokay 및 카디널carcinal 등이 보편적인 품종이다.
- **미국종** : 유럽종과 유사하나 대부분 껍질이 잘 벗겨진다. 보편적인 품종은 콩코드concord, 델라웨어delaware, 나이아가라niagara, 카토바catawba, 스쿠퍼농scuppernong 등이다.

포도의 유기산은 주석산, 구연산이며 방향 성분으로서 안트라닐산anthranilic acid의 메틸 에스터methyl ester, N-메틸 안트라닐산N-methyl anthranilic acid의 메틸 에스터 등이 존재한다. 청포도 이외의 포도에는 안토사이아닌계 색소인 적자색 색소와 그 분해물이 들어 있다.

포도 껍질부에는 펙틴류가 들어 있어 질이 좋은 젤리를 만들 수 있다. 주로 생과로 이용이 되나, 포도즙, 포도주, 젤리, 통조림, 건포도(무스캣과 톰슨 시들리스종) 등으로 가공 이용된다. 시장에서 구입한 포도는 씻지 말고 물기가 없는 상태로 냉장고에 저장하고 먹기 직전에 흐르는 수돗물에 알알이 잘 씻어야 한다.

(2) 딸기류

딸기류에는 양딸기strawberries 외에 블랙베리, 블루베리, 라즈베리, 크랜베리 등이 있다. 딸기의 색소는 안토사이아닌계 색소이며 주요 유기산은 사과산과 구연산이고 방향성 물질로는 아세트산acetic acid, 카프르산capric acid, 폼산formic acid 및 벤조산benzoic acid의 에스터 등이 들어 있다.

딸기에는 특히 비타민 C가 풍부하며(60 mg%) 생과로 이용되는 것 외에 잼, 시럽, 아이스크림 등으로 가공 이용된다.

4) 견과류

견과류는 일반적으로 과육을 사용하는 다른 과일과는 다르게 씨앗을 사용한다. 특유한 향기를 내므로 기름으로 사용되기도 하고, 일부 견과류를 물과 함께 갈아서 우유 대용으로 사용하기도 한다.

호두, 헤이즐넛, 밤, 잣 등은 유럽과 신대륙 모두에서 발견되는 나무들로 600만 년 전부터 육종되었으며 기후가 맞는 지역이면 지구촌의 거의 모든 지역에서 자란다. 현재 미국의 캘리포니아는 아몬드와 호두의 가장 큰 생산지이며 땅콩은 남미 아열대 지역에서, 열대 지역에서는 코코넛이 주로 생산되고 있다.

5) 기타 과일

(1) 멜론Melon류

멜론류는 머스크 멜론musk melon 종류와 수박으로 분류한다. 머스크 멜론류는 참외, 허니듀honeydew, 캔털루프cantaloupe, 크랜쇼crenshaw, 페르시아persian, 카사바casava

등이 있으며 종류에 따라 크기, 색, 맛 등이 다양하다.

수박은 과육이 주로 적색이나 어떤 것은 황색인 것도 있으며 당분은 3~7% 함유되어 있다. 수박의 색소는 라이코펜과 카로틴이다. 잘 익은 수박을 고르는 요령은 수박의 나머지 부분의 녹색과는 상관없이 밑바닥이 노란 것을 고르면 된다. 그 밖에 비교적 표면이 매끈하고, 껍질과 잘린 꼭지 부분이 약간 덜 뻿뻿한 것을 고르면 된다.

멜론류는 비타민 C의 좋은 급원이며 특히 카사바와 같은 열매 과일에는 200 mg%나 들어 있다.

(2) 아보카도Avocado

중앙아메리카와 멕시코가 원산지인 아보카도는 과일 중 지방 함량이 17% 정도로 높은 것이 특징이다. 모양은 서양배와 유사하며, 과일이 녹색으로 클로로필과 카로틴이 주요 색소이다. 과육의 질감은 매우 부드러우며 견고할 때 따서 후숙하여 먹는다.

4. 과일류의 조리 가공 중의 변화

1) 색의 변화

과일의 조리 과정에서 색이 변화하는 것은 과육 내에 함유되어 있는 유기산과 조리수의 알칼리도 및 무기질 등에 의한 반응 때문이다.

안토사이아닌계 색소가 들어 있는 적색 과일이 철이온과 반응하게 되면 제일철염 ferrous salts을 형성하여 과육에 검은 반점을 남기며 또한 퇴색된다. 냉장했던 딸기를 급히 가열 조리하면 색이 빠르게 퇴색되는 경우가 있다. 이는 냉장과 단시간의 조리로 조직 내에 충분히 이용되지 못하고 남아 있는 산소가 색소와 반응하기 때문이다. 서서히 가열함으로써 세포의 호흡에 필요한 산소를 완전히 소비되게 하면 적색을 지니고 있는 딸기의 색을 선명하게 보존할 수 있다.

2) 질감의 변화

과일이 지니고 있는 독특한 질감은 과일을 구성하고 있는 섬유소의 양과 특성에 의해 좌우된다. 과일에 물을 가하고 가열하면 섬유소는 연화되고 세포막이 변성되며 투과성을 잃는다. 생세포 내외로 움직이는 수분은 주로 삼투압에 의해서 세포벽을 통하여 이해되나 일단 가열되면 확산에 의해 수분이 이동한다. 이 과정은 생세포에서 보다 서서히 일어나지만 세포 내의 용질이 조리수에 침출되면 생기가 있던 과육은 생기를 잃게 된다. 또 과일이 가열되고 있는 동안에 조직은 증기에 의하여 부력을 지니게 되므로 과일이 표면에 뜨지만 일단 열원을 제거하며 가라앉게 된다. 한편 세포 간 공간에 차 있던 가스는 물과 대치되어 삶아진 과일은 생과 때보다 투명하게 된다.

삶은 과일은 그 독특한 질감을 상실하게 되므로 조직은 더욱 연하게 된다. 이는 세포 간에 견고히 부착되어 있는 불용성인 프로토펙틴이 가열에 의해서 용해성 펙틴으로 전환되기 때문이다.

3) 향미의 변화

과일의 향미 성분은 주로 당과 휘발성 유기산 및 그 에스터로 너무 오래 가열하면 과일 자체가 지니고 있는 향미를 잃게 된다.

그러나 과일을 설탕물에 끓이는 경우에는 물의 증발이 충분히 일어나도록 가열하여야 하므로 다량의 과일을 일시에 조리하는 것보다 소량씩 사용하는 것이 좋다.

4) 펙틴젤의 제조

과일을 생으로 먹기도 하지만 일부 과일은 가열하여 젤리, 잼, 마멀레이드 등으로 사용하기도 한다.

(1) 펙틴젤 형성에 적합한 과일들

펙틴젤을 형성하기에 적당한 과일들은 산과 펙틴을 함유하고 있는 포도, 자두, 사과 등이며 펙틴이 충분치 못한 과일의 경우 레몬이나 오렌지 등을 섞으면 젤을 형성하는 것이 가능하다.

(2) 펙틴젤 형성 조건

① 펙틴의 종류 및 함량

펙틴을 추출하기 위해서는 최소한의 물을 이용하여 가열하여야 하는데 이는 생과즙

속에는 최소량의 프로토펙틴이 추출되기 때문이다. 과량의 물을 첨가하게 되면 희석되어 증발하는 시간이 오래 걸리기 때문에 오랜 기간 가열하여야 하므로 젤리의 강도가 약화될 수 있다.

펙틴은 에스터화 정도에 따라 고메톡실 펙틴HMP과 저메톡실 펙틴LMP으로 분류할 수 있다. 펙틴의 성질은 에스터화 정도, 아마이드산 정도, 갈락투론산 함유량 및 분자량 등에 따라 다르게 나타난다. 펙틴의 응점력과 젤화력은 산과 에스터의 균형에 따라 다르며, 산이 50%를 넘지 않거나 또는 비에스터화된 펙틴의 경우 칼슘이온으로 젤을 형성하려는 경향이 강하다.

- **HMP**High Methoxyl Pectin : 메톡실이 7% 이상 함유되어 있는 펙틴을 고메톡실 펙틴high methoxyl pectin이라고 한다. 적당량의 산과 당이 첨가되면 젤이 형성되며, 잼, 과즙젤리, 유화제조밀제 등으로 사용한다.
- **LMP**Low Methoxyl Pectin : 메톡실이 7% 이하 함유되어 있는 펙틴을 저메톡실 펙틴low methoxyl pectin이라고 한다. 에스터가 적어 용액 속에 다가 이온(칼슘, 마그네슘 이온 등)이 존재하면 그 이온들과 이온결합을 형성하여 교차결합되어 빠른 속도로 단단한 굳기의 젤을 형성한다.

프로토펙틴(protopectin) ⟶ 펙틴(pectin) ⟶ 펙틴산(pectin acid)

펙틴질은 분자 내에 극성기를 많이 지니고 있어야 물과의 졸sol 형태를 형성하여 망상구조를 형성하게 하고 이 내부에 수분이 포함되어 있어 탄력을 지닌 젤의 구조를 지니게 된다.

프로토펙틴은 펙틴질의 모체가 되는 성분이다. 물에 용해되지 않고, 부분가수분해에 의해 펙틴이나 펙틴산을 생성한다. 고등식물의 세포벽에 존재하고, 유연조직이나 분열조직에 많다.

사과, 배, 복숭아, 귤 등에 많이 포함되어 있고, 과실이 생장, 숙성함에 따라 펙틴은 불용성의 프로토펙틴으로 존재하게 되는데 과일이 숙성될수록 가용성의 펙틴이 되면서 전체 과육이 부드러워진다. 과일류는 수확한 이후에도 호흡 작용, 증산 작용 등이 일어나므로 저온의 적당한 환경 조건에서 보관해야 장기간 저장할 수 있다. 미숙한 과일은 후숙 작용이 일어나도록 조건을 두어서 완숙과를 만들 수 있다.

② 과즙의 pH

pH가 5 이하일 때 젤을 형성하기 시작하고 최적의 pH는 3.0~3.3이다. 표 10-5는 적절한 pH를 결정하기 위한 과일의 pH를 나타내었다.

표 10-5 과일의 평균 pH

pH	과일류	pH	과일류
2.2	라임	2.3	레몬
3.1	사과, 자몽, 자두	3.2	루바브(Rhubarb)
3.3	살구, 블랙베리	3.4	딸기
3.5	오렌지주스, 복숭아	3.6	라즈베리
3.7	블루베리	3.8	체리
3.9	배	4.0	포도
4.2	토마토	4.6	바나나
6.0	수박		

③ 설탕량

설탕은 분자 내에 수산기(OH기)를 가지고 있어 친수성이며 수화하여 탈수 작용을 한다. 설탕의 양을 증가시키면 젤의 강도가 강해지고 젤을 빨리 형성시킨다. 최적 농도는 65%이며 이상 증가시키게 되면 내부에 결정체를 형성한다.

5) 과일의 갈변 방지

사과, 배, 바나나와 같은 과일의 껍질을 깎아 공기 중에 노출시키거나 또는 상한 부분은 색이 흰색에서 갈색으로 변하는 것을 종종 본다. 이러한 갈변 현상은 식품을 취급하는 데 있어 좋지 않은 현상이다. 과일의 조직 내에는 살색 변화를 일으키는 물질, 즉 '기질'과 '효소'가 존재한다. 기질에는 카테킨 및 그 유도체인 타이로신, 카페인산, 클로로젠산, 류코안토사이아닌 및 플라보노이드flavonoids의 아글리콘aglycones 등의 페놀화합물이 있다. 이 기질의 갈변을 돕는 효소에는 페놀옥시데이스phenoloxidase, 폴리페놀옥시데이스polyphenoloxidase, 페놀레이스phenolase 및 폴리페놀레이스polyphenolase 등이 있다. 이들 기질과 효소의 반응을 가능하게 하기 위하여는 반드시 산소가 존재하여야 하며 산소는 공기 중 또는 조직 자체 내에서 공급된다. 페놀옥시데이스가 열에 의해서 변성되어 불활성화하더라도 페놀 기질은 산소와 접촉하면 서서히 반응하여 갈변 현상을 일으킨다. 통조림된 배나 배의 표면이 가끔 갈변되어 있는 것은 통조림 제조 과정의 열처리로 페놀옥시데이스가 파괴되었음에도 불구하고 공기 제거가 충분치 않아 남아 있는 산소와 기질이 반응하였기 때문이다.

갈변반응에 의해서 유색 색소를 형성하는 현상은 페놀 기질이 산소와 효소에 의해서 퀴논quinone화합물을 형성하고 이 퀴논화합물이 계속 산화·축합되어 멜라닌melanine 색소를 생성하기 때문이다. 갈변 현상을 방지하는 데는 여러 가지 방법이 있으며 그 원칙으로서 효소의 기능 저해, 산소와의 접촉 방지, 그리고 기질 물질의 제거 등을 꼽을 수 있으나 기질 물질의 제거는 비현실적이다.

(1) 효소의 기능 저해

효소의 기능을 저해하는 방법에는 여러 가지가 있다. 효소는 단백질로 구성되어 있어서 열에 대단히 약하므로 가열하면 쉽게 불활성화된다. 그러나 과일을 생으로 먹으려면 열처리하면 안 되고 이와 반대로 냉장·냉동 온도, 특히 -10℃ 이하의 온도에서도 효소의 작용이 저해되어 갈변 현상을 방지할 수 있으나, 이러한 동결 온도에서는 역시 과일의 조직에 변화를 주므로 과일 자체의 독특한 질감을 상실하게 된다.

폴리페놀옥시데이스의 최적 pH는 5.7~6.8이며 Cu^{++}나 Fe^{++}은 이 효소를 활성화시키고 Cl^{-}은 억제한다. 그러므로 과일의 환경을 산성으로 바꾸어 주기 위해 껍질을 깎은 과일을 산성 용액, 즉 레몬즙, 오렌지즙과 같은 과즙에 담가서 과일의 환경을 산성으로 바꾸어 주거나 또는 희석된 소금물에 담가 두면 갈변 현상을 방지할 수 있다.

과일을 자르거나 껍질을 벗기는 데 철로 만들어진 칼을 사용하지 않도록 하는 것이 좋다.

(2) 산소의 제거

갈변반응을 일으키는 산소의 접촉을 피하게 하는 방법으로 껍질을 깎거나 절단한 과일을 설탕에 묻히거나, 설탕물, 비타민 C 용액 또는 물에 담근다.

비타민 C는 강력한 산화제이므로 조직 주위에 있는 산소를 사용하여 갈변반응을 억제할 뿐만 아니라 페놀화합물의 산화 과정의 중간 산물을 환원시켜 이들의 축합을 막아서 갈변을 방지한다.

(3) 아황산가스 또는 아황산염의 이용

아황산가스 또는 아황산염은 효소의 작용을 강력히 저해하므로 갈변 현상을 방지하는 데 매우 효과적이다.

단원 정리

프로토펙틴 펙틴질의 모체가 되는 성분으로 물에 용해되지 않으며 일부의 가수분해에 의해 펙틴 또는 펙틴산을 생성

펙틴 갈락투로닉산의 측쇄에 일부가 메틸에스터화되어 메톡실을 함유하는 중합체로 젤리와 잼의 가공 시 젤 형성에 중요함

펙틴산 프로토펙틴의 부분적 가수분해로 얻을 수 있는 산성 펙틴 물질

저메톡실 펙틴산 펙틴 중 분자 내에 낮은 메톡실기의 함량을 지니는 것으로 다가금속이온인 칼슘 등을 첨가시켜 펙틴 분자 사이로 카르복실에 가교를 형성하여 젤을 형성

헤미셀룰로스 식물의 세포벽에서 셀룰로스의 섬유 사이의 기질 젤을 형성하는 다당류 중 펙틴질 이외의 다당류

셀룰로스 1,4-β 글루코사이드 결합에 의해 글루코스 단위가 서로 연결되어 복잡한 구조를 형성하는 물질

단원 문제

1 과일이 숙성되는 과정에 일어나는 변화에 대해 설명하고 특히 펙틴의 구조가 어떻게 변화하는지 설명하시오.

2 과일의 식이가 가능한 부분의 세포 형태와 조직, 구조에 대해 설명하시오.

3 과일의 분화 특징에 따른 종류를 설명하고 과일의 예를 들어 설명하시오.

4 과일 저장 중에 에틸렌 가스의 역할에 대해 설명하고 어떤 변화를 방지하는지 설명하시오.

5 과일의 갈변 방지를 위한 방법을 설명하시오.

Chapter 11

해조류와 한천

학습 목표

1. 해조류의 분류와 종류를 설명할 수 있다.
2. 해조류에 포함된 색소를 설명할 수 있다.
3. 해조류의 가공식품을 설명할 수 있다.

해조류는 물속에서 모래나 바위 등에 부착하여 뿌리를 내리고 엽록소를 가지고 독립적으로 영양소를 합성하는 하등식물로서 뿌리, 줄기, 잎의 구분이 명확하지 않으며 뿌리와 잎의 중간에 있는 줄기는 파도에 잘 적응할 수 있도록 유연성과 탄력성을 가지고 있다.

인류가 해조류를 식용한 역사는 꽤 오래된 것으로 보이며 서양에서보다는 동양, 특히 중국을 비롯하여 한국 그리고 일본에서 널리 이용되고 있다. 우리나라는 삼면이 바다에 접해 있는 반도로 바다의 채소로서 해산물의 식용도가 높다. 『세종실록』에 기록된 바에 의하면 미역 채전의 소유권이 재력을 의미하며 고려 때의 미역은 그 품질이 좋아 원나라에 상납품 중 해채로 그 구색을 갖추었다고 한다. 또 미역은 우리나라의 식생활 풍속에서 산부의 상용식으로 또 생일상에 반드시 올라와야 하는 식품이다. 해조류의 탄수화물은 비 소화성 복합다당류로 에너지원으로서 가치는 없지만 식이성 섬유소를 가진 식품으로서 변통을 조절하고 만복감을 줄 수 있으며 비타민, 무기질이 풍부하고 독특한 맛과 향기가 있어 기호식품으로서의 가치도 있다. 그뿐만 아니라 한천, 알긴산 등 해조다당류 공업의 원료로서 이용 가치가 크고 사료용, 비료용 등으로도 널리 쓰이고 있다.

1. 해조류의 분류

우리나라 연안에 서식하고 있는 해조류의 종류는 400여 종이 넘는데 식용으로 할 수 있는 것은 50여 종이다. 녹조류는 얕은 바다에서 서식하며 갈조류, 홍조류 순으로 생육환경이 깊어진다. 이들 해조류에는 클로로필chlorophyll, 카로티노이드carotenoids, 피코에리트린phycoerythrin 등의 여러 가지 색소가 들어 있으며 표 11-1과 같이 녹조류, 홍조류, 갈조류 등으로 분류된다.

표 11-1__ 해조류의 분류

분류	종류	주요 색소
녹조류(green algae)	파래, 청각	엽록소가 많고 카로틴, 잔토필(xanthophyll)계 색소 함유
갈조류(brown algae)	미역, 다시마, 톳	황갈색의 푸코잔틴(fucoxanthin)과 소량의 엽록소
홍조류(red algae)	김, 우뭇가사리	붉은색의 피코에리트린(phycoerythrin)과 그 외 엽록소, 카로티노이드계도 함유

표 11-2__ 미세 조류와 대형 해조류의 구분

구분	미세 조류(Microalgae)	대형 해조류(Macroalgae)
크기	현미경적 크기	육안으로 볼 수 있는 크기
분류군	갈조류를 제외한 모든 분류군에 속함	녹조류, 갈조류, 홍조류로 대별
서식 환경	해수 및 담수	대부분 해수
대표종	담수산(chiorella, Scenedesmu 등) 해수산(Tetraselmis, Nannochloropsis 등)	미역, 다시마, 모자반, 김, 우뭇가사리, 파래 등
생산 방식	실내에서 배양조 이용	현행 해조류 양식 방법(건홍식 등)
주대상 성분	지질	탄수화물

자료 : 국립수산과학원 해조류연구센터 농림수산식품부 양식관리과 회의 자료, 2009.4

2. 해조류의 구성 성분

해조류를 구성하는 성분은 채취 계절과 생육 장소에 따라 다소의 차이가 있으며 일반성분은 표 11-3과 같다.

표 11-3__ 해조류의 성분 함량(100g 중)

식품명			열량 (kcal)	수분 (g)	단백질 (g)	지질 (g)	탄수화물 (g)	회분 (g)	무기질				비타민					폐기율 (%)
									칼슘 (mg)	인 (mg)	철 (mg)	염분 (mg)	A (μg)	B_1 (mg)	B_2 (mg)	니아신 (mg)	C (mg)	
김(생)			12	90.5	3.3	0.4	2	3.8	412	472	18.6	-	2520	1.15	2.7	11.9	71	0
다시마	건		110	12.3	7.4	1.1	45.2	34	708	186	6.3	3100	576	0.22	0.45	4.5	18	0
	생		12	91	1.1	0.2	4.2	3.5	103	23	2.4	75	774	0.03	0.13	1.1	14	0
미역	건		149	6.3	20.3	4.8	43.65	24.9	1109	355	6.1	7535	6185	-	0.1	3.8	0	0
	생	양식산	15	88.8	2.1	0.2	5	3.9	153	40	1	-	1845	0.06	0.16	1	18	0
	생	자연산	12	91.2	1.68	0.29	3.7	3.13	79	54	0.46	361	-	0.06	0.07	-	7	0
청각	건		156	10	13.8	0.8	62.6	22.6	-	-	-	-	-	-	-	-	-	0
	생		8	92.1	1.4	0.4	1.6	4.5	37	12	2.5	-	270	0.01	0.05	1.4	9	0
톳	생		14	88.1	1.9	0.4	4	4.6	157	32	3.9	-	378	0.01	0.07	1.9	4	0
파래	건		144	15.2	23.8	0.6	46.7	13.7	652	150	17.2	-	630	0.1	0.26	1.4	13	0
	생		11	93.8	2.18	0.15	2.95	0.92	55	38	4.1	122	774	0.04	0.39	11.4	17	0
우무			2	99	0.1	0.0	0.8	0.1	10	3	0.3	-	0	0	0	0	0	0
우뭇가사리			46	70.3	4.2	0.2	18.5	3.8	183	47	3.9	-	2160	0.04	0.43	1.1	15	-
한천			154	20.1	2.3	0.1	74.6	2.9	523	16	7.8	-	0	0	0	0	0	-

자료 : 농촌진흥청 국립농업과학원, 국가표준식품성분 DB 9.2, 2020

1) 탄수화물

해조류의 종류에 따라 탄수화물 함량이 크게 차이가 난다. 성분표에서 보는 바와 같이 미역, 다시마, 파래, 김 등에는 38~45% 정도의 탄수화물을 함유하고 있다. 그 주성분은 복합다당류로서 가수분해하면 포도당, 마노스, 갈락토스, 과당, 푸코스fucose, 자일로스, 아라비노스, 유론산uronic acid 등을 생산한다.

녹조류인 파래, 청각 등에는 셀룰로스, 헤미셀룰로스, 갈조류인 미역, 다시마 등에는 알긴산alginic acid, 푸코이딘fucoidin, 라미나린laminarin 그리고 홍조류인 김, 우뭇가사리 등에는 한천, 갈라게닌galagenine 등이 들어 있다.

2) 단백질

말린 해조에는 약 10~38% 정도의 단백질이 함유되어 있으며 특히 김에는 38% 정도 들어 있다. 해조류의 아미노산 조성은 표 11-4와 같다. 일반적으로 필수아미노산인 메티오닌의 함량은 적으며, 미역과 다시마에는 트립토판의 함량이 높고 김에는 그 양이 낮은 편이다.

3) 지방

해조류에는 지방이 극히 소량 들어 있으며 약 1% 내외이다. 에테르ether 추출 시에 같이 추출되는 것은 카로티노이드계 색소이며 트라이글리세라이드triglyceride는 거의 없다.

4) 무기질과 비타민류

해조류의 무기질 함량은 해조류의 종류에 따라 다르지만 전반적으로 무기질이 풍부한 식품이다. 특히 나트륨, 칼륨, 칼슘, 인, 철 그리고 요오드가 풍부히 함유되어 있다. 엽록소를 가지고 있는 홍조류와 녹조류에는 카로틴을 상당량 함유하고 있다. 티아민은 적으나 리보플라빈과 니아신 함량이 높으며 신선한 해조류에는 비타민 C의 양도 비교적 다량 함유되어 있다.

표 11-4 해조류 단백질의 아미노산 조성

아미노산	미역 (*Undaria pinnatifida*)	다시마 (*Laminaria japonica*)	김 (*Porphyra tenera*)	파래 (*Monostroma nitibum*)
alanine	0.64	0.23	0.54	0.42
valine*	0.29	0.24	0.34	0.30
glycine	0.33	0.16	0.41	0.31
isoleucine*	0.23	0.29	0.23	0.22
leucine*	0.40	0.29	0.43	0.39
proline	0.22	0.26	0.30	0.27
threonine*	0.19	0.25	0.34	0.21
serine	0.18	0.22	0.27	0.20
methionine*	0.07	0.33	0.08	0.06
hydroxy proline	0.01	0.27	0.01	0.04
phenylalanine*	0.26	0.36	0.29	0.25
asparagine	0.40	0.31	0.53	0.47
glutamic acid	0.73	0.31	0.56	0.53
tyrosine	0.13	0.36	0.15	0.12
lysine*	0.28	0.31	0.29	0.25
arginine*	0.37	0.34	0.38	0.33
cystine+cystein	trace	0.25	trace	trace
tryptophan'*	0.07	0.11	0.07	0.05
histidine'*	0.03	0.05	0.07	0.05

* 필수아미노산

(') data 小原哲二郎 岩尾裕元 鈴木隆雄編 食品分析 ハンドブック,日本健帛社, 1969

자료 : 문수재, 가식성 단백질개발에 관한 연구(I) 해조류단백질의 amino 산조성 및 해조류 첨가식이가 흰쥐 성장에 미치는 영향, 연세논총 12, 1975

5) 기타

(1) 방향성 물질

해조류에는 해산물 특유의 냄새를 가지고 있다. 갈조류의 냄새는 테르펜terpene계 물질이며 녹·홍조류에서는 함황계 화합물이 원인 물질이다. 김의 냄새는 다이메틸설파이드dimethyl sulfide에 의한 것이다.

(2) 지미 성분

김의 구수한 맛은 글리신glysine, 알라닌alanine 등의 유리아미노산에 의한 것이고 다시마는 글루탐산glutamic acid과 나트륨과 화합하여 생긴 모노소듐글루타메이트mono-sodium glutamate가 구수한 맛을 낸다.

3. 여러 가지 해조류

우리나라에서 주로 많이 소비하고 있는 해조류는 김, 미역, 다시마, 톳, 파래 등이다. 바다에서 채취하여 바로 이용하기도 하나 저장성이 없으므로 건제품, 염장품, 조미품 등으로 가공되어 조리에 이용된다.

1) 미역Seaweed

우리나라에서 가장 많이 소비하고 있는 해조류의 하나로서 주요 산지는 전남, 경남, 경북, 강원 지역이며 근래에는 많은 양이 양식으로 생산되고 있다.

미역에는 알긴산에 칼슘이나 마그네슘이 결합된 알긴이 20~30%, 만니톨mannitol이 10~20%, 라미나린이 1~10%, 푸코이딘, 헤미셀룰로스 등의 다당류가 소량 함유되어 있다. 단백질 함량은 20% 정도로 비교적 높으며 필수 아미노산을 골고루 함유하고 있다. 건미역 100 g당 칼슘은 959 mg, 철은 9.1 mg을 함유하고 있다. 미역에 칼슘과 철이 이처럼 많이 함유되어 있어 산후 자궁 수축과 지혈 작용을 돕고 또 조혈 작용을 하는 효과가 있다. 그러므로 우리나라에서는 예로부터 산부에게 필수적인 식품으로 이용하여 왔다. 또한 요오드 함량이 높아 신진대사를 촉진시키는 갑상선호르몬 타이록신thyroxine 합성이 많이 이루어져 산후 다량 섭취하면 비만을 막을 수도 있다.

2) 김Laver

김은 이용 역사가 가장 오래된 해조류이며 자연산은 물속 바위 등에 이끼 모양으로 붙어 자라는데 자연산만으로는 수요를 충당할 수 없으므로 대부분 양식으로 생산된다. 주로 서남연해, 특히 다도해지방 완도에서 양식되고 있다.

김은 약 38%의 탄수화물을 함유하고 있는데 한천이 주요 성분을 이루고 있고 그 외

헤미셀룰로스와 같은 다당류도 들어 있다. 또한 소비톨sorbitol, 둘시톨dulcitol 같은 당알코올이 함유되어 단맛을 낸다. 단백질 함량은 약 38%로 필수아미노산을 고루 함유하고 있으며 특히 타우린이 많이 함유되어 있다. 이노신산과 구아닌산, 글루탐산에 의한 감칠맛과 알라닌과 글리신 같은 아미노산 조성으로 김의 맛을 돋운다. 다른 해조류와 같이 무기질이 풍부하고, 카로틴이 많아 비타민 A의 좋은 공급원이고 리보플라빈, 니아신, 비타민 C도 비교적 많이 함유되어 있어 푸른 채소가 적은 겨울에 비타민 공급원으로 주요한 구실을 해 왔다. 주요 색소는 클로로필과 카로티노이드 등과 피코에리트린이 함유되어 있다.

3) 다시마Sea tangle

다시마는 곤포, 해태라고도 하며 한냉 수역에서 자라므로 동해안에서 많이 생산되었으나 최근에는 인공 양식으로 거제도 등의 남해안 지역에서도 생산된다.

다시마는 미역과 같은 갈조류이므로 구성 성분도 비슷한 편이다. 건다시마의 탄수화물은 45%에 이르며 이 중 알긴산이 20% 정도를 차지하고 있다. 다시마 표면의 하얀 가루의 성분은 당알코올인 만니톨D-mannitol로 설탕 단맛의 약 60%의 단맛을 가지고 있는 물질이다. 단백질은 7% 정도 함유하고 있으며 감칠맛을 주는 글루탐산glutamic acid이 많이 함유되어 있고 아스파트산aspartic acid, 핵산 등도 들어 있어 국물 맛을 내는데 많이 사용되고 있다. 칼슘, 칼륨, 요오드 등의 무기질 함량이 아주 높은 편이며 비타민 B_2, β-카로틴 등이 함유되어 있다.

4) 파래Sea lettuce

파래는 우리나라 남해안에 널리 분포하며, 민물이 흘러 들어가는 담수가 섞인 해안에 큰 군락을 이루면서 늦은 가을부터 초여름까지 번식한다. 선명한 녹색을 띠며 엽상체 속은 빈 막질 구조로 되어 있다. 파래는 칼슘, 철 등의 무기질을 많이 함유한 알칼리성 식품이며 비타민류도 다량 함유하고 있다. 선명한 녹색을 띤 어린잎으로 광택이 있는 것이 좋은 파래이다.

5) 매생이

가늘고 부드러운 갈매패목의 녹조류로 전세계에 널리 분포하며, 우리나라에서는 남해안의 각지에 분포하고 있으며 전라남도 강진과 완도 등에서 자란다. 2000년대 들어 영양식으로 알려지기 시작해 국이나 죽, 전으로 만들어 이용한다. 매생이는 길이 15 cm, 굵기 2~5 mm까지 되는 것도 있지만 대부분은 머리카락보다도 얇다. 물속에서 열을 가하면 녹아 물처럼 되는 성질을 갖고 있다. 발이 가늘고 녹색이 선명하며 윤기가 나는 것이 좋고 녹색이 아닌 붉거나 누런빛을 띠는 것은 피한다.

6) 감태

감태*Ecklonia cava*는 갈조식물 다시마목 미역과의 해조海藻이다. 줄기는 원주상이며 충분히 자란 것은 1 m 이상 되는 것도 있다. 중앙부가 좀 굵고 어릴 때는 속이 차 있으나 다 자란 뒤에는 중앙부가 비어 있기도 한다. 색은 갈색인데 건조하면 흑색으로 된다. 주로 제주도 일대 및 일부 남해안에 분포하며, 전복의 주 먹이이기도 한 감태는 알긴산, 요오드 및 칼륨 등의 영양소가 많이 함유되어 있다.

4. 해조류의 활용

해조류는 녹조류, 홍조류, 갈조류 등으로 나누어진다. 종류가 많은 만큼 활용되는 용도도 다양하다. 음료, 식자재, 주류 등 식용으로 활용될 뿐만 아니라, 사료, 미용화장품, 해수 정화, 공업, 의약, 제지 등에도 다각적으로 이용되고 있다.

1) 해조류 관련 산업

최근 바이오에너지, 하이테크, 이산화탄소 저감, 생리활성 물질 등 저탄소 녹색성장 동력원으로도 각광을 받고 있으며, 최첨단 기술과 결합하여 새로운 이용 분야가 개척되고 있다. 해조류 관련 산업 중 식용 분야는 유용 해조류를 대량 생산하는 양식산업과 해조류를 원료로 사용하는 건강기능식품, 발효식품, 식품첨가물 등을 생산하는 식품산업을 말한다. 해조류 관련 산업은 처음에는 해조류를 단순히 식용 또는 사료용으로 이용

표 11-5__ 해조류의 활용

분류	종류	용도
녹조류	청각, 파래류	식용
	기타	사료, 비료
홍조류	김, 돌김	식용
	우뭇가사리, 새발	한천 제조 원료
	불가사리 등	호료 원료로서 식품조리용, 안정제, 유화제 등으로 식품산업에 광범위하게 이용
갈조류	미역, 다시마	식용
	대황, 감태 등	알긴산, 요오드 및 칼슘의 제조 원료

표 11-6__ 해조류 관련 산업

분야	주요 내용	
식용 분야	양식산업	유용 해조류 자원의 생산(김, 미역, 다시마, 우뭇가사리 등)
	식품산업	해조류 자원을 이용한 건강기능식품, 발효식품, 식품첨가물, 사료첨가제, 기타 바이오식품(다시마환, 다시마국수, 조미김 등)

자료 : 국립제주대학교 제주 해조산업 RIS 사업단 내부 자료

하는 것에 불과하였고 산업의 분야도 매우 단순하였으나 산업기술의 발달로 최근에는 식용, 사료용 이외에 의약, 화학, 환경, 바이오 등 사업의 영역이 넓어지고 점차 부가가치가 높은 사업으로 옮겨가고 있어 유망한 미래산업으로 각광받고 있다.

5. 해조류 추출물

해조류에서 추출한 점질다당류인 한천, 알긴산, 카라기난 등은 안정제, 유화제, 농후제 등 식품첨가물 이외에도 화장품, 의약품 등 여러 용도로 이용되고 있는데 이 중 직접 조리에 다양하게 이용되는 한천에 대해 알아본다.

1) 한천

(1) 급원과 성분

한천은 우뭇가사리나 꼬시래기 등 홍조류의 세포벽 성분이며 이의 주성분은 다당류인 갈락탄galactan으로 D-갈락토스를 함유한 아가로스agarose와 아가로펙틴agaropectin의

2가지로 구성되어 있다. 이 중 직선상의 구조를 가진 아가로스는 젤 형성 능력이 뛰어나며 아가로펙틴은 젤성이 약한 반면 점탄성을 향상시키는 성질을 가지고 있다. 우무는 우뭇가사리에서 열수 추출한 액을 여과 냉각시켜 얻은 응고물인데 이것을 동결, 해동하고 수분을 제거하여 한천을 얻는다. 각한천, 실한천, 입상한천, 분말상 한천 등이 있다. 한천寒天이라는 이름은 우무를 한랭한 대기를 이용하여 만들었다는 의미에서 생겼다.

(2) 한천의 성질

① 흡수 팽윤Swelling

한천은 물에 담그면 물을 흡수하여 팽윤한다. 팽윤되는 정도는 한천의 종류, 수질, 물의 온도, 침지 시간에 따라 다르다. 수질에 따라 물이 중성이면 용해도가 가장 높고 다음은 알칼이성이며 산성에서는 가장 적다. 한천의 종류에 따라서 각한천이나 실絲한천의 경우 한천의 20배를 흡수하며 10시간 정도 내에서는 침지 시간의 증가에 따라 흡수율도 증가한다. 입상이나 분상인 경우 5분 후나 몇 시간 후나 침지 시간에 관계없이 비슷한 정도의 수분을 흡수한다. 분상이나 입상 한천은 침지 후 5~10분, 실한천, 각한천은 1~2시간 침지하면 80% 정도의 물을 흡수한다.

표 11-7 한천의 흡수 팽윤도

침지 시간	각한천	실한천	분상한천
5분	9.0	7.0	8.2
10분	10.8	8.0	8.4
30분	13.0	10.6	8.4
1시간	16.6	14.6	9.0
2시간	18.6	19.2	10.0
5시간	19.5	19.8	10.5
10시간	20.5	20.5	10.9

자료 : 山崎, 應用調理學, 144, 1962

② 가열 용해

흡수 팽윤한 한천에 물을 가하여 가열하면 용해하는데 물에 침지시킨 후 80% 정도 흡수하면 가열한다. 전술한 바와 같이 분상한천이나 입상한천의 경우는 침지 시간을 특별히 고려할 필요가 없다. 한천 농도가 낮을수록 빨리 용해하고 농도가 2% 이상이 되면 용해하기 어렵다. 그러나 과즙이나 설탕 등을 첨가할 경우에는 한천 농도를 2% 이상으로 해야 할 때가 있다. 이런 경우에는 물을 충분히 가하여 농도를 2% 이하로 하고 가열에 의해서 수분을 증발시켜 농도를 조절한다.

③ 젤 형성

가열 용해하여 어느 농도에 이른 한천 용액을 냉각하면 40℃ 전후에서 급격하게 점도가 증가하고 이때에 3차원의 망상 구조를 형성하여 유동성을 잃고 젤화한다. 0.2~0.3% 정도의 농도에서 강한 젤을 형성하며 일단 젤화한 것은 80~85℃ 이하에서는 녹지 않는다.

- **젤화 온도와 농도** : 한천의 젤화 온도는 농도에 따라 차이가 있어 농도가 높을수록 높은 온도에서 빨리 응고할 수 있으며 젤의 강도도 크고 융해 온도도 높다. 또한 한천은 열 가역적인 젤을 형성한다. 한천 젤의 강도는 파단(破斷)에 대한 저항이 큰 것을 표시하며 농도가 높을수록 젤 강도가 증가한다.

표 11-8 한천 농도와 젤화 온도, 융해 온도, 젤의 강도

한천 농도(%)	젤 형성 개시 온도 (℃)	젤화 온도 (℃)	융해 온도 (℃)	젤의 강도 (dyn/cm²)
0.5	31~35	28	68	1.8×10^5
1.0	37~40	33	80	2.2×10^5
1.5	39~42	34	82	4.4×10^5
2.0	40~43	35	84	6.7×10^5

자료 : 中鉃, 家政誌 17, 197, 203, 1966

- **설탕의 영향** : 양갱과 같이 한천 젤에 설탕을 첨가하는 경우가 많은데 한천에 설탕을 첨가하면 점성과 탄력이 증가하고 투명감도 증가한다. 설탕 농도가 높을수록 젤의 강도가 증가한다. 같은 농도의 한천 젤에 설탕을 첨가하지 않은 것은 60%의 설탕을 첨가한 것에 비하여 젤의 강도가 2.5배나 낮다. 투명감은 육안으로 보는 것 외에 빛의 투과도를 투과광선의 파장으로 측정한다. 설탕을 첨가하지 않을 경우 투과도가 65%인 데 비해 60%의 설탕을 첨가한 경우의 투과도는 95%로 증가한다. 표 11-9는 설탕을 첨가한 한천 용액의 응고 온도 및 젤의 강도를 나타낸 것이다.
- **기타 첨가물의 영향** : 설탕 이외에도 과실즙, 우유, 팥앙금 등을 첨가하여 조리하는 경

표 11-9__ 설탕을 첨가한 한천 용액의 응고 온도 및 젤의 강도

설탕 농도(%)	젤화 개시 온도(℃)	젤화 온도(℃)	젤 강도(dyn/cm^2)
0	37~40	33	2.2×10^5
20	37~40	33	3.1×10^5
40	39~42	36	4.2×10^5
60	41~44	39	5.7×10^5

자료 : 中鋲, 家政誌 17, 197, 1966

우가 많다. 한천 용액에 과즙을 첨가하여 가열하면 과즙의 유기산에 의해서 가수분해를 일으켜 젤의 강도가 약화된다. 따라서 한천 용액을 60℃ 정도로 가열하여 과즙을 첨가하도록 한다. 그렇게 해도 첨가하지 않은 경우보다는 젤의 강도가 약간 약하다. 우유는 적은 양을 첨가하는 경우에는 별 영향이 없으나 양이 많은 경우에는 영향을 받는다. 우유 중의 지방과 단백질이 한천 젤의 구조를 저해하는 것으로 보인다. 그러므로 우유를 첨가하는 경우에는 한천의 농도를 높여 주어야 한다.

- **이장**Syneresis : 젤은 시간이 지나면 젤의 조직을 구성하고 있는 망상 구조가 서서히 수축하며 그 사이에 있던 액체가 밖으로 나오게 되는데 이러한 현상을 이장이라 한다. 한천 농도가 높고 가열 시간이 길면 젤의 강도가 크기 때문에 이장율은 적다. 또한 젤을 방치하는 온도가 낮으면 이장량은 적다. 설탕을 첨가하면 이장량은 적어지는데 이때 설탕량이 많으면 많을수록 이장량은 적어진다. 한천 농도가 1% 이상이고 설탕 농도가 60% 이상이면 이장은 전혀 일어나지 않는다. 표 11-10은 한천 농도에 따른 이장량을 나타낸 것이다.

표 11-10__ 한천 농도에 따른 이장량(60분 경과 후)

한천 농도(%)	이장량	
	10분 가열한 것(mL)	30분 가열한 것(mL)
0.5	6.5	5.8
0.8	3.8	2.5
1.0	1.2	1.5
1.5	0.8	0.4

(3) 한천의 이용

한천은 낮은 농도에서도 젤을 형성하는 능력이 우수하고 높은 온도에서도 잘 견디므로 고온에서 만드는 빵 제품, 과자류 등에 사용된다. 미생물의 배지로도 이용되는데 이는 한천 젤이 37℃에서도 녹지 않고 반고체 상태를 유지하며 미생물이 이용할 수 없는 물질인 데다가 젤 강도가 크고 투명하기 때문이다. 또한 유제품, 청량음료 등의 안정제로 사용되며 푸딩, 젤리 등의 재료로, 농후제, 건조방지제, 물성유지제 등으로 널리 이용된다. 한천의 주성분은 탄수화물이지만 소화 흡수가 어려우므로 영양적인 이용보다는 저열량 식품으로 이용되기도 한다.

2) 해조 추출물

해조 추출물에서 다양한 검물질을 생산하는데 갈락토스, 황에스터를 함유한 갈락토스 등을 이용하며 한천에서는 아가로스와 아가로펙틴이 이용된다.

- 알지네이트alginate는 갈조류의 세포벽 점질다당체로 추출하며 차가운 물에서 칼슘이온을 처리하는 경우 비가역적인 젤을 형성하여 유화제, 결착제, 증점제 등에 사용된다.
- 아가agar는 홍조류에서 추출하여 차가운 온도에서 불용성의 강한 젤을 형성하며 배양배지, 푸딩, 머랭, 파이필링, 치즈 등에 안정제로 사용된다.
- 카라기난carrageenan은 홍조류 등에서 추출한 복합다당류로 물에 잘 녹지 않고 80℃ 이상의 고온에서 완전히 녹으며 서서히 식어 50℃ 정도 되었을 때 젤화가 된다. 이러한 특성을 이용하여 젤화제, 증점제, 유화안정제 결정방지제 등에 사용된다.

6. 해조류의 조리

1) 미역의 조리

미역의 조리는 대부분 국을 끓이거나 생미역으로 나물을 무치고 미역줄기는 불려서 기름에 볶아 먹는다. 때로는 기름에 튀기기도 한다. 건미역을 물에 불리면 8~10배 정도로 늘어나는데 미역국은 불린 미역과 쇠고기를 간장과 기름에 볶아 뽀얗게 끓이기도 하고 양지머리나 사골 등을 고아서 만든 물에 미역을 넣어 끓이는 방법도 있다. 육류를 넣지 않고 미역만으로 끓이기도 하고 홍합이나 바지락 같은 패류를 넣어 담백한 국물 맛을 살리기도 한다. 미역을 고를 때는 검은 색깔을 띠며 손으로 만져보아 부드러운 느낌과 줄기가 적은 것을 선택한다.

2) 김의 조리

(1) 김구이

김구이는 참기름이나 들기름을 바르고 소금을 뿌려 굽는 음식이다. 김은 검은빛을 띠고 광택이 좋으며 불에 구웠을 때 청록색으로 변하는 것을 상품이라 할 수 있다. 김을 불에 구우면 김의 붉은 색소인 피코에리트린이 청색의 피코사이아닌phycocyanin으로 바뀌고 또 클로로필이 열에 의해 퇴색되어 청록색으로 되는 것이다. 저장 중에 붉은색으로 변하는 것은 공기 중 습기에 의해 클로로필이 분해되기 때문으로 구워도 녹색으로 변하지 않는다. 또한 김을 구우면 세포 내의 감칠맛 성분뿐만 아니라 향기 성분이 발현되는데 맛 성분은 아미노산, 유기산과 각종 무기염류들이 혼합된 것이며 향의 주된 성분들은 식초산, 프로피온산 등의 유기산과 다이메틸설파이드dimethylsulfide 등의 황화합물, 알코올류, 푸르푸랄furfural, 피렌(pyrene) 등에 의한 것이다.

김을 구울 때 기름을 바르면 김의 향기와 맛을 더욱 살려주고 김에 많이 들어 있는 카로티노이드 색소의 이용을 증진시키는 효과를 가져온다.

(2) 김부각

부각은 건조 저장법으로 채소나 해초를 손질하여 찹쌀풀을 묻혀서 말려 160~170℃의 기름에 튀긴 음식이다. 찹쌀풀을 발라서 말린 것이므로 기름에 튀기면 하얗게 부풀어 올라 풍성하고 바삭하며 고소하다. 김은 얇기 때문에 풀을 발라서 두 겹 또는 세 겹으로 겹쳐서 말리면 튀겼을 때 켜가 있고 부풀어 올라 부피감이 있다.

3) 다시마의 조리

(1) 튀각

다시마를 적당한 크기로 잘라 그대로 기름에 튀겨낸 음식이다. 튀각용 다시마는 넓고 주름이 없이 두꺼운 것이 좋다. 튀길 때 기름의 온도가 중요하다. 낮은 온도에서 튀기면 흡유량이 많아 바삭하지 않으므로 170℃ 정도의 온도에 넣어 부풀어 오르면 바로 뒤집어서 단시간에 건져낸다. 뜨거울 때 설탕을 뿌려 마른 찬으로 이용한다. 매듭자반은 다시마를 잘라 매듭 모양으로 묶어서 기름에 튀긴 것이다.

(2) 맛국물 내기

다시마에는 맛 성분의 글루탐산이 많다. 그 외 알라닌, 아스파라진산, 프롤린 등도 많아 맛국물을 만들 때 자주 사용된다. 국물을 낼 때 끓이면 다시마 특유의 냄새와 점성물질들이 함께 추출되어 맛이 저하되므로 냉수에 2~4시간 동안 담가두거나 냉수에 넣고 가열하여 끓기 직전에 불을 끄고 5분 정도 후에 다시마를 건져내는 방법으로 하여 맛 성분을 용출시킨다. 다시마 국물에 가다랭이포를 넣고 국물을 내어 여러 가지 음식에 이용하기도 한다.

4) 파래의 조리

파래는 칼로리가 적고 식물성 섬유질이 풍부하여 변비에 효과적이며, 무기질과 칼슘이 풍부하므로 골다공증과 조혈 작용에 탁월한 효과를 지닌다. 파래는 빛깔이 검고 광택이 나며, 특유의 향이 느껴지는 것이 좋으며, 서늘하고 통풍이 잘되고 습기가 없는 곳에 보관한다. 주로 말려서 먹으며 생채, 무침 등으로 이용하거나 김 모양으로 가공하여 사용한다.

5) 한천의 조리

대부분 다량의 설탕을 첨가하여 후식으로 이용한다. 과일젤리는 한천에 물을 가하여 흡수시킨 후 설탕을 가하고 가열 용해한 다음 60℃ 정도에서 일정량의 과즙을 넣고 틀에 넣어 냉각 젤화시킨다. 양갱은 한천에 물을 가하여 30분 정도 침지시킨 다음 가열하여 용해시킨 후 설탕을 가하여 끓인다. 끓으면 팥앙금을 가하고 다시 끓여 틀에 넣고 굳힌다. 팥앙금은 비중이 무겁기 때문에 밑에 가라앉을 수 있으므로 응고시킬 때 온도를 높여서 40℃ 정도에서 굳혀 팥앙금과 한천이 분리되지 않도록 한다.

한천에 난백을 첨가할 경우에는 난백 거품의 비중이 가볍기 때문에 위에 떠서 분리될 우려가 있으므로 난백에 설탕을 첨가해서 거품을 안정시킴으로써 분리되는 것을 방지한다.

단원 정리

녹조류 엽록소가 많고 카로틴, 잔토필계 색소를 함유하고 있는 파래, 청각 등이 포함됨

갈조류 황갈색의 푸코잔틴과 소량의 엽록소가 포함되어 있으며 미역, 다시마, 톳 등이 포함됨

홍조류 붉은색의 피코에리트린과 그 외 엽록소, 카로티노이드계를 함유하고 있고 김, 우뭇가사리 등이 포함됨

이장 한천과 같은 젤이 형성된 이후 젤 구조가 서서히 수축하여 그 내부에 있던 액체가 밖으로 나오게 되는 현상

알지네이트 갈조류의 세포벽 점질다당체로 추출하며 차가운 물에서 칼슘이온을 처리하는 경우 비가역적인 젤을 형성하여 유화제, 결착제, 증점제 등에 사용됨

아가 홍조류에서 추출하여 차가운 온도에서 불용성의 강한 젤을 형성하며 배양배지, 푸딩, 머랭, 파이필링, 치즈 등에 안정제로 사용됨

카라기난 홍조류 등에서 추출한 복합다당류로 물에 잘 녹지 않고 80°C 이상의 고온에서 완전히 녹으며 서서히 식어 50°C 정도 되었을 때 젤화됨

단원 문제

1 해조류를 색에 따라 분류하고 그 종류를 설명하시오.

2 한천의 성질에 대해 설명하시오.

3 한천의 젤 형성에 관여하는 온도, 농도, 첨가물의 영향에 대해 설명하시오.

4 해조 추출물인 아가, 알지네이트, 카라기난에 대해 설명하시오.

Chapter 12

수조육류

학습 목표

1. 수조육류의 성분을 알 수 있다.
2. 수조육류의 등급 기준과 부위별 특징을 알고 메뉴에 맞게 선택할 수 있다.
3. 수조육류의 다양한 조리법을 이해한다.
4. 수조육류의 저장과 가공에 대하여 이해한다.

인류가 사용하는 수육류는 쇠고기, 돼지고기, 염소고기, 양고기, 토끼고기, 말고기, 물소고기 등이 있으며, 조육류에는 닭, 칠면조, 오리, 거위, 메추리, 꿩 등이 있다. 우리나라에서 가장 보편적으로 사용하는 조육은 닭고기이며 오리고기의 섭취도 증가하고 있다. 수조육류는 동물성 단백질의 주요 급원으로 영양적으로 중요하며 다양한 조리법을 적용하여 섭취한다. 이에 수조육류의 구조와 부위별 특징에 대한 이해 등을 통해 해당 부위의 구매와 적합한 조리법을 적용하는 것이 필요하다.

1. 수조육류의 구조

동물의 종류와 관계없이 식용으로 하고 있는 육류는 근육조직muscle tissue, 결체조직connective tissue, 지방조직adipose tissue, 골격bone으로 구성되어 있다.

1) 근육조직Muscle tissue

근육은 횡문근과 평활근으로 구성되어 있고 횡문근은 뼈에 붙어 있는 골격근과 심장근육으로 동물체의 30~40%를 차지하며 식용으로 이용되는 부위는 대부분 골격근이다.

골격근을 잘라 단면을 현미경으로 보면 근섬유다발인 근속fascicle으로 구성되어 있다(그림 12-1). 근섬유musclefiber는 근초sarcolemma에 싸여져 있고 극히 가늘고 긴 모양이며, 그 길이는 2~12 cm, 직경은 10~100 μm 정도이다. 근섬유 내에는 점도가 높은 액체 상태의 근장sarcoplasm에 무기질, 비타민류, 효소, 색소 등이 용해되어 있다. 근섬유를 전자현미경으로 보면 직경이 1~3 μm 정도의 가느다란 근원섬유myofibrils로 구성

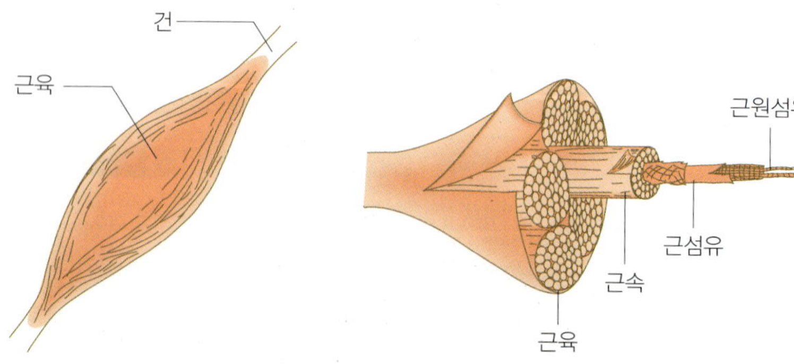

그림 12-1___ 육류의 근육조직

되어 있다. 근원섬유는 굵은 필라멘트thick filament와 가는 필라멘트thin filament의 두 가지 유형의 마이오필라멘트myofilament로 구성되어 있다.

어린 동물과 암소의 근육이 황소의 근육보다 연하고, 같은 동물의 근육이라도 운동을 많이 한 부분보다 등이나 허리 그리고 몸의 중심부와 같이 운동이 비교적 적은 부분의 근육이 연하다.

2) 결체조직Connective tissue

근섬유를 둘러싸고 있는 막은 결체조직connective tissue이며, 이는 또한 근속과 근속을 연결하고 있다. 근육을 골격에 연결하는 건tendon, 장기organ를 지탱하기 위해 연결되어 있는 조직, 2개의 뼈를 접속하기 위한 인대ligament 등도 결체조직이며, 가죽도 일종의 결체조직이다. 결체조직에는 교원섬유collagen fiber와 탄성섬유elastic fiber의 두 가지가 있다. 교원섬유는 주로 콜라겐으로 구성되어 있다. 콜라겐의 구조 단위는 분자량 약 30만의 트로포콜라겐이며 이 분자는 3가닥의 폴리펩타이드 사슬이 오른쪽 꼬임의 나선 구조로 되어 있다(그림 12-2). 그 외 약 13%의 하이드록시 프롤린을 함유하고 있고, 이는 육류의 콜라겐 함량을 측정하는 지표로 이용된다. 콜라겐은 백색을 띠고 직

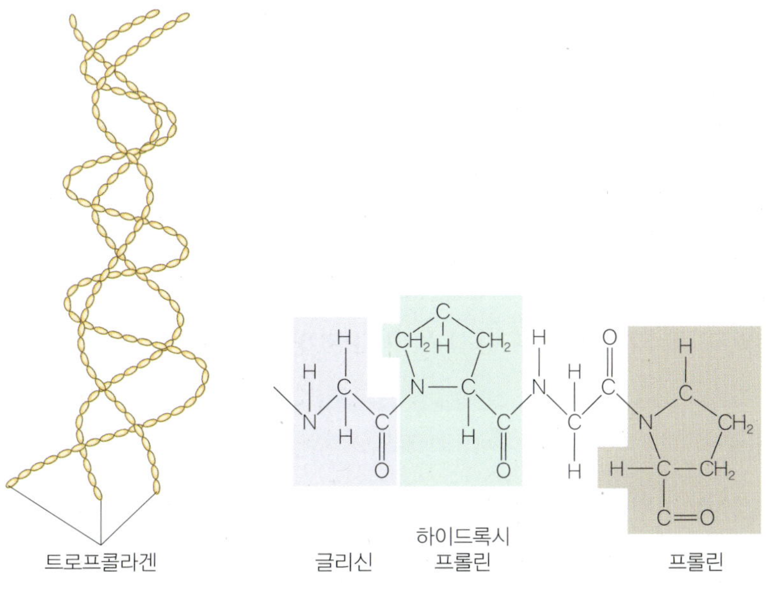

그림 12-2 트로포콜라겐의 구조

선상의 가는 섬유상으로, 장시간 가열하면 수용성의 젤라틴으로 변한다. 탄성섬유는 황색을 띠는 엘라스틴을 주성분으로 하고 있으며, 이는 보통의 조리 온도에는 영향을 받지 않는다.

3) 지방조직Adipose tissue

지방조직은 피하, 복부, 장기, 또는 근육 등에 분포한다. 동물의 종류에 따라 차이가 있어 돼지는 주로 피하에 존재하고 소는 피하와 근육 사이에 존재한다. 근육 내에 작은 백색 반점같이 산재되어 있는 지방조직을 근내지방marbling이라고 하며, 이는 쇠고기의 부드러운 질감을 만들어 주므로 품질등급 기준의 한 요소가 된다.

4) 골격Bone

뼈의 상태는 동물의 연령에 따라 다르다. 어린 동물의 등뼈는 연하고 분홍빛을 나타내고 있는 반면 성숙한 동물의 뼈는 단단하고 백색을 띤다. 골격의 내부가 황색 골수yellow marrow로 채워져 있는 것도 있고, 또 어떤 것은 해면 형태를 나타내는데 이 속에는 적색 골수red marrow가 채워져 있고 수많은 혈관이 들어 있다.

2. 수조육류의 성분

수조육류의 구성 성분은 종류, 나이, 사료, 부위에 따라 조금씩 차이가 있다(표 12-1). 수분이 75%로 가장 많으며 나머지 고형물 중 대부분은 단백질이고, 그 밖에 지방, 탄수화물, 무기질(인, 철 및 칼슘), 비단백질 질소 또는 비질소 화합물, 색소, 효소, 비타민류 등으로 구성되어 있다. 조육류의 영양가는 수육류와 유사하며 특히 질이 좋은 단백질을 지니고 있고 비타민 B_1, B_2, 니아신 등 비타민 B 복합체의 공급원이 된다.

1) 단백질

육류의 단백질 함량은 근섬유의 양에 달려 있으며 일반적으로 약 15~20% 차지한다. 육류의 단백질은 근장단백질(구상단백질globular protein), 근원섬유단백질(섬유상단백질fibrous protein) 그리고 결합조직단백질로 나눈다.

표 12-1 수조육류의 일반 성분(100 g당)

식품명	에너지 (kcal)	수분 (%)	단백질 (g)	지질 (g)	탄수화물 (g)	무기질					비타민				
						칼슘 (mg)	인 (mg)	철 (mg)	나트륨 (mg)	칼륨 (mg)	A (레티놀) (μg)	B_1 (mg)	B_2 (mg)	B_{12} (μg)	C (mg)
쇠고기 (한우1+등급, 윗등심살)	329	54.6	16.98	28.45	0.0	4	134	2.38	41	237	12	0.043	0.15	2.52	0.48
돼지고기 (살코기)	186	68.4	19.78	11.25	0	6	183	0.65	49	325	7	0.662	0.092	0.51	1.12
양고기 (외국산, 다리)	224	65.0	18.8	15.3	0.1	4	140	2.5	37	230	7	0.14	0.33	1.6	1
닭고기 (성계, 생것)	177	69.4	19	10.6	0.1	10	170	0.9	66	59	50	0.2	0.21	-	-
오리고기 (껍질 포함, 생것)	242	64.6	16.63	18.99	0	16	155	1.56	70	215	35	0.069	0.01	3.25	0.23

자료 : 농촌진흥청 국립농업과학원, 국가표준식품성분 DB 9.2, 2020

근장단백질은 근원섬유 사이에 용해되어 있는 단백질을 말하며, 마이오글로빈myoglobin, 헤모글로빈hemoglobin 등의 색소단백질과 각종 해당계 효소 등을 함유하고 있다.

근원섬유단백질은 근원섬유 내에 존재하는 단백질로 총단백질의 약 50%를 차지하며 결합조직단백질과 더불어 근육구조단백질이라고도 한다. 근원섬유단백질은 마이오신myosin(50%), 액틴actin(20~25%) 그리고 트로포마이오신tropomyosin(10~12%)을 함유하고 있다. 근원섬유 중 굵은 필라멘트에는 마이오신, 가는 필라멘트에는 액틴이 함유되어 있는데 이 두 가지는 생근육의 수축, 사후경직, 보수성, 결착성 등에 관여한다.

결합조직단백질에는 콜라겐, 엘라스틴 그리고 레티큘린 등이 있다.

육류의 단백질은 필수아미노산을 골고루 함유하여 양질의 단백질에 속하나 결체조직은 영양적으로 우수하지 못한 아미조산 조성을 가지고 있고 전처리 시 대부분 제거된다.

2) 지방

식육의 지방 함량은 고기의 성분 중에서 가장 변동이 많은 부분이다. 순수한 근육(lean meat)은 마블링이 잘되어 있는 식육보다 지방의 함량이 적다. 육에 함유되어 있는 지방 중에는 조직지방과 축적지방의 두 가지 형태가 있다. 조직지방은 주로 근육세포막을 구성하는 것으로 주성분은 인지질, 당지질 및 스테롤 등이며 조직지방의 함량은 동물의 영양 상태 등의 외적 인자에 의해서는 별로 영향을 받지 않는다.

축적지방의 대부분은 중성지방으로 동물의 연령, 영양 상태 또는 사육 조건 등에 따라 변화가 있으며, 고기의 부위에 따라서도 함량의 차이가 있다. 동물을 비육시키면 지방이 피하나 내장 주위의 결체조직에 축적되며, 근초, 근육섬유 세포 간 그리고 근육 간에도 지방조직이 생겨 마블링을 형성한다. 근육 속에 함유되어 있는 지방의 융점은 고기의 섭취 시 촉감에 영향을 미친다. 돼지고기의 지방이 쇠고기 지방에 비해 혀에 닿는 촉감이 좋게 느껴지는 것은 융점이 인체 혀의 온도에 더 가깝기 때문이다. 닭고기의 융점은 더 낮으므로 식어도 먹기가 좋다. 표 12-2는 각종 동물 지방의 융점과 요오드가를 표시한 것이다.

동물 지방의 융점은 구성 지방산의 분포에 따라 다른데 돼지고기와 닭고기의 지방에는 불포화지방산의 함량이 높아 요오드가가 높고 융점은 낮다. 쇠고기와 양고기의 지방에는 포화지방산이 많아 요오드가가 낮고 융점은 높다. 그러므로 쇠고기, 양고기 등의 음식은 온도가 낮아지면 지방이 고체화되어 음식의 맛을 떨어뜨린다.

표 12-2 수조육류 지방의 융점과 요오드가

종류	융점(℃)	요오드가
소	40~50	32~47
말	30~43	71~86
돼지	33~46	46~66
양	44~55	31~46
닭	30~32	58~80

3) 탄수화물

식육 중에는 포도당, 과당, 리보스 등의 당이 함유되어 있으나 유리 상태로 존재하지는 않는다. 포도당의 중합체인 글리코겐이 간이나 근육에 존재하며, 이의 함량도 동물의 종류, 부위, 도살 전의 동물의 상태, 사후 경과 시간 등에 따라 다르다. 글리코겐이 많이 함유된 근육에는 그 함량이 1% 이상인 것도 있으며, 특히 말고기에 많이 함유되어 있다. 글리코겐은 젖산 생성과 직접적으로 관련된 성분으로 육의 사후 pH 변화 및 사후경직과도 밀접한 관계가 있다. 포도당은 혈액 내에 유리 상태로 존재한다.

4) 무기질

육류에는 인과 철분이 많으며 이 외에도 칼륨, 나트륨, 마그네슘, 칼슘, 아연, 염소 등이 존재한다. 철은 간에 풍부하고, 칼슘은 주로 뼈에 존재한다. 칼륨은 근섬유에, 나트륨은 근장에 주로 존재하며 칼슘, 마그네슘, 아연 등의 2가 금속이온은 육류의 보수성과 밀접한 관계가 있다.

5) 비타민

육류 중에는 주로 비타민 B군이 많이 함유되어 있다. 특히 비타민 B_1, 비타민 B_2, 니아신 등의 좋은 급원이다. 비타민 B_1은 육류의 부위와 동물의 종류에 따라 함량의 차이가 있다. 돼지고기에는 비타민 B_1이 쇠고기보다 많이 함유되어 있다. 내장에는 살코기보다 더 많은 비타민이 함유되어 있고 특히 간에는 비타민 B군 외에 비타민 A와 비타민 C가 다량 함유되어 있다.

6) 색소

식육의 붉은색은 마이오글로빈과 헤모글로빈에 기인한다. 근육의 붉은색의 농도는 동물의 종류, 연령 그리고 부위에 따라 차이가 있는데 이는 근육 색소의 3/4을 차지하는 마이오글로빈의 농도 차이 때문이다. 쇠고기는 송아지고기나 돼지고기보다 다량의 마이오글로빈을 함유하고 있어 더욱 붉은색을 띤다. 양고기도 연령에 따라 차이가 있어 1년 이하의 램lamb이 머튼mutton보다 연한 적색을 띤다. 헤모글로빈은 혈액 내에서 산

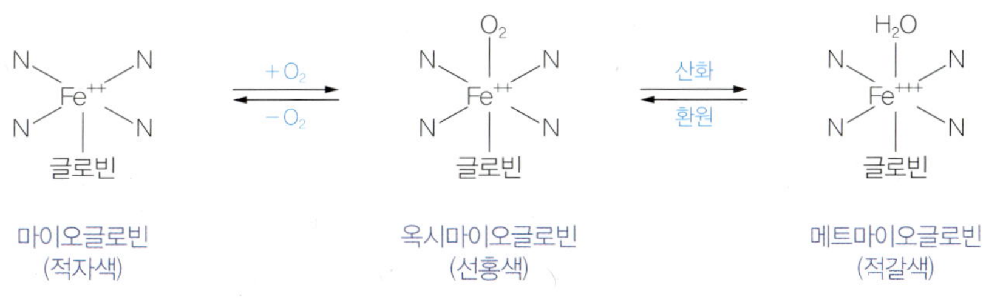

그림 12-3 마이오글로빈의 구조 변화에 따른 색 변화

소를 각 조직에 운반하는 역할을 하고 마이오글로빈은 산소를 근육 내에 보유하여 근육의 수축, 이완 작용을 가능케 한다. 도살 후 근육이 절단되었을 때는 처음에는 암적색을 띠나 공기의 접촉으로 인하여 옥시마이오글로빈oxymyoglobin으로 되어 점차 선명한 붉은색으로 변한다. 이 반응은 가역적으로 산소가 없으면 다시 마이오글로빈이 되어 적자색을 나타낸다. 큰 덩어리 고기의 표면은 선홍색이나 안쪽이 검붉은색을 띠는 것과 절단된 고기를 서로 포개어 놓았을 때 포개진 부분이 검붉게 되는 이유는 바로 이 때문이다.

옥시마이오글로빈이 공기 중에 계속 노출되어 산화되면 제1철ferrous iron이 화학반응에 의해 제2철ferric iron로 산화되어 적갈색인 메트마이오글로빈metmyoglobin을 형성한다.

3. 수조육류의 사후경직과 숙성

동물이 살아 있을 때와 사후 즉시의 근육은 연한 상태이나 도살 후 시간이 경과하면 근육은 늘어나는 성질을 잃고 경직 상태가 된다. 이를 사후경직rigor mortis이라고 한다. 경직 상태는 시간이 경과함에 따라 차차 풀려 근육이 연화되는데 이를 해경thaw rigor이라고 한다.

해경한 후 계속 0~4℃의 온도에서 저장하면 근육 자체 내에 존재하는 효소에 의해 자가분해autolysis가 일어나 육류는 연해지고 풍미가 높아진다. 이러한 과정을 육류의 숙성 과정이라고 한다.

1) 사후경직

도살 전 근육조직의 pH는 부위에 따라 다소의 차이는 있으나 pH 7.0~7.4이다. 도살 후에는 방혈로 인해 근육조직 내에 산소 공급이 제한되므로 혐기적 해당작용이 일어나 글리코겐으로부터 젖산이 생성되며, 이에 따라 근육 내의 pH는 점차 낮아져 pH 5.4까지 저하된다.

젖산의 생산으로 pH가 낮아져 6.5 이하가 되기 시작하면 인산 분해 효소의 활성화로 크레아틴인산creatin phosphate으로부터 ATPadenosine triphosphate를 생성한다.

이때 ATP와 결합하고 있던 마이오신이 분해되면서 액틴과 결합하여 액토마이오신

actomyosin을 형성하여 수축한다.

pH의 저하, ATP의 감소 등은 육의 보수성을 감소시켜서 육류를 더욱 질기게 한다.

또한 ATP는 단백질의 수화를 방해하는 Ca^{++}의 작용을 억제하는 능력이 있으나, 분해되면 이러한 작용이 상실되므로 보수성은 감소되어 질기고 단단한 근육을 형성한다.

사후경직이 일어나는 시간은 소는 12~24시간, 돼지는 12시간, 조류는 4~5시간(칠면조는 12시간) 정도이며 최대경직시간은 각각 2배 정도 소요된다.

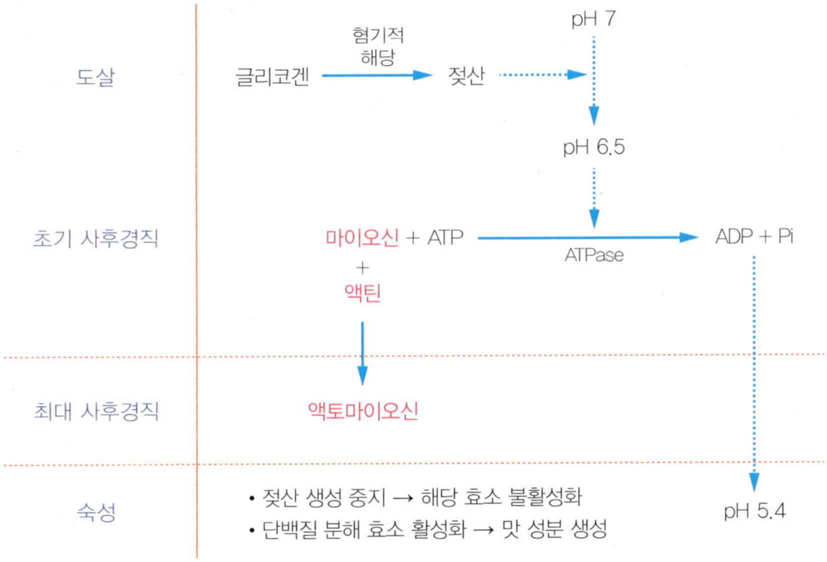

그림 12-4 사후경직 및 숙성 기전

2) 숙성

사후 최대경직 후 젖산 생성이 정지되고 pH가 다시 상승하여 보수성도 높아지고 근원섬유도 연해지는 숙성이 진행된다. 이 시기에는 사후경직 시 ATP로부터 생성된 뉴클레오타이드가 분해되어 퓨린염기가 생성되고, ADP는 AMPadenosine monophosphate로 분해된 후 IMPinosine monophosphate를 거쳐 이노신산inosinic acid, 하이포잔틴hypoxanthine이 생성되어 숙성시킨 고기의 풍미 성분이 된다. 고기의 숙성은 일종의 연화법이라고도 할 수 있다. 이렇게 자체의 성분이 자체의 효소에 의하여 분해되는 현상을 자가소화autolysis라고 한다.

사후경직이 해제되고 숙성ripenning, aging이 완료되는 기간은 소의 경우 4~7℃에서 7~10일, 돼지고기는 3~5일, 닭고기는 2일 정도가 소요된다. 숙성은 효소반응과 단백질의 변성에 의해 진행되므로 숙성 온도를 올리면 숙성 속도는 빨라진다. 그러나 미생물이 번식하므로 일반적으로 육류의 숙성은 저온에서 하는 것이 바람직하다.

4. 수조육류의 선택

쇠고기, 돼지고기, 닭고기, 오리고기는 국가에서 품질 등급을 책정함으로써 생산자는 더욱 좋은 품질을 생산하게 하고 소비자 구매 시에는 지표로 활용 가능하다. 이 외에도 소비자는 수조육류의 구매 시 여러 가지 물리적 기준 지표를 감안하여 선택하는 것이 좋다. 또한 축산물 이력제를 도입하여 출생부터 도축, 가공, 판매까지의 정보를 기록, 관리하고 있다.

1) 쇠고기의 등급 및 선택

한우의 식육 등급은 축산물 품질평가원에서 육질 등급과 육량 등급으로 구분하여 평가된다. 육질 등급은 고기의 품질 정도를 나타내는 지표로 근내지방도, 육색, 지방색, 조직감 등을 개별 평가하여 등급을 책정함으로써 소비자들이 선택 시 판별할 수 있도록 해준다. 등급과 근내지방도는 마블링의 정도에 따라 1~9단계로 평가되고 등급은 1^{++}, 1^{+}, 1, 2, 3 등급으로 구분되며 1^{++} 등급에만 근내지방도를 표기하여 판매한다.

육량 등급은 소 한 마리에서 얻을 수 있는 고기의 양이 많고 적음을 나타내며 유통과정에서 거래의 지표로 A, B, C 등급으로 구분하고 있다.

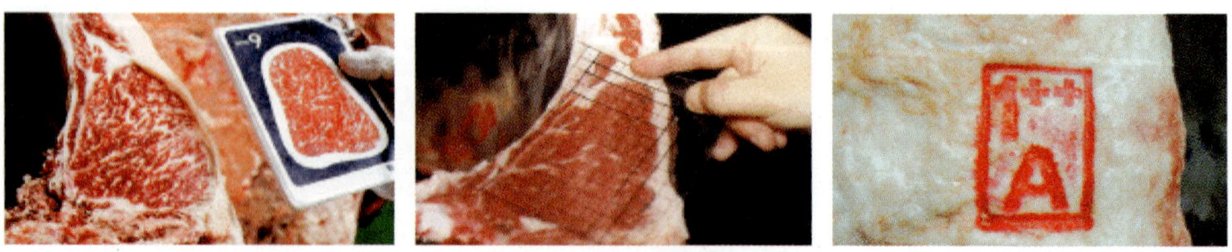

육질 등급판정 | 육량 등급판정 | 등급인 날인

그림 12-5__ 등급판정

자료 : 축산물품질평가원(www.ekape.or.kr)

식육판매표지판	
식육의 종류 (원산지)	국내산(한우고기)
부위명칭	등심
등급	1^{++}(근내지방도 7) 1^{+} 1 2 3 등외

그림 12-6__ 쇠고기 등급표시

자료 : 축산물품질평가원(www.ekape.or.kr)

미국은 농무성에서 육류의 등급을 8등급으로 나누어 제시하고 있다.

표 12-3__ 미국산 쇠고기의 등급 기준

등급명	내용
프라임(prime)	• 최상급의 등급 • 미국 내에서 생산되는 모든 쇠고기 중 3~5% • 육즙이 풍부 • 단단하고 하얀 크림색의 지방 함유
초이스(choice)	• 육질이 연하고 육즙이 풍부 • prime보다 지방질이 적음
굿(good)	• 지방 함량이 적고 덜 수축되고 풍미가 적음
스탠다드(standard)	• 지방 함량이 적고 맛이 떨어짐
커머셜(commercial)	• 성숙한 소에서 생성되어 질김
유틸리티(utility)	• 가공용
커터(cutter)	• 가공용
캐너(canner)	• 가공용 또는 사료용

일반 소비자가 구매할 때는 등급 외에도 다음의 사항을 고려하여 구매하도록 한다.

첫째, 고기의 색을 잘 관찰하여 선택한다. 쇠고기의 색은 선홍색이나 밝고 붉은빛을 띠는데 소의 연령이나 신선도에 따라서 같은 적색이라 하더라도 그 밝기에서는 차이가 난다. 일반적으로 선홍색일수록 연령이 어린 소라고 볼 수 있으며, 신선한 쇠고기이다.

쇠고기 육질의 향상을 위해 냉장 상태에서 숙성을 하면 고기 표면의 색이 약간 암적색을 띠나 새로운 절단된 면이 밝고 윤기가 나면 품질과는 상관이 없다. 그리고 냉동 상태의 쇠고기는 색이 더 붉고 진해지나 해동하면 본래의 밝은 색으로 돌아온다.

둘째, 지방의 색을 꼼꼼히 살펴보고 선택한다. 고기에 포함된 지방의 색이 흰색이나 연노랑색을 띠고 있는 것이 바람직하며 흰색일수록 더 좋다. 지방의 색이 미황색이나 황색인 경우가 있는데 이는 늙은 소에서 생산된 고기일 가능성이 많다. 그럴 경우 육질이 질기거나 풋내가 나는 경우가 있다.

셋째, 마블링을 고려하여 선택한다. 마블링이 산재된 고기는 연령이 적당히 성숙하고 비육이 잘된 소에서 생산된 고기로서 일반적으로 연하고 입에 닿는 촉감과 맛이 우수하다.

2) 쇠고기 부위별 분류 및 특징

동물의 부위는 근육의 색과 지방조직의 특성, 그리고 지방의 양, 근육의 절단 부위, 뼈의 모양 등으로 식별할 수 있다. 조리 목적에 따라 적합한 부위를 선택하도록 한다.

표 12-4 쇠고기 부위별 조리법

부위명	특징	조리법
목심(chuck)	결이 굵고 단단하며 질기지만 지방이 적당히 박혀 있어 풍미가 좋음 목뼈 윗부분은 비교적 부드러워 불고기로 사용하고 나머지는 국거리로 이용	구이, 탕, 불고기
등심(loin)	근육결이 가늘고 부드러우며 마블링이 고루 분포될수록 풍미가 좋음	스테이크, 로스구이
안심(tenderloin)	마블링이 잘 형성되어 있으나 지방의 양은 많지 않으며 가장 부드럽고 연함	스테이크, 로스구이
갈비(rib)	갈비뼈 13대를 중심으로 근육조직과 지방조직이 3중으로 형성되어 있어 기름지고 독특한 풍미를 지님	찜, 탕, 구이
채끝(striploin)	등심과 비슷하나 지방이 적고 육질이 부드러움 비육이 잘된 소의 채끝은 마블링이 발달됨	스테이크, 로스구이
우둔(round)	둥근 모양의 살코기로 지방이 적고 식육의 결은 약간 굵은 편이나 근육막이 적어 연한 편임	산적, 육포, 장조림, 불고기
설도(frank steak)	우둔과 유사하며 특히 보섭살은 채끝과 연결되는 부분으로 풍미가 좋아 스테이크로 이용함	산적, 육포, 장조림, 다짐육
앞다리(brisket)	식육의 결이 곱지만 힘줄이나 막이 있어 부분적으로 약간 질기나 구이와 불고기용으로도 이용됨	육회, 스튜, 장조림, 불고기
양지(plate flank)	지방과 결합조직이 많이 형성되어 있음	탕, 국, 스튜
사태(fore shank)	결이 곱고 결합조직이 발달되어 쫄깃한 질감이 있음 사태 부위에서 가장 큰 근육을 아롱사태라고 함	육회, 탕, 스튜, 찜, 수육

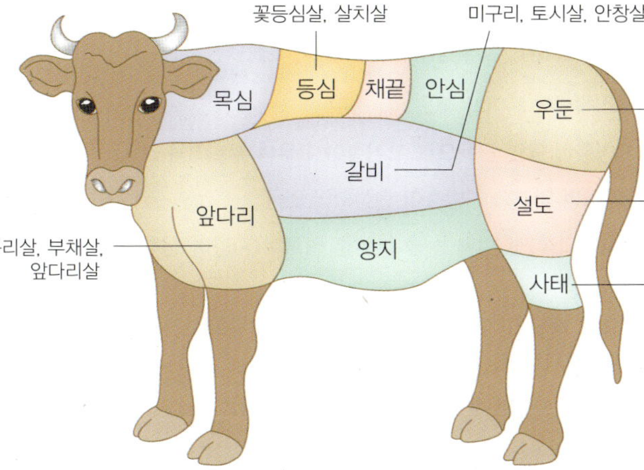

그림 12-7___ 쇠고기 부위별 명칭

3) 돼지고기의 선택 및 부위별 분류

돼지고기의 품질 정도와 도체 중등 지방 두께 및 외관 등을 종합적으로 고려하여 1^+ 등급, 1등급, 2등급으로 구분하며 등급판정을 받은 후 유통 가능하다. 등급표시와 함께 일반 소비자들이 구매할 때는 다음의 사항을 고려하여 선택하여야 한다.

1^+등급 삼겹살　　2등급 삼겹살

그림 12-8___ 삼겹살 등급에 대한 차이

자료 : 축산물품질평가원(www.ekape.or.kr)

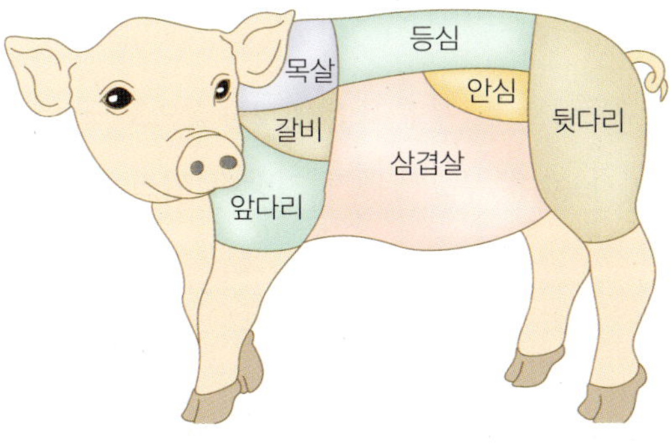

그림 12-9___ 돼지고기의 부위별 명칭

표 12-5__ 돼지고기 부위별 조리법

부위명	특징	조리법
목심(collar butt)	근육 사이에 지방이 침착되어 풍미가 좋음	수육, 구이
등심(center cut loin)	표피 쪽에 두터운 지방층이 덮인 근육으로 고기결이 고우며 부드러움	잡채, 커틀릿
안심(tenderloin)	허리부분 안쪽에 위치하며 약간의 지방층이 형성되어 있음	스테이크, 탕수육
갈비(rib)	옆구리 늑골 첫 번째부터 다섯 번째 늑골 부위를 말하며 지방이 침착되어 있어 풍미가 좋음	찜, 바비큐, 숯불구이
삼겹살(single ribbed belly)	갈비를 떼어낸 부분에서 복부까지의 넓고 납작한 모양의 부위로 근육과 지방이 세 겹의 막을 형성하고 있음	구이, 베이컨, 수육
앞다리(shoulder)	어깨 부위의 고기로 안쪽에 어깨뼈를 떼어낸 넓은 피막이 있음	찌개, 수육
뒷다리(ham)	볼기 부위의 고기로 살집이 두터우며 지방이 적음	구이, 햄, 장조림

첫째, 쇠고기와 마찬가지로 고기 자체의 색을 관찰해야 한다. 쇠고기의 색과 달리 돼지고기의 바람직한 색은 분홍색에 가까우며 색깔이 지나치게 연하면 조리 시 감량이 크고 부드럽지 않고, 너무 진한 암적색이 나는 것은 늙은 돼지에서 생산된 고기이거나 오래 보관된 고기일 수 있다.

둘째, 지방의 색과 더불어 굳기를 자세히 살펴보아야 한다. 지방의 색이 희고 굳은 것이 비육을 잘한 돼지고기인 경우가 많으며 그런 돼지고기들이 대부분 연하고 냄새가 없다.

셋째, 고기의 결이 곱고 탄력이 있는 고기일수록 신선하고 어린 돼지의 고기로 더 연하고 맛이 있다.

4) 조육류의 선택 및 부위별 분류

(1) 닭고기

닭고기는 통닭은 1^+, 1, 2등급으로, 부분육은 1, 2등급으로 구분하고 있다.

닭고기는 근섬유의 길이가 짧아 부드러우며 지방이 껍질에 주로 존재하여 껍질을 제거하면 담백한 맛을 즐길 수 있다.

(2) 오리고기

오기고기는 다른 조육류에 비해 불포화지방산이 풍부하고 필수아미노산과 비타민,

그림 12-10__ 닭고기의 등급 표시

자료 : 축산물품질평가원(www.ekape.or.kr)

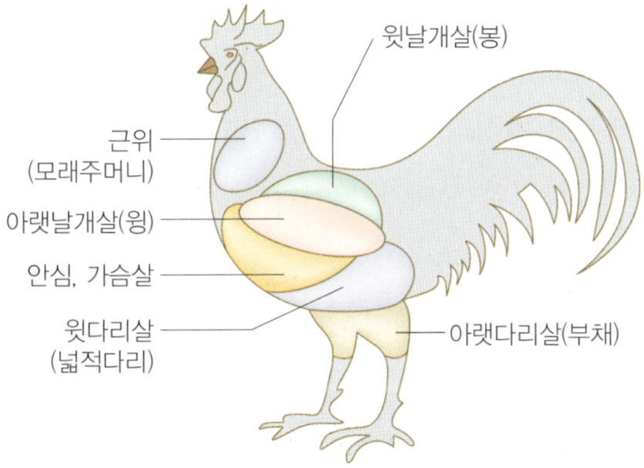

그림 12-11__ 닭고기의 부위별 명칭

표 12-6__ 닭고기의 부위별 조리법

부위명	소분류	특징
근위	근위	음식물을 잘게 부수는 모래주머니로 두꺼운 근육층과 강한 점막이 있어 쫄깃함
가슴살	가슴살, 안심	근육섬유로만 되어 있어 색이 희고 지방이 적어 담백한 맛을 지님
날개살	통날개, 닭봉	어깨 윗부분에 살이 많고 콜라겐 성분이 많아 부드러운 맛을 줌
다리살	통다리, 넓적다리, 북채	운동을 많이 하는 부위로 탄력이 있고 육질이 단단하고 색이 짙음

무기질이 풍부하다. 특히 비타민 C, 비타민 B_1, 비타민 B_2의 함량이 높고 칼슘, 인, 철, 칼륨 등의 좋은 급원이다. 중국에서는 통구이 요리로, 프랑스에서는 거위와 오리의 간을 요리한 푸아그라 등이 오래전부터 세계의 최고급 요리로 알려져 있다. 다른 조류에 비해 색이 붉으며 탄력이 있다.

5. 수조육류의 조리 과정 중의 변화

육류를 조리하는 목적은 고기의 맛을 향상시키고 색을 변화시키며 근육을 연하게 하여 소화를 돕고, 고기에 오염되어 있는 세균 및 기생충을 사멸시킴으로써 안전하게 식용할 수 있도록 하는 데 있다.

1) 색의 변화

육류를 가열하면 고기의 내부에 옥시마이오글로빈의 함량이 증가된다. 육류의 가열 정도가 불충분할 때에는 고기 내부는 옥시마이오글로빈이 많이 차지하므로 붉은색을 띤다. 육류의 내부 온도가 상승하면 옥시마이오글로빈의 양은 차차 감소되며, 육이 충분히 익으면 단백질이 변성되어 변성 글로빈이 되고 마이오글로빈 중앙에 자리 잡고 있는 철은 산화되어 제2철의 상태가 되어 갈색 또는 회색의 변성된 글로빈헤미크롬 denatured globin hemichrome이 된다.

가열 정도에 따라 색의 변화가 단계적으로 나타나므로 고기의 색은 조리 진행 과정의 지표가 되기도 한다. 로스트비프나 스테이크 등의 서양 요리에서는 육류의 내부 온도에 따른 색의 변화를 조리 정도의 척도로 삼는다.

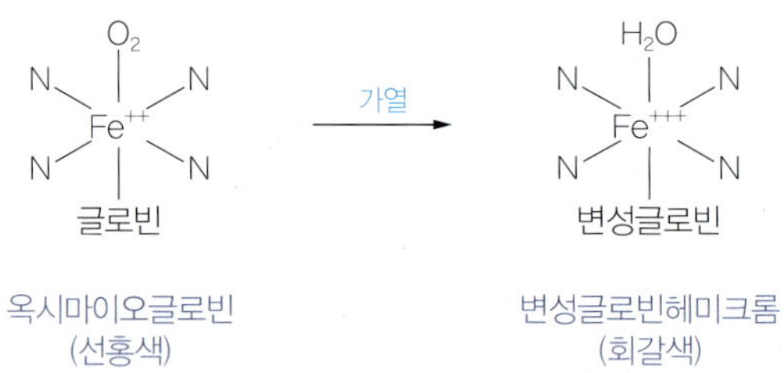

그림 12-12__ 가열 시 육류의 색소 변화

표 12-7__ 조리된 육류의 내부 온도와 색의 변화

가열 정도	온도(°C)	특징
레어(rare)	54~60	고기의 표면은 갈색이나 내부색은 붉고 육즙이 많으며 수축은 표면에 약간만 있음
미디엄(medium)	60~66	고기의 표면은 갈색이나 내부는 붉은색이 약간 남아 있으며 육즙은 적음
웰던(well done)	66~74	고기의 표면과 내부가 갈색이며 육즙은 적음. 수축 정도가 큼

표 12-7은 레어, 미디엄, 웰던 등의 조리 정도와 고기 내부의 색 정도를 표시한 것이다.

산화형인 제2철은 지방의 산패rancidity를 촉진하므로 익힌 고기를 냉장고에 오래 보관하면 산패취가 나는 것은 변성된 글로빈헤미크롬이 원인이 된다. 불고기나 육포를 만들 때 설탕이나 물엿을 넣고 조미하여 가열하면 단백질-당 갈변반응으로 인해 더 짙은 갈색을 형성한다.

2) 근육의 질감 변화

고기의 질감은 품질을 결정짓는 중요한 요소 중의 하나로 연령, 성분 등의 조건에 따라 차이가 있으며 조리 시 전처리와 가열에 의해서 질감을 부드럽게 할 수 있다.

(1) 질감에 영향을 미치는 요소

① 결체조직

일반적으로 고기의 연한 정도는 근육 내에 함유되어 있는 결체조직의 함량에 달려 있다. 결체조직이 많이 함유된 고기일수록 질기므로 습열 조리법을 사용해야 한다.

② 지방

근육 내에 형성된 마블링은 연한 고기의 상징이다. 송아지고기의 경우에는 운동량이 적어 마블링과 상관없이 연한 질감을 갖는다.

③ 연령

늙은 동물의 근육에는 어린 것에 비해 결체조직이 많고 근섬유의 직경이 커서 질기다.

④ 고기의 부위

동물체의 부위에 따라 질감에 많은 차이가 있다. 운동량이 적은 등심, 안심, 갈비 부분은 운동량이 많은 목, 다리 부분에 비해 부드러운 질감을 갖는다.

(2) 전처리에 의한 질감의 변화

① 기계적 방법

근섬유의 길이와 반대 방향으로 자르거나, 가늘게 다지는 등의 방법으로 근섬유를 서로 밀착시키고 있는 근섬유를 세절하여 부드럽게 한다.

② 수화에 의한 방법

가열 조리 시 간장이나 소금을 첨가하면 단백질의 수화를 증가시킬 수 있다. 1.3~1.5%의 식염은 단백질의 수화력을 증가시켜 가열 중의 중량 손실을 적게 하고 연화 작용을 돕는다. 그러나 5% 이상이 되면 탈수 작용을 일으켜 중량의 손실이 크고 고기가 질기며 또 맛이 없다.

육류의 pH도 단백질의 수화에 영향을 미쳐, 산성에서는 수화력이 증가되므로 육을 조리할 때 산을 첨가하여 부드럽게 만드는 경우도 있다. 그러나 고기는 완충 효과가 매우 크므로 약간만 산성화하려 해도 상당량의 산을 첨가해 주어야 한다. 산 첨가가 지나쳐 pH가 5.5가 되면 등전점이 되어 단백질의 응고로 고기가 단단해지므로 조리 시 주의가 필요하다.

③ 효소에 의한 방법

파파야의 파파인papain, 파인애플의 브로멜린bromelin, 무화과의 피신ficin과 같이 열대 과일에는 단백질 분해 효소가 함유되어 있어 식육을 연화시킨다. 근래에는 키위를 많이 이용하는데 키위의 액티니딘actinidin은 단백질 분해 효과가 매우 크므로 사용량에 주의하여야 하고 작용 시간이 너무 길어도 안 된다. 이들 효소는 근섬유를 둘러싸고 있는 콜라겐이나 엘라스틴을 분해하는데 효소의 활성 온도 범위는 60~70℃이며 실온에서는 서서히 작용하므로 시간을 감안하여 조리해야 한다. 우리나라 육류 요리에는 배와 무를 많이 이용하는데 여기에도 프로테이스protease가 함유되어 있어 연화를 돕는다.

이러한 단백질 분해 효소는 염과 같이 혼합하여 분말 상태로 제조되어 상품화되어 있다.

(3) 가열에 의한 질감의 변화

콜라겐이 많은 질긴 부위는 가열 시 일단 수축하였다가 계속 가열하면 젤라틴으로 분해되어 부드러워진다. 필요 시간은 온도 증가와 비례한다. 콜라겐은 60℃ 이상에서 변화를 일으키고 65~80℃에서는 분해가 이루어진다. 고온으로 단시간 가열하면 부드러워지나 장시간 가열하면 오히려 근육조직이 수축하여 질겨진다.

이와 같이 콜라겐과 근섬유는 온도와 시간에 대한 의존성이 크므로 콜라겐을 연화시키고 근원섬유를 단단하게 하지 않는 시간과 온도의 조절이 중요하다.

수비드(soud-vide) 조리법

'진공포장'의 프랑스어로, 가열 처리가 가능한 위생 플라스틱백에 재료와 양념 등을 넣고 진공포장을 한 후 일반적인 조리 온도보다 낮은 온도(60℃)에서 균일한 열전달로 조리하여 향미, 질감, 영양소 등을 보존해 주는 조리법이다.

3) 풍미의 변화

가열은 고기 근육에 존재하는 맛 성분의 전구체를 분해하여 독특한 풍미를 형성한다. 단백질의 분해 및 변성에 의하여 생성된 유리아미노산과 아미노화합물 등은 구수한 맛을 생성한다. 또한 분해 중에 생성된 휘발성 아민amine과 황화수소, 머캅탄mercaptane 등의 황화합물이 익은 고기의 냄새에 기여한다.

리보스, 포도당와 같은 단당류, 탄소수를 2~8개 가진 다이카보닐알데하이드dicarbonylaldehyde 등이 존재하여 육류 가열 시 아미노산과 반응을 일으켜 갈색 및 구수한 맛의 형성에 영향을 미친다. 지방은 가열에 의하여 용해되어 고기의 맛을 좋게 하고 조직을 부드럽게 하는 역할도 한다.

젤라틴의 이용

동물의 뼈, 껍질 등의 콜라겐에서 얻는 젤라틴은 응고제, 유화제, 결정방해 물질로서의 기능성을 갖고 있다. 젤라틴의 응고성은 과일젤리나 무스케이크, 족편 등의 음식 제조 시 이용된다. 또한 저어주면 기포를 형성하므로 베이커리에도 이용 가능하다.

젤라틴을 물에 담가 팽윤시킨 다음 낮은 온도로 가열하여 완전히 용해시킨 후 다시 냉각시키면 젤을 형성한다. 젤 형성에는 첨가물의 영향을 받는다.

- 설탕 : 망상 구조를 만드는 것을 방해하여 젤 강도를 감소시킨다
- 과즙 : 산이 강한 과즙은 젤라틴을 가수분해하여 젤 강도가 약해지므로 식힌 후 첨가한다.
- 효소 : 단백질 분해 효소를 함유한 파인애플, 키위, 파파야 등은 젤화를 방해하므로 과일을 가열하여 효소를 불활성화시킨 후 첨가한다.
- 우유 : 우유에 들어 있는 염류가 응고를 도와준다.

4) 중량 및 부피의 감소

가열에 의한 고기의 중량 및 부피의 감소는 육즙의 용출에 의하며 보통 고기의 20~40%가 감소한다. 가열에 의해 단백질이 열변성되면 보수성이 감소하면서 액즙drip

이 생성되고 물에 불용성인 지방도 고온에서는 용해되어 액즙의 일부가 되어 용출된다. 냉·해동을 하지 않고 조리하여야 액즙의 용출을 방지할 수 있으며, 냉동 시에는 빠른 시간에 냉동시켜 얼음 결정체를 작게 하고 해동은 냉장이나 찬물에서 완만하게 해야 조직의 파괴를 최소화하며 액즙의 손실을 줄일 수 있다. 구이 조리 시에는 표면을 고온에서 단시간 내에 가열하여 맛 성분을 함유한 액즙 손실을 최소화하는 것이 좋다.

6. 수조육류의 조리

수조육류의 조리법은 습열법과 건열법으로 구분할 수 있다.

1) 습열 조리법Moist heat method

고기에 액체 또는 물을 가하거나 증기로 가열 조리하는 방법으로 끓이기, 찌기 등이 있다.

습열법이 적용되는 부위는 결체조직이 많은 질긴 고기인 사태육, 양지육, 장정육, 중치육, 꼬리, 도가니 등이다.

(1) 끓이기

육수, 탕 및 국 등은 육류를 물에 넣고 끓이는 메뉴로, 결체조직이 많은 양지육, 사태육, 꼬리 등이 이용된다. 또 사골도 이용되는데 이때는 많은 물을 가하여 약한 불로 장시간 끓여 용해성 성분을 충분히 용출시켜 국물의 맛을 내게 한다.

국물을 만들 때는 일반적으로 고기를 냉수에 넣고 끓이기 시작하는 것이 좋다. 끓는 물에 고기를 넣으면 표면이 먼저 응고하므로 내부 성분의 용출이 더디게 된다. 또 국물을 낼 때에는 찬물에 소량의 소금을 넣고 약한 불에 끓이면 희석된 염수가 단백질의 용해를 도와 국물의 맛을 더 좋게 한다.

곰탕이나 설렁탕을 끓일 때 뼈를 많이 사용하면 국물이 뽀얗게 되는데 이는 뼈에서 우러난 인지질이 일종의 유화 작용을 하기 때문이다.

육수를 만들 때 육류의 독특한 냄새를 제거하기 위하여 흔히 여러 가지 채소(셀러리, 양파, 파, 양배추, 당근 등)를 넣어 함께 끓인다.

편육 또는 숙육

고기를 덩어리째 익혀 굳힌 다음 편으로 썰어 먹기 때문에 흔히 숙육을 편육이라고 부른다. 쇠고기 편육은 양지육(양지머리), 사태육, 우설, 업진육, 쇠머리, 우랑, 콩팥, 장정육, 족 등의 부위를 이용하고 돼지고기 편육은 삼겹살, 돼지머리, 족 등을 사용한다.

숙육을 할 때는 찜을 할 때와는 달리 숙육용 고기를 끓는 물에 넣어 근육 표면의 단백질을 먼저 응고시켜 수용성 물질이 육수에 용출되는 것을 최대한으로 방지함으로써 숙육의 맛을 향상시키도록 한다. 찬물에 삶으면 고기 속이 분홍색으로 되어 미관상 좋지 못하다. 삶아진 고기를 뜨거울 때 눌러 놓아야 젤라틴화된 결체조직이 근조직을 잘 결합시켜 숙육의 형태를 유지하므로써 썰기 쉬워진다.

숙육은 탈수뿐 아니라 지방분이 많이 용출된 것이므로 공기 중에 오래 방치해 두면 건조하여 맛이 저하된다. 또 근육의 마이오글로빈에서 유리된 철분이 지방의 산패를 촉진하므로 냉장고에 보관된 숙육이라도 3~4일 내에 산패취가 형성되어 식용에 부적당하므로 숙육은 오래 보관하지 않고 즉시 섭취하는 것이 좋다.

(2) 찌기

찜 조리법에는 덜 연한 부위를 택하여 사용한다. 쇠갈비나 사태, 닭고기, 돼지갈비 등이 찜에 흔히 이용되는 고기이다. 이 외에도 쇠고기에서는 홍두깨살rump, 넓적다리살round, 사태육shank, 양지육flank, 꼬리tail, 목심chuck 등의 질긴 소의 부위를 사용하기도 한다.

찜은 주로 소량의 물로 익힌 다음 양념과 채소 등을 넣고 다시 끓여 맛을 낸다. 고기를 익히기 전에 양념을 하면 간장의 염분으로 인한 삼투압에 의해 탈수가 일어나 고기가 마르고 부드럽지 못하게 된다.

서양 요리인 스튜도 우리나라의 찜과 같은 조리 방법이나 토마토 또는 토마토주스, 사워밀크sour milk 등의 산acid 재료를 이용한다는 차이점이 있다. 이는 고기를 질기게 하는 원인이 되는 콜라겐을 신속히 젤라틴화하여 연화시키는 데 효과적이기 때문이다. 산성 재료를 스튜에 넣을 때 고기가 익기 전에 넣으면 육류의 단백질이 라이코펜 색소와 결합하여 고기가 갈색으로 변하지 않고 불쾌한 적색을 띠므로 고기가 익은 후 첨가한다.

브레이징braising도 찜과 유사한 방법으로, 약간 질긴 고기를 두꺼운 냄비에 넣고 소량의 물이나 액체 또는 고기 자체의 수분을 이용하여 뚜껑을 닫고 서서히 가열 조리하는 방법을 말한다. 브레이징으로 고기를 조리할 때는 일반적으로 고기를 먼저 소량의 지방에 갈색이 되도록 지지거나 또는 고기 자체의 지방으로 갈색화시킨 다음 소량의 물,

우유 또는 토마토주스와 함께 낮은 온도에서 오래 끓인다.

조리 도중 수분이 적어지면 물을 조금씩 보충하면서 고기가 연해질 때까지 끓인다. 또 다른 브레이징법으로 두꺼운 냄비에 고기를 갈색화시킨 다음 뚜껑을 꼭 닫고 오븐에서 조리하는 방법이 있다. 물을 따로 가하지 않아도 고기 자체 내의 수분에 의해 충분히 조리가 된다.

2) 건열 조리법Dry heat method

수분이나 액체를 가하지 않고 익히는 방법을 말하며 이 방법에 사용되는 고기의 부위는 운동량이 많지 않은 연한 부위를 택해야 한다. 결체조직인 콜라겐은 건열에는 영향을 받지 않으므로 결체조직이 거의 없고 마블링이 잘 분포된 고기가 건열 조리에 적합하다.

(1) 구이Broil

구이에는 숯불구이charcoal broil와 팬구이pan broil 등이 있다. 구이용의 고기는 연한 부위를 선택하고 보통 3~5 cm가량 두껍게 잘라 구우며, 내부의 익은 정도를 정확히 알기 위해서 오븐용 온도계를 사용하기도 한다.

팬구이는 두꺼운 철제 냄비나 프라이팬을 뜨겁게 달구어 굽는 방법으로 팬의 재료는 열을 오래 보유할 수 있는 것이 적합하다.

팬구이법에 속하는 한국 음식에는 적, 철판구이 등이 있으며 외국 음식에는 비프스테이크, 햄버거 등이 있다.

(2) 로스팅Roasting

오븐에 고기를 굽는 조리를 말한다. 로스팅은 오븐의 열원이 상부에 위치하고 오븐의 문이 닫혀 있기 때문에 고기에서 증발된 수분이 외부로 나가지 못하여 열원이 하부에 있는 구이보다 갈색화가 잘 안 된다. 로스팅에 사용되는 고기도 연한 부위를 선택하여야 하며 조리할 고기의 크기는 용도에 따라 차이가 있으나 다른 방법보다 큰 덩어리를 사용한다.

쇠고기를 익히는 정도는 개인의 식성과 취향에 따라 레어, 미디엄, 웰던으로 구분하지만 송아지고기나 돼지고기는 웰던의 정도로 모두 익히고 양고기는 미디엄 또는 웰던의 정도로 익힌다. 특히 돼지고기는 생육 속에 기생하는 선모충*Trichinella spiralis*을 살충하는 관점에서도 충분히 가열하여야 한다. 로스팅의 경우뿐만 아니라 다른 조리법에서도 돼지고기는 완전히 익혀야 한다.

로스팅(roasting)과 베이킹(baking)

오븐이 나오기 이전에는 덩어리가 큰 고기를 구울 때 공중에 매달아 놓고 장작불이나 숯불과 같은 직화에서 빙글빙글 돌려가며 서서히 익히는 것을 로스팅이라 하였다. 그러나 현대에 이르러서는 일반적으로 오븐에서 조리하게 되어서 베이킹과 같은 의미를 갖게 되었다.

3) 조육류의 조리

어린 닭은 지방 함량이 적기 때문에 철판에 기름을 두르고 지지거나 기름에 튀기는 조리 방법이 적당하다. 오븐에 넣어 통닭구이를 할 때는 건조되는 것을 막기 위하여 가끔 표면에 기름을 발라 주어야 한다. 어리지만 튀김용 닭보다 좀 크게 성장한 닭은 몸에 지방층이 형성되어 있어서 구이나 찜을 하는 데 적당하다. 크기가 크고 연령이 오래된 것은 습열법으로 탕을 만들 때 이용된다.

냉동한 조류를 조리하였을 때 흔히 뼈나 뼈 주위의 근육이 검게 변색되는 것을 볼 수 있다. 이는 냉동과 해동 과정에서 닭뼈 골수의 적혈구가 파괴되는데 이것을 그대로 가열하여 짙은 갈색을 나타내는 것이다. 이러한 색의 변화는 맛과는 상관이 없으나 보기에 좋지 않다.

7. 육류의 저장 및 가공식품

1) 육류의 저장

가장 좋은 저장 방법은 냉장 저장으로, 고기를 빙결점(-1.7℃) 이상의 온도에 저장하여 물리적 변화를 최소화하는 것이다. 그러나 즉시 조리하지 않을 때는 한 끼 분량으로 나누어 잘 포장하여 -18℃에서 냉동하는 것이 좋다. 조리된 육류도 무한히 안전한 것은 아니어서 냉장 온도에 오래 저장하면 산패취가 난다. 이는 육류의 근육에 존재하는 인지질과 단백지질이 제2철을 함유하는 헴 색소에 의해서 산화되기 때문이다.

냉동 시에는 근형질의 수분이 조직 사이에 얼음 결정으로 존재하다 해동 시 조직을 파괴시켜 질감을 떨어뜨린다. 이를 최소화하기 위해서는 얼음 결정을 되도록 작게 해야 하므로 급속 냉동(-30~40℃)하고, 해동은 냉장에서 완만 해동을 하는 것이 바람직하다. 이는 질감뿐 아니라 육즙의 손실도 적게 하여 조리 시 보수성을 유지하여 준다.

조육류는 바로 조리하도록 하며, 1일 이상 경과해야 할 때는 냉동 저장하여야 한다. 냉동 시에는 내장을 제거하고 간, 신장, 근위 등의 식용 가능한 내장은 따로 포장하여 냉동하여야 한다. 내장 속에 들어 있는 효소가 냉동 과정에서 서서히 작용하거나 해동 시에 작용하여 조육류의 맛을 떨어뜨리고 부패를 촉진시킬 수도 있기 때문이다.

2) 육가공품

육가공품으로는 햄, 소시지, 베이컨 등의 훈연육과 통조림 등이 있고 그 밖에도 건조육류, 염장육 등이 있다. 훈연법 가공은 독특한 풍미뿐 아니라 훈연할 때 사용한 나무, 톱밥 등의 연료가 불완전 연소되어 생기는 각종 타르tar, 알데하이드류aldehyde, 초산acetic acid, 포름산formic acid, 아세톤acetone, 푸르푸랄furfural 등에 의한 방부성으로 육지방의 항산화성을 높인다.

가공할 때 첨가하는 부재료 중 설탕은 육제품의 조미에, 염은 건조시키는데, 아질산염sodium nitrite이나 질산염sodium nitrate은 육색소를 안정시켜 가공육에 독특한 적색을 띠게 한다. 육류의 색이 가열에 의해 메트마이오글로빈의 갈색으로 변하는 것을 질산염이나 아질산염이 방지한다. 질산염은 산화질소nitric oxide, NO를 제공하여 이것이 마이오글로빈과 결합 나이트로소마이오글로빈nitrosomyoglobin을 형성하여 공기에 의한 산화

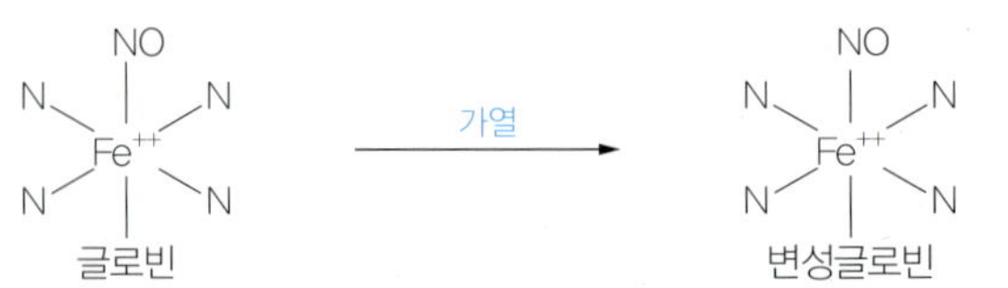

나이트로마이오글로빈 (선홍색)　　변성글로빈헤모크롬 (선홍색)

그림 12-13__ 육류 가공 시의 색소 고정

를 방지하는 동시에 선홍색을 갖게 한다. 그러므로 가공육은 가열 조리하여도 갈색으로 변하지 않는다.

(1) 햄Ham

햄은 돼지의 허벅다리 살코기를 소금과 질산칼륨에 절이고 설탕 및 향신료를 첨가한 다음 훈연 가공한 것이다. 허벅다리 이외의 고기를 사용하는 경우도 있다. 뼈가 붙은 레귤러햄regular ham, 뼈를 빼고 고기를 원통형으로 정형하여 면포 또는 셀로판지로 감아 만든 본레스햄boneless ham, 어깨살로 만든 숄더햄shoulder ham, 돼지고기와 쇠고기를 혼용하여 만든 프레스햄press ham 등이 있다.

(2) 베이컨Bacon

돼지의 측복부(삼겹살)의 지육을 소금에 절인 다음 훈연 가공한 것이다. 등살을 원료로 하여 가공된 것은 캐나디안 베이컨이라고 한다.

(3) 소시지Sausage

소시지는 원래 암퇘지saw의 고기에 향신료인 세이지sage를 배합하여 만들었기 때문에 소시지sausage라는 이름이 붙여졌다. 소시지는 돼지고기를 잘게 다져 향신료, 조미료 등을 배합하여 케이싱casing에 넣어 훈연한 후 물에 삶은 것이다. 이렇게 제조되는 것을 도메스틱 소시지domestic sausage라고 하고 훈연 후 건조시킨 것을 드라이 소시지dry sausage라고 한다.

드라이 소시지는 도메스틱 소시지보다 오래 저장할 수 있다. 케이싱은 원래 돼지의 작은 창자막을 이용하였는데 근래에는 인조 케이싱을 주로 사용한다. 순대는 우리나라 특유의 소시지라고 할 수 있다.

표 12-8__ 소시지의 분류

구분	종류
도메스틱 소시지 (domestic sausage)	볼로냐(bologna), 프랑크푸르트(frankfurters), 간 또는 혈액 소시지(liver or blood sausage)
드라이 소시지 (dry sausage)	살라미(salami), 세르벌라(cervelat), 페퍼로니(pepperoni)

(4) 육포

육섬유가 길고 근육이 많은 우둔살이나 홍두깨살을 넓게 포를 떠서 간장, 설탕, 후춧가루 등의 양념을 바른 다음 햇볕이 나고 통풍이 잘되는 곳에 말린 저장식품이다. 수분의 감소로 맛 성분이 농축되고 근섬유가 치밀한 조직을 이루어 특유의 맛과 질감을 부여한다. 건조시킨 육포는 냉동실에 보관해야 지방의 산패를 지연시켜 오래 저장할 수 있다.

단원 정리

수조육류의 구조 근육조직, 결체조직, 지방조직, 골격조직(뼈)으로 구성됨

사후경직 도축 후 일정시간 동안 육류의 보수성이 감소되고 질기고 단단한 근육을 형성하는 것을 말함

수조육류의 품질 등급 육류의 품질기준에 따라 등급을 책정함

수조육류의 조리 습열 조리법에는 질긴 부위를, 건열 조리법에는 부드러운 부위를 사용하여 조리함

수조육류의 저장 가장 좋은 저장법은 단시간 냉장 저장이며 냉동 후 사용 시에는 완만 해동을 하는 것이 좋음

단원 문제

1 다음의 조리법에 대하여 수육류의 조리 과정을 간략히 설명하고 적합한 부위를 제시하시오.

(1) 육수, 탕, 국

(2) 찜

(3) 구이

(4) 로스팅

2 결체조직의 조리 중의 변화에 대하여 설명하시오.

3 육류의 색소가 어두운 적색에서 밝은 적색으로, 또는 갈색으로 변하는 과정을 설명하시오.

4 사후경직과 숙성 중 일어나는 현상을 설명하시오.

5 수조육류의 질감에 관여하는 요인을 설명하시오.

Chapter 13

어패류

학습 목표

1. 어패류의 종류를 기준에 따라 분류할 수 있다.
2. 어패류의 영양적 가치를 알 수 있다.
3. 어패류의 신선도를 판정할 수 있다.
4. 어패류의 종류에 따라 적절한 조리법을 선택하고 비린내를 제거할 수 있다.

우리나라는 삼면이 바다에 접해 있어 해산물이 풍부하다. 어패류는 우수한 단백질의 공급원으로 수조육류, 난류, 우유 및 유제품류 등의 단백질보다 라이신의 함량이 많아 라이신이 부족한 곡류를 주식으로 하는 우리들의 식생활에 있어서 영양상 중요한 위치를 차지한다.

어패류는 수조육류보다 결체조직이 적어 부드러운 조직을 갖고 있으나 부패하기 쉬우므로 산지에서 소비자의 손에 들어올 때까지의 유통 과정과 조리, 보관 시 위생적인 취급이 중요하다.

1. 어패류의 분류

어패류는 어류, 연체류, 갑각류, 조개류로 분류한다.

1) 어류Fishes

어류는 서식하는 물에 따라 담수어와 해수어로 구분되며, 물의 상태와 성질에 따라 어육의 맛이 달라진다.

해수어는 흰살생선과 붉은살생선으로 분류하며 지방 함량이 2% 이하인 흰살생선은 수온이 낮고 수심이 깊은 바다에서 살며 운동량이 적다. 해수어에는 가자미, 도미, 민어, 광어 등이 있다. 붉은살생선은 바다 표면 가까운 곳에서 활동하며 운동량이 많은 만큼 산소 공급량이 많고 이에 마이오글로빈 양도 많다. 지방 함량이 5% 이상이고 멸치, 꽁치, 고등어, 연어, 청어, 뱀장어 등이 있다.

담수어는 수온이 높고 수심이 얕은 담수에서 사는 어류로 잉어나 붕어는 강의 하류에 살고 뱀장어 등은 깊은 바다에서 산란한 후 다시 강으로 올라오는 경우도 담수어에 속한다. 흔히 민물고기라고도 한다.

2) 연체류Mollusks

연체류는 몸에 뼈가 없고 부드러우며 근육이 발달되어 있는 것으로 문어octopus, 오징어squid, 낙지poulp, 해파리jelly fish, 해삼sea cucumber, 꼴뚜기sea arrow 등이 있다.

3) 갑각류Shell fish-crustaceans

갑각류는 키틴질로 된 딱딱한 외피로 덮여 있으며 체절된 구조를 하고 있다. 이에 속하는 것으로 게crab, 왕게king crab, 꽃게blue crab, 새우shrimp, 가재lobster 등이 있다.

4) 조개류Shell fish-mollusks types

조개류는 연한 조직을 갖고 있으며 부분적 또는 전체적으로 딱딱한 외피에 싸여 있다. 대합big clam, 모시조개corb shell, 맛살solen, 굴oyster, 소라top shell, 가리비scallop, 우렁snail, 바지락short neck clam, 전복abalone, 홍합mussel 등이 있다.

2. 어류의 구조

생선의 가식부는 근육이고, 이는 수육류와 같이 근섬유가 집합한 근속으로 되어 있다. 육류에 비해 근섬유의 길이가 짧고 콜라겐 등의 결체조직이 적어 연하다. 근육은 등뼈를 중심으로 대칭을 이루고 등근육과 배근육의 경계에는 적색을 띠는 혈합육dark meat이 있다. 흰살생선에는 혈합육이 체표면에만 얇게 분포되어 있고 붉은살생선에는 많다. 혈합육에는 헤모글로빈, 마이오글로빈뿐만 아니라 비타민 B군, 지방이 많이 함유되어 있다.

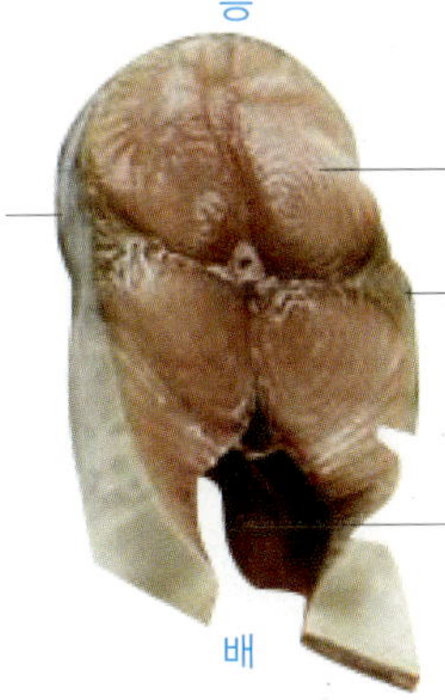

그림 13-1 고등어의 정단면

근육은 근절로 이루어져 있으며 근절과 근절은 콜라겐으로 된 얇은 격막으로 접합되어 있다. 가열하게 되면 격막이 젤라틴으로 되므로 근절이 분리되어 쉽게 부서진다.

3. 어패류의 성분

어패류의 일반 성분은 수조육류와 비슷하여 단백질이 가장 많으며 소량의 지방과 단백질, 무기질로 구성되어 있고 어패류의 종류, 부위, 연령, 성, 계절 등에 따라 성분에 차이가 있다.

1) 영양 성분

(1) 탄수화물

어류는 1% 미만으로 적은 양의 탄수화물을 함유하며 갑각류 및 조개류에는 2~5% 정도의 글리코겐이 함유되어 있고 이는 어획 후 포도당으로 분해되므로 굴, 조개류 등에 단맛을 부여한다.

(2) 단백질

어패류는 단백질의 우수한 급원 식품으로 어류는 16~25%, 오징어, 낙지 등의 연체류는 13~17%, 조개류는 7~10%의 단백질을 함유한다. 육류와 마찬가지로 모든 필수아미노산을 함유하고, 특히 육류에 비해 라이신을 더 많이 함유하고 있다. 어육 단백질은 염용해성으로 생선살에 2~3%의 소금을 넣어 으깨면 생선 단백질이 용해 후 재조직되

표 13-1 어패류의 영양 성분(100 g당)

식품명		에너지 (kcal)	수분 (%)	단백질 (g)	지질 (g)	탄수화물 (g)	무기질					비타민				
							칼슘 (mg)	인 (mg)	철 (mg)	나트륨 (mg)	칼륨 (mg)	A (레티놀) (μg)	B_1 (mg)	B_2 (mg)	B_{12} (μg)	C (mg)
어류	고등어, 생것	278	55.7	20.26	21.23	-	13	303	1.02	30	332	0	0.18	0.46	10.94	1
	가자미, 생것	129	72.3	22.1	3.7	0.3	40	196	0.7	230	377	8	0.18	0.26	-	2
	갈치, 생것	147	72.7	18.5	7.5	0.1	46	191	1	100	260	20	0.13	0.11	-	1
	명태, 생것	81	80.3	17.5	0.7	-	109	202	1.5	132	293	17	0.04	0.13	-	-
	삼치, 생것	112	76	20.08	2.93	0	5	211	0.1	39	387	-	0.08	0.06	3.25	-
연체류	오징어, 생것	94	78.3	18.84	1.44	0.16	11	270	0.18	199	351	-	0.05	0.02	4.37	-
조개류	바지락, 생것	73	80.4	12.27	0.93	3.2	70	129	2.68	383	121	-	0.04	0.3	74.01	2
갑각류	꽃게, 생것	77	80.6	16.19	0.7	0.43	127	137	0.74	418	216		0.44	0.12	4.3	-

자료 : 농촌진흥청 국립농업과학원, 국가표준식품성분 DB 9.2, 2020

어 응고되는데 어묵은 이 원리를 이용하여 만든다.

(3) 지방

지방 함량은 생선의 종류에 따라 그리고 같은 생선이라도 계절에 따라 크게 차이가 있다. 제철 생선 및 산란 1~2개월 전에 지방 함량이 가장 높고 산란 후에는 지방뿐 아니라 단백질량이 줄고 수분 함량이 높아져 맛이 저하된다. 지방은 불포화지방산이 80%를 차지하며, 해수어가 담수어보다 그 함량이 높다. 생선 기름의 불포화지방산에는 ω-3 계열의 다가불포화지방산polyunsaturated fatty acid, PUFA들이 포함되어 있으며 영양학적으로는 eicosapentaenoic acidEPA와 docosahexaenoic acidDHA가 가장 중요하다. 그러나 다량의 불포화지방산으로 인해서 산화와 산패가 쉽게 일어나므로 신선도 유지에 주의하여야 한다.

(4) 비타민과 무기질

해수어의 근육은 요오드와 인의 좋은 급원이나 철분의 함량은 낮다. 지방이 풍부한 생선은 비타민 A의 좋은 급원이며 어간유는 비타민 A와 D의 우수한 급원으로 알려져 있다.

2) 기타 성분

(1) 색소 성분

어류의 어육 색소는 흰색과 붉은색으로 구분되며 헤모글로빈, 마이오글로빈, 사이토크롬 등 수용성 단백질과 지용성인 카로티노이드로 분류된다. 연어와 송어 등을 제외한 붉은살생선의 색소는 마이오글로빈과 헤모글로빈이며 마이오글로빈이 주를 차지한다. 연어와 송어의 붉은색은 카로티노이드색소인 아스타잔틴astaxanthin으로 물에 용해되지 않으므로 가열해도 색이 크게 변하지 않는다. 새우와 게의 껍질에는 아스타잔틴이 단백질과 결합하여 청록색으로 존재한다. 이 복합체는 가열에 의하여 단백질과의 결합이 끊어져 적색의 아스타잔틴이 되고 이것이 산화되면 아스타잔틴의 산화유도체인 아스타신astacin이 되어 선명한 적색이 된다. 생선 껍질의 흑색과 문어, 오징어의 먹물은 멜라닌 색소이다. 또한 갈치가 은색으로 빛나는 것은 구아닌과 요산이 섞인 침전물이 빛을 반사하기 때문이다.

오징어 표피의 색과 신선도

오징어와 낙지의 표피 색소는 트립토판으로부터 생성되는 옴모크롬(ommochrome)의 갈색 색소이다. 살아 있을 때는 갈색으로 존재하나 죽으면 색소포가 수축되어 백색으로 된다. 이후 선도가 떨어지면 옴모크롬이 약알칼리성으로 변한 체액에 용해되어 홍색을 띠게 된다.

(2) 맛 성분

어패류의 주요 맛 성분으로는 유리아미노산, 저분자펩타이드, 뉴클레오타이드, 염기류 및 유기산 등이 있다. 붉은살생선이 흰살생선보다 농후한 맛을 지니는 것은 지방 성분을 포함한 맛 성분을 더 많이 함유하고 있기 때문이며 특히 히스티딘의 함량 차이가 영향을 많이 미친다. 오징어, 낙지, 새우 등에는 베타인의 함량이 높아 특유의 단맛과 구수한 맛을 낸다.

(3) 냄새 성분

해수어는 신선할 때는 비린내가 약하지만 담수어는 신선할 때도 비린내가 강하다. 담수어의 비린내는 피페리딘piperidine과 아세트알데하이드acetaldehyde의 축합에 의한다. 해수어의 비린내는 트라이메틸아민TMA, trimethylamine에 의한다. TMA는 해수어가 살아 있을 때 근육에 존재하는 트라이메틸아민옥사이드TMAO, trimethylamine oxide로부터 사후 TMAO 환원 효소에 의해 생성되는 물질이다.

신선도가 더 떨어지면 TMA가 증가할 뿐 아니라 암모니아도 생성되어 비린내가 증가하며 부패하면 황화수소H_2S, 인돌indole, 스카톨scatole, 메틸머캅탄methyl mercaptane 등이 생성되어 부패취의 원인이 된다. 톡 쏘는 가오리와 홍어의 냄새는 요소가 효소에 의해 분해되어 암모니아를 생성하기 때문이다.

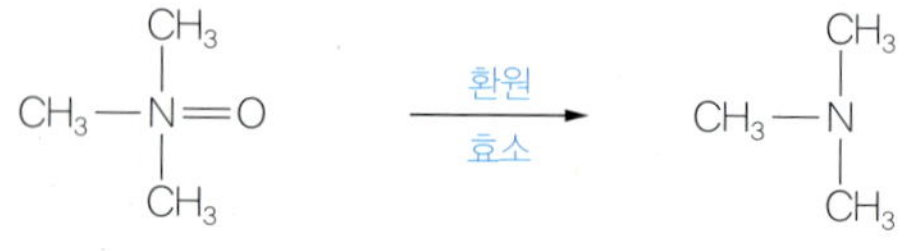

트라이메틸아민옥사이드 트라이메틸아민

그림 13-2 트라이메틸아민(TMA)의 생성

4. 어류의 선도와 선택

생선의 식용 가치는 신선도에 달려 있다. 신선도가 조금이라도 저하되면 맛, 향 그리고 위생적인 면에서의 가치가 저하된다. 어육은 수육보다 결체조직이 적기 때문에 신선도의 저하도 신속히 일어난다.

1) 어류의 사후 변화와 자가소화

어육도 수육과 마찬가지로 사후 경직되기 시작하고 수조육류와 같은 기전으로 경직 상태가 최대로 된다. 경직 상태가 얼마간 계속된 후 경직은 서서히 풀리고 어육은 연화된다. 어육의 사후경직은 사후 1~7시간에 시작되어 5~22시간 지속되는데 그 시간은 어류의 종류, 죽은 후 방치 온도, 내장의 유무 등에 따라 차이가 크다. 붉은살생선이 흰살생선보다 사후경직이 빨리 시작되고 지속 시간도 짧다.

사후경직 후 조직 중에 존재하는 각종 효소에 의해 어육의 분해가 일어난다. 이것을 자가소화autolysis라고 한다. 수육의 경우에는 자가소화 과정에서 지미 성분을 많이 분해하여 그 맛과 조직을 좋게 하나 어육에서는 다랑어와 같은 큰 생선의 경우를 제외하고 대부분의 생선은 조직이 연하여 자가소화의 속도가 빨라 맛을 저하시키고 선도가 저하하게 된다. 냉동되면 자가소화를 오래 지연시킬 수 있으나 기름을 많이 함유하고 있는 생선은 냉동 상태에서도 지방 분해 효소가 활발히 작용하므로 흰살생선보다 품질이 빨리 저하된다.

또 자가소화와 병행하여 어육에 미생물이 번식하여 악취를 발하면서 부패하게 된다. 어육 내는 원래 무균 상태이나 사후에 미생물이 오염되어 번식하게 되고 이에 따라 체성분이 분해되어 부패를 일으키게 된다.

부패의 속도와 상태는 생선의 종류 및 보관 상태에 따라 다르다. 담수어는 해수어보다 부패 과정이 빠르며, 부패취도 다르다.

2) 선도판정법

생선의 선도를 판정하는 것은 선택 및 안전한 음식의 섭취면에서 대단히 중요한 일이다. 생선의 선도판정법은 관능적 선도판정법, 이화학적 판정법, 세균학적 방법 등이 있다.

(1) 관능적 선도판정법

감각에 의해 선도를 판정하는 것은 객관성은 떨어지나 간편하고 신속하게 일상생활에서 신선한 생선을 선택하기에 좋은 방법이다.

생선의 선도를 판정할 때 사용하는 기준을 표 13-2에 나타내었다.

표 13-2 어류의 신선도 기준

부위	기준
눈	안구가 외부로 돌출하고 투명한 생선은 신선하다. 선도가 저하될수록 눈이 흐리고 각막은 눈 속으로 내려앉는다.
아가미	신선한 생선의 아가미의 색은 선명한 적색이며 선도가 저하될수록 적색에서 차차 회색에 가까운 색으로 변하며 점액질의 분비가 많아져 점착성이 증대하고 부패취가 난다. 신선도 저하 시 체표면보다 아가미에서 냄새가 먼저 나므로 이를 확인하는 것이 좋다.
표면색	신선한 생선의 표면은 광택이 있다. 선도가 저하되면 광택이 점점 희박해져 퇴색하게 되고 점액질의 분비가 증가하며 생선 특유의 불쾌한 악취가 심하게 난다.
복부	신선한 생선의 복부는 탄력성이 있어 팽팽하다. 선도가 저하되면 복부는 연화되며 항문에서 장의 내용물이 침출된다. 작은 생선 등은 내장이 자가소화에 의해 용해되기도 한다.
근육	신선한 생선의 근육은 탄력성이 강하며, 색도 투명한 감이 있고 살이 뼈에서 쉽게 떨어지지 않으나 선도가 저하되면 탄력성이 없어지고 살이 물렁거리면서 뼈에서 쉽게 떨어진다.

(2) 화학적 선도판정법

화학적 선도판정법으로 흔히 사용되는 방법은 암모니아, 트라이메틸아민 또는 이들을 생성물로 하는 휘발성 염기질소를 측정하는 것이고 그 외에 인돌, 휘발성 유기산, 휘발성 환원 물질, 히스타민 등을 정량 분석하는 방법도 있다.

히스타민을 제외한 모든 성분은 불쾌한 냄새를 가진 휘발성 화합물이며 이 냄새의 정도로 생선의 신선도를 어느 정도 감지할 수 있다.

3) 생선의 선택과 보존

어패류 선택의 기본은 살았을 때와 같은 상태로 선도가 높은 것을 선택하는 것이다. 조리의 목적에 따라 시장에서 어패류를 선택할 때는 주로 관능에 의한 선도판정법에 의존하여 선택하게 된다. 게나 조개류는 살아 있는 것을 구입하여 조리할 때까지 살아 있도록 하는 것이 좋다.

냉동어를 구입할 때는 단단히 얼어 있는 상태의 것을 구입하고 조리할 때까지 계속 냉동 조건하에 두어야 한다.

냉장된 생선은 2~3일 내에 조리하여야 하고, 냉동한 것은 -18℃ 이하라도 6개월 이상 저장하지 않는 것이 좋다.

냉장이나 냉동고에 저장할 때는 생선취가 다른 음식에 전달되지 않고 냉동 화상을 피할 수 있도록 포장하여 넣어두도록 한다.

5. 어패류의 조리

1) 조리 과정 중의 변화

근육 단백질은 가열하면 응고, 수축하여 살이 단단해지고 탈수에 의해 중량이 감소한다. 콜라겐은 육류와 마찬가지로 근육섬유를 둘러싸고 있으며, 껍질의 구성 성분으로 불용성이나 가열할 때 어느 온도에 도달하면 길이가 1/3~1/4로 수축하고 더 계속 가열하면 물을 흡수 팽윤하여 젤라틴으로 용해된다. 이 온도는 수육류보다 낮으며 생선 종류에 따라 조금씩 다르다.

이러한 콜라겐의 변화에 의해 조리 시 근절과 근절 사이의 콜라겐 격막이 젤라틴이 되어 살이 부서지기 쉽다. 또한 생선을 조리할 때 껍질이 수축되고 찢어지는 경우가 있는데 이는 껍질에 상당량 함유된 콜라겐이 가열에 의해 수축되기 때문이다. 오징어를 조리하면 몸축의 방향으로 심하게 수축하는데, 몸축의 방향으로 나열된 콜라겐에 의한 작용이다. 그러므로 어패류를 껍질째 조리할 때에는 칼집을 넣어 주어야 모양을 좋게 할 수 있다.

생선구이나 조림 시 껍질이 팬이나 냄비에 붙는 성질을 열 응착성이라 한다. 이는 근육의 마이오겐 성분에 의한 것으로 펩타이드 구형 사슬을 유지하기 위한 분자 간 결합이 가열에 의해 끊어지면서 활성기가 노출되고 이 활성기가 금속이온과 반응하여 팬에 달라붙는 원리이다. 이는 팬에 기름칠을 함으로써 활성기의 반응을 억제시킬 수 있다.

습열 조리 시에 수용성 단백질과 지미 성분이 용출되므로 재료 자체의 맛이 좋아야 하는 음식을 만들 때는 육수나 국물을 반드시 뜨겁게 한 상태에서 주재료를 넣어 익혀야 한다. 그렇게 해야 주재료 내부의 맛 성분이나 수용성 단백질이 국물로 용출되지 않는다.

2) 어패류의 조리

어패류는 수조육류에 비하여 결체조직이 적기 때문에 조리 시간도 비교적 짧게 소요된다. 어패류의 조리에도 수조육류 조리와 마찬가지로 건열법과 습열법을 적용시킬 수 있으며, 조리 방법으로는 구이, 튀김, 찜, 찌개 등이 있다. 어패류 조리에서는 형태를 유지하는 일과 생선 비린내를 제거하는 것이 중요하다. 또한 제철 생선을 조리하여 먹는 것도 경제적이면서 맛있는 조리를 할 수 있는 방법의 하나이다.

제철 어패류

- 봄 : 꽃게, 낙지, 조개, 참치, 해조류
- 여름 : 낙지, 멸치, 미더덕, 조개, 참치, 해조류, 홍어
- 가을 : 가자미, 갈치, 고등어, 굴, 꽁치, 꽃게, 낙지, 미꾸라지, 미더덕, 새우, 생태, 조개, 참치, 해조류
- 겨울 : 가자미, 굴, 낙지, 북어, 새우, 아귀, 오징어, 조개, 참치, 해조류, 홍합

(1) 전처리

생선은 조리 목적에 따라 다듬어 사용한다. 통 생선whole fish과 내장을 들어내고 머리, 꼬리, 지느러미를 자르고 비늘을 제거한 생선dressed fish, 등을 가르고 넓적하게 양

그림 13-3 전처리된 생선의 명칭

면 2장으로 저민 생선fillets, 통썰기로 절단한 생선fish steaks, 생선의 배 쪽에서 갈라 2장을 연결시켜 양면을 펴놓은 생선butterfly fillets 등이 있다.

큰 생선일수록 조리하기 전에 꼬리 부분을 잘라 피를 완전히 제거해야 양질의 생선살을 얻을 수 있다. 생선을 손으로 오랫동안 만지게 되면 체온이 생선에 전해져 오염되기 쉬우므로 전처리도 빠른 시간 내에 하도록 한다.

(2) 어취 제거

어패류는 독특한 냄새와 맛을 지니고 있다. 어취는 주로 어체의 근육 중의 수분과 혈액 중에 존재하며 신선한 생선 특유의 냄새와 선도 저하에 의한 불쾌한 어취가 있다. 전자의 경우는 불쾌한 것은 아니며 주로 담수어에서 냄새가 더 난다. 선도가 낮아짐에 따라서 불쾌한 냄새가 짙어지는 것은 생선의 사후 기간이 경과함에 따라 어체 표면에 세균의 번식이 증가하여 부패되기 때문이며, 어취의 강도는 트라이메틸아민의 함량과 비례한다.

생선의 어취는 세척, 중화, 또는 강한 향을 지닌 성분을 이용하여 제거 및 억제할 수 있다.

① 물

어취의 주성분인 트라이메틸아민류는 수용성이고 또한 암모니아취도 물에 쉽게 용해된다.

② 술

술의 알코올 성분과 생선 비린내가 같이 휘발되어 제거된다.

③ 파, 마늘, 생강

생선을 조릴 때 양념으로 사용하는 파, 마늘, 양파 등의 채소에는 강한 향미 성분인 황화알릴류가 들어 있으며 이 성분이 비린내를 둔화시킨다. 생강의 매운 성분은 결정성 진저론gingerone과 유상의 쇼가올shogaol인데 이러한 성분은 혀의 미뢰 감각을 둔화시키고 어취 물질을 변성시키기도 한다. 이들 성분의 탈취 효과와 어육의 pH는 상관관계가 있으며 pH 5.6~6.0일 때 그 효과가 가장 크다.

그리고 어육 단백질이 생강의 탈취 작용을 저해하므로 어육 단백질을 가열 변성시킨 후에 생강을 넣는 것이 효과적이다.

④ 고추냉이 및 겨자, 고추, 후추

고추냉이나 겨자 분말에 냉수를 넣고 교반하면 자극성 물질이 형성된다. 이는 분말 속에 함유되어 있는 시니그린sinigrin이 효소 마이로시네이스myrosinase의 작용으로 가수분해되어 생긴 자극성 향기 성분인 알릴아이소싸이오사이아네이트allyl isothiocyanate, mustard oil이다. 머스터드 오일의 자극성은 미뢰를 둔하게 하며 어취를 약화시킨다. 생선회나 초밥에는 고추냉이 또는 겨자를 사용한다. 고추의 캡사이신capsaicin과 후추의 차비신chavicin도 자극성 있는 매운 성분이므로 어취를 약화시키는 데 효과가 있다.

⑤ 무, 셀러리, 당근 등의 채소

강한 향기를 지닌 채소는 생선 조리에 사용되는 양은 적으나 이들 채소 중의 함황 물질로 인해 어취를 약화시키는 효과가 있다.

생선을 조릴 때나 회를 담을 때 무를 사용하는데 무에는 메틸머캅탄methyl mercaptan과 머스터드 오일이 들어 있어서 어취 억제 효과를 나타낸다.

⑥ 식초, 레몬즙, 및 기타 산류

어류의 아민류는 산류와 결합하면 어취가 약화된다. 특히 암모니아취는 산류와 결합하면 중화된다. 서구 음식에서 생선에 레몬즙을 곁들이는 것은 그러한 이유 때문이다. 식초나 레몬을 생선 조리 시 첨가하는 것은 어취 제거 효과뿐만 아니라 가시가 많은 생선의 가시를 연하게 하여 주기도 한다.

⑦ 된장, 고추장, 간장

된장이나 고추장은 특유의 향미와 콜로이드의 강한 흡착성으로 어취를 제거하는 효과가 있다. 그러나 된장과 고추장은 흡착력과 점성이 강하므로 다른 조미료와 같이 사용하면 그 침투를 저해하므로 다른 조미료를 첨가하여 흡수시킨 후에 가한다.

또 간장의 염분은 단백질의 응고를 촉진하여 어육에 탄력성을 갖게 하는 성질이 있고 날 생선을 간장에 무쳐 놓으면 단백질의 글로불린이 용출하는 동시에 취기 성분을 추출하여 어취 제거 작용을 한다.

⑧ 우유

생선을 조리하기 전에 우유에 담가 두면 어취가 약화된다.

이는 우유의 카세인 입자의 흡착력이 어취를 제거하고, 유지방을 저온 가열할 때 버터 같은 냄새가 나는 델타-락톤δ-lactone이 어취를 제거해 주기 때문이다.

(3) 어류의 조리 방법

어패류의 근육에는 결체조직이 거의 함유되어 있지 않으므로 어패류는 종류에 따라 구이, 찜, 찌개, 튀김, 전, 회 등의 다양한 조리법을 선택할 수 있다. 어패류는 수육류와는 달리 숙성 기간을 거치지 않고 어획한 즉시 또는 살아 있는 상태에서 전처리를 거쳐 조리하였을 때 가장 맛이 있다.

어패류의 근육은 연하므로 약한 불에서 맛과 향기가 적절히 형성되도록 하고 단백질의 응고 정도가 적당해야 하며, 익히면 흐트러지기 쉬운 근육의 형태 유지를 위하여 적절히 조리하도록 한다.

① 회

생회는 조리 과정을 거치지 않기 때문에 조리 과정에서 일어나는 특별한 이화학적인 변화는 없지만 가열에 의한 살균의 기회가 없으므로 특히 위생적으로 다루어야 한다. 어패류 회는 부패가 빠르게 진행되므로 신선한 재료의 선택은 물론 위생적인 취급과 단시간에 소비하는 것도 중요하다. 회를 뜨는 과정 중 포 상태에서 얼음물에 세척하는 것은 급속하게 근수축을 일으켜서 살이 단단해지도록 하기 위해서이다. 또는 포가 익지 않을 정도의 뜨거운 물을 순식간에 뿌린 다음 얼음물에 담갔다가 건져 내면 생선 비린내도 효과적으로 없앨 수 있으며 경직도 잘 유지된다. 사후경직 중인 생선은 냉수 세척에 의해 경직이 잘 유지되나 해경 후의 근육은 냉수 세척에 의한 경직 현상이 일어나지 않는다. 따라서 육질이 치밀하며 사후경직 중에 먹게 되는 활어회는 얇게 썰어 먹는 것

생선회와 레몬

생선회를 먹을 경우 가니쉬로 나오는 레몬은 생선에 뿌리지 않는다. 레몬의 산이 회의 단백질을 부분적으로 응고시켜 결과적으로 탈색에 의해 얼룩을 만들기 때문에 미관상 나쁘다. 따라서 레몬은 생선회가 아니라 초장이나 간장에 짜서 이용한다.

이 가능하지만 참치회처럼 해경시킨 후에 먹는 회는 근육이 단단하지 않기 때문에 두껍게 썰어야 한다.

② 조림

조림은 생선 속의 젤라틴 성분을 우려내고 양념장이 배어들어 맛을 내는 조리법으로 간이 잘 배고 비린내를 내지 않으며 형태가 잘 유지되도록 조리하는 것이 중요하다.

담수어와 해수어, 흰살생선과 붉은살생선 그리고 생선의 선도에 따라 조미의 농도, 부재료의 선택, 불의 강약 등을 고려하여 조림한다.

담수어는 해수어보다 특유한 어취가 있어 흙냄새와 어취가 섞인 냄새를 제거하기 위해서 술, 고추장, 생강 등의 양념을 활용하여 강하게 조리한다.

해수어 중 조기, 대구, 가자미, 도미 등의 흰살생선은 지방 함량이 적고 살이 연하며 맛이 담백하므로 선도가 높은 생선을 조릴 때와 같이 양념을 담백하게 하고 가열을 최소한도로 줄임으로써 생선 자체의 맛을 음미할 수 있다. 정어리, 고등어, 연어 등 붉은살생선은 흰살생선에 비해 근육이 단단한 한편 지방 함량이 높고 또 어취도 강하므로 양념을 농후하게 한다.

③ 구이

구이는 열원 전달에 따라 직화 구이와 간접 구이로 구분되며 다양한 양념을 이용하여 소금구이, 양념간장구이, 초고추장구이, 양념된장구이 등으로 조리할 수 있다. 생선을 구우면 단백질의 응고, 수분의 감소, 지방의 용해와 동시에 어취 성분이 직화에서 나오는 연기 등과 반응하여 생선구이의 독특한 향기를 생성한다. 양념 중의 염분은 생선 중에 들어 있는 단백질을 응고시켜 영양과 맛 성분의 용출을 억제시키고 약간의 표면 탈수로 조직을 단단하게 하여 부스러짐을 방지한다.

④ 튀김

생선튀김은 단시간 가열하여 생선 특유의 맛이나 색을 손상시키지 않고 튀김옷을 얇게 입히기 때문에 식품의 풍미나 수분 및 기타 성분을 유지하는 데 용이하다.

튀김용 옷을 위한 밀가루는 단백질 함량이 낮아야 눅눅해지지 않는다. 밀가루에 물을 넣어 반죽하면 밀 단백질은 물과 작용하여 글루텐을 형성한다. 글루텐 형성에 작용한 수분은 단백질과 결합한 상태로 있으므로 가열해도 증발되지 않지만 밀가루 성분의 대부분을 차지하고 있는 전분에 흡수된 물은 튀김옷이 고온으로 처리될 때 증발되기 때문이다.

⑤ 끓이기

맑은 찌개 또는 된장이나 고추장으로 양념하여 끓이는 조리법을 이용한다. 양념류는 콜로이드성의 강한 흡착력으로 어패류의 비린내를 억제할 수 있으므로 선도가 저하된 생선이나 메기나 잉어와 같이 비린내를 내는 담수어에 주로 이용한다. 이외에도 쑥갓, 미나리 등의 향미 채소를 부재료로 이용하여 비린내를 제거하기도 한다. 국물이 끓을 때 생선을 넣어 약 5~10분 동안 끓여야 국물이 맑고 생선살이 단단하게 익으며 수용성 단백질과 지미 성분의 용출을 방지할 수 있다. 너무 오래 끓이면 생선살이 풀어지므로 주의한다.

(4) 갑각류 및 패류의 조리 방법

패류의 근육은 생선보다 더 연하여 쉽게 상하므로 되도록 살아있을 때 조리하거나 신선한 상태의 것을 식용한다. 조리 온도는 단백질의 급격한 응고를 피하기 위하여 낮은 온도(82~85℃)에서 서서히 익히도록 한다.

바닷가재는 살아 있는 것을 소금물에 넣어 살짝 익히는데, 물이 끓을 때 넣고 약한 불로 줄여야 한다. 오래 끓이면 질겨지게 되므로 적당히 익힌 다음에 살을 발라내어 적절히 준비한다.

새우는 크기에 따라 3~5분간 삶는데 새우가 오그라들고 분홍빛으로 변할 정도면 된다. 새우는 삶은 다음 껍질을 제거하거나 새우의 껍질을 벗기고 내장을 제거한 후 삶을 수도 있다. 큰 새우는 주로 튀김용으로 이용된다.

6. 어육 가공 제품

1) 어묵Surimi

어묵은 내장과 뼈를 제거하고 절취한 어육을 마쇄하여 근원섬유단백질만을 농축한 후 소금과 냉동 변성 방지제 등의 첨가물을 혼합한 단백질 제품이다. 섬유화fiberizing 공정을 거치면 갑각류와 유사한 탄력과 질감을 가져 맛살 등의 다양한 수산식품의 가공을 위한 중간 소재로 사용하고 있다.

2) 젓갈

젓갈은 어패류에 소금을 혼합하여 저장함으로써 자가 효소와 내염성 미생물에 의해 숙성되어 독특한 풍미를 지닌다. 어류, 갑각류, 연체류뿐만 아니라 내장 및 아가미도 재료로 이용된다.

식해류는 어패류에 익힌 곡류와 맥아, 소금을 혼합해서 발효시킨 것으로 자가소화 외에도 젖산 발효를 동반하여 톡 쏘는 맛을 부여한다. 식해류는 젓갈에 비해 재료가 한정되어 명태와 가자미 등 담백한 흰살생선 몇 가지만 주로 이용된다. 젓갈에 비해 염 농도는 낮지만 젖산으로 인한 낮은 pH로 저장성이 높다.

3) 통조림

대량으로 어획된 수산물에 주로 적용하여 가열, 살균, 조리 등을 동시에 하여 제조한 저장식품이다. 참치, 고등어, 꽁치 등의 제품이 있다.

단원 정리

담수어와 해수어 어류는 서식하는 물의 깊이에 따라 담수어와 해수어로 구분됨

어류의 구조 근섬유의 길이가 짧고 결체조직이 적어 연하고, 익히면 쉽게 부서짐

어패류의 단백질 성분 우수한 급원식품으로 라이신이 풍부함

어패류의 지방 성분 불포화지방산을 다량 함유하고 특히 EPA와 DHA의 좋은 급원임

어패류의 맛 성분 유리아미노산, 저분자 펩타이드 등의 맛 성분을 함유

어패류의 냄새 성분 해수어의 비린내 성분은 트라이메틸아민

어패류의 선도 판정 눈, 아가미, 표면색, 복부 탄력 등을 통해 육안으로 선도 판정이 가능함

어패류의 조리 비린내 제거를 위해 장류, 향신료 채소, 산류 양념, 우유 등을 활용할 수 있음

단원 문제

1 조리 시 생선살이 잘 부서지는 이유를 설명하시오.

2 어패류가 영양적으로 우수한 이유를 설명하시오.

3 어패류와 수조육류의 사후경직, 숙성의 차이점을 설명하시오.

4 생선의 비린내를 제거할 수 있는 조리법을 메뉴와 연결지어 설명하시오.

Chapter 14

달걀

학습 목표

1. 달걀의 종류를 설명할 수 있다.
2. 달걀의 구성 성분을 설명할 수 있다.
3. 달걀의 품질을 설명할 수 있다.
4. 달걀의 조리법을 설명할 수 있다.

식용 난류에는 달걀, 오리알, 메추리알 등이 있으나 그중에서 달걀이 생산량이나 이용면에서 가장 많은 비중을 차지하고 있다. 달걀은 일반란, 영양란, 기능성란, 가공란의 4종류로 나눈다. 일반란은 유정란과 무정란으로 구분되며 영양란은 특정 비타민이나 무기질이 강화된 것을 말하고 기능성란은 콜레스테롤을 낮추는 등 특정 기능이 부여된 것이다. 가공란으로는 껍질을 제거한 액체란, 동결건조란, 훈제란 등이 있다. 달걀은 영양가가 높은 식품으로 인정되며 조리 시 다양하게 이용되는데 달걀의 유화성은 마요네즈, 기포성은 머랭, 응고성은 알찜 등에 이용되고 또한 국물을 맑게 하는 역할을 하며 달걀지단은 음식에 고명으로 사용된다.

표 14-1 달걀의 종류

달걀 종류	특징
무정란	암탉의 체내에서 난자와 정자의 접합에 의한 수정이 이루어지지 않고 산란된 알로, 부화가 되지 않기 때문에 가금류의 무정란은 식용으로 사용된다. 무정란은 부화기에 넣어두어도 변화가 없어 유정란과 구분된다.
유정란	암탉의 체내에서 난자와 정자의 접합으로 수정 및 산란이 이루어진 알이다. 유정란과 무정란 사이의 영양 성분 차이는 거의 없으나, 유정란이 무정란에 비해 알의 크기가 작고 껍데기의 색이 옅으며, 비린 맛이 적은 편이다. 유정란은 무정란에 비해 저장 기간 및 온도에 따른 품질 변화가 나타나기 쉬우므로, 냉장 보관하여 빠른 시일 내에 섭취하는 것이 좋다.
무항생제란	항생제, 항균제, 호르몬제가 포함되지 않은 무항생제 사료로 사육한 닭의 알이다. 인증받은 기업만 인증마크를 사용할 수 있으므로 구입 시 인증마크를 꼭 확인해야 한다.
방사란	닭을 자연 방사 사육하는 농장에서 생산된 달걀이다. 난각 표시 사항 중 가장 마지막 번호가 1인지 구입 시 반드시 확인해야 한다.
동물복지란	동물복지 축산 농장 인증을 받은 농장에서 생산된 달걀이다. 역시 구입 시 인증마크를 꼭 확인해야 한다.

자료 : 식품의약품안전처 식품안전나라, 2019

1. 달걀의 구성 성분

1) 구조

달걀의 구조는 그림 14-1에서 보는 바와 같이 외부에 단단한 껍질이 있고 그 안에 두 겹의 속껍질이 있다. 그리고 그 안에 난백이 있고 중심부에 난황이 알끈에 의하여 고정되어 있다.

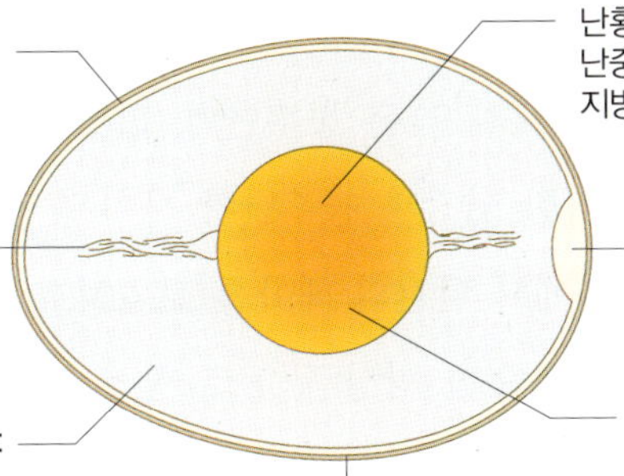

그림 14-1__ 달걀의 구조

(1) 난각

겉껍질인 난각은 달걀의 외곽을 만들어 내부를 보호하는 역할을 하고 있다. 보편적으로 약 0.3 mm의 두께이며 표면에는 많은 기공이 있어 공기의 이동, 수분의 증발 등을 조절한다. 신선한 달걀 표면의 촉감은 깔깔한데 난각 큐티클cuticle 때문이며 산란 직후에 잡균의 오염을 방지하는 데 효과가 있다. 달걀을 물로 씻거나 마찰시키면 이 층이 벗겨져 기공이 외기와 접하게 되어 미생물이 침입할 우려가 있다. 껍질의 색은 닭의 품종에 따라 백색 또는 갈색이며 난황의 색이나 영양가와는 관계가 없다.

(2) 속껍질

속껍질인 난각막은 젤라틴으로 구성되어 있어 외부로부터 미생물의 침입과 내부에서 수분의 증발을 방지한다. 껍질의 내부에 밀착한 백색 불투명한 막으로 내외 2층으로 구성되어 있으며 달걀의 넓적한 끝에서부터 내외막이 벌어져서 공간을 만들고 있다. 이 부분을 기실이라고 한다. 기실은 산란 직후에는 잘 형성되지 않으나 내용물이 냉각 수축됨에 따라서 형성되어 가스와 수증기로 채워지며 시일이 경과함에 따라 점점 커지므로 기실의 크기는 달걀의 신선도와 관계가 있다.

그림 14-2__ 저장 기간에 따른 기실의 변화

자료 : Amy Brown, *Understand food: Principles & preparation*, 6th ed., 2019

(3) 난백

난백은 불투명한 액체로 점도가 높은 농후난백, 점도가 낮고 묽은 수양난백으로 나눌 수 있다. 수양난백은 딱딱한 난각과 농후난황 사이에 있으며 외부에서 오는 기계적 진동, 온도의 변화 등의 영향에서 달걀의 배아를 보호하고 있다. 농후난백을 난황을 둘러싸고 있는데 점도가 높은 특수한 망상 구조로 형성되어 있고 미생물의 침입을 어렵게 한다. 신선한 달걀의 난백은 농후난백이 57.3%, 외수양난백이 23.2%, 내수양난백이 16.8%로 구성되어 있으나 시일이 경과함에 따라 농후난백은 수양화하며, 농후난백과 수양난백의 중량비의 변화는 달걀 신선도의 척도가 된다.

(4) 난황, 난황막

난황의 표면은 비텔린 막vitelline membrane인 엷고 탄력 있는 난황막에 의해 덮여 보호되고 있다. 시일이 경과함에 따라 이 난황막은 약화되어 터지기 쉽게 된다. 난황은 달걀의 30%을 차지하고 있고, 수분, 지질, 단백질로 구성되어 있다. 난황 표면에 있는 하얀색 점은 배아germ이고 수정이 되면 까만색으로 바뀐다. 난황의 색은 사료의 종류와 성분에 따라 달라지며 카로틴 함량이 높은 사료를 급여하면 난황의 색이 주황색에 가까운 진한 노란색을 띠게 된다.

알끈(chalaza)

끈은 나선상의 구조를 하고 있는 난백의 변성물이며 난황막의 양측에 부착하여 난황을 중앙에 고정하는 역할을 한다.

2) 성분

(1) 껍질과 속껍질

달걀의 껍질은 달걀 중량의 10~12%를 차지하며, 주로 탄산칼슘으로 구성되어 있다. 사료 중에 칼슘이 부족하면 껍질은 얇고 약하다. 껍질은 탄산칼슘 외에 탄산마그네슘, 인산칼슘과 미량의 유기화합물을 함유하고 있다. 유색란의 껍질색은 프로토포르피린protoporphyrin에 의하며 무색란의 껍질보다 대체로 강도가 크다. 속껍질은 껍질의 4~5%에 해당하며 케라틴이 주를 이루고 뮤신과 알부민도 함유하고 있다. 난각 큐티클의 성분도 일종의 뮤신이다.

(2) 난백

난백은 달걀의 55~63%를 차지하고 있으며 조성은 표 14-2와 같다. 표에서 보는 바와 같이 난백은 수분이 88.9%이며 고형분 중 대부분이 단백질이다. 난백 단백질은 주로 오브알부민ovalbumin으로 전체의 60% 정도이며 이 밖에 오보트랜스페린ovotransferrin, 오

표 14-2 난백과 난황의 조성

성분	난백(%)	난황(%)
수분	88.9	49.4
단백질	10.2	16.2
지질	0.1	32.6

자료 : 한국민속대백과사전, 2014

표 14-3 난백 단백질의 종류

종류	특징
오브알부민(ovalbumin)	단백질의 약 2/3을 차지하며 64~67° C의 열에 의하여 쉽게 응고된다. 분자 내에 1.8~2.8%의 다당류를 함유하고 있는 당단백이다.
오보트랜스페린(ovotransferrin)	단백질의 약 1/10을 차지하며 철, 구리와 같은 2가, 3가의 이온과 강하게 결합하고 있다. 금속 이온과 결합한 안정한 형태로 결정화가 쉬우며 분해효소작용이나 그 외 변성에 대하여 저항력이 크다. 특히 철과의 결합력이 매우 강하여 난백 중에는 유리된 철 이온이 거의 존재하지 않으며 55~60° C에서 응고된다.
오보뮤코이드(ovomucoid)	단백질의 1/10을 차지하며 만노스, 글루코사민 등의 당류를 약 20% 함유하는 당단백질이다. 열에 의하여 응고되지 않으며 단백질 소화 효소인 트립신의 작용을 억제시키는 트립신 저해 물질이다.
오보글로불린(ovoglobulin)	저으면 거품이 이는 성질이 있으며 65°C에서 응고된다. 라이소자임은 글로불린 G1을 말하며 난백 중에는 0.4% 가량 존재하는데 열에 대하여 안정하다. 신선한 난백에서 이 단백질이 오보뮤신과 그 외 단백질과 결합하여 복합 화합물을 형성하여 농후 난백의 고점도 망상 구조를 형성하는 골격의 구실을 한다.
오보뮤신(ovomucin)	물에 대한 용해도가 아주 낮은 당단백질로서 난백에 물을 넣어 희석하면 쉽게 침전한다. 이 단백질은 용액 중에서는 높은 점성을 보이며 라이소자임과 함께 농후 난백을 형성한다. 또한 거품의 안정화에 기여하며 내열성이 강하다.
아비딘(avidin)	소량 존재하는데 비타민 B 복합체 일종인 바이오틴과 결합하여 바이오틴의 활성을 감소시킨다. 열에 의하여 쉽게 변성하므로 달걀을 85°C에서 5분간 가열하면 완전히 소실된다.
라이소자임(lysozyme)	난백 단백질의 3.5% 정도를 차지하며 강한 염기성 단백질이고 우수한 항균성(antimicrobial activity)을 지니고 있다. 특히, 그람양성균인 리스테리아, 살모넬라 등의 세균성미생물의 세포벽을 용혈시켜 사멸하게 하는 효과가 있으며 농후 단백질을 구성하고 있다.

자료 : 핵심원리 이해를 위한 실험조리, 김미리 외 5인, 파워북, 2019

보뮤코이드ovomucoid, 오보글로불린ovoglobulin 등이 함유되어 있다. 신선한 난백의 pH는 7.5~8 정도이며 저장 기간이 길어질수록 pH가 알칼리 쪽으로 변화한다.

난백의 라이소자임lysozyme은 오보뮤신ovomucin과 함께 농후난백 내에서 망상 구조를 형성하여 농후난백을 젤상으로 만들어 수양난백과 독립하여 유지되도록 하며 라이소자임은 용균 작용이 있어 세균의 침입을 억제하며 달걀의 신선도를 유지해 준다.

(3) 난황

난황은 약 50%가 수분이며 고형물을 구성하고 있는 주요 성분은 지방과 단백질이다. 난황의 단백질은 대부분이 인단백질이며 이에 지방이 결합된 지단백질로 존재한다. 주요 단백질로는 리포비텔린lipovitellin과 리포비텔리닌lipovitellenin이 있다. 이들 단백질에서 지방을 제거한 부분은 각각 비텔린vitellin과 비텔리닌vitellenin이라 한다. 이들은 모두 물에 대한 용해도가 낮고 동결하면 변성하여 용해도가 감소되며 결합지방 등의 유리 현상이 일어난다. 신선한 난황의 pH는 6.3 정도이며, 저장 기간이 길어지면 pH 6.8 정도로 큰 변화는 없다.

난황에는 약 30%의 지방이 함유되어 있으며 그중 10%는 인지질인데 주로 레시틴lecithin과 세파린cephalin으로 구성되어 있다. 인지질을 구성하고 있는 지방산은 올레산oleic acid과 리놀렌산linolenic acid 등의 불포화지방산이 많다. 그 외에 난황에는 중성지방과 콜레스테롤이 함유되어 있는데 난황 한 개에는 약 240 mg의 콜레스테롤이 들어 있다. 난황은 자체가 수중유적형의 유탁액이며 이 중 레시틴은 유화제로서 역할이 크다.

지단백질은 난황의 수분에 크고 작은 미립자의 형태로 흩어져 있다. 미립자의 중심은 지방이고 주위를 인지질이 싸고 있으며 외부는 단백질이 둘러싸고 있다. 삶은 난황이 부스러지는 것은 난황이 구상의 미립자로 구성되어 있기 때문이다. 가끔 난황 표면에

표 14-4 난황 단백질의 종류

종류	특징
리포비텔린(lipovitelline)	인지질과 비텔린이 결합된 형태로 난황 단백질의 43~44%를 차지하며 17~18%의 지질을 함유하고 있다. 물에 대한 용해도가 낮으며 냉동 시 변성하여 결합된 인지질이 유리된다.
리포비텔리닌(lipovitellinin)	인지질과 비텔리닌이 결합된 형태로 난황 단백질의 30~31%를 차지하며 36~41%의 지질을 함유하고 있다. 물에 대한 용해도가 낮으며 냉동 시 변성하여 결합된 인지질이 유리된다.

혈액이 보이는 것은 닭이 배란 시에 출혈이 생긴 것이며 난백 중 갈색 반점은 난각 색소가 혼입된 것으로 무해하다. 난각이 얇은 달걀은 사육환경의 온도가 높거나 사료에 칼슘 등이 부족한 경우에 생긴다.

(4) 달걀의 무기질 성분

달걀에 있는 무기질 중 가장 많은 것은 칼슘이지만 이는 껍질에 대부분 존재하므로 이용 가치가 없다. 인은 난황에 함유되어 있는 대표적인 무기질이며 그 외에도 마그네슘, 염소, 칼륨, 나트륨, 황, 철 등이 들어 있다. 난황에 들어 있는 철은 특히 생체 내에서 이용 가치가 높다. 또 난황 속에 함유되어 있는 황은 은과 접촉되면 황화은을 형성하여 은그릇을 변색시키기도 하고, 검푸른색(녹변)이 발생하는 원인이 된다.

(5) 달걀의 비타민 성분

달걀 내에는 비타민 C를 제외하고 모든 비타민이 풍부히 함유되어 있다. 난백 중에는 비타민 B군이 풍부하고 난황은 비타민 A의 좋은 급원인데 사료에 따라 영향을 받는다. 비타민 D도 많이 함유되고 있으나 사료, 광선을 쪼여주는 정도에 따라 함량이 변한다.

(6) 달걀의 색소

신선한 난백은 유백색이며 광택이 있는 담황색을 지니고 있다. 난백 속의 담황색은 리보플라빈riboflavin에 의한다. 난백이 유탁 상태인 것은 난백 중에 탄산가스가 용해되어 pH가 낮아져 용해된 단백질이 콜로이드상으로 분산되어 불투명하게 된 결과이다. pH가 상승하면 담황색은 투명하게 된다. 난황에는 카로티노이드계 색소인 오렌지색, 적색, 황색 색소가 들어 있으며 사료에 의하여 형성된다. 난황의 노란색은 비타민 A로 전환되지 않는 카로티노이드 중의 잔토필류인 루테인lutein과 제아잔틴zeaxanthin에 의하므로 비타민 A의 함량과는 무관하다. 그러나 비타민 A를 강화한 사료를 먹일 경우 난황의 비타민 A 함량은 색깔에 관계없이 높아진다.

2. 달걀의 품질과 저장법

1) 달걀의 품질판정법

(1) 외관상의 판정

달걀의 등급판정은 달걀의 품질을 향상시키고, 유통을 원활히하며 소비자에 대한 효과적인 품질정보 제공을 위해 2003년부터 실시하고 있다. 달걀의 품질등급평가는 달걀의 외부 형태, 기실의 크기, 난백(흰자) 및 난황(노른자)의 상태 등을 종합적으로 고려하여 등급판정이 이뤄지고 있으며, 품질평가를 받고자 하는 신청자가 구성해 놓은 롯트(제품군)에서 무작위로 표본을 추출하여 항목별로 품질을 평가하는 표본판정 방법을 적용하고 있다. 달걀이 1^{+}등급 이상으로 판정받기 위해서는 외관판정, 투광판정, 할랄판정 등을 거쳐 각각의 기준을 만족해야 한다(표 14-5, 표 14-6).

① 달걀의 크기(중량)

우리나라 축산물 등급판정소에서는 달걀을 무게에 따라 왕란(68 g 이상), 특란(68 g 미만~60 g 이상), 대란(60 g 미만~52 g 이상), 중란(52 g 미만~44 g 이상), 소란(44 g 미만)의 5개 규격으로 분류한다. 미국의 농림성USDA에서 제정한 달걀의 크기와 중량에 따른 등급은 점보jumbo(30 oz), 특란extra large(27 oz), 대란large(24 oz), 중란medium(21 oz), 소란small(18oz), 그리고 초소란peewee(15 oz)으로 분류하고 있다.

② 달걀의 외관

외관에 있어서는 난각이 깔깔하고 광택이 없으며 균열이 없고 튼튼한 것, 형태가 타원형인 점 등을 관찰한다.

③ 투시검란

달걀을 광선에 비추어 봄으로써 혈란, 이물 혼입, 곰팡이의 유무, 기형란, 이중란, 기공의 크기, 난황의 위치 등을 검사한다.

④ 달걀의 비중

산란 직후 달걀의 비중은 1.04 정도이며 신선란의 비중은 1.08~1.09인데 오래되면 수분의 증발로 비중이 감소한다. 비중은 11% 농도의 식염수에 달걀을 띄워서 달걀의 부유 상태, 경사 각도로 신선도를 측정한다.

표 14-5__ 달걀 검사 방법에 따른 품질평가 기준

판정 항목		품질 기준			
		A급	B급	C급	D급
외관 판정	달걀껍데기	청결하며 상처가 없고 달걀의 모양과 달걀껍데기의 조직에 이상이 없는 것	청결하며 상처가 없고 달걀의 모양에 이상이 없으며 달걀껍데기의 조직에 약간의 이상이 있는 것	약간 오염되거나 상처가 없으며 달걀의 모양과 달걀껍데기의 조직에 이상이 있는 것	오염되어 있는 것, 상처가 있는 것, 달걀의 모양과 달걀껍데기의 조직이 현저하게 불량한 것
투광 판정	공기주머니(기실)	깊이가 4 mm 이내	깊이가 8 mm 이내	깊이가 12 mm 이내	깊이가 12 mm 이상
	노른자	중심에 위치하며 윤곽이 흐리나 퍼져 보이지 않는 것	거의 중심에 위치하며 윤곽이 뚜렷하고 약간 퍼져 보이는 것	중심에서 상당히 벗어나 있으며 현저하게 퍼져 보이는 것	중심에서 상당히 벗어나 있으며 완전히 퍼져 보이는 것
	흰자	맑고 결착력이 강한 것	맑고 결착력이 약간 떨어진 것	맑고 결착력이 거의 없는 것	맑고 결착력이 전혀 없는 것
할란 판정	노른자	위로 솟음	약간 평평함	평평함	중심에서 완전히 벗어나 있는 것
	진한흰자(농후난백)	많은 양의 흰자가 노른자를 에워 싸고 있음	소량의 흰자가 노른자 주위에 퍼져 있음	거의 보이지 않음	이취가 나거나 변색되어 있는 것
	묽은흰자(수양난백)	약간 나타남	많이 나타남	아주 많이 나타남	
	이물질	크기가 3 mm 미만	크기가 5 mm 미만	크기가 7 mm 미만	크기가 7 mm 이상
	호우단위*	72 이상	60 이상~72 미만	40 이상~60 미만	40 미만

*호우단위(Haugh Units) : 달걀의 무게와 진한 흰자의 높이를 측정하여 다음 산식에 따라서 산출한 값

호우단위(H.U) $= 100 \log(H + 7.57 - 1.7W^{0.37})$ H : 흰자높이(mm), W : 난중(g)

자료 : 농림축산식품부, 2020

표 14-6__ 달걀 품질 등급 부여 방법

품질 등급	등급판정 결과
1^+등급	A급의 것이 70% 이상이고, B급 이상의 것이 90% 이상(나머지는 C급)
1등급	B급 이상의 것이 80% 이상이고, D급의 것이 5% 이하(기타는 C급)
2등급	C급 이상의 것이 90% 이상(기타는 D급)

자료 : 농림축산식품부, 2020

표 14-7__ 달걀의 중량 규격

규격	왕란	특란	대란	중란	소란
중량	68 g 이상	68 g 미만~60 g 이상	60 g 미만~52 g 이상	52 g 미만~44 g 이상	44 g 미만

자료 : 농림축산식품부, 2020

달걀을 깨뜨려 내부의 이물질 여부와 흰자위 높이를 측정하여 신선도를 판정하는 할란판정

달걀의 공기주머니 크기, 노른자의 위치 등과 껍데기의 파각 여부를 확인하는 투광판정

달걀껍데기의 오염 정도, 표면의 상태 및 달걀의 모양 등을 검사하여 외관판정

그림 14-3 달걀의 품질평가를 위한 할란판정, 투광판정 및 외관판정 방법

자료 : 축산물품질평가원, 2020

그림 14-4 난각의 표시사항

자료 : 식품의약품안전처 식품안전나라, 2019; 축산물품질평가원

난각 표시제도

변경된 난각 표시제도는 축산물품질평가원 또는 식품안전나라 홈페이지에서 산란일자(4자리)+생산자 고유번호(5자리)+사육환경번호(1자리)를 입력 후 등급판정일자, 제품명을 선택하면 해당 달걀의 등급 정보를 조회할 수 있다. 2019년 8월 23일부터 산란일자가 표시된 달걀만 유통 판매하고 있다.

(2) 달걀 내용물의 상태에 의한 판정

달걀을 깬 후에 난백의 수양화 정도, 난백 및 난황 계수, 색, 투명도, 표면의 반점 유무, 난황의 위치 등을 조사하여 품질을 판정한다.

① **난백 계수**Albumin index

평판 위에 달걀을 깨어 놓은 뒤, 난백의 최대 높이를 난백의 평균 직경으로 나눈 값을 난백 계수라고 한다. 신선한 난백의 난백 계수는 0.14~0.17이다.

난백 계수=난백의 높이/퍼진 난백의 평균 직경

② **난황 계수**York index

평판 위에 난황만 올려 놓고 난황의 높이와 직경을 측정하여 높이를 직경으로 나눈 값을 난황 계수라고 한다. 신선한 달걀의 난황 계수는 0.36~0.44이다. 신선도가 떨어지면 난황 계수가 저하되고 0.25 이하인 달걀은 쉽게 터진다.

난황 계수=난황의 높이/난황의 직경

③ **호우단위**Haugh Units

달걀의 무게와 농후난백의 높이를 측정하여 다음의 식에 의하여 산출한 값을 말한다. 신선한 달걀의 호우단위는 86~90이다.

$$\text{호우단위} = 100 \times \log(H + 7.57 - 1.7W^{0.37})$$

H : 난백 높이(mm), W : 달걀의 무게(g)

2) 달걀의 저장

달걀은 산란기에 따라 그 생산량에 미치는 영향이 크지만 적절한 저장에 의하여 연중 가격의 변동이 없이 신선한 것을 구할 수 있다. 달걀의 저장은 조리에 사용하게 될 때까지 물리화학적 반응을 억제하고, 미생물에 의한 부패를 방지하고자 하는 데 있다. 달걀은 시판 전 세척, 살균, 세균 침입 방지를 위한 오일 코팅을 하기도 하는데 저장 중 껍질 표면의 거친 큐티클 층이 벗겨지면서 매끈하게 된다. 산란 후 시일이 경과하면 다음과 같은 현상이 나타난다.

- **수분의 증발** : 달걀의 껍질은 다공질이므로 내부의 수분이나 탄산가스를 밖으로 증발시킨다. 그러므로 달걀 중의 수분은 점차로 감소되며 감소된 만큼 기실의 크기는 커진다.
- **pH의 증가** : 신선한 달걀의 난백은 pH가 7.6 정도지만 시간이 지나면서 높아져 저

장 10일 정도가 되면 pH는 9.5 정도가 된다.

- **농후난백의 수양화** : 난백의 알칼리도가 높아지면 농후난백이 점차 묽어지는데(수양화) 난백 단백질의 일종인 오보뮤신 분자 내부의 이황화결합(disulfide bond, S-S 결합)이 저장 과정 중에 환원되면서 단백질의 구조에 영향을 미치게 되고, 그 결과 난백의 점성이 떨어지면서 묽어진다.
- **난황의 크기 및 난황막의 변화** : 달걀의 보존 중 난백의 수분이 삼투 현상에 의해 농도가 높은 난황 쪽으로 이동하여 난황의 부피가 커지면서 난황막이 약하게 되어 쉽게 터지게 된다.

(1) 냉장법

달걀의 가격을 안정화시키기 위하여 일부 달걀들은 상업용으로 냉장 보관되기도 하는데, 보통 얼기 직전의 온도인 0~1.5℃, 습도 85~90%로 조절한 곳에 저장한다. 저장실의 공기 조절을 위하여 통풍을 좋게 하고 이산화탄소 또는 오존의 농도를 조절하여 달걀을 저장한다. 이러한 상태에서 저장된 달걀은 6개월 정도 그 신선도를 유지할 수 있다고 한다. 냉장고에서 꺼낸 후에는 부패가 빠르므로 사용할 때까지 가정에서도 냉장 온도에 계속 저장해야 한다.

(2) 건조법

달걀을 건조하는 방법에는 전란을 건조하는 경우와 난백 혹은 난황 등을 각기 분리하여 건조하는 경우가 있다. 난백의 색, 맛, 기능적 성질을 유지하기 위하여 난백 내의 포도당을 효소적 처리로서 제거하여야 한다. 이는 또한 저장 기간 동안에 일어날 가능성이 있는 갈변반응을 방지하는 방법이기도 하다. 건조란은 공기 중의 습기를 쉽게 흡입하여 변질하게 되므로 밀봉하여 냉장고에 저장하는 것이 좋다.

(3) 액체 냉장란

껍질을 제거한 액체 상태의 전란, 난백, 난황을 살균 처리하여 살모넬라균을 파괴한 것으로, 멸균 처리는 하지 않기 때문에 저장 기간은 길지 않다. 보존 기간은 2℃에서 12일, 9℃에서 5일 정도이다. 68℃에서 살균한 후 무균 포장을 하여 4℃에서 냉장하면 물리화학적 기능성의 손상이 없이 보존 기간이 연장된다는 보고도 있다.

3. 달걀의 조리

달걀은 식사에서 양질의 단백질을 제공하는 데 큰 위치를 차지하고 있을 뿐만 아니라 달걀의 기능성인 응고성, 유화성, 기포성 등은 달걀을 조리에 다양하게 이용할 수 있는 특성이 된다.

난황에 함유되어 있는 인지질인 레시틴은 기름과 수용액을 혼합시킬 때 유화제로서의 역할을 한다. 난황의 유화 특성을 이용한 대표적인 음식은 마요네즈, 홀랜다이즈 소스 등이 있다. 달걀 난백 단백질의 표면활성은 기포를 형성하고 안정화시켜 머랭meringue을 만들어 케이크 제조 시 팽창제로서 이용되며 난백 머랭을 이용한 시폰케이크나 수플레 등이 있다. 거품을 낸 난백을 냉동 음식, 즉 셔벗sherbet에 섞으면 냉동 과정 중에 얼음 결정이 크게 되는 것을 방지하여 셔벗의 질감을 부드럽게 한다. 또한, 캔디 제조 시에 섞어 설탕의 결정을 미세하게 만드는데 이를 난백의 간섭제interfering agent 역할이라고 한다. 달걀의 독특한 향기와 색은 음식을 조리할 때 재료의 일부로 사용하기도 한다.

표 14-8__ 달걀의 조리 기능적 특성과 역할

조리 기능성	역할	음식의 예
응고성	농후제	알찜, 커스터드, 푸딩
	청정제	맑은 장국, 콩소메, 커피
	결합제	만두소, 전, 알쌈
기포성	팽창제	머랭, 시폰케이크, 마시멜로
	간섭제	캔디, 셔벗, 아이스크림
	내열제	아이스크림, 튀김
유화성	유화제	마요네즈, 케이크 반죽
기타	색	지단
	향기	각종 음식

1) 달걀의 응고성

가열, 산, 알칼리, 염, 기계적 교반, 방사선 등의 처리에 의해서 난백과 난황은 응고하는데 주로 달걀 성분 중 단백질의 변성에 의해서 일어나는 현상이다. 달걀을 가열하면 응고되어 음식을 걸쭉하게 하므로 이러한 성질을 이용하여 알찜, 소스sauces, 커스터드 custard 그리고 푸딩pudding과 같은 음식을 만들 때 농후제thickening agent로서 이용된다. 또 달걀의 점성과 달걀 단백질의 응고성을 이용하여 결합제로서 빵가루를 묻혀 튀기는 음식에 이용하거나 만두소를 서로 결착시키기 위해서 사용하고, 밀가루 반죽을 익힐 때 조직의 응고성을 증가시켜 주기도 한다. 또 고기 국물에 달걀을 넣어 끓이면 달걀이 응고될 때 국물 내의 기타 물질을 같이 응고 침전시키므로 국물을 맑게 하고, 커피를 끓일 때 원두커피를 난백과 같이 섞은 다음 끓이면 커피가 맑게 되므로 청정제로 이용된다. 특히 난백은 응고되기 쉬워 냉동, 식염의 다량 첨가 등은 달걀을 쉽게 응고시키는 요인이 된다. 조리 시 달걀의 응고성 중에 가장 중요한 것은 열 응고성이다.

(1) 응고 상태와 가열 시간 및 온도

난백을 서서히 가열하면 60℃ 근처에서 반투명하게 되면서 유백색의 젤리상을 형성한다. 온도가 상승함에 따라 차차 난백은 유동성을 잃고 응고되며 65℃에서 완전히 응고된다. 이때의 응고물은 부드러운 질감을 가지나 온도가 80℃ 이상이 되면 단단하게 된다. 난황은 난백보다 높은 온도에서 응고되는데 약 63℃ 정도에서 응고되기 시작하며 70℃에서 완전히 응고된다. 난황은 완전히 열 응고되면 광택이 없고 입상성을 지니며 부서지기 쉬운 상태가 된다. 이는 난황과립이 열에 의해서 응고됨으로써 형태와 크기가 고정되어 입상성을 나타내기 때문이다. 그러나 난황막을 터뜨려서 저은 후 난황을 가열하면 질감이 단단하고 질기게 응고하게 되는데, 젓는 작용에 의하여 난황의 미세구조에 변화가 일어나 교차 결합을 이루어 단백질의 망상 구조를 이루기 때문이다. 희석한 달걀을 응고시키려면 더 높은 온도로 가열하여야 하는데 알찜이나 커스터드와 같은 음식의 조리에서 볼 수 있는 현상이다. 응고 속도는 고온일수록 증가하는데 대체로 달걀은 고온에서 가열할수록 단단하고 질감의 응고물을 형성하나, 가열 시간은 단축된다. 저온에서 가열하면 부드럽게 응고하나 가열 시간이 길다. 달걀을 물에서 조리할 때 끓는 온도에서 조리하는 것을 피하고 85℃ 정도에서 조리하면 부드럽고 적당한 경도를 가지며, 70℃에서 조리한 것보다 시간도 단축된다.

(2) 첨가물의 영향

① 식초 또는 식염

난백의 주요 단백질인 오브알부민의 등점점은 pH 4.8이다. 식초를 가하면 난백의 pH를 등전점으로 접근시켜 응고를 쉽게 한다. 등전점 부근에서는 60℃ 전후의 온도에서도 응고가 잘 일어난다. 그러나 산을 너무 많이 첨가하여 pH가 4.4가 되면 온도를 80°C 정도로 올려야 응고하고 pH 4 이하가 되면 응고하기 어렵다. 조리 시 물에 식염과 같은 전해질을 가하면 반대의 이온을 흡착하여 전기적으로 중화하여 응고를 쉽게 한다.

난백 단백질인 오브알부민은 열 응고에 있어서 칼슘이온 Ca^{++}, 나트륨이온 Na^{+}과 같은 양이온이 응고에 영향을 준다고 한다. 그러므로 알찜의 조미료로서 사용되는 식염 속의나트륨 Na^{+}이나 커스터드에 사용되는 우유 속의 칼슘 Ca^{++} 등이 난백의 열 응고에 중요한 역할을 한다. 난백을 투석하여 염류를 완전히 제거하고 가열하면 응고하지 않는다. 그렇게 되면 가열에 의하여 백탁은 일어나도 분자 간의 결합이 충분히 형성되지 못하므로 젤화되지 않는다. 그러나 이렇게 열에 의해 백탁한 난백에 식염을 가하고 다시 가열하면 젤화되어 응고된다. 이러한 실험은 난백의 젤화 응고에 염이 필요하다는 것을 나타낸다. 조리수에 산이나 염을 첨가하면 첨가하지 않았을 때보다 응고는 신속히 되나 응고물 표면의 광택은 상실된다.

② 설탕

설탕은 열변성을 지연시키므로 달걀찜을 만들 때 설탕을 첨가하면 설탕량이 증가함에 따라 단백질의 응고 온도가 높아지게 되고, 결국 부드럽고 탄력 있는 젤이 형성된다. 커스터드 제조 시 설탕을 30% 이상 첨가하면 젤이 약하게 되므로 설탕의 농도를 15~20%로 제한한다. 또 커스터드 재료에 과일을 첨가할 경우에는 과일의 유기산에 의하여 응고가 신속하게 일어나며 응고물의 경도가 높다.

2) 난백의 기포성

달걀을 잘 저어주면 기포가 형성되며 난백의 기포성은 식품 조리에 다양하게 이용되어 그 역할이 크다. 난백의 기포성은 식품의 질감을 가볍게 하거나, 전분의 호화에 영향을 미치며, 아이스크림의 빙결정 형성 억제나 결정형 캔디의 부드러운 질감감을 유지하기 위하여 큰 결정의 형성을 방해하는 등의 목적으로 사용된다. 또한, 난백의 기포는 열 차단 효과를 지니고 있어 아이스크림을 완전히 둘러싸서 오븐에 구울 때 내열제로서의 역할을 하기도 한다. 난백거품은 난백을 교반할 때 유입된 공기방울 입자의 표면을 난백 단백질이 감싸서 공기방울이 터지지 않고 잘 분산되어 있는 콜로이드의 일종이다. 난백이 교반에 의하여 쉽게 거품이 형성되고 안정성 있는 기포를 얻게 되는 것은 난백 단백질이 공기방울 입자의 표면에서 흡착되기 쉬운 성질을 가지고 있으며 이로 인해 표면장력을 낮추게 되어 결국 공기방울의 분산을 안정화시키기 때문이다. 즉 기계적 교반에 의하여 형성된 기포의 표면에 단백질 입자가 흡착되고 공기와 접촉하여 표면변성이 일어나며 이로 인하여 포막이 두껍게 형성되어 기포를 둘러싸게 된다. 이러한 포막은 파열되기 어려우며 안정한 기포 상태를 유지한다. 교반에 의해서 난백 단백질이 변성되면 겹쳐져 있던 폴리펩타이드 사슬이 펼쳐지고 표면에 나열, 응집하여 막을 형성한다. 그러나 지나친 교반으로 난백 단백질이 변성되면 응고물이 형성되어 거품이 불안정하게 된다. 난백의 기포를 이용하여 음식을 조리할 때는 기포의 형성력과 안정성이 중요한데 기포의 형성에 관여하는 단백질은 오보글로불린이며 기포 형성 시에는 단백질 분자 내의 유리 상태인 황화합물sulfhydryl residue, -SH 잔기는 감소하는 반면 이황화결합disulfide bond, S-S이 증가하기 때문이다.

난백의 기포성foamability을 높이기 위해서는 난백 단백질의 조건은 점도가 낮아야 하며, 거품의 안정성foam stability을 유지하기 위해서는 점성이 커야 거품의 막이 파열되지 않으며, 또 증기압이 낮은 것이 바람직하다. 난백의 기포성에 영향을 미치는 조건은 다음과 같다.

(1) 달걀의 산란기

달걀의 기포성을 임의로 조절할 수 없는 조건으로 산란의 계절을 들 수 있다. 봄과 가을에 산란된 달걀은 여름의 것보다 기포성이 좋고 양도 훨씬 많이 형성된다.

(2) 난백의 종류

난백의 기포성은 수양난백이 많을수록 거품의 양도 많이 형성된다. 산란한 직후보다 1~2주 정도 경과한 달걀에 수양난백이 많으므로 기포성이 좋다. 신선란으로 기포를 형성시키려면 우선 농후난백을 거품기를 이용하여 기계적으로 수양화시킨 다음 거품을 내는 것이 효과적이다. 그러나 농후난백 함량이 많은 신선란은 거품이 형성된 후 거품 안정성foam stability이 크다.

(3) 온도

난백이 응고되지 않을 정도의 높은 온도에서 교반하였을 때 거품이 잘 일어난다. 그러나 너무 높은 온도에서 처리하면 일부는 변성하여 광택을 상실할 뿐만 아니라 기포막이 약화되어 파열되므로 오히려 기포 안정성이 떨어진다. 난백의 온도가 30℃ 전후일 때 기포성이 좋은데 이러한 조건에서는 난백 단백질의 표면장력이 저하되기 때문이다. 따라서 냉장고에 저장했던 달걀로 거품을 내려고 할 때는 우선 실온에 꺼내 놓아 온도를 높인 후에 사용한다. 10℃ 정도의 온도에서는 기포 형성은 느리나 완성된 후에는 안정되고 탄력 있는 기포가 유지된다.

(4) pH

난백의 기포성은 주요 단백질인 오브알부민의 등전점(pH 4.8) 부근에서 가장 크다. 그러므로 거품을 내려고 할 때는 소량의 산을 첨가하여 난백을 등전점 부근으로 유도하고, 점도를 저하시켜 기포성을 높이면 단백질 분자는 표면막을 만들기 쉬워지므로 비교적 안정한 기포를 형성하게 된다.

(5) 첨가물

난백의 기포성은 첨가물의 유무, 종류, 첨가 시기 등에 크게 영향을 받는다.

① 우유

난백을 교반하여 기포를 낼 때 소량의 우유를 첨가하면 기포 형성이 저해된다. 그러나 탈지유, 무당연유 및 균질유와 같이 유지가 없거나 또는 지방구가 미세한 상태의 것을 소량 첨가하였을 때는 기포 형성에 지장이 없다. 그러므로 첨가물에 들어 있는 지방의 총 함량보다는 지방구의 크기와 분포 상태가 더 중요함을 알 수 있다.

② 지방

난백의 거품을 내기 위하여 전란에서 난백을 분리할 때 극히 소량이라도 난황이 섞이면 기포가 잘 형성되지 않는다. 면실유를 난액의 0.5% 이상 첨가하고 교반하여도 기포 형성은 극히 어렵다.

③ 식염

식염을 첨가하면 단백질의 표면 변성을 촉진시킬 수 있어 기포 형성 능력이 좋아질 수 있다. 그러나 이러한 조건하에서는 기포 형성이 너무 과다하고 안정성이 나빠져서 조리 제품의 품질을 악화시킬 우려가 있다. 난백 40 g에 1 g의 소금을 첨가한 경우 거품의 양과 안정성이 적고 교반 시간이 더 걸렸다고 한다.

④ 산

기포 형성은 pH에 영향을 받는다. 난백의 기포는 난백 오브알부민의 등전점 부근에서 가장 기포력이 크므로 거품을 내기 전에 난백에 산을 첨가하면 거품의 안정성을 증가시킨다. 교반하기 전에 산을 첨가하면 난백이 응고되므로 산을 첨가할 때는 교반이 어느 정도 진행되어 거품이 형성되었을 때 소량씩 서서히 첨가하면서 계속 교반하여야 안정성 있는 기포를 만들고 기포의 생성량도 증가시킬 수 있다.

⑤ 설탕

설탕 첨가에 의해 난백 단백질의 표면변성이 억제되고 점도가 높아지므로 기포성이 저해된다. 그러나 설탕은 기포막을 부드럽게 하며 동시에 기포를 섬세하게 한다. 설탕을 첨가하면 교반 시간은 오래 걸리지만 안정성 있는 거품이 된다. 부드러운 머랭을 만들 때 설탕을 첨가하지 않고 교반을 시작하여 거품이 어느 정도 안정하게 형성된 후 서서히 설탕을 첨가하여 거품 형성을 완료하면 부드럽고 광택이 있으며 안정성 있는 기포를 형성할 수 있다.

(6) 교반기의 종류

난백의 거품을 내는 기구로 수동 교반기와 전동 교반기가 있다. 교반기의 종류와 칼날의 상태는 기포 입자의 크기 형성에 영향을 준다. 칼날의 면적이 넓거나 굵은 것은 가는 것보다 난백을 미세하게 쪼개지 못하므로 기포의 크기가 큰 상태로 있게 되므로 적절한 기포 형성을 위해선 교반 시간이 더 필요하게 된다. 일반적으로 수동 교반기는 힘이 약하여 수양화된 난백을 거품낼 때는 쉽게 할 수 있으나 농후한 신선란은 전동 교반기를 이용하는 것이 좋다.

(7) 그릇의 모양과 크기

소량의 난백을 교반하여도 상당량의 거품을 얻게 되므로 이 양을 담을 수 있는 크기의 용기를 우선 선택해야 한다. 그릇의 모양은 밑면이 평평한 것보다 밑면이 좁고 둥글며 경사져 있고 윗부분은 밑보다 넓은 것이 좋다. 이러한 형태의 그릇에서는 교반기의 칼날이 난백을 접하는 확률이 많아져 효과적으로 거품을 낼 수 있다.

3) 난황의 유화성

기름과 물은 혼합되지 않으나 난황 속에 포함되어 있는 인지질인 레시틴의 작용으로 서로 섞일 수 없는 용액이 친화력을 갖게 되어서 혼합된다. 이와 같이 난황은 유화제로서 안정한 유화액을 형성하는 데 큰 역할을 하므로 난황은 마요네즈나 스펀지 케이크 등을 만들 때 불가결한 요소가 된다. 난황 중의 레시틴은 수중유적형 유화제로서, 콜레스테롤은 유중수적형의 유화제로서의 역할을 한다. 그러나 난황의 유화성은 주로 레시틴과 단백질이 결합한 레시토프로테인lecithoprotein에 의한 것이라고 한다. 친수기와 친유기를 함께 갖고 있어서 물과 기름의 계면장력을 저하시키고 유화 과정에서 표면 변성을 일으켜 분산상의 계면보호막이 되어 유화액의 안정성을 유지시켜 준다. 난백도 유화성이 있지만 난황의 1/4 정도이며 난황이나 난백 모두 표면장력, 계면장력을 저하시킬 수 있는 표면활성surface active 또는 계면활성interface activity을 지니는 단백질과 지질의 역할 때문이다.

4) 가열에 의한 달걀의 변색

달걀을 100°C의 끓는 물에서 15분 이상 삶으면 노른자 주위에 암록색의 색소가 착색된다. 달걀의 난황과 난백에는 황이 동량 함유되어 있으며, 난황에는 철분이 들어 있다. 난백을 오래 가열하면 시스테인이나 메티오닌의 황이 분리되어 황화수소H_2S를 형성하며, 가열이 진행됨에 따라 압력이 낮은 난황의 중심부로 이동하여서 난황 속 철분과 결합하여 암록색의 황화철FeS을 형성하게 된다. 달걀의 신선도가 저하되면 pH가 증가되는데 황화철의 형성은 알칼리에서 더 신속히 일어나므로 신선한 달걀보다 오래된 것에서 이러한 현상이 잘 나타난다. 달걀의 신선도를 조절하고 pH를 4.5 이하로 유지하도록 하면 황화철의 착색 현상이 일어나지 않을 뿐더러 황화수소 냄새도 없어진다.

황화철의 형성은 가열 온도와도 관계가 깊어 낮은 온도(85℃)에서 25~30분간 가열하거나 또는 난황의 온도를 70℃로 유지하도록 70℃의 물에 한 시간 침수하여 두면 황화철이 형성되지 않는다. 또 달걀을 삶아서 곧 냉수에 식히면 이와 같은 색의 착색은 거의 일어나지 않는다. 달걀은 삶으면 표면부터 가열되므로 난각에 가까운 부분에서 먼저 황화수소가 생성되고, 이 황화수소는 열이 외부에서 내부로 전달됨에 따라 달걀 중심부로 이동되어 가지만 황화수소가 난황 표면에 이르기 전에 달걀을 냉수로 식히면 난백 중에 생성된 황화수소는 온도가 낮아진 난각 쪽으로 이동하여 난각의 공기구멍을 통해서 외부로 발산되기 때문에 변색을 방지할 수 있다.

4. 달걀을 이용한 음식

우리 식생활에 다양하게 이용되는 달걀은 높은 온도에서 급히 가열하면 균일하지 않게 조리되며 질긴 질감의 음식이 되므로 조리 온도와 속도를 적절히 조절하여야 한다. 달걀 음식으로는 달걀 단백질의 응고 특성, 유화성, 거품 특성을 이용한 다양한 달걀 요리들이 있다.

1) 완숙란Hard boiled egg

완숙란은 완전히 응고된 상태이며 응고된 난백의 질감은 연하고 부드러워야 된다. 난황은 보슬보슬 부스러지는 듯한 파우더와 같은 상태이며 습기가 찬 듯한 외관은 완전히 익은 상태가 아니다.

2) 반숙란Soft boiled egg

달걀을 껍질째 삶아 반숙하는 데에는 몇 가지 방법을 적용시킬 수 있다. 반숙의 상태는 각 개인의 기호에 따라 다르나 난백과 난황의 익은 정도에 따라 중간 반숙란, 부드러운 반숙란으로 나눌 수 있다.

표 14-9__ 완숙란 및 반숙란의 조리 온도와 시간과의 관계

	뜨거운 물에 넣어 삶을 때	찬물에 넣어 삶을 때*
완숙란	10분	12~15분
반숙란(노른자 흐름성 없음)	3~5분	5~7분
반숙란(노른자 흐름성 있음)	1분	3~4분

*달걀이 잠길 만큼 물을 붓고 끓기 시작할 때 불을 낮추어 약 85°C 정도가 되도록 하여 조리

자료 : 김미리 외 5인, 핵심원리 이해를 위한 실험조리, 파워북, 2019

3) 달걀부침fired egg

달걀부침은 팬의 기름 온도를 조절하기 힘들기 때문에 단단한 질감을 갖기 쉽다. 사용하는 기름의 양은 달걀이 철판에 붙지 않고 잘 일어날 수 있을 정도를 사용하며 팬의 온도는 난백이 서서히 응고하기 적당한 정도여야 한다. 너무 온도가 높으면 난백의 질감이 단단해질 뿐만 아니라 팬에 넣은 기름이 분해된다. 달걀이 거의 익어갈 때 한 숟가락 정도 소량의 물을 뜨거운 팬에 붓고 뚜껑을 닫으면 수증기에 의해 완전히 익게 될 뿐만 아니라 난백의 주위가 기름의 높은 온도에 의해 딱딱하게 익는 것을 방지하여 준다. 부침에 사용할 달걀은 신선한 것이어야 농후난백이 많고 난황의 높이가 높아 조리된 후 모양도 좋다.

4) 수란

수란은 달걀을 깨어 뜨거운 물(85°C)에 넣고 난백이 적당히 응고될 때까지 약 4~6분간 방치한다. 뜨거운 물(85°C)에 찬 달걀을 넣으면 온도가 하강하는 경향이 있으므로 끓는 물에 달걀을 넣은 다음 온도를 85°C로 유지하는 것이 좋다. 식초와 소금의 첨가가 난백의 응고를 돕는다. 잘 조리된 수란의 모양은 난황부가 둥글게 두툼하며 난백이 그 주위에 보기 좋게 둘러싸여 응고된 상태이며, 난백의 응고물은 젤리상의 부드러움을 지니고 있다.

5) 스크램블드에그

난백과 난황에 밀크나 크림을 소량 섞거나 또는 전체를 잘 혼합하여 철판에 부어 천천히 휘저어 가면서 익힌다. 적당히 익혀진 스크램블드에그는 수분이 있고, 부드러우며,

질감이 가볍다. 이러한 상태로 익히려면 저온에서 서서히 익히면서 아래쪽에 응고되는 달걀을 긁어 윗부분과 적절히 섞어 골고루 익히도록 한다. 높은 온도에서 급속히 익히면 단백질의 심한 수축으로 액체가 침출되어 나오면서 증발하여 뻣뻣하고 건조한 질감이 된다. 스크램블드에그는 조리 후 곧 식탁에 오르게 하는 것이 또한 요령이다. 잘게 썬 베이컨, 사과, 양파, 셀러리 등을 섞어서 풍미를 더할 수도 있다.

6) 알찜과 커스터드

알찜과 커스터드는 달걀의 열 응고성을 이용한 음식의 대표적인 것이다. 앞서 언급한 바와 같이 달걀 자체 내의 여러 가지 단백질의 종류와 염류로 인하여 응고점은 명확하지 않다. 알찜과 커스터드와 같이 달걀을 희석하는 경우 혼합물의 종류와 분량에 따라 응고력, 응고에 필요한 온도, 시간 등이 크게 영향을 받는다. 조리과정 중에 과열되거나 시간이 오래 경과되면 달걀의 젤을 응결시켜 수분이 빠져나오게 되는 이장 현상syneresis이 일어나서 조리된 달걀이 건조해진다. 따라서 이들 식품의 성상은 재료의 분량, 배합비, 조리 과정의 조건에 크게 좌우된다. 또한 가열 온도 상승 속도를 되도록 최소한으로 (줄이도록) 관리하면 연료나 조리 기구의 종류에 관계없이 양질의 달걀 조리 제품을 만들 수 있다.

성상이 좋은 알찜이나 커스터드는 표면과 내부에 작은 기포 조직의 형성이 없이 매끈하며 광택이 있고 입에 넣었을 때의 촉감이 부드럽다. 또한 스푼으로 떴을 때 젤의 조직 내에서 분리되는 액체량도 적다. 알찜은 보온력이 강한 작은 사기그릇에 담고 중탕으로 낮은 화력에서 찐다. 커스터드는 177℃의 온도로 조절한 오븐에 넣고 중탕으로 굽거나 또는 85~90℃로 유지한 물로 중탕하여 익힌다.

7) 머랭Meringue

머랭에는 부드러운 것soft meringue과 단단한 것hard meringue의 두 종류가 있으며, 전자는 파이나 푸딩에, 후자는 바삭한 후식의 밑받침이나 쿠키로 사용한다. 부드러운 머랭은 이장 현상이나 표면에 물방울이 맺히지 않아야 한다. 제조 방법은 먼저 난백을 부드러운 거품이 생기도록 저은 후에 설탕을 조금씩 가하면서 계속 교반하여 적당히 굳은 거품이 형성되도록 한다. 이것을 뜨겁게 달군 그릇에 넣은 다음 190℃에서 12~18분간 굽는다. 중간 온도의 오븐에서 구운 머랭은 고온에서 구운 것보다 다소 끈적거리긴 하지만 고른 갈색을 낸다. 이장 현상이 생기는 것은 난백을 덜 교반했거나 덜 구어졌을 경우에 일어나며, 물방울이 표면에 맺히는 현상은 너무 익혔거나 난백 단백질이 과잉 응고되는 경우, 또는 설탕이 저어주는 과정에서 충분히 용해되지 않은 경우에 일어난다.

단단한 머랭은 바삭하고 부드러우면서 흰색을 띠는 것이 바람직하다. 만드는 방법은 난백에 주석산염cream of tartar을 넣고 부드러운 거품을 형성하도록 저은 다음, 바닐라향을 넣고 설탕을 넣어가면서 아주 단단한 거품이 형성되도록 계속 교반한다. 이것을 굽는 용기에 넣고 121°C에서 50~60분간 구운 다음 불을 끄고 1시간 정도 오븐에 그대로 방치하여 건조 효과를 낸다. 단단한 머랭이 끈적거리는 경우는 덜 구워졌기 때문이며, 이런 현상은 오븐 온도가 너무 높았거나 굽는 시간이 짧았기 때문에 일어난다. 즉 굽는 온도가 너무 높으면 내부가 충분히 건조되기 전에 바깥면만 갈색이 되고, 남아 있는 수분으로 인해 끈적거리게 된다.

단원 정리

달걀의 신선도 달걀의 시일이 경과함에 따라 농후난백은 수양화하며, 농후난백과 수양난백의 중량비 변화는 달걀 신선도의 척도가 됨

난백 단백질 주로 오브알부민으로 전체의 60% 정도이며, 이 밖에 오보트랜스페린, 오보뮤코이드, 오보글로불린 등 함유

난백의 라이소자임 용균 작용을 하여 세균의 침입을 억제하고 달걀의 신선도를 유지시킴

난황 단백질 대부분이 인단백질이며, 이에 지질이 결합된 지단백질로 존재. 주요 단백질로는 리포비텔린과 리포비텔리닌이 있음

난황 약 30%의 지질이 함유되어 있으며 그중 10%는 인지질인데 주로 레시틴과 세파린으로 구성. 인지질을 구성하는 지방산은 올레산과 리놀렌산 등 불포화지방산임

달걀의 검사 방법 달걀은 외관판정, 투광판정, 할란판정 등을 거쳐 품질이 판정됨

달걀의 조리 기능성 달걀은 농후제, 청정제, 결합제 역할을 하는 응고성, 팽창제, 간섭제, 내열제 역할을 하는 기포성, 유화제 역할을 하는 유화성의 조리 기능성을 가짐

난백 기포성 우유, 지방, 설탕을 첨가하면 감소하고 식염과 산을 첨가하면 증가함

달걀의 변색 달걀을 100°C 끓는 물에서 15분 이상 삶으면 노른자 주위가 암록색으로 착색되는데 이는 난백의 시스테인이나 메티오닌의 황이 분리되어 황화수소를 형성하며, 가열이 진행됨에 따라 압력이 낮은 난황의 중심부로 이동하여 난황 속 철분과 결합하여 암록색의 황화철을 형성하기 때문임

단원 문제

1 난백의 염기성 단백질인 라이소자임의 역할을 설명하시오.

2 달걀을 100°C의 끓는 물에서 15분 이상 가열하면 노른자 주위에 암록색의 색소가 착색되는 이유를 설명하시오.

3 달걀의 조리 기능성 중 기포성에 해당하는 달걀의 역할과 음식의 예를 짝지어 나열하시오.

4 알찜 또는 커스터드 제조 시, 각각 식염과 우유를 추가하는 이유를 설명하시오.

5 머랭 쿠키를 만들려고 할 때 필요한 첨가물의 종류와 그 원리를 연관 지어 설명하시오.

6 조리 과정 중에 과열되거나 시간이 오래 경과되면 달걀의 젤을 응결시켜 수분이 빠져나오게 되는 현상은 무엇인가?

7 달걀의 저장 과정에 따른 수분, pH, 난백 및 난황의 변화를 설명하시오.

Chapter 15

우유 및 유가공품

학습 목표

1. 우유의 성분을 이해하고 우유 단백질 카세인의 특성을 설명할 수 있다.
2. 우유의 가공 과정에 대하여 이해하고 설명할 수 있다.
3. 우유의 조리과학적 특성을 알고 조리 및 가공에 응용할 수 있다.
4. 유제품의 종류와 특성, 가공 과정에 대하여 설명할 수 있다.

유즙은 포유동물의 유선에서 분비되며, 어린 동물의 성장에 필요한 여러 가지 영양소가 들어 있으므로 영양 가치가 높은 식품이다. 인류가 동물의 유즙을 식용하기 시작한 시기에 대하여 정확한 기록은 없으나 약 1만 년 전 석기시대에 가축을 키우면서부터일 것으로 추측하고 있다.

전 세계 지역별로 소, 양, 말, 물소, 낙타 등 여러 포유동물의 유즙을 식용으로 하고 있으나 가장 보편적으로 사용하고 있는 것은 우유이다. 우리나라에서 착유는 1890년 시작되었으며 1937년 경성우유동업조합이 설립되었고 1960년대 이후에 유가공장이 설립된 후 우유와 유가공품 산업이 지속적으로 발전되어 왔다.

1. 우유의 성분

우유와 유가공품의 구성 성분은 표 15-1과 같다. 우유는 탄수화물, 무기질, 수용성 비타민 등이 용해되어 있는 수용액에 지방구가 분산되어 있으며 지단백질lipoprotein이 지방구의 표면을 둘러싸고 물과 계면에 작용하여 비교적 안정된 수중유적형 유화액을 형성하고 있다.

우유의 성분은 착유 계절에 따른 변동이 있고 착유 지역에 따라서도 차이가 있다.

1) 단백질

우유 단백질은 카세인casein과 유청milk whey 단백질로 나누어지는데, 카세인은 산이나 응유 효소인 레닌에 의해 응고되고 카세인이 응고된 후에 유청에 남아 있는 단백질을 유청 단백질이라고 한다. 카세인은 우유 단백질의 80% 정도를 차지하고 있으며 유청 내의 단백질이 우유 단백질의 20% 정도를 차지한다. 유청 내의 단백질로는 α-락토알부민α-lactalbumin이 25%, β-락토글로불린β-lactoglobulin이 50% 정도이고 그 외에 지방구에 흡착되어 있는 지단백질, 효소, 비단백성 질소화합물로서 각종 아미노산 등이 있다. 카세인, 락토알부민, 락토글로불린은 단일 단백질이 아니라 여러 개의 단백질 분자가 연관된 복합 단백질인데, 예를 들어 카세인은 α-, β-, γ-, κ-카세인 등을 포함하며 α-카세인은 카세인 전체의 50% 이상을 차지한다. κ-카세인은 콜로이드 분산액에서 작은 카세인 입자들을 안정화하는 데 중요한 역할을 한다. 카세인은 그 분자 구조 내에 인산

표 15-1___ 우유와 유가공품의 구성 성분(100 g 중)

식품명	열량(kcal)	수분(g)	단백질(g)	지질(g)	탄수화물(g)	회분(g)	칼슘(mg)
일반우유	65	87.4	3.08	3.32	5.53	0.67	113
저지방우유	42	90.1	3.43	0.9	4.86	0.71	116
고칼슘우유	63	86.8	2.98	2.77	6.53	0.92	205
바나나맛 우유	90	80.6	2.63	3.02	13.13	0.62	89
연유	127	74.5	5.56	5.73	13.12	1.09	165
요구르트(액상)	65	83.2	1.29	0.02	15.23	0.26	45
요구르트(호상)	89	81.8	5.2	3.84	8.37	0.82	141
휘핑크림	339	52.2	2.0	40.7	4.7	0.40	39
치즈(체다)	298	49.3	18.8	21.3	6.17	4.47	626
치즈(크림)	350	52.6	6.2	34.4	5.52	1.27	97
치즈(모짜렐라)	294	46	28.0	16.9	5.39	3.7	957
치즈(파마산)	420	22.6	28.4	27.8	13.9	7.2	853
버터	761	15.3	0.59	82.04	1.81	0.26	16

자료 : 농촌진흥청 국립농업과학원, 국가표준식품성분 DB 9.2, 2020

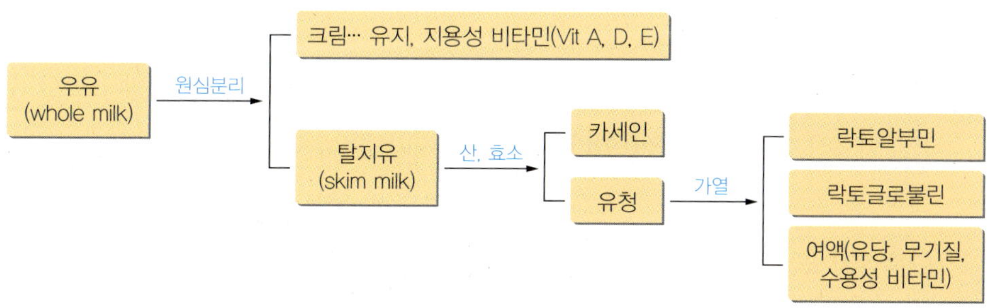

그림 15-1___ 우유의 구성

을 함유하므로 인단백질로 분류되며, 신선한 우유의 정상적인 산도(pH 6.6)에서는 인산을 통해 칼슘과 결합하여 칼슘 포스포카세이네이트calcium phosphocaseinate로 존재한다.

카세인과 카세이네이트

카세인은 우유의 주된 단백질로 탈지유를 산 처리하거나 효소 처리에 의해 생산된다. 의료용 식품의 영양가를 보충하거나 유사 치즈의 맛을 내는 데 사용된다. 카세이네이트는 카세인에 나트륨, 칼슘, 칼륨 등을 결합시켜 수용성 물질로 만든 것이며 수프, 각종 소스류, 제과류 등의 가공식품에 널리 사용된다.

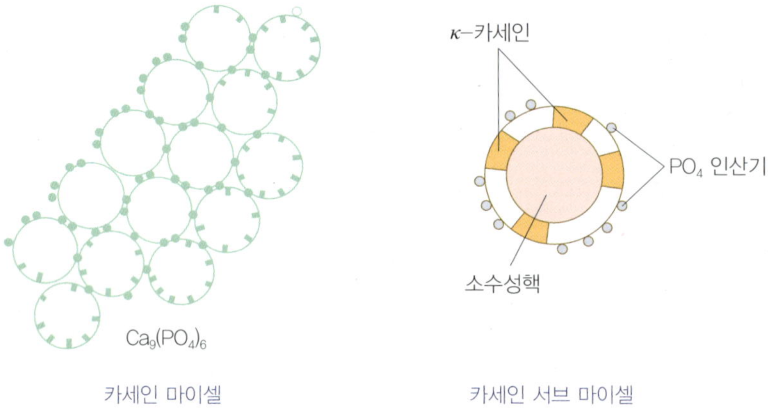

그림 15-2 카세인의 모형도

그러나 pH 4.6 이하에서 카세인은 무기염들과 분리된다. 우유의 단백질은 필수아미노산이 고루 분포되어 완전단백질로 불리며 환자 치료용으로 사용하는 의료용 식품 medical food 제조에서도 우유 단백질을 사용하고 있다.

2) 지방

우유의 지방 함량은 3.0~4.0%이며 직경이 3~6 μm인 작은 지방구로서 수용액 속에 콜로이드상으로 분산되어 있다. 우유 속 지단백질은 유화제로서 미세한 지방구가 수용액과 잘 혼합되어 안전한 유화액을 형성하도록 돕고 있다. 우유의 지방은 대부분이 지단백질로 둘러싸인 중성지방으로 주요 지방산은 탄소수가 적은 포화지방산들이고 그중 뷰티르산butyric acid과 카프로산caproic acid 등은 다른 식품에서는 쉽게 발견되지 않으나 우유에는 비교적 많이 들어 있다.

이러한 지방산 외에도 콜레스테롤과 레시틴을 함유하고 있는데, 레시틴은 저장 중 버터나 전지분유의 독특한 냄새의 원인이 된다. 그 이유는 레시틴 분자 중의 콜린이 산화되면서 트라이메틸아민을 생성하기 때문이다. 우유의 지방은 특유의 유화 상태 때문에 우유의 맛과 마실 때 입 안에서의 부드러운 느낌 그리고 가공된 유제품들의 안정성에 영향을 준다.

3) 탄수화물

우유의 주요 탄수화물은 유당이며 일반 우유 중에 약 5.5% 함유되어 있고 그 외에도 극히 소량의 포도당과 갈락토스가 함유되어 있다. 유당의 감미도는 설탕의 약 16~20% 정도이고 다른 당에 비해 용해도가 낮아 다량으로 존재하면 결정화하므로 유당의 농도가 높은 탈지분유를 아이스크림에 첨가하면 전지분유를 첨가했을 때보다 질감이 부드럽지 못하다. 유당은 유산균에 의해 유산으로 전환되어 우유에 특유한 신맛을 갖게 하며 요구르트나 사워크림 등은 유당이 유산균에 의해 발효된 제품이다.

유당불내증

유당불내증은 유당 분해 효소의 결핍으로 우유 섭취 시 유당을 소화시키지 못하여 설사, 복통이 생기는 증상으로 일반 우유 대신 발효유를 섭취하면 소화에 도움을 줄 수 있다.

4) 회분

우유에는 회분이 약 0.67% 함유되어 있으며, 주요 무기질은 칼슘, 인, 마그네슘, 칼륨, 나트륨, 염소, 황 등이며 철분은 부족한 편이다. 무기질의 일부는 용해되어 진용액을 형성하거나 우유 단백질과 결합하기도 하여 지방구에 흡착되어 있다. 무기질은 우유의 열에 의한 안정성과 레닌에 의한 응고, 커피음료에 이용 시 유크림의 분산성에도 관여한다.

5) 비타민

우유에는 각종 비타민이 풍부하게 함유되어 있으나 비타민 C는 적게 들어 있다. 전유, 크림, 버터 등은 비타민 A의 좋은 급원이고 비타민 D는 소량 함유되어 있으므로 강화하기도 한다. 우유에는 특히 비타민 B_2가 많으나 수용액 중의 비타민 B_2는 광선에 예민하므로 저장 시 주의하여야 한다. 유아용 조제분유에는 우유에 부족한 비타민이 강화되어 있으며, 특히 비타민 C의 첨가는 우유 지방의 산화를 억제하고 산패취의 발생을 방지하는 데 효과가 있다.

6) 효소

우유에는 라이페이스lipase, 락토퍼옥시데이스lactoperoxidase, 잔틴 옥시데이스xanthine oxidase 에스터레이스esterase, 포스파테이스phosphatase 등 40여 종의 효소가 함유되어 있는데 이 중에는 영양 생리에 중요한 역할을 하는 것이 많다. 라이페이스는 지방질 분해에 결정적 역할을 하며 락토퍼옥시데이스, 잔틴 옥시데이스, 라이소자임 등은 항균 작용 및 면역에 관여하여 유아가 섭취 시 질병에 대한 저항력을 높인다. 우유 중 대부분의 효소들은 살균 과정 중 불활성화되고 병원균의 사멸 온도와 효소의 불활성화 온도가 동일하므로 우유에서 알칼리성 인산 분해 효소alkaline phosphatase가 검출이 안 되면 살균이 잘된 것으로 본다.

7) 색

우유의 유백색은 카세인과 인산칼슘이 콜로이드 용액으로 분산된 것이 광선에 반사되어 형성된 색이다. 유백색 및 연한 미색을 띠고 있는데 이는 카로틴과 리보플라빈이 함유되어 있기 때문이다. 유지방 중의 카로틴은 우유의 색에 영향을 주며 이는 사료의 종류, 소의 품종, 착유 시기에 따라 차이가 있다. 리보플라빈은 수용성이며 유청 내에서 형광성 녹황색을 나타낸다. 유지방이 제거된 무지방우유는 유백색 및 연한 미색이 나지 않는다.

8) 향미 성분

신선한 우유는 유당을 함유하고 있으므로 약한 감미를 띤다. 신선한 우유에서 느껴지는 냄새는 아세톤, 아세트알데하이드, 다이메틸설파이드, 메틸케톤, 탄소수가 적은 지

우유의 저장과 산도

우유를 저장하는 과정에서 공기와 접촉되면 우유 내의 이산화탄소가 배기되면서 우유의 pH는 약간 높아진다. 그러나 시간이 경과하면 유산균이 유산을 형성하여 우유 내의 pH는 다시 낮아진다. 산도의 증가는 유산의 양에 따라 좌우되며 이는 우유의 보존 온도에 영향을 받는다. 시판 우유는 살균 과정을 통하여 유산균을 소멸시키므로 냉장고에 저장하는 동안 pH의 변화가 크게 일어나지 않는다. 신선한 우유의 pH는 약 6.6이다.

방산들(뷰티르산, 카프로산 등), 락톤과 같은 저분자량 화합물에 의해 생성된다. 열처리는 우유의 풍미에 여러 가지 영향을 주어 우유를 끓이면 특유의 냄새가 난다. 어느 정도까지는 향기를 주기도 하지만 지나치게 가열하면 특유의 맛과 향을 생성하는데 이는 락토알부민 중 -SH기가 유리되어 황화수소를 발생하기 때문이다. 이러한 불쾌취를 피하고 우유의 영양가를 최대한으로 보유하기 위해서는 불필요한 가열을 하지 않는 것이 좋다. 냉장고에 우유를 보관하더라도 저장 기간이 오래되면 불쾌한 냄새가 나는 경우가 있는데 우유에 침입한 세균의 작용, 우유 성분의 화학 변화 그리고 우유가 흡수한 다른 냄새 등에 기인한다. 우유에서 상한 냄새가 나는 것은 주로 지방 분해 효소에 의하여 우유 지방이 가수분해되기 때문인데, 효소에 의한 유지의 산화는 구리이온이나 광선에 의해 촉진된다. 그러나 지방 분해 효소는 우유의 살균 과정에서 파괴되므로 흔히 발생하는 냄새는 보존 시 냉장고 내부에서 흡수한 냄새에 의한 경우가 많다.

2. 우유의 가공

유즙은 살균 후 여러 가지 유제품으로 가공된다. 시판 우유는 살균하고 균질 처리한 것이며 전유, 저지방유, 탈지유, 탈지분유, 전지분유, 농축우유, 발효유 등 여러 종류의 유제품으로 가공되고 있다. 착유에서부터 우유로 가공되는 과정은 그림 15-3과 같다.

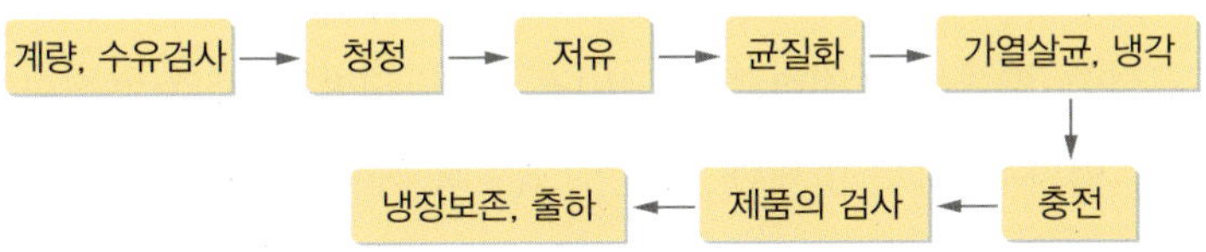

그림 15-3___ 우유의 제조 공정

1) 살균 처리

우유는 세균이 번식하기 쉬운 식품이므로 안전을 위하여 시판하기 전에 살균 처리를 한다. 살균 조건에 따라 맛과 향의 차이가 발생할 수 있으나 영양소의 차이는 거의 일어나지 않는다. 우유는 살균에 의하여 병원균이 파괴되고 산패취의 원인인 효소가 불활성화된다.

(1) 저온 장시간 살균법Low temperature long time pasteurization method, LTLT법

우유를 63~65℃로 30분간 가열 처리하는 방법으로 비용이 적게 들고 간편한 방법이다.

(2) 고온 단시간 살균법High temperature short time pasteurization method, HTST법

우유를 72~75℃로 15초간 가열 처리하는 방법으로 가장 보편적으로 사용된다.

(3) 초고온 살균법Ultra high temperature pasteurization method, UHT법

높은 온도에서 순간적으로 가열 처리하는 방법으로 130~150℃로 0.5~5초간 가열 살균한다.

살균유와 멸균유의 차이

살균유는 일반적으로 소비하는 우유로 냉장 온도에서 일정 기간 유통이 가능한 일반 시유이며, 멸균유는 실온에서도 비교적 유통 기간이 긴(실온에서 7주) 무균우유이다. 영양적인 차이는 없으며 살균유는 초고온 살균 방법, 고온 단시간 살균 방법, 저온 장시간 살균 방법으로 병원성 미생물만 최소한으로 사멸시킨 후 포장 용기에 충전하며, 멸균유는 초고온 살균 방법으로 가열 처리한 후 무균적으로 특수 포장 용기에 충전한다.

2) 균질 처리

대부분의 시판 우유는 살균 처리한 후 균질 처리한 것이다. 우유 균질 처리의 목적은 큰 지방구의 크림층 형성을 방지하는 데 있다. 우유 지방 입자의 균질화를 위해 강한 압력으로 유지방 입자를 매우 미세한 상태가 되도록 깨뜨리는데 미세하게 쪼개진 지방구는 표면에 알부민이 흡착되어 지방구의 재결합을 방지하게 되고 맛도 좋아질 뿐만 아

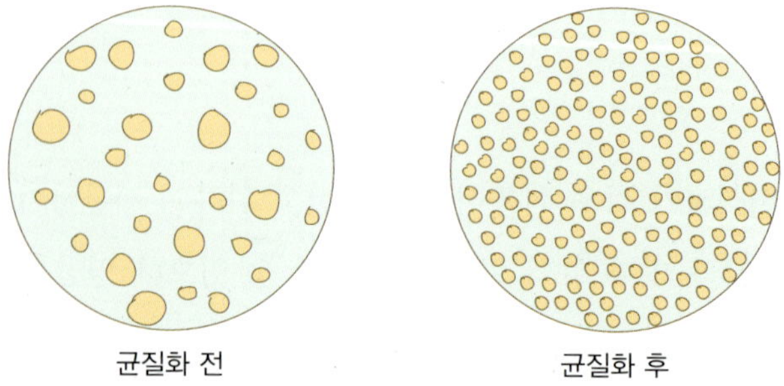

그림 15-4 균질화된 지방구

니라 지방구가 세분되어 있으므로 표면적이 커서 소화되기도 쉽다. 지방구의 표면적이 커지게 되어 쉽게 산패될 수 있지만 균질 처리 전에 살균 처리하는 과정에서 지방의 산패 원인이 되는 지방 분해 효소는 파괴된다. 균질 처리로 인해 우유의 단백질은 열이나 산에 의해 응고되기 쉬우므로 조리 시 주의한다.

3) 강화 처리

우유는 어린 동물의 성장 발육을 위해 필요한 영양소가 충분히 들어 있는 영양가 높은 식품이지만 모유에 비해서 부족한 영양소가 있으므로 이러한 영양소를 첨가하는 강화 처리를 하게 된다. 주로 비타민 A와 D를 강화하고 있는데 특히 유아용 조제분유에는 철분과 비타민의 강화가 필수적이다.

환원유와 재조합 우유

일반 시유는 원유를 그대로 살균 또는 멸균한 우유이며 환원유(reconstituted milk)는 전지분유, 농축유를 물에 용해하여 원유의 고형분 함량대로 환원시킨 우유이다. 재조합 우유(recombined milk)는 원유의 성분 조성에 맞도록 연유, 분유, 버터, 식물성 유지, 유당, 유청분말, 카세인 등에 유화안정제를 첨가하여 가공 처리한 우유로 일반 시유와는 맛, 조직감, 성분 등의 차이가 있다.

3. 우유의 조리

우유는 음료 외에 여러 가지 음식을 조리하는 데 이용되며 80%의 수분과 20%의 고형물로 구성되어 있어서 조리 과정에서 여러 가지 영향을 받는다.

1) 가열에 의한 변화

우유의 살균 처리 과정 및 조리 시 열에 의해 다음과 같은 변화가 일어난다.

(1) 단백질의 변화

우유 단백질 중 락토알부민과 락토글로불린은 66℃에서 응고하기 시작하여 온도가 상승함에 따라 유연한 응고물을 형성하여 침전하고 우유 중의 염과 지방구가 서로 혼합 응고되어 표면에 피막을 형성한다. 이러한 침전물과 피막은 지속적으로 교반을 해주거나 가열 온도를 서서히 증가시키고 중탕을 하게 되면 생성되지 않는다. 가열 시 형성된 피막은 증기의 증발을 막아 우유가 갑자기 끓어 넘칠 수도 있어 주의해야 한다. 카세인은 보통의 조리 온도에서는 응고하지 않으나 100℃에서 12시간, 135℃에서 1시간 또는 155℃의 높은 온도에서는 3분간 처리하면 응고된다.

농축한 연유는 카세인의 농도가 상대적으로 높기 때문에 살균 처리 시 응고할 수 있는데 연유를 서서히 가열한 후 살균하면 어느 정도는 방지할 수 있다.

열에 의한 우유 단백질의 응고는 산성에서 촉진되고 산도는 저장 조건에 따라 증가할 수 있으며 가열 자체도 우유의 산도를 증가시킨다. 열에 의한 우유의 응고는 염류가 존재할 때 더욱 촉진된다.

(2) 색의 변화

가열에 의해 수분이 증발하여 유당이 농축되는데 유당은 열에 의해 쉽게 캐러멜화하는 성질이 있다. 또한 농축된 우유는 마이야르Mailard 반응을 일으킬 수 있는 충분한 양의 당과 단백질이 함유되어 있어 장시간 가열하면 엷은 갈색을 띠게 된다.

(3) 염에 의한 변화

유즙 내에 분산되어 있는 인산칼슘calcium phosphate은 가열 시 그 일부가 알부민과 같이 응고되어 침전하거나 표면에 피막을 형성하는 원인 물질이 된다.

(4) 맛과 향의 변화

우유를 가열하면 탄산가스와 산소가 휘발하므로 가열취가 나고, 신선한 우유 본연의 맛이 감소한다. 우유를 가열하면 독특한 맛이 나는데, 이것은 β-락토글로불린β-lactoglobulin과 지방구의 막을 형성하고 있는 단백질의 열변성에 의해서 활성화한 휘발성 SH기로부터 생성되고 75℃ 이상으로 온도가 올라가면 서서히 캐러멜취로 변한다.

(5) 지방구의 응집

지방구를 둘러싸고 있는 얇은 단백질의 피막은 가열에 의해 파열되고 지방구가 재결합하므로 응집한다.

2) 산 첨가에 의한 변화

신선한 우유의 정상적인 산도(pH 6.6)에서 카세인은 인산을 통해 칼슘과 결합하여 칼슘 포스포카세이네이트calcium phosphocaseinate로 존재하며 안정한 콜로이드를 형성하고 있다. 우유를 실온에 방치하면 유산균의 번식으로 유당이 분해되어 유산이 생성되며 이로 인해 우유는 산성으로 된다. 우유 중에 가장 많이 존재하는 단백질인 카세인은 pH 4.6에서 침전하므로 이 반응을 치즈 제조에 이용한다.

산은 우유의 pH를 낮추어 등전점 가까이에 도달하도록 하며, 카세인의 콜로이드 상태를 불안하게 하여 침전을 형성시킨다. 카세인 입자들이 음으로 하전되어 있어서 서로 반발하여 떨어져 있다가 수소이온이 첨가됨으로써 중화되기 때문에 침전이 일어나는데, 이때 상당량의 수소이온이 칼슘이온과 대치되어 카세인이 중화되고 카세인의 인산기를 통해 결합되어 있던 칼슘은 분리되어 유청에 남게 된다.

칼슘 포스포카세이네이트 (calcium phosphocaseinate) $\xrightarrow{\text{산}}$ 카세인(중성 침전물) (casein) + Ca^{++} (유청에 남음)

그림 15-5__ 산에 의한 응고

3) 레닌에 의한 변화

카세인은 산의 첨가에 의해서만 응고되는 것이 아니라 효소 레닌rennin의 첨가로 응고되며 치즈 등의 유제품 제조 시 효소 레닌을 첨가하게 된다. 레닌은 포유동물의 위에서 분비되며 위에서 카세인이 단백질 분해 효소에 의해서 가수분해되기 전 카세인을 응고시키는 효소이다. 레닌은 카세인 중 카파-카세인 분자에서 페닐알라닌과 메티오닌이 결합되어 있는 부분을 분해하여 파라-카파-카세인para-κ-casein과 탄수화물이 결합되어 있는 산성 글리코펩타이드로 분리한다. 파라-카파-카세인은 용해성인 산성 부분을 잃어버려 미립자를 유지하지 못하므로 서로 인접했을 때 소수성 결합에 의하여 결합되어 내부에 유청을 지닌 채 망상 구조를 형성하게 된다. 이렇게 하여 카세인이 응고하는데 이때에는 칼슘이 떨어지지 않은 칼슘 포스포카세이네이트를 그대로 함유하게 된다. 그러므로 산보다 레닌을 이용한 우유 가공품이 칼슘의 우수한 급원이 된다.

레닌은 10~65℃의 광범위한 온도 범위에서 작용하나 적온은 40~42℃이다. 낮은 온도에서는 반응이 서서히 일어나서 응고물이 부드럽고 높은 온도에서는 단단한 응고물을 형성한다. 레닌이 작용하기에 적당한 산도는 약한 산성인데 우유에 응고물이 생길 정도의 산도에서는 작용하지 않으며 또한 알칼리에서는 작용할 수 없다.

그러므로 치즈를 제조하기 위해서는 우유의 산도를 약간 높여 레닌의 작용을 촉진하도록 한다.

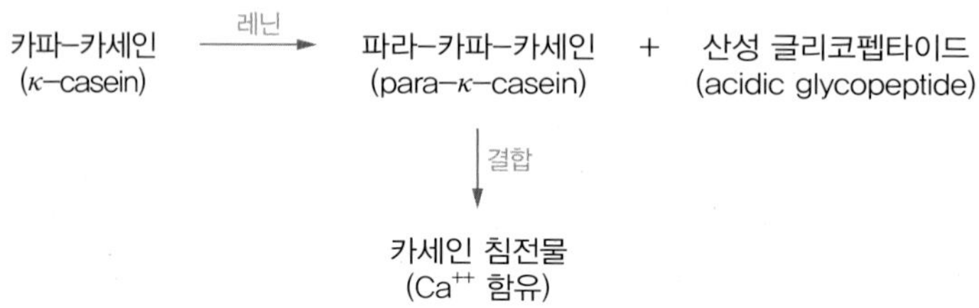

그림 15-6 레닌에 의한 응고

표 15-2 우유 단백질의 응고 양상

	락토알부민, 락토글로불린	카세인
열	응고함	일반적인 가열로는 응고하지 않음*
산	응고하지 않음	응고함(칼슘이 분리된 응고물)
레닌	응고하지 않음	응고함(칼슘을 포함한 응고물)

*100°C 12시간, 135°C 1시간, 155°C 3분간 가열하면 응고됨

레넷(rennet)

우유만으로 자란 생후 3~6개월의 송아지의 제4위에서 추출하여 상품화한 것으로 치즈 제조 시 단백질을 응고하는 데 사용된다.

4) 폴리페놀화합물에 의한 변화

채소나 과일에는 폴리페놀화합물이 함유되어 있는데, 이 화합물도 역시 카세인을 응고시키므로 채소와 과일에 우유나 크림을 넣어 조리할 때 응고물이 생길 때가 종종 있다. 폴리페놀화합물에 의해 우유가 응고하는 것은 우유 단백질에서 수분이 빠지기 때문이다.

5) 염류에 의한 변화

염류의 첨가로 우유를 넣은 식품이 응고하는 경우도 있다. 우유를 조리할 때 식염을 첨가하면 응고하고 햄처럼 염분이 있는 식품을 우유와 같이 가열할 때도 응고하게 된다.

4. 유가공품

현재 우리나라 「축산물 위생관리법 시행령」(2020. 3. 24 시행)에 유가공품은 우유류, 저지방우유류, 분유류, 조제유류, 발효유류, 버터류, 치즈류, 그 밖에 원유를 원료로 하여 가공한 것(무지방우유류, 가공유류, 산양유, 버터유류, 농축유류, 유크림류, 유청류, 유당, 유단백 가수분해 식품, 아이스크림류, 아이스크림분말류, 아이스크림믹스류)으로 분류되어 있다. 여기서는 버터와 치즈류를 구분하여 마지막 설명에 넣기로 한다.

1) 저지방우유 및 무지방우유

저지방우유는 우유의 지방을 부분적으로 탈지하여 지방 함량이 1~2% 되도록 한 것이다. 지방 함량이 낮은 반면, 비지방 고형 물질이 8.25% 함유되도록 조절하였으므로 무지방우유보다 단백질과 지질 함량이 높다. 무지방우유는 원심분리법으로 유지를 우유에서 분리하여 제거한 우유로 무지방우유에는 보통 지방이 0~0.5% 정도 함유되어 있다.

2) 분유

전지분유는 살균 처리한 전유를 진공 상태에서 수분의 2/3를 증발시킨 후 80~130℃로 가열된 열풍 속에서 안개 모양으로 분무시켜 순간적으로 건조시킨 것이다. 탈지분유는 살균 처리한 탈지유를 분유로 만든 것이다.

3) 발효유

살균 처리한 우유를 유산균이나 효모로 발효하여 반고형 또는 액상으로 만든 것이다. 발효유는 순수하게 유산 발효에 의해 만들어진 것으로 요구르트 등이 있다. 요구르트는 살균 처리한 탈지유 또는 부분적인 탈지유에 유산균을 첨가 배양하여 제조한 음료이다. 우유를 살균·균질 처리한 후 유산균을 첨가하여 42~46℃에서 배양하여 산도 0.9~1.0%가 되었을 때 꺼내어 냉장한다. 보통 요구르트는 11~12%의 고형물이 함유되어 있으며 독특한 풍미를 지니고 있다. 요구르트의 영양 성분은 원료유의 영양 성분을 반영하나, 발효 과정 중에 엽산의 농도가 상당히 증가한다. 유고형분이 첨가된 경우에는 칼슘과 유당 함량도 상승되나 유당은 발효 과정 중에 분해되므로 감소된다.

발효유와 유산균음료

발효유는 유산균이나 효모로 우유를 발효시킨 제품으로 발효유(1 mL당 10,000,000 이상), 농후발효유(1 mL당 100,000,000 이상)로 축산물에 포함되고, 유산균음료는 유가공품이나 식물성 원료를 유산균으로 발효시켜 가공한 것으로 음료 1 mL당 1,000,000 이상으로 유산균 수의 기준이 있다.

4) 기타

(1) 농축우유

우유의 성분 중 수분을 증발시킨 것으로 연유가 대표적이다. 무당연유는 우유의 수분을 50~60% 증발시킨 것으로 보존성이 없기 때문에 관에 넣고 밀봉한 다음 가열 살균한다. 효소의 파괴와 적당한 점도 유지를 위하여 95℃에서 10~20분간 예열 처리를 한 다음, 균질 처리를 거쳐 통조림법에 의해 가공 처리하여 밀봉하고 115~120℃로 가열한다. 대부분의 무당연유는 비타민 D가 강화되어 있다. 무당연유의 색이 황갈색인 것은 우유 속 단백질과 당이 가열 시 반응함으로써 생긴 결과이다. 가당연유는 설탕이 40~45% 포함된 것이며 저장성이 높다.

(2) 가공유

소비자의 다양한 요구에 의해 흰 우유에 향신료나 기호성 첨가물을 혼합하여 만든 음용유이다. 주로 초콜릿, 커피, 딸기, 바나나 등의 과육이나 향, 당류를 첨가하여 가공한다.

(3) 유당분해우유

원유나 우유 또는 저지방우유를 유당 분해 효소로 처리하여 유당을 1% 이하로 분해한 후 멸균 처리한 것으로 유당불내증 환자를 위한 제품이다.

(4) 유크림류

우유 속 지방구의 크기는 차이가 많으며 특히 균질화되지 않은 우유 속 지방은 지방구끼리 서로 응집하려는 경향이 있어 방치하면 큰 지방구를 형성하여 상층에 떠오른다. 유청 상부에 모인 부분을 유크림이라고 하는데 원유로부터 탈지유 제조 시 생성되는 유지방 18% 이상되는 고농도 유지방 액상크림이다. 지방구가 크면 적은 지방구보다 빨리 상층에 떠올라 풍부한 크림층을 형성한다. 액상크림은 주로 버터나 커피크림 파우더 또는 아이스크림 등의 원료로 사용하거나 그대로 가공 처리하여 액상커피크림, 드레싱 등에 직접 이용할 수 있다. 그러나 지방구의 크기를 미세하게 한 균질 우유나 원래 작은 지방구를 가진 양의 유즙은 크림층을 형성하지 않는다. 휘핑크림은 유크림을 원료로 하여 거품이 잘 나도록 유화제를 넣고 가공 처리한 액상크림으로 낮은 온도(5℃ 이하)

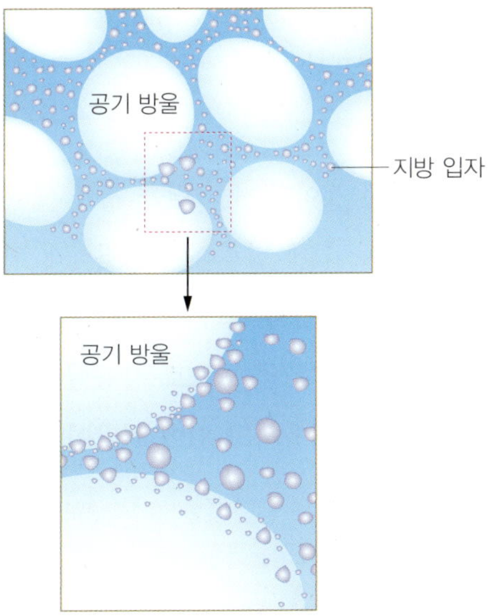

그림 15-7__ 기포의 구조

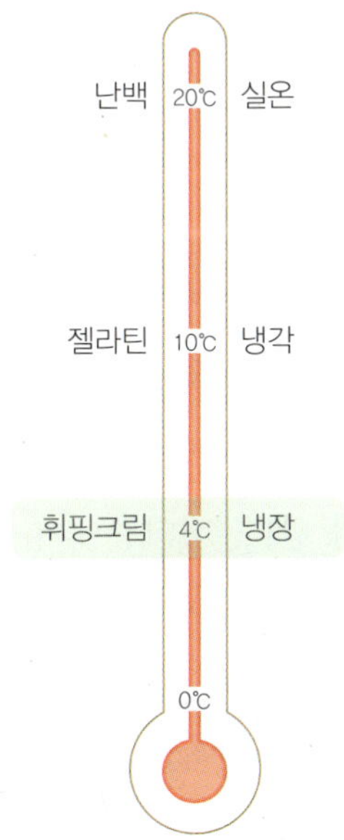

그림 15-8__ 기포 형성을 위한 최적 온도

표 15-3__ 유크림류의 종류 및 용도

종류	유지방 함량(%)	용도	사용 방법
커피크림	18~30	커피에 첨가하여 풍미, 색 향상	80℃의 물에 크림을 첨가하거나 균질화한다
휘핑크림	30~36	생크림케이크의 장식, 과일 디저트용	5℃에서 1~2일 저장한 후 휘핑한다

아이스크림

우유나 유제품cream에 설탕, 향료, 기타 물질(버터, 달걀, 젤라틴, 색소 등)을 첨가하여 얼린 것으로 이탈리아에서 시작하여 프랑스를 거쳐 미국에서 발달된 식품이다. 아이스크림 중의 지방 성분인 우유의 크림은 아이스크림의 맛, 조직, 질감 등을 좌우하는데 조직에 적당한 경도를 갖게 하고 부드러운 질감을 준다. 그러나 함량이 지나치게 높으면 용액의 점성을 높여 공기의 개입을 어렵게 하므로 단단해지기 쉽다. 대량 생산 시에는 탈지유를 사용하는데 탈지유 양이 많아지면 단백질 함량이 높아지므로 부드럽지 못하다.

식물성 크림

식물성 유지(팜유 등)을 주원료로 하고 당류 또는 식품첨가물을 첨가하여 가공한 것으로 케이크나 빵의 충전, 장식 또는 커피나 식품의 맛을 증진시키기 위하여 사용하는 것을 말한다.

에서 교반하여 제과용으로 많이 사용한다. 유지가 30% 이상 함유되어야 거품이 형성되며 일반적으로 휘핑크림은 35~36%의 유지를 함유하고 있다.

5) 버터

버터는 유크림을 교반함으로써 얻어진 지방을 굳힌 것이다. 유크림을 저을 때 지방구 표면을 둘러싸고 있는 피막이 파열되어 지방구가 서로 쉽게 접촉하여 응집하게 되고 지방구가 응집되면 자연히 지방층과 수용액층으로 나누어지게 된다. 버터의 제조 공정은 그림 15-9와 같다. 버터층에서 분리된 수용액은 버터밀크로서 음료로 사용한다. 이것의 성분은 탈지유와 같으나 발효 과정에서 생성된 유산을 함유하고 있어 신맛이 있다.

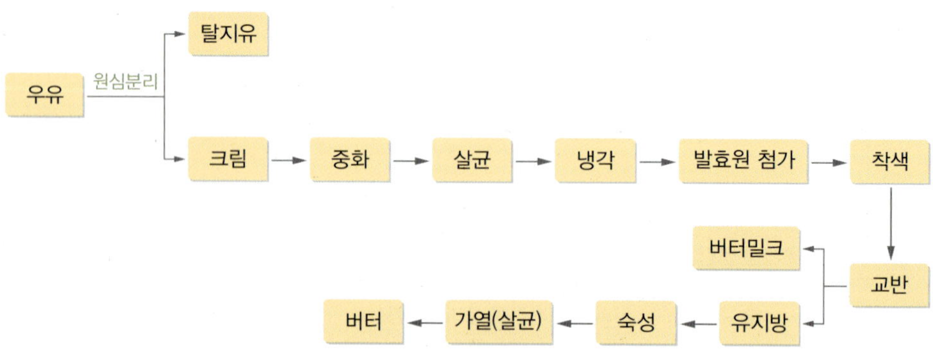

그림 15-9 버터의 제조 공정

버터는 식염의 첨가 유무에 따라 가염버터, 무염버터로 나누고 발효 공정 유무에 따라 발효버터 또는 산성버터, 비발효버터로 나누며, 그 외에 버터를 특수 가공하여 만들어진 버터 스프레드 등이 있다. 버터의 주요 성분은 지방으로, 공기 중에 노출되면 쉽게 산화되므로 공기나 햇빛을 피해 보관하며 고온 다습한 곳에서는 용해가 쉽게 일어나 미생물의 영향을 받아 변질되기 쉬우므로 공기 접촉을 차단하고 냉장 또는 냉동고에 보관하도록 한다.

6) 치즈

치즈류는 원유 또는 유가공품에 유산균, 응유효소, 유기산 등을 가하여 응고, 가열, 농축 등의 공정을 거쳐 제조·가공한 자연치즈 및 가공치즈를 말한다.

치즈의 종류는 다양하며 전 세계적으로 사용되고 있다. 약 4000년 전 아라비아 상인이 사막을 여행할 때 동물의 유즙을 양의 위로 만든 주머니에 넣어 보관하는 동안 위에서 나온 레닌과 태양열에 의해 유즙의 단백질이 응고된 것이 치즈의 유래라고 한다. 치즈에는 단백질, 지방, 무기질과 유산균의 작용에 의하여 생성된 유기산들이 다양하게 함유되어 있다.

(1) 치즈의 제조

치즈의 제조는 종류에 따라 다소 차이가 있으나 기본적인 과정은 우유에 응고제로 효소나 산을 첨가하여 카세인을 응고 침전시키고, 응고물을 유청에서 분리한 후 숙성시키기 위하여 미생물을 첨가하는 것이다.

대부분의 치즈는 유산균으로 발효시키지만 식용 효모나 곰팡이로 발효, 숙성시킨 제품도 있으며 모차렐라 치즈, 크림 치즈, 리코타 치즈ricotta cheese처럼 발효, 숙성시키지 않고 제조되는 치즈도 있다.

독성이 없는 식용 곰팡이를 이용하여 블루 치즈, 로크포르 치즈roquefort cheese, 카망베르 치즈camembert cheese, 고르곤졸라 치즈gorgonzola cheese를 제조한다.

원유로부터 치즈가 제조되는 동안 발생하는 화학적 변화는 치즈의 풍미에 영향을 준다. 먼저 유당이 분해되어 초산acetic acid과 프로피온산propionic acid, CO_2, 각종 에스터, 알코올이 형성되고 이러한 반응은 유산균 처리 초기부터 발생한다. 다음으로는 지방

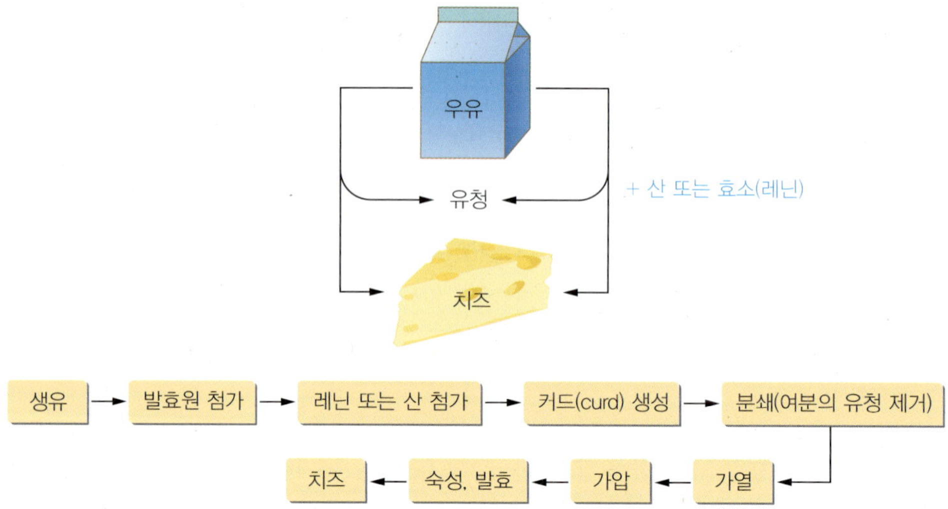

그림 15-10 치즈의 제조 공정

분자가 분해되어 유리지방산이 되고 발효 과정 중 이들은 케톤, 락톤, 에스터들로 분해된다. 마지막으로 카세인이 펩타이드와 아미노산으로 분해되는 단백질 분해 과정이 일어난다.

(2) 치즈의 종류

치즈의 품종을 좌우하는 요소는 어느 동물의 유즙인가 하는 것과 제조 시의 유즙이 탈지유, 전유 또는 크림 상태인가 하는 것이다. 프랑스 제품인 로크포르 치즈roquefort cheese는 양의 유즙에서, 이탈리아의 모차렐라mozzarella는 버펄로buffulo의 유즙으로 제조한 것이다. 치즈는 경도에 따라 초경질, 경질, 준경질, 비숙성연질, 숙성연질 등으로 분류하고 있다. 경질치즈는 수분의 함량이 비교적 낮고 지방과 단백질 함량이 높은 치즈로 체더 치즈, 파마산 치즈, 고다 치즈, 에담 치즈 등이 있고, 연질치즈는 수분 함량

자연치즈와 가공치즈

자연치즈(natural cheese)는 원유 또는 유가공품에 유산균, 응유효소, 유기산 등을 첨가하여 응고시킨 후 유청을 제거하여 제조한 것이며, 가공치즈(processed cheese)는 자연치즈를 주원료로 유가공품과 식품첨가물을 넣고 가공한 치즈로 자연치즈 유래 유고형분 18% 이상인 것을 말한다

자료 : 식품의약품안전처, 식품공전, 2021

이 높은 치즈로 크림 치즈, 커티지 치즈, 카망베르 치즈 등이 있다.

① 초경질 치즈

초경질 치즈는 부분 탈지유로 제조하는데, 지방은 치즈의 숙성 과정에서 풍미 형성에 관여하므로 적절한 풍미 형성을 위해서는 적어도 건조 상태의 치즈 속에 32%의 유지가 함유되어 있어야 한다. 초경질 치즈는 수분 함량이 적으며 독특한 맛을 형성하기 위해서는 적어도 6개월의 숙성 기간이 필요하고 단단하여 주로 강판에 갈거나 분말로 이용한다.

② 경질 치즈

살균 처리한 우유에 유산균을 넣어 숙성시켰기 때문에 적절한 산도를 지니고 있다. 숙성을 위해서는 적어도 2개월에서 2년의 기간이 필요하다.

③ 준경질 치즈

경질 치즈와 유사한 방법으로 제조한다. 준경질 치즈는 곰팡이mold를 첨가한 후 4주에서 수개월의 숙성 기간을 거친다.

④ 숙성연질 치즈

응고물에 곰팡이나 세균을 배양하여 숙성시키므로 특유한 풍미를 지니게 되며 숙성은 표면에서 안쪽으로 진행된다.

⑤ 비숙성연질 치즈

원료가 크림이거나 우유, 탈지유 및 무당연유의 혼합물이다. 이러한 원료에 유산균과 레닌을 첨가하거나 또는 첨가하지 않은 상태에서 유즙을 응고시킨다. 응고물에서 유청을 분리시키고 가압, 성형시킨 후 가염, 가미한다.

표 15-4 치즈의 분류

경도에 따른 분류	명칭
초경질(Hard grating)	Parmesan, Romano
경질(Hard)	Cheddar, Swiss, Edam
준경질(Semi hard)	Brick(lager kaese), Roquefort
숙성연질(Soft ripened or curd)	Camembert, Brie
비숙성연질(Soft unripened or uncured)	Cream, Cottage, Mozzarella

체더 치즈

크림 치즈

모차렐라 치즈

파마산 치즈

리코타 치즈

카망베르 치즈

블루 치즈

브리 치즈

그림 15-11___ 치즈의 종류

(3) 치즈의 특성에 영향을 주는 요인

① 온도

치즈 제조 과정에서나 숙성 기간 동안 높은 온도에서 처리되면 질감이 질긴 치즈가 생성된다.

② 응고물의 침전 방법

레닌을 사용하여 침전시킨 치즈는 산을 사용한 것보다 탄력 있는 질감이 된다. 또한 중성인 환경에서 레닌을 사용하여 치즈를 만들면 다양한 미생물을 배양시킬 수 있으므로 여러 종류의 치즈를 생산할 수 있다.

③ 압력

성형 시 압력을 가하면 응고물에서 유청을 빨리 탈수시킬 수는 있지만 치즈의 질감이 단단해진다. 연질 치즈를 가공할 때는 거의 압력을 가하지 않고 자연적으로 유청을 응고물에서 분리시킨다.

④ 생산된 유산의 양

유산균은 응고물이 형성되기 이전에 원유 내에서 우유 자체를 숙성시키는 데 효과적이며 또한 치즈의 숙성에도 관여한다. 만일 유산균의 양이 감소되어 유산의 양이 너무

적으면 부패균의 번식이 일어나 치즈의 품질이 저하될 수도 있다.

⑤ 숙성 기간

맛이 부드러운 치즈mild cheese는 강한 맛을 지닌 파마산 치즈parmesan cheese보다 숙성 기간이 짧다. 블루 치즈blue cheese 등은 보통 3~4개월간 숙성시키나 좀 더 강한 풍미 성분을 형성하기 위해서 9개월까지 숙성 기간을 두기도 한다.

⑥ 습도

치즈의 종류에 따라 습도가 높은 동굴 같은 곳에서 숙성시키는 것도 있다. 이러한 환경에서 숙성한 치즈는 특유한 맛과 향기를 지닌다.

⑦ 첨가하는 염

염의 첨가는 미생물의 성장을 지연시키므로 숙성 속도를 느리게 한다.

(4) 치즈의 저장

대부분의 치즈는 건조를 막기 위해 포장하여 냉장 보관하는 것이 좋은데 포장재로는 기름종이, 알루미늄 호일, 플라스틱 포장 용지 등을 사용하고 구입 시 포장되었던 원래의 용기에 넣어 두기도 한다. 연질형 및 비숙성 치즈는 냉장고에 저장하여도 저장 기간이 짧은 편이다. 일반적으로 치즈를 냉동하지는 않으나 일단 냉동한 치즈를 해동하면 질감이 변화되어 부스러지는 경향이 있다. 그러나 치즈의 종류에 따라 6개월 정도 냉동 가능한 것도 있다.

(5) 치즈의 이용

서양에서는 치즈를 식생활에 다양하게 이용하는데 그대로 잘라서 먹거나 술안주, 샌드위치, 샐러드에 이용하기도 한다. 우리나라에서도 치즈를 많이 이용하고 있으며 대부분 가공치즈processed cheese이다. 치즈는 가열하면 처음에는 부드럽다가 나중에는 흐를 수 있을 정도로 걸쭉한 액체가 되는데 이는 치즈 속 지방 때문이다. 육류나 난류 단백질과 같이 치즈의 단백질도 열에 의해서 변성되므로 높은 온도에서 장시간 가열하면 지방이 분리되어 질감이 단단한 고무같이 된다. 액화되었던 치즈가 수축하는 것은 치즈 내부의 수분이 증발하기 때문이므로 낮은 온도에서 서서히 가열하여야 한다.

단원 정리

카세인 우유의 주된 단백질로 산이나 효소에 의하여 응고하는 특성이 있음

락토알부민, 락토글로불린 우유에서 카세인을 분리한 후 유청에 남아 있는 단백질로 유청 단백질이라고도 함

유지방 우유의 지방은 중성지방으로 탄소수가 적은 포화지방산(뷰티르산, 카프로산 등)들이 주를 이루며 다른 식품에서는 쉽게 발견되지 않음

우유의 향미 신선한 우유와 열처리한 우유에서 차이가 있으며 신선한 우유에서는 아세톤, 아세트알데하이드, 뷰티르산, 카프로산, 락톤과 같은 저분자량 화합물에 의해 생성됨

우유의 살균 처리 온도와 처리 시간에 따라 저온 장시간 살균법, 고온 단시간 살균법, 초고온 살균법으로 구분함

우유의 균질 처리 시판 우유는 대부분 우유의 지방구를 균질 처리한 것이며 큰 지방구의 크림층 형성을 방지하려는 목적이 있음

강화 처리 우유에 부족한 비타민이나 무기질을 첨가하여 가공하는 방법

칼슘 포스포카세이네이트 정상적인 산도의 신선한 우유에서 우유의 카세인이 인산을 통해 칼슘과 결합한 형태

유당분해우유 우유 중의 유당을 효소로 분해하여 가공한 우유로 유당불내증 환자에게 도움이 됨

유크림 우유 속 지방이 서로 응집하려는 특성에 의해 지방구를 크게 형성하여 상층으로 떠오른 우유의 지방층

치즈의 종류 치즈 제조 시 사용한 원유의 특성과 발효 과정 및 단단한 정도에 따라 경질~연질로 구분함

단원 문제

1 우유의 단백질 성분을 응고하는 양상에 따라 구분하여 설명하시오.

2 우유의 가공 시 살균 처리 방법을 온도와 시간의 차이에 따라 구분하여 설명하시오.

3 우유를 균질 처리하는 이유에 대하여 설명하시오.

4 우유를 가열할 때 표면에 생기는 피막에 대하여 설명하시오.

5 유크림의 종류와 용도를 유지방 함량에 따라 구분하여 설명하시오.

6 제조 과정에서 치즈의 특성에 영향을 주는 요인들에 대하여 설명하시오.

참고문헌

단행본

김경진, **식품조리 및 이론**, 보성문화사, 2004

김기숙 외, **조리과학**, 수학사, 2005

김동훈, **식품화학**, 탐구당, 2003

김미리 외, **핵심원리 이해를 위한 실험조리**, 파워북, 2019

김영희·김진·유경희·이현주·임정교, **조리원리**, 유림문화사, 2004

김완수·신말식·이경애·김미정, **조리과학 및 원리**, 라이프사이언스, 2005

노봉수 외, **생각이 필요한 식품재료학**, 수학사, 2011

노완섭·허석현, **건강보조식품과 기능성식품**, 효일문화사, 1999

농촌진흥청 국립농업과학원, **국가표준 식품성분표 I, II** 제9개정판, 2017

농촌진흥청 국립농업과학원, **식품성분표 제8개정판**, 2011

류수노·박의호, **식용작물학2**, 한국방송통신대학교출판문화원, 2017

문범수·이갑상, **식품재료학**, 수학사, 1988

배영희 외, **조리응용을 위한 식품과 조리과학**, 교문사, 2004

서재원·홍석환·이홍경, **호텔·외식산업에 필요한 기초 식품학**, 한올출판사, 2004

신길만, **제과 제빵 재료학**, 교문사, 2004

송재철 외, **최신식품학**, 교문사, 1998

송재철 외, **최신 식품 가공저장학**, 효일문화사, 1998

손경희 외, **식품학 및 조리원리**, 수학사, 1992

손경희 외, **한국음식의 조리과학**, 교문사, 2001

손정우 외, **조리과학**, 교문사, 2007

안승요 외, **식품화학**, 교문사, 2005

윤계순, 녹두와 동부전분 Gel의 이화학적 및 물성특성에 관한 비교연구, 연세대학교 박사학위논문. 1988.

윤계순 외, **알기 쉬운 식품학개론**, 수학사, 2014

이상정 외, **기초조리체계론**, 수학사, 2007

이혜수 외, **조리원리**, 교문사, 2004

안명수, **한국음식의 조리과학성**, 신광출판사, 2000

안명수, **식품과 조리원리**, 신광출판사, 1992

예하미디어 편집부, **식품학**, 예하미디어, 2003

이철호 외, **한국 식품학 입문**, 고려대학교출판부, 2004

장명숙, **식품과 조리원리**, 효일문화사, 2006

정현숙 외, **조리원리**, 교문사, 2006

조경련 외, **Flow chart로 배우는 실험조리**, 교문사, 2004

조리과학회편찬위원회, **조리과학용어사전**, 교문사, 2003

조리교재발간위원회, **조리체계론**, 한국외식정보, 2002

조재선, **최신 식품재료학**, 문운당, 1999

최세영 외, **현대인을 위한 식품과 건강**, 동명사, 2005

한국농수산식품유통공사, **2017 가공식품 세분시장 현황: 원물 간식 시장**, 2017

한국콩박물관건립추진위원회, **콩**, 고려대학교출판부, 2005

한명규, **최신 식품학**, 형설출판사, 1999

홍진숙 외, **기초 한국음식**, 교문사, 2007

홍진숙 외, **식품재료학**, 교문사, 2005

加藤保子 編. **食品學總論**, 南江堂, 2002

南出隆久, 大谷貴美子, **調理學**, 講談社, 2003

辻 英明, 海老原 淸, **食品學總論**, 講談社, 2002

松元文子, **調理學**, 光出館, 1972

石倉俊治, **食品**のおいしさの**科學**, 南山堂, 2003

渡辺 篤二, 大久保一良, **FAO 豆類の榮養と加工**, 建帛社, 1993

America's test kitchen, *The Science of good cooking*, 2012

Baltensperger DD, et al., *Cereal Grains and Pseudo-Cereals*, 2020

Barbosa-Cánovas GV, et al., *Water activity in foods: fundamentals and applications*, John

Wiley & Sons, 2020

Bennion M, et al., *Introductory foods*, 11th ed., Prentice Hall, 2000

Bennion M, *The science of food*, Harper & Row Publishers, 1980

Bowers J, *Food Theory and Applications*, 2nd ed., Macmillan Publishing Co., 1992

Brown A, *Understanding food : principles and preparation*, 4th ed., Thomson Wadsworth, 2011

Brown A, *Understanding food*, 6th ed., CENGAGE, 2019

Campbell AM, Penfield MP, Griswold RM, *The Experimental study of food*, 2nd ed., Houghton Mifflin Co., 1979

Chadwick RF, *Functional foods*, Springer, 2003

Civitello L, *Cuisine and culture : a history of food & people*, John & Wiley, 2004

Conforti FD, *Food selection and preparation—A laboratory manual*, Iowa State University Press, 1997

Peckham GC and Freeland-Graves JH, *Foundations of Food Preparation*, 6th ed., Prentice Hall, 1995

Ingram C, *The vegetable ingredients cook book*, Anness Publishing, 1996

Kowtaluk H, *Discovering food and nutrition*, Glencoe/McGraw-Hill, 2005

Labensky SR, et al., *On Cooking*, Prentice Hall, 1999

Laconi DV, *Fundamentals of professional food preparation : a laboratory text-workbook*, John & Wiley, 1995

McWilliams M, *Foods- Experimental perspective*, 4th ed., Prentice Hall, 2001

McWilliams M, *Food fundamentals*, Pearson Prentice Hall, 2006

Mirams JP, et al., *Ingredients*, 2000

Paul Bocuse, et al., *The New professional chef*, Van Nostrand Reinhold, 1996

Penfield MP, Campbell AM, *Experimental food science*, Academic Press, 1990

Peter SM, *Understanding food science and technology*, Thomson Wadsworth, 2003

Vaclavik VA, *Essentials of food science*, An Aspen Publications, 1998

Werle L, et al., *Ingredients*, Konemann, 2000

학술지

김우정·김종군·김성곤, 쌀밥의 관능적 품질 평가비교, 한국식품과학회지 18(1):38, 1986

김재숙·신말식, 저항전분을 첨가하여 제조한 쿠키의 품질 특성, **한국식품조리과학회지** 22(5):

659, 2006

문수재 외, **가정학회지** 17:1 p.11, 1979

윤계순, 식품영양학 전공 및 비전공대학생들의 식품조리에 관한 의식과 조리능력 수준에 대한 조사, **한국조리과학회지** 17(6):639, 2001

이명선 외, 파보일미(parboiled rice)의 이화학적 특성, **한국조리과학회지** 12(1):46, 1996

이미숙 외, 한국산 메밀의 산지 및 종류에 따른 식이섬유와 루틴의 함량 비교, **한국조리과학회지** 10(3):249, 1994

채현석 외, 탕침 온도에 따른 닭고기의 저장성 및 품질 변화, **한국축산학회지** 24(2):115, 2004

하태열 외, 유색미의 품종별 화학성분의 조성, **한국식품과학회지** 31(2):336, 1999

Anjum F, et al, Wheat gluten:High molecular weight glutenin subunits-structure, genetics, and relation to dough elasticity. *Journal of Food Science* 72(3):56, 2007

Bordrero KO, et al, Optimum cooking time for flavor development and evaluation of flavor quality of beef cooked by microwaves and conventional method. *Journal of Food Science* 45:613, 1980

Choe IS, et al. A new protease in Korean pears as meat tenderizer. *Animal Science and Technology*(Jpn) 67:43, 1996

Dransfield E, et al, Modeling postmortem, *Meat Science* 31:57, 1992

Faustman C, et al, The biochemical basis for discolorration in fresh meat: A review. *Journal of Muscle Foods* 1:217, 1990

Gertjan Schaafsma. The Protein Digestibility-Corrected amino acid score. *Journal of Nutrition* 130(7):1865S-1867S, 2000

Greene BE, et al, Retardation of oxidative color changes in raw ground beef. *Journal of Food Science* 36:940, 1971

Lee CM, Surimi manufacturing and fabrication of surimi-based products. *Food Technology* March:115, 1986

Lee MH, et al., Isoflavone content in soybean and its processed products. *Korean J Food Sci Tech 34*(3):365, 2002

Mallikarjunan P, et al, Meat Quality kinetics during beef carcass chilling. *Journal of Food Science* 59:281, 1994

Marsh BB, et al, Effects of early-postmortem glycolytic rate on beef tenderness. *Meat Science* 21:241, 1987

Messina MK, Legumes and soybeans: overview of their nutritional profiles and health effects. *American Journal of Nutrition* 70(3):439s-450s, 1999.

Martirosyan DM, et al., Amaranth oil application for coronary heart disease and hypertension, ***Lipids in Health and Disease*** 6:1, 2007

Montejano JG, et al, Thermally induced gelation of selected comminuted muscle systems-Rhelogical changes during processing, final strength and microstructure. ***Journal of Food Science*** 49:1496, 1984

Takahashi K, Structural weakening of skeletal muscle tissue during postmortem ageing of meats: The non-enzymetic mechanism of meat tenderization. ***Meat Science*** 43:67, 1999

Tang Y, Tsao R, Phytochemicals in quinoa and amaranth grains and their antioxidant, anti-inflammatory, and potential health beneficial effects: a review, ***Mol Nutr Food Res*** 61(7):1, 2017

웹사이트

http://www.dipoelec.com

http://www.apgs.co.kr

http://www.ekape.or.kr

http://koreanfood.rda.go.kr

https://www.mafra.go.kr

http://koreanfood.rda.go.kr

https://folkency.nfm.go.kr

https://www.foodsafetykorea.go.kr

https://www.ekape.or.kr

https://www.istockphoto.com

https://www.foodnetwork.com

https://www.barbarabakes.com

https://en.wikipedia.org

https://www.pinterest.co.kr

https://www.mybakingaddiction.com

https://www.encyclopedia.com

http://www.nongsaro.go.kr

http://koreanfood.rda.go.kr/kfi/fct/fctFoodSrch/list

사진 출처

※ 사진 자료의 표기는 CCL(Creative Commons License)과 GFDL(GNU Free Documentation License) 조건에 따랐습니다.

p.68	퐁던트	By Clever Cupcake, CC BY 2.0, https://commons.wikimedia.org/wiki/File:Candy_Cupcake!_(4637068659).jpg
	퍼지	By Simon Cousins, CC BY 2.0, https://commons.wikimedia.org/wiki/File:Quick_fudge_-_six_squares.jpg
	디비니티	By Ejm225, CC BY-SA 3.0, https://commons.wikimedia.org/wiki/File:Divinity_candy.jpg
p.69	캐러멜	By Fan-Amos, CC BY-SA 3.0, https://commons.wikimedia.org/wiki/File:Caramels.jpg
	태피	By Willis Lam, CC BY-SA 2.0, https://commons.wikimedia.org/wiki/File:Varieties_of_Taffy_(17827619408).jpg
	브리틀	By Janet Hudson, CC BY 2.0, https://commons.wikimedia.org/wiki/File:Golden_peanut_brittle_cracked_on_a_serving_dish.jpg
	마시멜로	By John Morgan, CC BY 2.0, https://commons.wikimedia.org/wiki/File:White_Marshmallows.jpg
p.381	체더 치즈	By Martyla13, CC BY-SA 3.0, https://commons.wikimedia.org/wiki/File:Cedaras_siers.JPG
	크림 치즈	By Renee Comet, CC0, https://commons.wikimedia.org/wiki/File:Philly_cream_cheese.jpg
	모차렐라 치즈	By Jon Sullivan, CC0, https://commons.wikimedia.org/wiki/File:Mozzarella_cheese.jpg
	파마산 치즈	By Jon Sullivan, CC0, https://commons.wikimedia.org/wiki/File:Parmesan_cheese.jpg
	리코타 치즈	By Daniele Pugliesi, CC BY SA 4.0, https://commons.wikimedia.org/wiki/File:Ristorante_Ardigna_-_Ricotta.jpg
	카망베르 치즈	By Jon Sullivan, CC0, https://commons.wikimedia.org/wiki/File:Camembert_cheese.jpg
	블루 치즈	By Myrabella, CC BY-SA 3.0 & GFDL, https://commons.wikimedia.org/wiki/File:Bleu_de_Gex.jpg
	브리 치즈	By Thesupermat, CC BY-SA 4.0, https://commons.wikimedia.org/wiki/File:Wikicheese_-_Brie_de_Melun_-_20150515_-_015.jpg

그 외 https://stock.adobe.com/kr

찾아보기

저자 소개

감수 류은순 부경대학교 식품영양학과 명예교수

이명희 배재대학교 가정교육과 명예교수

저자 윤계순 연세대학교 이학박사
현재 우석대학교 외식산업조리학과 명예교수

민성희 연세대학교 이학박사
현재 세명대학교 바이오식품산업학부 교수

신원선 일본 교토대학교 이학박사
현재 한양대학교 식품영양학과 교수

정혜정 연세대학교 이학박사
현재 전주대학교 한식조리학과 교수

채선희 연세대학교 이학박사
현재 연세대학교 식품영양학과 겸임교수

박옥진 연세대학교 이학박사
현재 여주대학교 호텔조리베이커리과 부교수

최미경 연세대학교 이학박사
현재 계명대학교 식품영양학전공 부교수

개정3판

새로 쓴 **식품학 및 조리원리**

2021년 8월 20일 개정3판 1쇄 발행
2019년 2월 11일 개정2판 4쇄 발행
2014년 8월 30일 개정2판 1쇄 발행

감 수 류은순 · 이명희
지은이 윤계순 · 민성희 · 신원선 · 정혜정
채선희 · 박옥진 · 최미경

발행인 이 영 호
발행처 **수 학 사**
10881 경기도 파주시 회동길 56 기한재 1층
출판등록 1953년 7월 23일 제2020-000143호
전화번호 031) 946-4642(代) 팩스 031) 944-1457
http://www.soohaksa.co.kr

디자인 북큐브

정가 25,000원

ISBN 978-89-7140-241-2 93590